Michael Karbach

Mathematische Methoden der Physik

De Gruyter Studium

Weitere empfehlenswerte Titel

Festkörperphysik
Rudolf Gross, Achim Marx, 2022
ISBN 978-3-11-078234-9, e-ISBN (PDF) 978-3-11-078239-4

Festkörperphysik
Aufgaben und Lösungen
Rudolf Gross, Achim Marx, Dietrich Einzel, Stephan Geprägs, 2023
ISBN 978-3-11-078235-6, e-ISBN (PDF) 978-3-11-078253-0

Thermodynamik
Hauptsätze, Prozesse, Wärmeübertragung
Herbert Windisch, 2023
ISBN 978-3-11-107964-6, e-ISBN (PDF) 978-3-11-108019-2

Analysis
Walter Rudin, 2022
ISBN 978-3-11-075042-3, e-ISBN (PDF) 978-3-11-075043-0

Abstract Algebra
An Introduction with Applications
Derek J. S. Robinson, 2022
ISBN 978-3-11-068610-4, e-ISBN (PDF) 978-3-11-069116-0

Quantenmechanik
Eine Einführung in die Welt der Wellen und Wahrscheinlichkeiten
Holger Göbel, 2022
ISBN 978-3-11-065935-1, e-ISBN (PDF) 978-3-11-065936-8

Michael Karbach

Mathematische Methoden der Physik

Anwendungen und Theorie von Funktionen, Distributionen und Tensoren

2., ergänzte Auflage

DE GRUYTER
OLDENBOURG

Mathematics Subject Classification 2020
Primary: 30-01, 33-01, 44-01, 46-01; Secondary: 42C05, 33D45

Autor
Prof. Dr. Michael Karbach
Bergische Universität
Fakultät für Mathematik und Naturwissenschaften
Gaußstr. 20
42097 Wuppertal
Deutschland
karbach@uni-wuppertal.de

ISBN 978-3-11-105825-2
e-ISBN (PDF) 978-3-11-105922-8
e-ISBN (EPUB) 978-3-11-105980-8

Library of Congress Control Number: 2023935141

Bibliografische Information der Deutschen Nationalbibliothek
Die Deutsche Nationalbibliothek verzeichnet diese Publikation in der Deutschen Nationalbibliografie; detaillierte bibliografische Daten sind im Internet über
http://dnb.dnb.de abrufbar.

Coverabbildung: Michael Karbach, erzeugt mit MatLab
Satz: VTeX UAB, Lithuania
Druck und Bindung: CPI books GmbH, Leck

www.degruyter.com

Vorwort zur 1. Auflage

Die Vorlesung *Mathematische Methoden der Physik*, auf der dieses Buch basiert, wurde zum ersten Mal im Sommersemester 2003 an der Bergischen Universität Wuppertal, für Studierende des 3. und 4. Studiensemesters im Studiengang *B. Sc. in Physik* als vierstündige Vorlesung mit zwei Übungsstunden gehalten. Die Studierenden hören zeitgleich die Vorlesungen *Theoretische Elektrodynamik* und *Experimentelle Quantenmechanik* und haben als Vorkenntnisse die Vorlesungen *Analysis I/II* und *Lineare Algebra I* besucht. In den Folgejahren ist der Umfang des Skriptes immer weiter angewachsen, da viele Wünsche der Studierenden bezüglich des behandelten Stoffes berücksichtigt wurden. Deswegen geht der hier dargelegte Stoffumfang deutlich über ein Semester hinaus, sodass eine Auswahl der Themen getroffen werden muss. Ergänzende Abschnitte und solche, die nicht für den weiteren Verlauf zwingend gebraucht werden, sind mit einem * gekennzeichnet. Bei der Auswahl der Themen ist zu beachten, dass einige Abschnitte aufeinander aufbauen.

Im Zuge der Studiengang-Reakkreditierung im Jahr 2011 wurde das Modul *Mathematische Methoden der Physik* auf eine dreistündige Vorlesung mit einstündiger Übung reduziert. Dies erforderte eine weitere Reduzierung des Stoffumfangs. Die Kapitel Gruppentheorie und Approximationen wurden dabei in eigenständige Vorlesungen ausgelagert. Der jetzige Inhalt deckt sich weitestgehend mit der zugehörigen Modulbeschreibung. Lediglich die Kapitel *Spezielle Funktionen* und *Tensorrechnung* sind nicht Teil der Modulbeschreibung. Erstere wurden als kleine Referenz für wichtige Funktionen der Physik aufgenommen und dienen als Anwendungsbeispiel des ersten Kapitels. Die Tensorrechnung wurde explizit auf Wunsch der Studierenden aufgenommen, sie ergänzt die parallel stattfindenden Vorlesung *Theoretische Elektrodynamik*. Um den tatsächlichen Bedürfnissen der Studierenden im Semesterverlauf gerecht zu werden, wurde die Reihenfolge der Themen in der Vorlesung anders gesetzt. Insbesondere wird typischerweise die Tensorrechnung vergleichsweise früh in der Elektrodynamik benötigt und wird deswegen innerhalb der Funktionentheorie eingeschoben.

Ein Ziel der Vorlesung und des Buches ist es, eine kompakte und soweit es geht, geschlossene Darstellung von *grundlegenden* mathematischen Methoden der Physik zu vermitteln. Die benötigten Rechentechniken und Methoden werden recht früh in den verschiedenen Vorlesungen, insbesondere der *Theoretischen Physik*, benötigt. Aufgrund der Restriktionen, die das gesamte Curriculum des *Bachelor*-Studiums mit sich bringt, gibt es aber wenig bis keinen Spielraum, die entsprechenden Vorlesungen fundiert mathematisch zeitpassend zu besuchen. Dies gilt speziell für Studierende, die vornehmlich experimentell orientiert sind.

An dieser Stelle sei jedoch deutlich betont, dass es nicht das Ziel des Buches und der zugehörigen Vorlesung ist, die einschlägigen Vorlesungen der Mathematik zu ersetzen. Insbesondere wird allen Interessierten empfohlen, die Grundvorlesungen *Einführung in die Funktionentheorie* und *Einführung in die Funktionalanalysis* im Laufe des Studiums zu hören. Erfahrungsgemäß verzichten jedoch viele Studierende auf diese Vorlesungen,

https://doi.org/10.1515/9783111059228-201

nicht zuletzt, um auch diesen Studierenden die wichtigsten Methoden nahezubringen, wurde diese Vorlesung konzipiert. Ein weiterer Grund ist jedoch der, dass Vorlesungen über *Orthogonale Funktionen*, *Distributionen* und *Tensorrechnung* nicht an allen Universitäten regelmäßig angeboten werden.

Die Darstellung des Stoffes in diesem Buch ist bewusst kompakt gehalten. Trotz der vielfältigen Themenbereiche wurde versucht, so weit wie möglich eine einheitliche Notation zu verwenden, um den verschiedenen Themen somit eine gemeinsame Struktur und Notation zu geben. Dies ist nicht immer einfach, da in den diversen Gebieten zum Teil unterschiedliche Notationen und Konventionen existieren. Alle Definition und Aussagen wurden als solche abgegrenzt, dies nicht mit dem Ziel eine mögliche mathematische Strenge zu implizieren, sondern mit dem Ziel, die Aussagen vom begleitenden Text abzugrenzen und möglichst klar die Aussagen zu benennen. Die ganz überwiegende Anzahl von Aussagen wurden auch bewiesen, wobei gelegentlich die volle mathematische Strenge nicht gegeben ist. In der Vorlesung selbst wurden nur die konstruktiven Beweise vorgeführt, solche, die Einsicht in Rechentechniken geben.

Bei der Präsentation und Auswahl des Stoffes wurde besonders auf eine anwendungsorientierte Darstellung geachtet, die den Erfordernissen des Physikers in seiner Arbeit Rechnung trägt. Überall wo es zur Anschauung und dem Verständnis hilfreich ist ergänzen farbige Grafiken, mit zum Teil aufwendigen Darstellungen, die jeweilige Thematik. Die überwiegende Zahl der Grafiken wurden mit MatLab 2017[1] erstellt.[2] Praktisch zu allen Themen gibt es detaillierte Beispiele und Übungsaufgaben mit Lösungen. Diese sind im Text integriert und schließen immer an ein zuvor diskutiertes Thema an oder ergänzen selbiges.

Wuppertal, 26. April 2017, M. Karbach

1 Alle Programme sollten auch mit der Openscource-Alternative Octave lauffähig sein.

2 Quelltext: www.degruyter.com/books/978-3-11-045665-3

Vorwort zur 2. Auflage

Die vorliegende Neuauflage wurde umfassend überarbeitet und verbessert. Es wurden zahlreiche kleinere Optimierungen und Ergänzungen vorgenommen und darüber hinaus neue Unterkapitel hinzugefügt. Im Kapitel zur Funktionentheorie wurde ein neues Kapitel über Äquipotential- und Stromlinien hinzugefügt, das einen wichtigen Anwendungsbereich aus der Physik behandelt. Das Kapitel zu speziellen Funktionen wurde ebenfalls erweitert und umfasst nun auch die Gamma- und Betafunktion sowie den Polylogarithmus. Das Kapitel zur Tensorrechnung erfuhr eine grundlegende Überarbeitung und wurde um neue Kapitel zu krummlinigen Koordinatensystemen erweitert. Darüber hinaus wurden insgesamt über 100 Übungsaufgaben an den Ende der Kapitel hinzugefügt, die relevante Aspekte aus der Physik abdecken und zur Vertiefung der Thematik beitragen.

Wuppertal, 16. März 2023, M. Karbach

https://doi.org/10.1515/9783111059228-202

Inhalt

1 Funktionentheorie

Im Folgenden werden Kenntnisse aus den Grundvorlesungen der *Analysis I/II* und *Linearen Algebra* im Wesentlichen vorausgesetzt. Standardlehrbücher der Analysis mit einer langen Historie sind die von O. Forster *Analysis 1 und 2*, [1, 2] und K. Königsberger *Analysis 1 und 2*, [3, 4]. Neuere Lehrbücher mit einem besonderen Augenmerk auf eine didaktische und sehr ausführliche Darstellung des Lehrstoffs sind die von K. Fritzsche [5, 6]. Ein über die Jahre sich zum Standardwerk etabliertes Lehrbuch der *Linearen Algebra* ist das gleichnamige Buch von G. Fischer [7], das es auch in einer ausführlichen und didaktisch aufbereiteten Version gibt [8]. Zu Nachschlagezwecken sind die wesentlichen Resultate und Sätze der Analysis und Linearen Algebra im Anhang zusammengestellt.

Elementare Grundkenntnisse über komplexe Zahlen werden ebenfalls als bekannt vorausgesetzt. Die Darstellung des hier präsentierten Stoffes orientiert sich stark an den bekannten Lehrbüchern der *Funktionentheorie* von W. Fischer/I. Lieb [9], sowie von R. Remmert [10, 11]. Im letzteren Lehrbuch werden zusätzlich viele geschichtliche Hintergründe zur Funktionentheorie gegeben. Eine didaktisch ausführliche Darstellung findet sich im Lehrbuch *Grundkurs Funktionentheorie* von K. Fritzsche [12]. Anwendungsorientierter ist das Lehrbuch *Applied Complex Variables* von J. W. Dettman [13]. Ein umfangreiches englischsprachiges Standardlehrwerk mit auch fortgeschrittenen Themen ist das Buch *Complex Analysis* von S. Lang [14].

Der hier ausgewählte Stoffumfang stellt einen kleinen und mehr anwendungsorientierten Auszug aus der allgemeinen Funktionentheorie dar, so wie er vielfältig in der Physik gebraucht wird. Die Darstellung soll die genannten Lehrbüchern nicht ersetzen.

Im ersten Abschnitt wiederholen wir die Grundlagen der komplexen Zahlen und Funktionen. Dieser Teil sollte in den wesentlichen Zügen bekannt sein. Im zweiten Abschnitt führen wir den Begriff der Holomorphie und die komplexe Differenzierbarkeit ein und erläutern die Unterschiede zur reellen Differenzierbarkeit im $\mathbb{R}^2$. Der dritte Abschnitt beschäftigt sich mit der Integralrechnung im komplexen, insbesondere mit dem komplexen Wegintegral. Potenzreihen von komplexen Funktionen und analytische Fortsetzungen von komplexen Funktionen betrachten wir in den Folgeabschnitten. Im letzten Abschnitt wird der Residuensatz formuliert und ausführlich diskutiert.

1.1 Komplexe Zahlen und Funktionen

In diesem Abschnitt fassen wir kurz elementare Eigenschaften komplexer Zahlen und Funktionen zusammen. Im Wesentlichen soll dies eine kompakte Zusammenfassung der Definitionen und der verwendeten Notation darstellen, wie sie in [9] oder in [10, 11] zu finden sind. Der Zusammenhang zwischen dem Körper der komplexen Zahlen $\mathbb{C}$ und dem Raum $\mathbb{R}^2$ sei in den Grundzügen als bekannt vorausgesetzt. Hier verweisen wir

https://doi.org/10.1515/9783111059228-001

zum vertiefenden Studium auf die ausführlichen Darstellungen in den oben genannten Lehrbüchern.

1.1.1 Allgemeine Eigenschaften

Die **komplexe Ebene** sei im Folgenden mit $\mathbb{C}$ bezeichnet und Teilmengen davon mit $\mathbb{U}$. Wir betrachten komplexwertige Abbildungen

$$\mathbb{C} \supset \mathbb{U} \ni z \mapsto f(z) \in \mathbb{C},$$

die wir auch schlicht als komplexe Funktionen bezeichnen. Wenn nicht anders behauptet sei $\mathbb{U}$ eine offene und nicht leere Umgebung. Solche eine Menge nennen wir auch **Bereich** von $\mathbb{C}$. Darüber hinaus verwenden wir durchgehend für komplexe Zahlen $z, w \in \mathbb{C}$ die Notation:

$$z := x + \mathrm{i}y, \quad w := u + \mathrm{i}v, \quad x, y, u, v \in \mathbb{R},$$

mit der **imaginären Einheit** i, für die gilt:

$$\mathrm{i}^2 := -1. \tag{1.1}$$

Wir nennen x und y den **Real-** und **Imaginärteil** von z und schreiben dafür:

$$x = \Re z, \quad y = \Im z.$$

Die Multiplikation zweier komplexen Zahlen z und w ist definiert durch:

$$zw := (x + \mathrm{i}y)(u + \mathrm{i}v) = xu - yv + \mathrm{i}(xv + yu). \tag{1.2}$$

Die Menge der komplexen Zahlen $\mathbb{C}$ bilden einen nicht geordneten Körper. Eine wesentliche Eigenschaft komplexer Zahlen ist die Konjugation.

Definition 1.1 (Konjugation). Die zu einer komplexen Zahl z **komplex konjugierte** Zahl ist definiert durch: $\bar{z} := x - \mathrm{i}y$. Die **Konjugation** einer komplexwertigen Funktion f ist definiert durch

$$\bar{f}(z) := \overline{f(z)}. \qquad \blacksquare$$

! Oft wird in der Physik auch $\bar{z} \equiv z^*$ für die komplex konjugierte Zahl geschrieben. Wir verwenden durchgehend die erste Variante.

Die konjugierte Funktion ist eine an der reellen Achse *gespiegelte Funktion.*

Aus der Definition und der Multiplikationsregel (1.2) folgen die Rechenregeln:

$$\bar{\bar{z}} = z, \quad \overline{(z+w)} = \bar{z} + \bar{w}, \quad \overline{zw} = \bar{z}\bar{w}.$$

Real- und Imaginärteil von z können über

$$x = \frac{z+\bar{z}}{2}, \quad y = \frac{z-\bar{z}}{2\mathrm{i}}, \tag{1.3}$$

ausgedrückt werden. Ebenso wie für die komplexe Zahl z vereinbaren wir im Folgenden, dass f im Allgemeinen immer komplexwertig ist. Den Real- und Imaginärteil von f bezeichnen wir mit g, h und schreiben:

$$f(x,y) = g(x,y) + \mathrm{i}h(x,y), \tag{1.4}$$

mit

$$g(x,y) = \Re f(x,y), \quad h(x,y) = \Im f(x,y).$$

Je nach Situation kennzeichnen wir die Abhängigkeiten vom Argument der Funktion f in der Form $f(z)$ oder $f(x,y)$, so wie dies in der Physik oft üblich ist und meinen damit ein und dieselbe Funktion.

Eine wichtige Eigenschaft einer komplexen Zahl oder Funktion ist der Betrag:

Definition 1.2 (Betrag). Der **Betrag** einer Funktion $f(z)$ ist definiert durch:

$$|f|(z) := |f(z)| \equiv \sqrt{f(z)\bar{f}(z)}. \tag{1.5}$$

■

Unmittelbar aus der Definition folgt:

$$|f(z)| = \sqrt{[\Re f(z)]^2 + [\Im f(z)]^2},$$

und damit $|z| = \sqrt{x^2+y^2}$. Der Betrag $|z|$ ist positiv sofern $z \neq 0$ ist und $|z| = 0$ gilt genau dann, wenn $z = 0$ ist. Der Betrag (1.5) ist eine Normfunktion und erfüllt somit die Dreiecksungleichung $|z+z'| \leq |z| + |z'|$. Betrachten wir ein einfaches Beispiel einer komplexen Funktion und die bisher eingeführten Größen.

Beispiel 1.1. Gegeben sei die Funktion:

$$\mathbb{R}^2 \ni (x,y) \mapsto f(x,y) = x^2 + y^2 + \mathrm{i}2xy,$$

dann ist die komplex konjugierte Funktion und der Betrag gegeben durch:

$$\bar{f}(x,y) = x^2 + y^2 - \mathrm{i}2xy, \quad |f(x,y)| = \sqrt{x^4 + y^4 + 6x^2y^2}.$$

Der Betrag $|f(x,y)| = |f(z)|$ ist in der Abbildungen in einem $3d$-Plot dargestellt. In Abbildung 1.1 sind zusätzlich mit demselben Farbschema der Fläche die Niveaulinien, in der (x,y)-Ebene dargestellt. Benutzen wir die Gl. (1.3), dann folgt die Darstellung der Funktion durch die Variable z:

$$f(z) = z\bar{z} + (z^2 - \bar{z}^2)/2 \quad \Rightarrow \quad \bar{f}(z) = z\bar{z} - (z^2 - \bar{z}^2)/2. \qquad \diamond$$

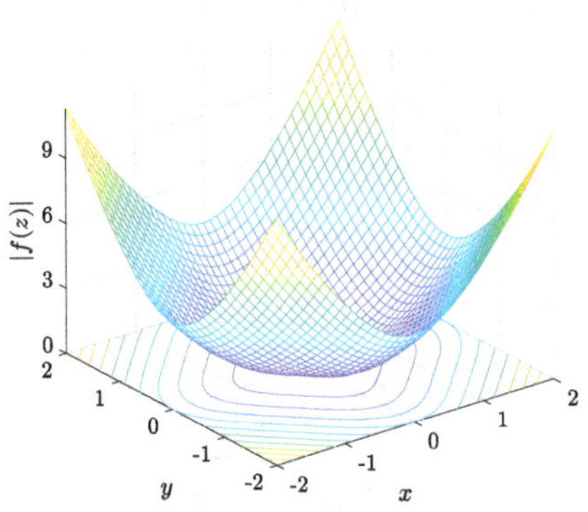

Abb. 1.1: Die Betragsfunktion und die Niveaulinien (Linien mit konstantem Betrag cst $= |f(z)|$ auch Konturlinie genannt) in der (x,y)-Ebene der Funktion: $[-2,2]^{\times 2} \ni (x,y) \mapsto f(x,y) = x^2 + y^2 + \mathrm{i}2xy$. Die Farben kodieren den Betrag der Funktion.

Mit Hilfe des Betrags lässt sich die Inverse einer von Null verschiedenen komplexen Zahl z wie folgt schreiben:

$$z^{-1} = \frac{\bar{z}}{|z|^2}, \quad z \neq 0. \tag{1.6}$$

Wenn die komplexen Zahlen z_1, z_2 als Vektoren im $\mathbb{R}^2$ aufgefasst werden, dann können wir auch einen Winkel und die Orthogonalität zwischen z_1 und z_2 definieren. Hierzu benutzen wir wie üblich das Skalarprodukt.

Definition 1.3 (Skalarprodukt). In $\mathbb{C}$ ist ein Skalarprodukt definiert über:

$$\mathbb{C} \times \mathbb{C} \ni (z_1, z_2) \mapsto \langle z_1 \mid z_2 \rangle := \Re(\bar{z}_1 z_2) \in \mathbb{R}. \tag{1.7}$$

■

Wir verwenden hier die Schreibweise des Skalarproduktes in der sogenannten *Braket*-Notation $\langle \cdot \mid \cdot \rangle$, wie sie in der Physik im Allgemeinen verwendet wird und durch P. A. M. Dirac im Rahmen einer Einführung in die Quantenmechanik eingeführt wurde [15]. In der Mathematik verwendet man typischerweise die Schreibweisen $(\cdot, \cdot)$, $(\cdot|\cdot)$.

Die Eigenschaften des Skalarproduktes werden ausführlich in Abschnitt 3.2.4 diskutiert. Diese folgen unmittelbar aus der Definition:

$$\langle z_1 \mid z_2 \rangle = \Re(x_1x_2 + y_1y_2 + \mathrm{i}(x_1y_2 - x_2y_1)) = x_1x_2 + y_1y_2 = \Re(z_1\bar{z}_2). \tag{1.8}$$

Damit ergibt sich mit Hilfe der *Cauchy-Schwarz'schen* Ungleichung [siehe Gl. (A.1a) mit $p = q = 2, n = 1$]:

$$|\langle z_1 \mid z_2 \rangle| \leq |z_1||z_2|, \quad \forall z_1, z_2 \in \mathbb{C},$$

oder expliziter

$$-1 \leq \frac{\langle z_1 \mid z_2 \rangle}{|z_1||z_2|} \leq 1, \quad z_1, z_2 \neq 0.$$

Aus dieser Ungleichung definiert sich der Cosinus des Winkels $\Phi \equiv \angle(z_1, z_2)$ zwischen den komplexen Zahlen $z_1, z_2 \neq 0$ über:

$$\cos(\Phi) := \frac{\langle z_1 \mid z_2 \rangle}{|z_1||z_2|}.$$

Aus der Definition des Betrags und Gl. (1.8) folgt dann der **Cosinussatz**:

$$|z_1 + z_2|^2 = |z_1|^2 + |z_2|^2 + 2\langle z_1 \mid z_2 \rangle, \quad \forall z_1, z_2 \in \mathbb{C}.$$

Zwei von Null verschiedene komplexe Zahlen sind dann orthogonal, wenn das Skalarprodukt verschwindet:

$$z_1 \perp z_2 \quad \Longleftrightarrow \quad \langle z_1 \mid z_2 \rangle = 0 \quad \Longleftrightarrow \quad \cos\Phi = 0$$

Dies ist äquivalent zur Definition im $\mathbb{R}^2$.

Beispiel 1.2. Betrachten wir zwei Beispiele und die grafische Darstellung in der komplexen Ebene $\mathbb{C} \cong \mathbb{R}^2$.

(i) $z_1 = -1, z_2 = -\mathrm{i}$, dann gilt:

$$\bar{z}_1 z_2 = \mathrm{i},$$
$$\langle z_1 \mid z_2 \rangle = \Re(\mathrm{i}) = 0.$$

(ii) $z_3 = 1 + \mathrm{i}/2, z_4 = 1/2 + 3\mathrm{i}/2$, dann gilt

$$\bar{z}_3 z_4 = 5(1+\mathrm{i})/4,$$
$$\langle z_3 \mid z_4 \rangle = \Re(5(1+\mathrm{i})/4) = 5/4.$$

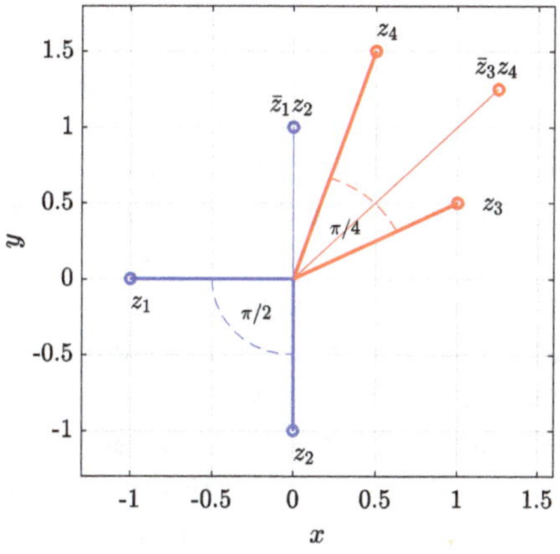

1.1.2 Verallgemeinerte komplexe Zahlen*

Komplexe Zahlen können auf verschiedene Weisen verallgemeinert werden. Der folgende Ergänzungsabschnitt gibt einen kurzen Überblick über Erweiterungen der komplexen Zahlen und deren Einbettung und Darstellungen in algebraische Strukturen.

Verallgemeinerungen der komplexen Zahlen ergeben sich aus Erweiterungen der definierenden Gleichung für die *imaginäre Einheit* i in (1.1). Erste Verallgemeinerungen der komplexen Zahlen gehen auf W. Clifford (1845–1879) zurück, der sogenannte *doppelt* komplexe Zahlen mit der Eigenschaft $\mathrm{i}^2 = +1$ einführte. Anwendungen dieser doppelt komplexen Zahlen gibt es in der *Nichteuklidischen Geometrie* [16]. Der Geometer R. Study (1862–1930) erweiterte die komplexen Zahlen zu dualen Zahlen (*Dynamen* [17]), für die gilt $\mathrm{i}^2 = 0$. Diese Zahlen finden Anwendungen im Bereich der Mechanik und Robotik [18]. Systematisch eingeführt wurde dies von I. M. Yaglom [19]. Wir geben hier eine verkürzte Darstellung an, die sich auf ein paar wesentliche Merkmale und Definitionen beschränkt und die doppelt und duale komplexen Zahlen einschließt.

Definition 1.4 (Allgemeine komplexe Zahlen). Die Menge der **allgemeinen komplexen Zahlen** ist definiert durch:

$$\mathbb{C}_{pq} := \{z = x + \mathrm{i}y \mid x, y \in \mathbb{R}, \mathrm{i}^2 = p\mathrm{i} - q,\ p, q \in \mathbb{R}\},$$

wobei wir für den Fall $p = 0$ schreiben $\mathbb{C}_q := \mathbb{C}_{0q}$. ■

Die Spezialfälle $p = 0$ und $q = 1, 0, -1$ repräsentieren die gewöhnlichen komplexen Zahlen, dualen Zahlen bzw. doppelt komplexen Zahlen. Die gewöhnlichen komplexen Zahlen sind dann gegeben durch $\mathbb{C} \equiv \mathbb{C}_1$. Die Konjugation ist weiterhin definiert durch

$$\bar{z} := x - \mathrm{i}y,$$

und der Betrag in $\mathbb{C}_q$ lautet:

$$|z|_q := \sqrt{|x^2 + qy^2|}.$$

Für $q > 0$ ergibt sich eine elliptische Geometrie, für $q = 0$ eine parabolische und für $q < 0$ eine hyperbolische Geometrie. Wie aus dem Betrag zu erkennen ist, hat der Fall $q = -1$ die geometrische Struktur der speziellen Relativitätstheorie. Der Betrag $|z|_q$ ist für $q \leq 0$ nur eine Halbnorm, da aus $|z|_q = 0$ nicht $z = 0$ folgt. Die geometrische Struktur der allgemeinen komplexen Zahlen und ihre Anwendung in der Physik ist von I. M. Yaglom umfassend diskutiert worden, siehe hierzu [16]. Im folgenden Beispiel betrachten wir eine Matrix-Darstellung von verallgemeinerten komplexen Zahlen $\mathbb{C}_q$.

Die **Darstellung** des Körpers der komplexen Zahlen $\mathbb{C}$ ist auch durch reelle nichtsinguläre 2×2 -Matrizen möglich. Um dies kurz zu skizzieren definieren wir zunächst den Begriff der Matrix-Darstellung von Gruppen.

Definition 1.5 (Matrix-Darstellung). Eine n-dimensionale **Matrix-Darstellung** einer Gruppe G ist ein Homomorphismus:

$$\mathsf{G} \ni g \mapsto \mathbf{T}(g) \in \mathsf{GL}_n(\mathbb{K}),$$

mit $n \in \mathbb{N}$, dem Körper $\mathbb{K} = \mathbb{R}(\mathbb{C})$ und der **allgemeinen linearen Gruppe** $\mathsf{GL}_n(\mathbb{K}) := \{\mathbf{T} = (T_{ij}), 1 \le i,j \le n \mid T_{ij} \in \mathbb{K}, \det \mathbf{T} \neq 0\}$, der Menge der nicht singulären $n \times n$-Matrizen in $\mathbb{K}$. ■

Aufgrund der Homomorphismus-Eigenschaft gilt:

$$\mathbf{T}(g_1)\mathbf{T}(g_2) = \mathbf{T}(g_1 g_2), \quad \mathbf{T}(g^{-1}) = \mathbf{T}^{-1}(g), \quad \mathbf{T}(e) = \mathbf{1},$$

für alle $g_1, g_2, g \in \mathsf{G}$ und dem neutralen Element $e \in \mathsf{G}$. Betrachten wir als Beispiel die Darstellung von verallgemeinerten komplexen Zahlen $\mathbb{C}_q$.

Beispiel 1.3. Gegeben sei die Menge der Matrizen

$$\mathsf{M}_q := \left\{ \mathbf{Z}_q \in \mathsf{GL}_2(\mathbb{R}) \mid \mathbf{Z}_q(x,y) := \begin{pmatrix} x & -qy \\ y & x \end{pmatrix}, q > 0, x, y \in \mathbb{R} \right\}.$$

Eine zweidimensionale reelle Matrix-Darstellung der verallgemeinerten komplexen Zahlen $z \in \mathbb{C}_q$, ist gegeben durch:

$$\mathbb{C}_q \ni z = x + \mathrm{i}y \mapsto \mathbf{Z}_q(z) \equiv \mathbf{Z}_q(x,y) \in \mathsf{M}_q.$$

Dann gilt für die Darstellung des Eins-Elementes 1 und der imaginären Einheit i aus $\mathbb{C}_q$:

$$\mathbf{Z}_q(1) = \begin{pmatrix} 1 & 0 \\ 0 & 1 \end{pmatrix} =: \mathbf{1}, \quad \mathbf{Z}_q(\mathrm{i}) = \begin{pmatrix} 0 & -q \\ 1 & 0 \end{pmatrix} =: \mathbf{I},$$

womit folgt $\mathbf{Z}_q(z) = x\mathbf{1} + y\mathbf{I}$, sowie $\mathbf{I}^2 = -q\mathbf{1}$. Die verallgemeinerten komplexen Zahlen $\mathbb{C}_q$ sind kommutativ: $z_1 z_2 = z_2 z_1$. Die Matrizen im Allgemeinen nicht, deswegen muss noch gezeigt werden, dass M_q eine kommutative Untergruppe von $\mathsf{GL}_2(\mathbb{R})$ bildet, betrachten wir dazu:

$$\mathbf{Z}_q(z_1)\mathbf{Z}_q(z_2) = (x_1\mathbf{1} + y_1\mathbf{I})(x_2\mathbf{1} + y_2\mathbf{I}) = (x_1x_2 - qy_1y_2)\mathbf{1} + (x_1y_2 + y_1x_2)\mathbf{I} \in \mathsf{M}_q.$$

Die Kommutativität ist daraus unmittelbar ersichtlich, denn:

$$\mathbf{Z}_q(z_1)\mathbf{Z}_q(z_2) = \mathbf{Z}_q(z_1z_2) = \mathbf{Z}_q(z_2z_1) = \mathbf{Z}_q(z_2)\mathbf{Z}_q(z_1).$$

Eine Normfunktion - man achte dabei auf $q > 0$ - auf M_q ist über die Determinante gegeben und wir erhalten:

$$|z|_q = \sqrt{\det \mathbf{Z}_q(z)} = \sqrt{x^2 + qy^2} \geq 0.$$

Für $q = 1$ reduziert sich dies auf den bekannten Fall für die komplexen Zahlen $\mathbb{C} = \mathbb{C}_1$. Die adjungierte Matrix $\bar{\mathbf{Z}}_q(z)$ definieren wir dann über die Homomorphismus-Eigenschaft und der Relation $\bar{z} = z^{-1}|z|^2$ aus (1.6):

$$\bar{z} \mapsto \bar{\mathbf{Z}}_q(z) = \mathbf{Z}_q(z)^{-1} \det \mathbf{Z}_q(z) = \begin{pmatrix} x & qy \\ -y & x \end{pmatrix} = \mathbf{Z}_q(\bar{z}).$$

Ein Skalarprodukt (1.7) kann mithilfe der Spur $\operatorname{Sp} \mathbf{T} \equiv T_{11} + T_{22}$ in M_q definiert werden:

$$\langle z_1 \mid z_2 \rangle_{\mathsf{M}_q} := \frac{\operatorname{Sp}(\bar{\mathbf{T}}_q(z_1)\mathbf{T}_q(z_2))}{2} = \frac{\operatorname{Sp}(\mathbf{T}_q(\bar{z}_1 z_2))}{2} = x_1x_2 + qy_1y_2 = \langle z_1 \mid z_2 \rangle. \qquad \diamond$$

Damit schließen wir diese Ergänzung zu den verallgemeinerten komplexen Zahlen ab und gehen über zu der Polarkoordinatendarstellung komplexer Zahlen.

1.1.3 Polarkoordinaten

Für das praktische Rechnen und zur besseren Interpretation ist die Darstellung der komplexen Zahlen durch Polarkoordinaten wichtig. Eine dabei und im Allgemeinen besonders wichtige Funktion ist die komplexe **Exponentialfunktion**:

$$\mathbb{C} \ni z \mapsto \mathrm{e}^z = \mathrm{e}^{x+\mathrm{i}y} \in \mathbb{C}. \tag{1.9}$$

Setzen wir die Definition und die Eigenschaften der Exponentialfunktion im Reellen voraus, dann definieren wir diese im Komplexen über eine entsprechende Reihendarstellung:

$$\mathrm{e}^z := \sum_{n=0}^{\infty} \frac{z^n}{n!}.$$

Diese Darstellung ist wohldefiniert, denn

$$|\mathrm{e}^z| = \left| \sum_{n=0}^{\infty} \frac{z^n}{n!} \right| \leq \sum_{n=0}^{\infty} \frac{|z|^n}{n!} = \mathrm{e}^{|z|}.$$

Die Exponentialfunktion genügt der Funktionalgleichung:

$$\mathrm{e}^{z_1}\mathrm{e}^{z_2} = \mathrm{e}^{z_1+z_2}, \quad \mathrm{e}^0 = 1, \quad \forall z_1, z_2 \in \mathbb{C},$$

die ebenso als Definition hätte verwendet werden können.

Der Real- und Imaginärteil von $\mathrm{e}^{x+\mathrm{i}y}$ ist in der Abbildung 1.2 dargestellt. Für den Betrag folgt unmittelbar aus der Funktionalgleichung: $|\mathrm{e}^z| = |\mathrm{e}^x \mathrm{e}^{\mathrm{i}y}| = \mathrm{e}^x \sqrt{\mathrm{e}^{\mathrm{i}y}\mathrm{e}^{-\mathrm{i}y}} = \mathrm{e}^x$.

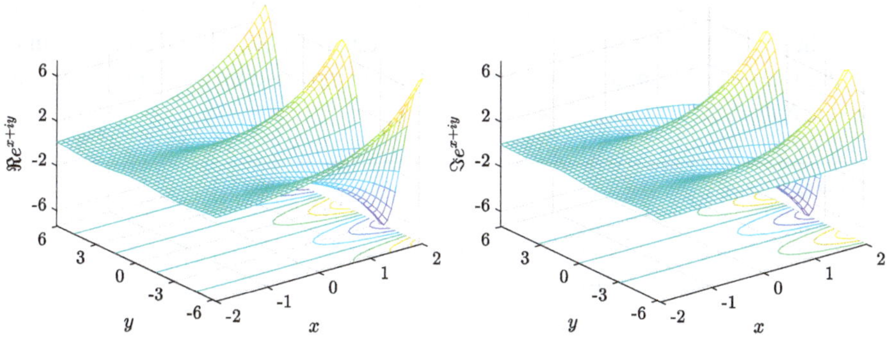

Abb. 1.2: Real- und Imaginärteil der komplexen Exponentialfunktion e^z aus Gl. (1.9) zusammen mit Niveaulinien in der (x, y)-Ebene.

Nun leiten wir die Euler'sche Formel ab, die nicht nur in der Physik eine sehr wichtige Relation ist.

Lemma 1.1 (Euler'sche Formel). *Für alle $z \in \mathbb{C}$ gilt:*

$$\mathrm{e}^{\mathrm{i}z} = \cos z + \mathrm{i}\sin z.$$

Beweis. Der Beweis wird mittels der Definition der Exponentialfunktion über die Reihendarstellung geführt:

$$\begin{aligned}\mathrm{e}^{\mathrm{i}z} &= \sum_{n=0}^{\infty} \frac{(\mathrm{i}z)^n}{n!} = \sum_{n=0}^{\infty} \frac{\mathrm{i}^{2n} z^{2n}}{(2n)!} + \sum_{n=0}^{\infty} \frac{\mathrm{i}^{2n+1} z^{2n+1}}{(2n+1)!} \\ &= \sum_{n=0}^{\infty} \frac{(-)^n z^{2n}}{(2n)!} + \mathrm{i} \sum_{n=0}^{\infty} \frac{(-)^n z^{2n+1}}{(2n+1)!} \\ &= \cos z + \mathrm{i}\sin z.\end{aligned}$$

Im letzten Schritt wurden die aus der reellen Analysis bekannten Darstellungen der trigonometrischen Funktionen verwendet, sowie analog zu e^z die absolute Konvergenz der Reihendarstellungen. □

LEONHARD EULER hat diese Relation zuerst 1748 in seiner Arbeit *Introductio in analysin infinitorum* veröffentlicht [20]. Für den Fall $z = \pi$ folgt die bekannte Darstellung $\mathrm{e}^{\mathrm{i}\pi} = -1$.

Aus der Euler'schen Formel leiten sich unmittelbar die nützlichen Relationen für die trigonometrischen Funktionen ab:

$$\cos z = \frac{e^{iz} + e^{-iz}}{2}, \qquad \sin z = \frac{e^{iz} - e^{-iz}}{2i}, \qquad \forall z \in \mathbb{C}. \tag{1.10}$$

Aus diesen Gleichungen erhalten wir die Beziehung zwischen trigonometrischen und hyperbolischen Funktionen über $\cos(iz) = \cosh z$ und $\sin(iz) = i \sinh z$. Die trigonometrischen und hyperbolischen Funktionen mit komplexen Argumenten können über die Additionstheoreme in Real- und Imaginärteil zerlegt werden, betrachte hierzu die folgende Aufgabe.

Zeige die Relationen:

$$\begin{aligned}
\cos(x + iy) &= \cos x \cosh y - i \sin x \sinh y,\\
\sin(x + iy) &= \sin x \cosh y + i \cos x \sinh y,\\
\cosh(iy) &= \cos(y),\\
\sinh(iy) &= i \sin(y).
\end{aligned}$$

Lösung: Dazu wird die Relation (1.10) mit $z = x + iy$ verwendet:

$$\begin{aligned}
\cos(x + iy) &= \frac{(\cos x + i \sin x)e^{-y} + (\cos x - i \sin x)e^{y}}{2}\\
&= \frac{e^{y} + e^{-y}}{2} \cos x - i \frac{e^{y} - e^{-y}}{2} \sin x = \cosh y \cos x - i \sinh y \sin x,\\
\sin(x + iy) &= \frac{(\cos x + i \sin x)e^{-y} - (\cos x - i \sin x)e^{y}}{2i}\\
&= \frac{e^{y} + e^{-y}}{2} \sin x + i \frac{e^{y} - e^{-y}}{2} \cos x = \cosh y \sin x + i \sinh y \cos x.
\end{aligned}$$

Daraus folgt für den Spezialfall mit der Ersetzung: $(x, y) \to (0, iy)$:

$$\begin{aligned}
\cos\left(i^2 y\right) &= \cos(y) = \cosh(iy),\\
\sin\left(i^2 y\right) &= -\sin(y) = i \sinh(iy).
\end{aligned}$$

◇

Die Polarkoordinaten-Darstellung von komplexen Zahlen wird nun mithilfe der komplexen Exponentialfunktion definiert.

Definition 1.6 (Polarkoordinaten). Die Darstellung einer komplexen Zahl z in der komplexen Ebene $\mathbb{C}$ mit

$$z = r(\cos \varphi + i \sin \varphi) = re^{i\varphi}, \qquad r = |z|, \qquad \varphi \in]-\pi, \pi], \tag{1.11}$$

nennen wir **Polarkoordinaten-Darstellung** und $\arg z \equiv \varphi$ das **Argument** von z, das in der Physik oft als **Phase** bezeichnet wird. ■

Daraus folgt $|\Re z| \leq |z|$ und $|\Im z| \leq |z|$, sowie $\arg \bar{z} = -\arg z$. Den Winkel $\varphi = \arg z$ aus (1.11) nennt man auch den Hauptwert. Dieser kann durch die atan2-Funktion ausgedrückt werden:

$$\mathbb{R}^2 \ni (x, y) \mapsto \varphi = \operatorname{atan2}(y, x) \in [-\pi, \pi],$$

mit der Definition

$$\operatorname{atan2}(y, x) := \begin{cases} \arctan(y/x) & : x > 0, \\ \arctan(y/x) + \pi & : x < 0, y \geq 0, \\ \arctan(y/x) - \pi & : x < 0, y < 0, \\ \operatorname{sign}(y)\pi/2 & : x = 0. \end{cases} \tag{1.12}$$

Hier ist die Funktion arctan der Hauptwert der Arcustangens-Funktion, deren Zweige in der Abbildung 1.3 dargestellt sind.

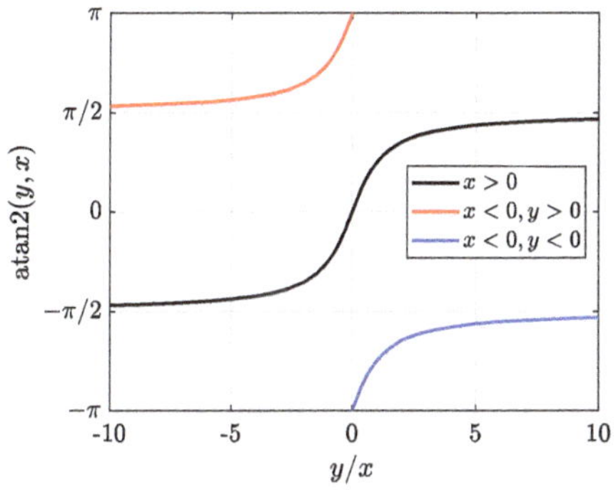

Abb. 1.3: Die atan2(y, x)-Funktion für die drei Zweige aus Gl. (1.12).

Die Notation atan2 wurde zuerst in Programmiersprachen eingeführt und ist in den meisten wissenschaftlichen Programmiersprachen neben der arctan-Funktion als solche definiert.

Die Multiplikation in Polarkoordinaten-Darstellung ist damit gegeben durch:

$$z_1 z_2 = r_1 r_2 e^{i(\varphi_1 + \varphi_2)}.$$

Statt des Intervalls $]-\pi, \pi]$ werden wir auch das Intervall $[0, 2\pi[$ verwenden. Jedes halboffene Intervall der Länge 2π kann in der Polarkoordinaten-Darstellung äquivalent genutzt werden.

Die Multiplikation zweier komplexen Zahlen stellt somit eine **Drehstreckung** dar, dies wird im folgenden Beispiel veranschaulicht.

Beispiel 1.4. Betrachte die komplexen Zahlen $z_1 = (1 + i)/2, z_2$ und $= (1 + i\sqrt{3})/2$, dann folgt für die Beträge und Argumente:

$$r_1 = |z_1| = \frac{1}{\sqrt{2}}, \quad \varphi_1 = \operatorname{atan2}(1/2, 1/2) = \arctan(1) = \frac{\pi}{4},$$

$$r_2 = |z_2| = 1, \qquad \varphi_2 = \operatorname{atan2}(\sqrt{3}/2, 1/2) = \arctan(\sqrt{3}) = \frac{\pi}{3}.$$

Damit folgt zum einen für das Produkt aus (1.2):

$$z_1 z_2 = \frac{1+\mathrm{i}}{2}\frac{1+\mathrm{i}\sqrt{3}}{2} = \frac{1}{4}(1-\sqrt{3}) + \mathrm{i}\frac{1}{4}(1+\sqrt{3}),$$

und zum anderen in Polarkoordinaten-Darstellung mit dem Argument von $z_1 z_2$:

$$\varphi_1 + \varphi_2 = \arg(z_1 z_2) = \pi + \arctan\left(\frac{1+\sqrt{3}}{1-\sqrt{3}}\right) = \pi - \arctan(2+\sqrt{3}) = \frac{7\pi}{12}.$$

Damit gilt schließlich in Polarkoordinaten:

$$z_1 z_2 = \frac{1}{\sqrt{2}} \mathrm{e}^{\mathrm{i}7\pi/12}.$$

In Abbildung 1.4 ist die Addition und die Multiplikation grafisch dargestellt. ◇

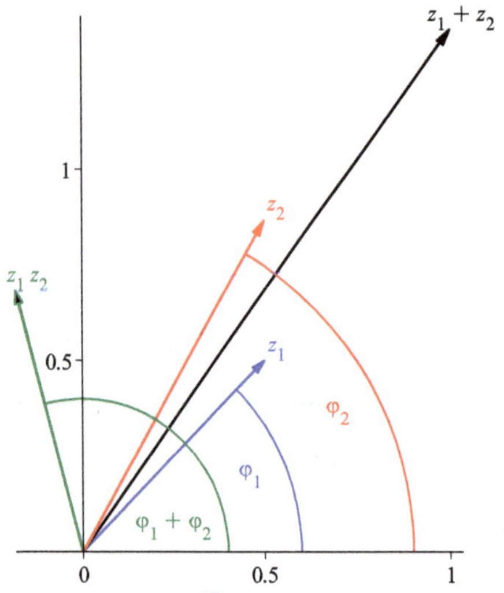

Abb. 1.4: Die Addition und Multiplikation der komplexen Zahlen $z_1 = (1+\mathrm{i})/2 = \mathrm{e}^{\mathrm{i}\pi/4}$ und $z_2 = (1+\mathrm{i}\sqrt{3})/2 = \mathrm{e}^{\mathrm{i}\pi/3}$. Die Länge der Vektoren, also die Beträge der komplexen Zahlen, sind gegeben durch $|z_1| = r_1 = 1/\sqrt{2}$, $|z_2| = r_2 = 1$ und $|z_1 z_2| = 1/\sqrt{2}$, sowie $|z_1 + z_2| = \sqrt{2+\sqrt{3}/2}$.

Betrachten wir noch kurz den Winkel $\Phi = \angle(z_1, z_2)$ zwischen zwei von Null verschiedenen komplexen Zahlen, den wir aus dem Skalarprodukt mit Polarkoordinaten ableiten können:

$$\cos\Phi = \frac{\langle z_1 \mid z_2 \rangle}{|z_1||z_2|} = \cos\varphi_1 \cos\varphi_2 + \sin\varphi_1 \sin\varphi_2 = \cos(\varphi_1 - \varphi_2).$$

Wir definieren einen Winkel $\Phi \in [0, 2\pi[$ zwischen z_1 und z_2 ausgehend von z_1 in mathematisch positiver Drehrichtung, also entgegen dem Uhrzeigersinn:

$$\Phi = \angle(z_1, z_2) = \arg(z_2/z_1) := \begin{cases} \varphi_2 - \varphi_1 & : \varphi_2 > \varphi_1, \\ 2\pi + \varphi_2 - \varphi_1 & : \varphi_2 \leq \varphi_1. \end{cases}$$

Gegeben sei die sogenannte **Kardinalsinus**-Funktion:[1]

$$\mathbb{C} \ni z \mapsto \operatorname{sinc}(z) := \begin{cases} \frac{\sin z}{z} & : z \neq 0, \\ 1 & : z = 0. \end{cases} \tag{1.13}$$

Gib Real- und Imaginärteil, sowie den Betrag der Funktion $\operatorname{sinc}(z)$ an und stelle den Realteil und Betrag grafisch dar.

Lösung: Zunächst sei bemerkt, dass die Funktion in $z = 0$ stetig fortgesetzt ist. Wir verwenden $\sin z = \sin(x + \mathrm{i}y) = \sin x \cosh y + \mathrm{i} \cos x \sinh y$ und berechnen zuerst den Realteil über (1.3):

$$\begin{aligned} \Re\left(\frac{\sin z}{z}\right) &= \frac{\sin z}{2z} + \frac{\sin \bar{z}}{2\bar{z}} = \frac{(x - \mathrm{i}y)\sin(x + \mathrm{i}y) + (x + \mathrm{i}y)\sin(x - \mathrm{i}y)}{2(x^2 + y^2)} \\ &= \frac{x \sin x \cosh y + y \cos x \sinh y}{x^2 + y^2}. \end{aligned}$$

Analog folgt für den Imaginärteil:

$$\Im\left(\frac{\sin z}{z}\right) = \frac{\sin z}{2\mathrm{i}z} - \frac{\sin \bar{z}}{2\mathrm{i}\bar{z}} = \frac{x \cos x \sinh y - y \sin x \cosh y}{x^2 + y^2}.$$

Zur Berechnung des Betrages verwenden wir (1.5) und erhalten damit:

$$|\operatorname{sinc} z| = \sqrt{\frac{\sin(x + \mathrm{i}y)\sin(x - \mathrm{i}y)}{x^2 + y^2}} = \sqrt{\frac{(\sin x \cosh y)^2 + (\cos x \sinh y)^2}{x^2 + y^2}}.$$ ◇

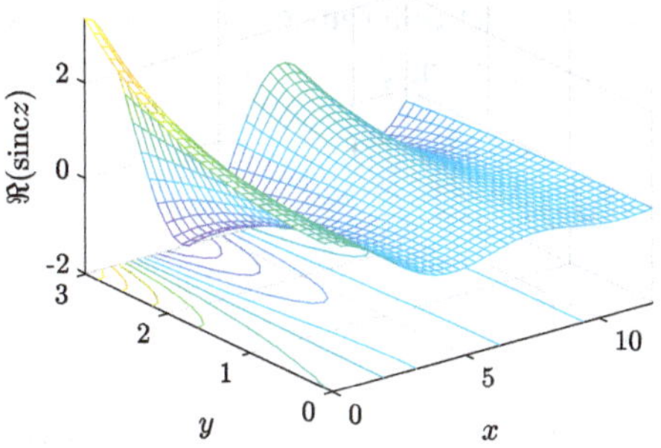

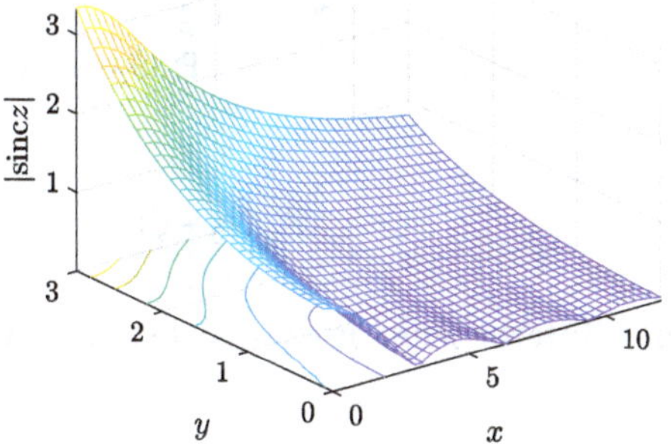

---

1 Die Kardinalsinus-Funktion geht auf P. M. Woodward (1953) zurück.

1.2 Holomorphe Funktionen

Wir übernehmen hier die aus der reellen Analysis bekannte Definition der Differenzierbarkeit und übertragen diese auf komplexe Zahlen. Es wird immer angenommen, dass $\mathbb{U}$ ein Bereich aus $\mathbb{C}$ ist, also insbesondere offen und nicht leer ist. Wir führen zunächst die komplexe Differenzierbarkeit ein und vergleichen diese dann mit der reellen Differenzierbarkeit und arbeiten deren Unterschiede heraus.

1.2.1 Komplex differenzierbar

Die Differenzierbarkeit kann auf verschiedene äquivalente Weisen definiert werden. Eine ausführliche und vergleichende Diskussion in der reellen Analysis wird z. B. im Lehrbuch *Analysis 1* [3] gegeben. Eine der möglichen Definitionen übertragen wir auf den Körper der komplexen Zahlen.

Definition 1.7 (Komplex differenzierbar). Eine komplexe Funktion f auf $\mathbb{U} \subset \mathbb{C}$ heißt in $z_0 \in \mathbb{U}$ **komplex differenzierbar**, wenn es eine in z_0 stetige Funktion $\Delta^f_{z_0} : \mathbb{U} \to \mathbb{C}$ gibt mit der Eigenschaft:

$$f(z) = f(z_0) + (z - z_0)\Delta^f_{z_0}(z), \quad \forall z \in \mathbb{U}.$$

Die Funktion $\Delta^f_{z_0}(z_0)$ heißt die **Ableitung** von f nach z im Punkt z_0, für die es verschiedene Schreibweisen gibt, die allesamt in der Physik gebräuchlich sind:

$$\Delta^f_{z_0}(z_0) \equiv \left.\frac{\mathrm{d}f(z)}{\mathrm{d}z}\right|_{z=z_0} \equiv \frac{\mathrm{d}f}{\mathrm{d}z}(z_0) \equiv \partial_z f(z_0) \equiv f'(z_0).$$ ■

Genauso wie im Reellen folgt deswegen, aufgrund der Differenzierbarkeit der Funktion f in z_0, die Stetigkeit der Funktion $f(z)$. Definieren wir $\zeta := z - z_0$, dann nennen wir

$$\Delta^f_{z_0}(z_0 + \zeta) = \frac{f(z_0 + \zeta) - f(z_0)}{\zeta}, \quad \zeta \neq 0,$$

den **Differenzenquotient** und den Grenzwert

$$\lim_{\mathbb{C} \ni \zeta \to 0} \Delta^f_{z_0}(z_0 + \zeta) = f'(z_0), \tag{1.14}$$

den **Differentialquotient**. Über den Differenzen- und Differentialquotienten kann die komplexe Differenzierbarkeit ebenso definiert werden.

Für unsere Zwecke hier ist jedoch der Zugang über die Definition 1.7 geeigneter. Aufgrund der Stetigkeit von $\Delta^f_{z_0}(z)$ in z_0 muss der Limes unabhängig vom Weg in $\mathbb{C}$ sein. Betrachten wir statt eines einzelnen Punktes z_0 Umgebungen von Punkten in $\mathbb{C}$ bzw.

Bereiche $\mathbb{U}$, dann führt dies auf den Begriff der **Holomorphie** von komplexwertigen Funktionen.

Definition 1.8 (holomorph). Eine Funktion f ist **holomorph** in $\mathbb{U}$, wenn sie überall in $\mathbb{U}$ komplex differenzierbar ist. Eine im Punkt $z_0 \in \mathbb{C}$ holomorphe Funktion ist eine in einer Umgebung des Punktes z_0 komplex differenzierbare Funktion. ■

In der Physik nennt man solche Funktionen auch **analytische Funktionen**. Für eine auf ganz $\mathbb{U}$ komplex differenzierbare Funktion $f(z)$ schreiben wir dann auch, wie im Reellen üblich, Ableitungen als:

$$f'(z) = f^{(1)}(z) = \frac{\mathrm{d}f(z)}{\mathrm{d}z}.$$

Für höhere Ableitungen verwenden wir analog die Notation:

$$f''(z) = f^{(2)}(z) = \frac{\mathrm{d}^2 f(z)}{\mathrm{d}z^2}, \quad \ldots, \quad f^{(n)}(z) = \frac{\mathrm{d}^n f(z)}{\mathrm{d}z^n},$$

wobei gelegentlich, wenn die Situation es erfordert, die Schreibweise $f^{(0)}(z) = f(z)$ verwendet wird. An dieser Stelle geben wir ohne Beweise, die aus der reellen Analysis bekannten Differentiations-Eigenschaften an. Diese können direkt aus dem Reellen übertragen werden.

Satz 1.1 (Ableitungsregeln). *Es seien in z_0 komplex differenzierbare Funktionen $f_1(z)$ und $f_2(z)$ gegeben, dann gilt:*

$$\begin{aligned}(f_1 + f_2)'(z_0) &= f_1'(z_0) + f_2'(z_0),\\ (f_1 f_2)'(z_0) &= f_1'(z_0) f_2(z_0) + f_1(z_0) f_2'(z_0),\\ (f_1/f_2)'(z_0) &= \frac{f_1'(z_0) f_2(z_0) - f_1(z_0) f_2'(z_0)}{f_2(z_0)^2} \quad \text{für } f_2(z_0) \neq 0.\end{aligned}$$

Ebenso gilt die aus der reellen Analysis bekannte Kettenregel auch im Komplexen.

Satz 1.2 (Kettenregel). *Es sei $f_1 : \mathbb{U}_1 \to \mathbb{U}_2$ in $z_0 \in \mathbb{U}_1$ komplex differenzierbar und $f_2 : \mathbb{U}_2 \to \mathbb{C}$ in $w_0 = f_1(z_0) \in \mathbb{U}_2$ komplex differenzierbar, dann ist $(f_2 \circ f_1)(z)$ in z_0 komplex differenzierbar und es gilt:*

$$(f_2 \circ f_1)'(z_0) = \frac{\mathrm{d}f_2(f_1(z))}{\mathrm{d}z}(z_0) = f_2'(w_0) f_1'(z_0).$$

Betrachten wir die komplexe Differenzierbarkeit für verschiedene wichtige Beispiele und diskutieren dabei die gerade eingeführten Größen.

Beispiel 1.5. Sei $\mathbb{C} \ni z \mapsto f(z) = z^n, n \in \mathbb{N}$, dann folgt mit Hilfe des Differentialquotientens (1.14) für alle $z_0 \in \mathbb{C}$:

$$\Delta_{z_0}^{z^n}(z_0) = \lim_{\zeta\to 0} \frac{(z_0+\zeta)^n - z_0^n}{\zeta} = \lim_{\zeta\to 0} \sum_{l=1}^{n} \binom{n}{l} z_0^{n-l}\zeta^{l-1} = \binom{n}{1} z_0^{n-1} = n z_0^{n-1}.$$

Dies gilt für jeden beliebigen Weg $\zeta \to 0$, damit ist das Monom $p_n(z) := z^n$ überall in $\mathbb{C}$ komplex differenzierbar und damit auch jedes Polynom n-ter Ordnung. ◇

Damit sind auch alle Polynome $p(z)$ komplex differenzierbar. Rationale Funktionen $p(z)/q(z)$ sind bis auf die Menge der Nullstellen des Polynoms $q(z)$ komplex differenzierbar. Im nächsten Beispiel betrachten wir eine sehr einfache nirgends komplex differenzierbare Funktion.

Beispiel 1.6. Sei $\mathbb{C} \ni z \mapsto f(z) = \bar{z}$, dann gilt mit $\zeta = r\mathrm{e}^{\mathrm{i}\varphi}, \varphi \in]-\pi, \pi]$:

$$\Delta_{z_0}^{\bar{z}}(z_0) = \lim_{r\to 0} \frac{f(z_0 + r\mathrm{e}^{\mathrm{i}\varphi}) - f(z_0)}{r\mathrm{e}^{\mathrm{i}\varphi}} = \lim_{r\to 0} \frac{\bar{z}_0 + r\mathrm{e}^{-\mathrm{i}\varphi} - \bar{z}_0}{r\mathrm{e}^{\mathrm{i}\varphi}} = \mathrm{e}^{-2\mathrm{i}\varphi}, \quad \forall\varphi.$$

Damit ist der Limes (1.14) nicht eindeutig und es gibt keine in $z_0 \in \mathbb{C}$ stetige Funktion $\Delta_{z_0}^{\bar{z}}(z_0)$. Das bedeutet, $f(z) = \bar{z}$ ist in $z_0 \in \mathbb{C}$ nicht komplex differenzierbar. Da dies für alle $z_0 \in \mathbb{C}$ gilt, ist $\bar{z}$ *nirgendwo* in $\mathbb{C}$ komplex differenzierbar, obwohl es eine lineare Funktion in $\bar{z}$ ist. ◇

Deswegen ist bei der Betrachtung der komplexen Differenzierbarkeit von Funktionen in denen explizit $\bar{z}$ vorkommt besondere Vorsicht angebracht. Ganz analog geht die Argumentation im folgenden dritten Beispiel.

Beispiel 1.7. Sei $\mathbb{C} \ni z \mapsto f(z) = \Re z$, dann folgt:

$$\Delta_{z_0}^{\Re z}(z_0) = \lim_{\zeta\to 0} \frac{\Re(z_0+\zeta) - \Re(z_0)}{\zeta} = \lim_{\zeta\to 0} \frac{\Re\zeta}{\zeta}.$$

Wählen wir zwei verschiedene Wege mit $\alpha \in \mathbb{R}, \alpha \to 0$, dann folgt einerseits mit $\zeta = \alpha$: $\Delta_{z_0}^{\Re z}(z_0) = 1$ und andererseits mit $\zeta = \mathrm{i}\alpha$: $\Delta_{z_0}^{\Re z}(z_0) = 0$, jeweils für alle $z_0 \in \mathbb{C}$. Damit folgt, $\Re z$ ist nicht komplex differenzierbar. ◇

Ebenso ist die Funktion $f(z) = \Im z$ nicht komplex differenzierbar. Es kann gezeigt werden, dass eine stetige Funktion $f(z)$ holomorph in $\mathbb{U}$ ist, wenn der Grenzwert des Differentialquotients in jedem Punkt $z_0 \in \mathbb{U}$ entlang zweier beliebiger nicht kollinearer Geraden durch z_0 gleich ist. Wir erkennen aus den Beispielen, dass es einfache stetige Funktionen gibt, die nirgends komplex differenzierbar sind. Dies ist eine Eigenschaft, die es in dieser einfachen Form im Reellen nicht gibt. Die Eigenschaft der Holomorphie geht damit über die Differenzierbarkeit im Reellen hinaus, indem sie deutlich einschränkender ist.

Diskutiere die komplexe Differenzierbarkeit der folgenden Funktionen $\mathbb{C} \ni z \mapsto f_n(z)$:

$$f_1(z) := \operatorname{sinc} z; \quad f_2(z) := |z|^2; \quad f_3(z) := \frac{az+b}{cz+d}, \quad a,b,c,d \in \mathbb{C}.$$

Lösung:
$n = 1$: Die Funktion $f_1(z) = \operatorname{sinc} z$ ist in Gl. (1.13) definiert, sie ist in $z = 0$ stetig fortgesetzt. Da $\sin z$ und z in ganz $\mathbb{C}$ komplex differenzierbar sind gilt für $z \neq 0$:

$$\frac{\mathrm{d}}{\mathrm{d}z} \operatorname{sinc} z = \frac{z \cos z - \sin z}{z^2} \xrightarrow{z\to 0} 0.$$

Dies ist konsistent mit der direkten Darstellung der komplexen Differenzierbarkeit in $z_0 = 0$ über den Differentialquotienten:

$$\lim_{\zeta\to 0} \Delta_0^{\operatorname{sinc}}(\zeta) = \lim_{\zeta\to 0} \frac{\operatorname{sinc}\zeta - 1}{\zeta} = 0.$$

$n = 2$: Bei der Funktion $f_2(z) = |z|^2 = z\bar{z}$ ist wiederum der Fall $z = 0$ besonders zu betrachten. Die Funktion $\bar{z}z$ ist das Produkt einer komplex differenzierbaren Funktion und einer nirgends komplex differenzierbaren Funktion. Hier könnte man eventuell erwarten, dass auch $\bar{z}z$ nirgends komplex differenzierbar ist. Schauen wir uns deswegen den Differenzenquotienten an und setzen, wie in den Beispielen zuvor $\zeta = r\mathrm{e}^{\mathrm{i}\varphi}$:

$$\lim_{r\to 0} \Delta_{z_0}^{z\bar{z}}(z_0 + \zeta) = \lim_{r\to 0} \frac{(z_0 + r\mathrm{e}^{\mathrm{i}\varphi})(\bar{z}_0 + r\mathrm{e}^{-\mathrm{i}\varphi}) - |z_0|^2}{r\mathrm{e}^{\mathrm{i}\varphi}} = \bar{z}_0 + \mathrm{e}^{-2\mathrm{i}\varphi} z_0.$$

Das bedeutet, dass für $z_0 \neq 0$ die Funktion $\bar{z}z$ nicht komplex differenzierbar ist, aber für $z_0 = 0$ ist sie komplex differenzierbar und es gilt $\Delta_0^{\bar{z}z}(0) = 0$.
$n = 3$: Die Funktion $f_3(z)$ ist der Quotient zweier linearer Funktionen und damit in $z \in \mathbb{C} \setminus \{-d/c\}$ definiert und stetig. Ist $c = 0$, so handelt es sich um eine einfache lineare Funktion. Nehmen wir an $c \neq 0$, dann kann man schreiben:

$$f_3(z) = \frac{a}{c} + \frac{bc - ad}{c(cz + d)}.$$

Das bedeutet $f_3(z) = a/c$ ist konstant für $ad = bc$ und damit ebenso trivial. Deswegen nehmen wir an, dass des Weiteren gilt $ad \neq bc$, dann ist $f_3(z)$ eine sogenannte Möbius-Transformation und es gilt für die Ableitung:

$$f_3'(z) = \frac{ad - bc}{(cz + d)^2}, \quad z \in \mathbb{C} \setminus \{-d/c\}.$$

Die Möbius-Transformation werden wir später noch ausführlich besprechen. ◇

Im nächsten Abschnitt diskutieren wir in Analogie zur komplexen Differenzierbarkeit die reelle Differenzierbarkeit von komplexen Funktionen.

1.2.2 Reell differenzierbar

Für das Verständnis der komplexen Differenzierbarkeit ist es wichtig, den genauen Zusammenhang der komplexen Differenzierbarkeit in $\mathbb{C}$ und der reellen Differenzierbarkeit in $\mathbb{R}^2$ zu verstehen. Deswegen betrachten wir als Nächstes komplexwertige Funktionen, die wir über die Beziehung (1.4) nach den reellen Variablen x und y differenzieren wollen. Hierzu benötigen wir zunächst den Begriff der reellen Differenzierbarkeit komplexwertiger Funktionen.

Definition 1.9 (Reell differenzierbar). Eine Funktion $f : \mathbb{U} \to \mathbb{C}$ heißt im Punkt $z_0 \in \mathbb{U}$ **reell differenzierbar**, wenn es in $z_0 = x_0 + \mathrm{i}y_0$ stetige Funktionen $\Delta^f_{x_0}(x,y)$ und $\Delta^f_{y_0}(x,y)$ gibt, so dass gilt:

$$f(x,y) = f(x_0,y_0) + (x - x_0)\Delta^f_{x_0}(x,y) + (y - y_0)\Delta^f_{y_0}(x,y). \tag{1.15}$$

Die Funktionen $\Delta^f_{x_0}(x_0,y_0)$ und $\Delta^f_{y_0}(x_0,y_0)$ nennen wir die partiellen Ableitungen nach x bzw. y im Punkt z_0, und schreiben dafür äquivalent:

$$\begin{aligned}
\Delta^f_{x_0}(x_0,y_0) &= \left.\frac{\partial f(x,y)}{\partial x}\right|_{(x_0,y_0)} := \partial_x f(x,y)|_{(x_0,y_0)} \equiv \partial_x f(x_0,y_0),\\
\Delta^f_{y_0}(x_0,y_0) &= \left.\frac{\partial f(x,y)}{\partial y}\right|_{(x_0,y_0)} := \partial_y f(x,y)|_{(x_0,y_0)} \equiv \partial_y f(x_0,y_0).
\end{aligned}$$

■

Im Punkt (x_0,y_0) sind die Funktionen $\Delta^f_{x_0}(x,y)$ und $\Delta^f_{y_0}(x,y)$ eindeutig bestimmt und mit Gl. (1.4) folgt:

$$\begin{aligned}
\partial_x f(x,y) &= \partial_x g(x,y) + \mathrm{i}\partial_x h(x,y),\\
\partial_y f(x,y) &= \partial_y g(x,y) + \mathrm{i}\partial_y h(x,y).
\end{aligned}$$

Daraus folgt wiederum $\overline{\partial_x f} = \partial_x \bar{f}$ und $\overline{\partial_y f} = \partial_y \bar{f}$.

Beispiel 1.8. In Beispiel 1.6 haben wir gesehen, dass $f(z) = \bar{z}$ nirgendwo komplex differenzierbar ist, aber $\bar{z}$ ist reell differenzierbar, denn zum einen gilt:

$$\bar{z} = \bar{z}_0 + (x - x_0) - \mathrm{i}(y - y_0)$$

und zum anderen müssen für die reelle Differenzierbarkeit von $\bar{z}$ stetige Funktionen $\Delta^{\bar{z}}_{x_0} = \Delta^{\bar{z}}_{x_0}(x,y)$ und $\Delta^{\bar{z}}_{y_0} = \Delta^{\bar{z}}_{y_0}(x,y)$ geben, so dass gilt:

$$\bar{z} = \bar{z}_0 + (x - x_0)\Delta^{\bar{z}}_{x_0} + (y - y_0)\Delta^{\bar{z}}_{y_0}.$$

Wählt man $\Delta^{\bar{z}}_{x_0} = 1$ und $\Delta^{\bar{z}}_{y_0} = -\mathrm{i}$, so sind diese stetig, woraus die reelle Differenzierbarkeit folgt. ◇

Es muss demnach noch eine weitere Eigenschaft von reell differenzierbare Funktionen geben, damit diese auch komplex differenzierbar sind. Um diese zu finden drücken wir zunächst Gl. (1.15) durch die komplexen Variablen $z, \bar{z}$ aus und führen die Wirtinger-Ableitungen ein.

Satz 1.3 (Wirtinger-Ableitungen). *Eine Funktion f ist in $z_0 \in U$ genau dann reell differenzierbar, wenn es in z_0 stetige Funktionen $\Delta^f_{z_0}(z)$ und $\bar{\Delta}^f_{z_0}(z)$ gibt, so dass gilt:*

$$f(z) = f(z_0) + (z - z_0)\Delta^f_{z_0}(z) + (\bar{z} - \bar{z}_0)\bar{\Delta}^f_{z_0}(z). \tag{1.16}$$

An der Stelle $z = z_0$ gilt:

$$\Delta^f_{z_0}(z_0) = \frac{1}{2}[\partial_x f(z_0) - \mathrm{i}\partial_y f(z_0)] = \partial_z f(z_0), \tag{1.17a}$$

$$\bar{\Delta}^f_{z_0}(z_0) = \frac{1}{2}[\partial_x f(z_0) + \mathrm{i}\partial_y f(z_0)] = \partial_{\bar{z}} f(z_0). \tag{1.17b}$$

Diese Ableitungen nennt man auch die ***Wirtinger-Ableitungen*** *der Funktion f.*

Beweis. Setzen wir

$$x - x_0 = \frac{1}{2}(z - z_0 + \bar{z} - \bar{z}_0), \quad y - y_0 = \frac{1}{2\mathrm{i}}(z - z_0 - \bar{z} + \bar{z}_0)$$

in Gl. (1.15) ein und stellen entsprechend nach $z = x + \mathrm{i}y$ und $z_0 = x_0 + \mathrm{i}y_0$ um, so ergibt sich die Relation:

$$f(z) = f(z_0) + (z - z_0)\frac{\Delta^f_{x_0}(z) - \mathrm{i}\Delta^f_{y_0}(z)}{2} + (\bar{z} - \bar{z}_0)\frac{\Delta^f_{x_0}(z) + \mathrm{i}\Delta^f_{y_0}(z)}{2}.$$

Ein anschließender Vergleich mit (1.16) ergibt die Übereinstimmung mit (1.17). Die Umkehrung ist durch Umstellung ebenso leicht zu zeigen. □

Die Gl. (1.17) formulieren wir noch einmal in verkürzter Differential-Operator-Form der Wirtinger-Ableitungen:

$$\partial_z = (\partial_x - \mathrm{i}\partial_y)/2, \quad \partial_{\bar{z}} = (\partial_x + \mathrm{i}\partial_y)/2.$$

Der Zusammenhang zwischen der komplexen und reellen Differenzierbarkeit wird durch den folgenden wichtigen Satz ausgedrückt.

Satz 1.4. *Für eine Funktion $f : \mathbb{U} \to \mathbb{C}$ sind die folgenden Aussagen äquivalent:*
(i) *$f(z)$ ist in $z_0 \in \mathbb{U}$ komplex differenzierbar.*
(ii) *$f(z)$ ist in $z_0 \in \mathbb{U}$ reell differenzierbar und es gilt $\partial_{\bar{z}} f(z)|_{z_0} = 0$.*

Beweis. Es gelte zunächst Aussage (i) und damit auch Gl. (1.7), woraus mit Gl. (1.16) folgt: $\bar{\Delta}^f_{z_0}(z) = 0$, insbesondere also $0 = \bar{\Delta}^f_{z_0}(z_0) = \partial_{\bar{z}} f(z)|_{z_0} = 0$ und damit $\Delta^f_{x_0}(z_0) = -\mathrm{i}\Delta^f_{y_0}(z_0)$, woraus folgt:

$$f(z) = f(z_0) + (z - z_0)\Delta^f_{z_0}(z) = f(z_0) + (x - x_0)\Delta^f_{x_0}(z) + \mathrm{i}(y - y_0)\Delta^f_{x_0}(z).$$

Damit ist also $f(z) = f(x, y)$ reell differenzierbar und es ist $\partial_{\bar{z}} f(z_0) = 0$.

Nun gelte Aussage (ii). Aus dem Satz 1.3 folgt dann:

$$f(z) = f(z_0) + (z - z_0)\Delta^f_{z_0}(z) + (\bar{z} - \bar{z}_0)\bar{\Delta}^f_{z_0}(z),$$

mit in z_0 stetigen Funktionen $\Delta^f_{z_0}(z)$ und $\bar{\Delta}^f_{z_0}(z)$. Des Weiteren gilt nach Voraussetzung $\bar{\Delta}^f_{z_0}(z_0) = \partial_{\bar{z}} f(z_0) = 0$. Nun müssen wir die Darstellung (1.7) zeigen, dazu definieren wir:

$$\hat{\bar{\Delta}}^f_{z_0}(z) := \begin{cases} \bar{\Delta}^f_{z_0}(z)\frac{\bar{z}-\bar{z}_0}{z-z_0} & : z \neq z_0, \\ 0 & : z = z_0. \end{cases}$$

Da gilt $|(\bar{z} - \bar{z}_0)/(z - z_0)| = 1$ und $\bar{\Delta}^f_{z_0}(z_0) = 0$, ist $\hat{\bar{\Delta}}^f_{z_0}$ in z_0 stetig. Setzt man dann $\Delta(z) := \Delta^f_{z_0}(z) + \hat{\bar{\Delta}}^f_{z_0}(z)$, so ergibt sich die Darstellung:

$$f(z) = f(z_0) + (z - z_0)\Delta(z),$$

mit $\Delta(z_0) = \Delta^f_{z_0}(z_0)$, da gilt $\hat{\bar{\Delta}}^f_{z_0}(z_0) = \bar{\Delta}^f_{z_0}(z_0) = \partial_{\bar{z}} f(z_0) = 0$. □

Fassen wir abschließend zusammen: Damit eine reell differenzierbare Funktion f auch komplex differenzierbar ist, muss zusätzlich noch die Gl. $\partial_{\bar{z}} f = 0$ gelten. Deswegen ist $f(z) = \bar{z}$ aus den Beispielen (1.6) und (1.7) nirgends komplex differenzierbar, da gilt $\partial_{\bar{z}}\bar{z} = 1$. Dies formulieren wir noch um und erhalten so die Cauchy-Riemann'schen Differentialgleichungen.

Lemma 1.2 (Cauchy-Riemann). *Sei $f(z) = g(x,y) + ih(x,y)$ in z komplex differenzierbar, dann gilt:*

$$\partial_z f(z) = \frac{\partial_x f(x,y) - i\partial_y f(x,y)}{2}, \tag{1.18}$$

und die reellen Funktionen $g(x,y)$ und $h(x,y)$ genügen den Cauchy-Riemann'schen Differentialgleichungen (CRD):

$$\partial_{\bar{z}} f(z) = 0, \tag{1.19}$$

oder explizit reell geschrieben:

$$\partial_x g(x,y) = +\partial_y h(x,y), \tag{1.20a}$$

$$\partial_y g(x,y) = -\partial_x h(x,y). \tag{1.20b}$$

Beweis. Die Aussage (1.18) ist identisch mit (1.17b). Die Gl. (1.20) folgen aus dem Satz 1.4:

$$0 = \partial_x f(x,y) + i\partial_y f(x,y) = \underbrace{[\partial_x g(x,y) - \partial_y h(x,y)]}_{=0} + i\underbrace{[\partial_y g(x,y) + \partial_x h(x,y)]}_{=0}. \qquad \square$$

Die Cauchy-Riemann'sche Differentialgleichung (1.19) kann so interpretiert werden, dass holomorphe Funktionen $f(z)$ nicht von $\bar{z}$ abhängen, dabei fasst man $z, \bar{z}$ als unabhängige Variablen auf, obwohl dieses offensichtlich nicht der Fall ist. Betrachten wir in diesem Zusammenhang noch einmal die Beispiele (1.6) und (1.7), dann folgt zum einen:

$$\partial_{\bar{z}}\bar{z} = 1, \quad \forall z \in \mathbb{C},$$

und zum anderen

$$\partial_{\bar{z}}|z|^2 = z, \quad \forall z \in \mathbb{C};$$

also ist $\bar{z}$ nirgendwo komplex Differenzierbar und $|z|^2$ nur in $z = 0$. Analog gilt dies für $f(z) = \Re z$:

$$\partial_{\bar{z}}\Re z = \frac{1}{2}, \quad \forall z \in \mathbb{C}.$$

Die Cauchy-Riemann'schen Differentialgleichungen kann man nutzen, um komplexwertige Funktionen durch ihre Real- und Imaginärteile darzustellen oder eben als Test zur komplexen Differenzierbarkeit einer Funktion. Um dies zu verdeutlichen, schauen wir uns die folgenden Beispiele und Aufgaben an.

Beispiel 1.9. Betrachte die komplexe Exponentialfunktion (1.10):

$$e(z) \equiv e(x,y) := \mathrm{e}^x \cos y + \mathrm{i}\mathrm{e}^x \sin y, \quad \forall z = x + \mathrm{i}y \in \mathbb{C}.$$

Diese Funktion ist offenbar reell differenzierbar und ebenso sind die CRD erfüllt:

$$\partial_x \mathrm{e}^x \cos y = \mathrm{e}^x \cos y = \partial_y \mathrm{e}^x \sin y,$$
$$\partial_y \mathrm{e}^x \cos y = -\mathrm{e}^x \sin y = -\partial_x \mathrm{e}^x \sin y.$$

Deswegen ist $e(z)$ auch komplex differenzierbar und es gilt

$$\begin{aligned}\partial_z e(z) &= \frac{\partial_x e(x,y) - \mathrm{i}\partial_y e(x,y)}{2} \\ &= \frac{1}{2}(\mathrm{e}^x \cos y + \mathrm{i}\mathrm{e}^x \sin y - \mathrm{i}(-\mathrm{e}^x \sin y + \mathrm{i}\mathrm{e}^x \cos y)) = \mathrm{e}^x\mathrm{e}^{\mathrm{i}y} = \mathrm{e}^z = e(z).\end{aligned}$$ ◇

Beispiel 1.10. Betrachte die reelle Differenzierbarkeit der Funktion

$$\mathbb{C} \ni z \mapsto f(z) := 3z^2\bar{z} - \bar{z}^3.$$

Aus der CRD folgt:

$$\partial_{\bar{z}} f(z) = 3(z^2 - \bar{z}^2).$$

Damit f komplex differenzierbar ist muss gelten: $z^2 = \bar{z}^2$, woraus unmittelbar folgt $xy = 0$. Die Funktion ist damit auf der reellen und imaginären Achse komplex differenzierbar, außerhalb nicht. ◇

In der folgenden Aufgabe soll eine komplexe Funktion auf Differenzierbarkeit untersucht werden, die in der Form $f = f(x,y)$ gegeben ist.

Diskutiere die Differenzierbarkeit der komplexen Funktion

$$\mathbb{R}^2 \ni (x,y) \mapsto f(x,y) = x^3y^2 + \mathrm{i}x^2y^3,$$

und stelle die Funktion in einem 3d-Plot mit Niveaulinien grafisch dar.
Lösung: Die CRD lauten:

$$\begin{aligned}\partial_x g(x,y) &= 3x^2y^2 = \partial_y h(x,y),\\ \partial_y g(x,y) &= 2x^3y = -\partial_x h(x,y) = -2xy^3.\end{aligned}$$

Daraus folgt die Gleichung: $xy = 0$, womit die Funktion $f(x,y)$ nur auf den Koordinatenachsen komplex differenzierbar ist. Da es keine Umgebung für die komplex differenzierbaren Punkte auf den Koordinatenachsen gibt, ist die Funktion auf den Koordinatenachsen nicht holomorph. In Abbildung 1.5 sind die linke und rechte Seite der CRD (1.20) dargestellt. Die Linien $xy = 0$ sind in der $(x-y)$-Ebene zusammen mit den Niveaulinien ebenfalls dargestellt.

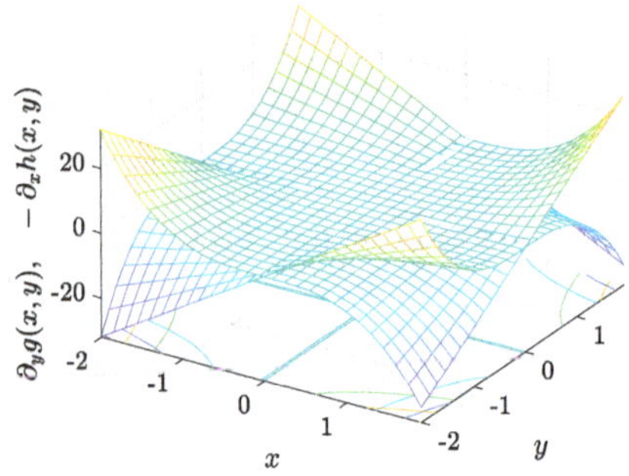

Abb. 1.5: Die Ableitungen $\partial_y g(x,y) = 2x^3y$ und $-\partial_x h(x,y) = -2xy^3$ der komplexen Funktion $f(x,y) = g(x,y) + \mathrm{i}h(x,y)$ zusammen mit den Niveaulinien in der $(x-y)$-Ebene im Intervall $[-2,2] \times [-2,2]$.

Es folgt mithilfe der Variablentransformation $(x,y) \to (z,\bar{z})$, dass f nicht holomorph ist:

$$f(z) = z\frac{(z+\bar{z})^2}{2^2}\frac{(z-\bar{z})^2}{(2\mathrm{i})^2} = -\frac{z}{2^4}\left(z^2-\bar{z}^2\right)^2.$$

Für die Wirtinger-Ableitungen $\partial_{\bar{z}}$ gilt in Polarkoordinaten $z = |z|\mathrm{e}^{\mathrm{i}\varphi}$:

$$\partial_{\bar{z}} f(z) = \frac{z\bar{z}}{4}\left(z^2-\bar{z}^2\right) = \frac{|z|^4}{4}\left(\mathrm{e}^{\mathrm{i}2\varphi}-\mathrm{e}^{-2\mathrm{i}\varphi}\right) = \frac{\mathrm{i}|z|^4\sin(2\varphi)}{2}.$$

Letztere Größe verschwindet, wenn $z = 0$ oder $\varphi = 0, \pm\pi/2$, also $z = \Re z$ bzw. $z = \Im z$ ist. ◇

Zum Abschluss stellen wir noch die Rechenregeln der *Wirtinger-Ableitungen* $\partial_z, \partial_{\bar{z}}$ zusammen ohne diese zu beweisen (siehe dazu die Aufgabe am Ende des Kapitels).

Lemma 1.3 (Wirtinger-Ableitungen). *Eine reell differenzierbare Funktion $f = g + \mathrm{i}h$ erfüllt die folgenden Gleichungen der Wirtinger-Ableitungen:*

$$\partial_z f = \overline{\partial_{\bar{z}} \bar{f}}, \qquad \partial_{\bar{z}} f = \overline{\partial_z \bar{f}}, \tag{1.21a}$$

$$\partial_{\bar{z}} z = 0, \qquad \partial_z \bar{z} = 0, \tag{1.21b}$$

$$\partial_x g = \frac{1}{2}(\partial_x f + \partial_x \bar{f}), \quad \partial_y g = \frac{1}{2}(\partial_y f + \partial_y \bar{f}), \tag{1.21c}$$

$$\partial_x h = \frac{1}{2\mathrm{i}}(\partial_x f - \partial_x \bar{f}), \quad \partial_y h = \frac{1}{2\mathrm{i}}(\partial_y f - \partial_y \bar{f}), \tag{1.21d}$$

$$\partial_x f = \partial_z f + \partial_{\bar{z}} f, \qquad \partial_y f = \mathrm{i}\partial_z f - \mathrm{i}\partial_{\bar{z}} f. \tag{1.21e}$$

Die Operatoren ∂_z und $\partial_{\bar{z}}$ bilden damit einen linearen Vektorraum über $\mathbb{C}$. Eine direkte Folgerung aus den Wirtinger-Ableitungen führt auf den Begriff der harmonischen Funktionen. Hierzu drücken wir den **Laplace-Operator** Δ noch durch die Wirtinger-Ableitungen aus:

$$\Delta := \partial_x^2 + \partial_y^2 = 4\partial_z \partial_{\bar{z}}.$$

Lemma 1.4 (Harmonische Funktionen). *Es sei $f = g + \mathrm{i}h$ eine in ganz $\mathbb{U}$ komplex differenzierbare Funktion, wobei $g = g(x,y)$ und $h = h(x,y)$ zweimal reell stetig partiell differenzierbare Funktionen in $\mathbb{U}$ seien, dann gilt:*

$$\Delta g(x,y) = 0, \quad \Delta h(x,y) = 0, \quad \forall z = x + \mathrm{i}y \in \mathbb{U}. \tag{1.22}$$

*Funktionen $f = g + \mathrm{i}h$, die Gl. (1.22) erfüllen, nennt man **harmonische Funktionen**.*

Beweis. Dies ist eine unmittelbare Folgerung aus den CRD (1.20) und den Voraussetzungen:

$$\partial_x(\partial_x g) = \partial_x(\partial_y h) = \partial_y(\partial_x h) = -\partial_y(\partial_y g).$$

Analog folgt der zweite Fall. □

Die verlangte zweimalige Differenzierbarkeit wird sich später aufgrund der komplexen Differenzierbarkeit als überflüssig erweisen. Eine Funktion $f(z)$ ist genau dann harmonisch, wenn ihr Real- und Imaginärteil harmonisch ist. Harmonische Funktionen nennt man in der Physik auch Potentialfunktionen. Eine der wichtigsten harmonischen Funktionen in der Physik ist die komplexe Exponentialfunktion, für die gilt:

$$\Delta \mathrm{e}^z = (\partial_x^2 + \partial_y^2)\mathrm{e}^{x+\mathrm{i}y} = (1 + \mathrm{i}^2) = 0.$$

Damit sind auch die komplexen trigonometrischen und hyperbolischen Funktionen harmonische Funktionen. Betrachten wir als Beispiel eine typische Anwendung.

Beispiel 1.11. Gegeben sei die reelle Funktion $g(x,y) = x^3 - 3xy^2$. Gesucht ist die holomorphe Funktion $f(z)$, für die gilt $f(x,y) = g(x,y) + \mathrm{i}h(x,y)$ mit $f(\mathrm{i}) = 1$. Zunächst stellt man fest, dass g eine harmonische Funktion ist, da gilt: $\Delta g(x,y) = 0$. Betrachten wir die CRD, aus denen folgt:

$$\partial_x g(x,y) = 3(x^2 - y^2) = \partial_y h(x,y).$$

Integrieren wir beide Seiten über y, so erhalten wir:

$$h(x,y) = \int \mathrm{d}y 3(x^2 - y^2) + \xi(x) = 3x^2 y - y^3 + \xi(x),$$

mit einer zu bestimmenden Funktion $\xi(x)$. Aus der zweiten CRD folgt

$$\partial_y g(x,y) = -6xy = -\partial_x h(x,y) = -6xy - \xi'(x).$$

Das bedeutet $\xi(x) = c$ ist konstant und damit folgt:

$$f(x,y) = x^3 - 3xy^2 + \mathrm{i}(3x^2 y - y^3) + \mathrm{i}c = (x + \mathrm{i}y)^3 + \mathrm{i}c.$$

Die Konstante bestimmt man aus der Bedingung $f(\mathrm{i}) = f(0,1) = 1$, woraus unmittelbar folgt, $c = 1 - \mathrm{i}$ und damit letztlich:

$$f(x,y) = f(z) = z^3 + \mathrm{i} + 1.$$ ◇

Es sei $f(z) = f(x,y)$ eine holomorphe Funktion mit einem Realteil $g(x,y) = \sin x \cosh y$. Bestimme $f(z)$ mit der Bedingung $f(0) = 1$.
Lösung: Die CRD lauten:

$$\partial_x g(x,y) = \cos x \cosh y = \partial_y h(x,y), \quad \partial_y g(x,y) = \sin x \sinh y = -\partial_x h(x,y).$$

Das bedeutet für den Imaginärteil aus der ersten Gleichung:

$$h(x,y) = \cos x \sinh y + \xi(x).$$

Benutzen wir nun die zweite CRD, so folgt:

$$\partial_y g(x,y) = \sin x \sinh y = -\partial_x h(x,y) = \sin x \sinh y + \xi'(x).$$

Dies bedeutet aber, dass $\xi(x) = c$ konstant ist und insgesamt gilt:

$$f(x,y) = \sin x \cosh y + \mathrm{i} \cos x \sinh y + \mathrm{i}c.$$

Mithilfe der Relation $\cos \mathrm{i}y = \cosh y$ und $\sin \mathrm{i}y = \mathrm{i} \sinh y$ schreiben wir:

$$f(x,y) = \sin x \cos \mathrm{i}y + \cos x \sin \mathrm{i}y + \mathrm{i}c = \sin(x + \mathrm{i}y) + \mathrm{i}c = \sin z + \mathrm{i}c = f(z).$$

Damit bestimmt sich die Konstante über $1 = f(0) = \mathrm{i}c$, und insgesamt $f(z) = 1 + \sin z$. ◇

Oft liegen Probleme vor, die besonders einfach in Polarkoordinaten beschrieben werden können. In diesen Fällen ist es dann nützlich die CRD in Polarkoordinaten (r, φ) auszudrücken.

Lemma 1.5 (CRD in Polarkoordinaten). *Gegeben sei eine holomorphe Funktion $f : \mathbb{U} \to \mathbb{C}$ mit Polarkoordinaten-Darstellung $f(r\mathrm{e}^{\mathrm{i}\varphi}) = g(r, \varphi) + \mathrm{i}h(r, \varphi)$, dann lauten die CRD in Polarkoordinaten (r, φ):*

$$r\frac{\partial g(r,\varphi)}{\partial r} = \frac{\partial h(r,\varphi)}{\partial \varphi}, \quad r\frac{\partial h(r,\varphi)}{\partial r} = -\frac{\partial g(r,\varphi)}{\partial \varphi}, \tag{1.23}$$

und der Laplace-Operator für zweimal stetig partiell differenzierbare Funktion ist gegeben durch:

$$\Delta = \partial_r^2 + \frac{1}{r}\partial_r + \frac{1}{r^2}\partial_\varphi^2 = \frac{1}{r}\partial_r r \partial_r + \frac{1}{r^2}\partial_\varphi^2. \tag{1.24}$$

Beweis. Wir gehen aus von den Wirtinger-Ableitungen $\partial_z, \partial_{\bar{z}}$ und $z = r\mathrm{e}^{\mathrm{i}\varphi}$, dann folgt mit Hilfe der Kettenregel:

$$\begin{aligned}
\partial_r &= \frac{\partial z}{\partial r}\partial_z + \frac{\partial \bar{z}}{\partial r}\partial_{\bar{z}} = \mathrm{e}^{\mathrm{i}\varphi}\partial_z + \mathrm{e}^{-\mathrm{i}\varphi}\partial_{\bar{z}}, \\
\partial_\varphi &= \frac{\partial z}{\partial \varphi}\partial_z + \frac{\partial \bar{z}}{\partial \varphi}\partial_{\bar{z}} = \mathrm{i}r\mathrm{e}^{\mathrm{i}\varphi}\partial_z - \mathrm{i}r\mathrm{e}^{-\mathrm{i}\varphi}\partial_{\bar{z}}.
\end{aligned}$$

Dies können wir nach $\partial_z, \partial_{\bar{z}}$ umstellen und erhalten

$$\partial_z = \frac{\mathrm{e}^{-\mathrm{i}\varphi}}{2r}(r\partial_r - \mathrm{i}\partial_\varphi), \quad \partial_{\bar{z}} = \frac{\mathrm{e}^{\mathrm{i}\varphi}}{2r}(r\partial_r + \mathrm{i}\partial_\varphi).$$

Daraus folgt analog zum kartesischen Fall mit Hilfe der CRD

$$0 = \partial_{\bar{z}} f = \frac{\mathrm{e}^{\mathrm{i}\varphi}}{2r}(r\partial_r + \mathrm{i}\partial_\varphi)(g + \mathrm{i}h)$$

durch Koeffizientenvergleich von Real- und Imaginärteil die Gl. (1.23). Betrachten wir den Laplace-Operator Δ und drücken diesen durch die Polarkoordinaten-Darstellung von ∂_z und $\partial_{\bar{z}}$ aus:

$$\begin{aligned}
\Delta = 4\partial_z\partial_{\bar{z}} &= \mathrm{e}^{-\mathrm{i}\varphi}\left(\partial_r - \frac{\mathrm{i}}{r}\partial_\varphi\right)\mathrm{e}^{\mathrm{i}\varphi}\left(\partial_r + \frac{\mathrm{i}}{r}\partial_\varphi\right) \\
&= \partial_r^2 - \frac{\mathrm{i}}{r^2}\partial_\varphi + \frac{\mathrm{i}}{r}\partial_r\partial_\varphi + \frac{1}{r}\partial_r + \frac{\mathrm{i}}{r^2}\partial_\varphi - \frac{\mathrm{i}}{r}\partial_\varphi\partial_r + \frac{1}{r^2}\partial_\varphi^2 \\
&= \partial_r^2 + \frac{1}{r}\partial_r + \frac{1}{r^2}\partial_\varphi^2.
\end{aligned}$$

Hier wurde die zweimal stetige Differenzierbarkeit ausgenutzt um die Vertauschung der Differentiationen sicherzustellen. Nach Zusammenfassung der ersten beiden Terme folgt die Aussage (1.24). □

Schauen wir uns hierzu die Aufgabe an.

Bestimme für $\Im f(re^{i\varphi}) := \sqrt{r}\sin(\varphi/2)$ die holomorphe Funktion $f(z)$, für die gilt $f(1) = 1$.
Lösung: Die CRD in Polarkoordinaten lauten:

$$r\frac{\partial g(r,\varphi)}{\partial r} = \frac{\partial h(r,\varphi)}{\partial \varphi} = \frac{\sqrt{r}}{2}\cos(\varphi/2),$$
$$\frac{\partial g(r,\varphi)}{\partial \varphi} = -r\frac{\partial h(r,\varphi)}{\partial r} = -\frac{r}{2\sqrt{r}}\sin(\varphi/2).$$

Aus der ersten Gleichung folgt nach Integration über r:

$$g(r,\varphi) = \sqrt{r}\cos(\varphi/2) + \xi(\varphi),$$

woraus dann aus der zweiten CRD folgt:

$$\xi'(\varphi) = 0 \quad \Rightarrow \quad \xi = c.$$

Aus der Bedingung $f(1) = 1$ folgt $c = 0$, so dass wir letztlich mit $z = re^{i\varphi}$ erhalten:

$$f(z) = \sqrt{r}\big(\cos(\varphi/2) + i\sin(\varphi/2)\big) = \sqrt{re^{i\varphi}} = \sqrt{z}$$ ◇

1.2.3 Lokal konstante Funktionen

Im Folgenden sind lokal konstante Funktionen besonders wichtig, deswegen fassen wir wesentliche Eigenschaften in einem Lemma zusammen:

Lemma 1.6 (Lokal konstante Funktionen). *Auf einem Bereich $\mathbb{U}$ sei eine Funktion $f(z)$ gegeben, dann gilt:*

(i) *Äquivalent zur Konstanz von $f(z)$ auf $\mathbb{U}$, ist die Aussage: $f(z)$ ist in ganz $\mathbb{U}$ holomorph, und es gilt: $\partial_z f(z) = 0, \forall z \in \mathbb{U}$.*

(ii) *Nimmt die holomorphe Funktion $f(z)$ in $\mathbb{U}$ entweder nur rein reelle oder rein imaginäre Werte an, so ist die Funktion konstant.*

(iii) *Genügt die holomorphe Funktion f der Gleichung $|f(z)| = 1, \forall z \in \mathbb{U}$, dann ist $f(z)$ konstant auf $\mathbb{U}$.*

Beweis.

(i) Es reicht nur die eine Richtung zu betrachten, sei also $\partial_z f(z) = 0, \forall z \in \mathbb{U}$. Da $f(z)$ holomorph ist gilt $\partial_{\bar{z}} f = 0$ und deswegen mit (1.21e) $\partial_z f = \partial_x f = \partial_x g + i\partial_x h$. Mit den

CRD und der Voraussetzung $\partial_{\bar{z}} f = 0$ folgt dann: $\partial_x g = \partial_y g = 0$ und $\partial_x h = \partial_y h = 0$. Damit folgt mit Ergebnissen aus der reellen Analysis, dass f konstant sein muss.

(ii) Nehmen wir an $g = \Re f = f$ und $h = \Im f = 0$, dann folgt aus den CRD: $\partial_x g = \partial_y h = 0$ und $\partial_x h = -\partial_y g = 0$, also gilt:

$$\partial_z f = \frac{1}{2}(\partial_x - \mathrm{i}\partial_y)g = 0.$$

Den Fall mit rein imaginärem f behandelt man analog.

(iii) Betrachten wir $1 = |f(z)|^2 = g^2 + h^2$. Nach Differentiation dieser Gleichung folgt: $g\partial_z g + h\partial_z h = 0$, woraus nach Multiplikation mit g und den Gl. (1.20) folgt:

$$0 = g^2\partial_x g + hg\partial_x h = g^2\partial_x g - hg\partial_y g = g^2\partial_x g + h^2\partial_x g = (g^2 + h^2)\partial_x g = \partial_x g.$$

Entsprechend zeigt man $\partial_x h = 0$. Zusammen folgt: $\partial_z f = \partial_x g + \mathrm{i}\partial_x h = 0$, so dass f also lokal konstant ist. □

Lokal konstante Funktionen sind im Allgemeinen keine konstanten Funktionen. Betrachte hierzu beispielsweise eine Funktion f, die auf wechselseitig disjunkten Mengen $\mathbb{U}_j \subset \mathbb{C}$ definiert ist, mit $f|_{\mathbb{U}_j} = j, j = 1, \ldots, n$, dann ist f jeweils lokal konstant in $\mathbb{U}_j$, aber insgesamt nicht konstant in $\mathbb{U} = \mathbb{U}_1 \cup \cdots \cup \mathbb{U}_n, n \geq 2$.

1.2.4 Konforme Abbildungen

Nicht nur zur Diskussion konformer Abbildung benötigen wir Wege in der komplexen Ebene. Wir übertragen den Begriff der Wege und Tangenten an Kurven aus dem $\mathbb{R}^2$ auf $\mathbb{C} \simeq \mathbb{R}^2$. Zunächst fassen wir die im Folgenden verwendete Terminologie in einer einzigen Definition zusammen:

Definition 1.10 (Weg in $\mathbb{C}$). Es sei Intervall $\mathbb{I} = [a, b] \subset \mathbb{R}$ gegeben, dann bezeichnen wir eine differenzierbare Abbildung $\gamma_{ab} : \mathbb{I} \ni t \mapsto \gamma_{ab}(t) \in \mathbb{C}$ als einen **Weg** in $\mathbb{C}$ und beziehen die Differenzierbarkeit auf den Real- und Imaginärteil von $\gamma_{ab}(t)$. Den zu γ_{ab} **entgegengesetzten Weg** bezeichnen wir mit $\gamma_{ab}^{-1} = \gamma_{ba}$. Gilt überall auf dem Weg $\partial_t\gamma_{ab}(t) \equiv \gamma'_{ab}(t) \neq 0$, nennen wir den Weg **glatt**. Die Bildmenge $\operatorname{Sp}\gamma_{ab} \equiv \gamma_{ab}([a, b])$ nennen wir die **Spur** von γ_{ab}. Wenn Anfangs- und Endpunkt eines Weges gleich sind: $\gamma_{ab}(a) = \gamma_{ab}(b)$, nennen wir den **Weg geschlossen**. ■

Wenn die Anfangs- und Endpunkte a und b eines Weges für die Diskussion nicht von Bedeutung sind lassen wir diese in der Notation auch weg und schreiben kurz $\gamma(t) = \gamma_{ab}(t)$.

Betrachten wir einige Wegbeispiele, die wir im Folgenden oft verwenden werden und beginnen mit Kreislinien oder Teilkreislinien.

Beispiel 1.12. Die **positiv orientierte Kreislinie** um einen Punkt $z_0 \in \mathbb{C}$ mit Radius r ist die Abbildung:

$$[0, 2\pi[\ni t \mapsto \kappa^r_{z_0}(t) := z_0 + r\mathrm{e}^{\mathrm{i}t} \in \mathbb{C}, \qquad r > 0. \tag{1.25}$$

Dies ist ein stetig differenzierbarer Weg mit $\partial_t \kappa^r_{z_0}(t) = \mathrm{i}r\mathrm{e}^{\mathrm{i}t} = \mathrm{i}(\kappa^r_{z_0}(t) - z_0)$. Die Spur ist gegeben durch: $\mathrm{Sp}\,\kappa^r_{z_0} = \{z \in \mathbb{C} \mid |z - z_0| = r\}$. Verläuft der Weg entgegengesetzt, so nennen wir dies die **negativ orientierte Kreislinie** und schreiben hierfür: $(\kappa^r_{z_0})^{-1}(t) = \kappa^r_{z_0}(-t)$. Ist das Parameterintervall $[0, \pi[$, so beschreibt dies einen Halbkreis. Des Weiteren werden beliebige Intervalle $\mathbb{I} \subset [0, 2\pi[$ verwendet, um Teilkreislinien zu konstruieren. ◇

Ein weitere Gruppen von Wegen sind Geraden (Strecken) zwischen Punkten in $\mathbb{C}$.

Beispiel 1.13. Eine **Gerade zwischen den Punkten** z_a und z_b ist parametrisiert durch:

$$[0, 1] \ni t \mapsto \gamma_{z_a z_b}(t) := z_a + t(z_b - z_a).$$

Hieraus folgen die Eigenschaften:

$$\partial_t \gamma_{z_a z_b}(t) = z_b - z_a, \quad \gamma_{-z_a, -z_b}(t) = -\gamma_{z_a z_b}(t), \quad \gamma_{z_a z_b}(1 - t) = \gamma_{z_b z_a}(t). \qquad ◇$$

Aus der reellen Analysis wissen wir, dass ein Tangentialvektor einer glatten Kurve $\gamma(t)$ im Punkt t_0 durch $\gamma'(t_0)$ gegeben ist. Dies überträgt sich auf Wege in $\mathbb{C}$. Insbesondere ist der Winkel zwischen zwei Geraden vom Ursprung zu den Punkten z_1 und z_2 gleich $\angle(z_1, z_2)$. Für zwei beliebige glatte Wege $\gamma_i : \mathbb{I}_i \ni t_i \to \gamma_i(t_i) \in \mathbb{U}$ sei $z_0 = \gamma_1(t_{10}) = \gamma_2(t_{20})$ ein Schnittpunkt, dann sind $\gamma_i'(t_{i0})$ die orientierten **Richtungsvektoren (Tangentialvektoren)** der beiden Wege im Punkt z_0. Der eingeschlossene Winkel der beiden Richtungsvektoren ist $\angle(\gamma_1'(t_{10}), \gamma_2'(t_{20}))$. Dies führt zur Definition des **Schnittpunktwinkels** von Wegen.

Definition 1.11 (Schnittpunktwinkel). Der **Schnittpunktwinkel** zwischen zwei Wegen $\gamma_i, i = 1, 2$ im **Schnittpunkt** $z_0 := \gamma_1(t_{10}) = \gamma_2(t_{20})$ ist definiert über:

$$\sphericalangle_{z_0}(\gamma_1, \gamma_2) := \angle(\gamma_1'(t_{10}), \gamma_2'(t_{20})). \qquad ■$$

Betrachten wir explizit das folgende Beispiel von Geraden (Strecken) und Halbkreisen sowie deren Schnittpunkte und Tangenten.

Beispiel 1.14. Gegeben seien Ursprungsgeraden zu den Punkten $z_1 := 2 - \mathrm{i}$ und $z_2 := 1 + \mathrm{i}$, sowie eine positiv orientierte Halbkreislinie, parametrisiert durch:

$$[0, 1] \ni t_i \mapsto \gamma_i = t_i z_i, \quad [-\pi/2, \pi/2] \ni \tau \mapsto \kappa^1_0(\tau) = \mathrm{e}^{\mathrm{i}\tau}.$$

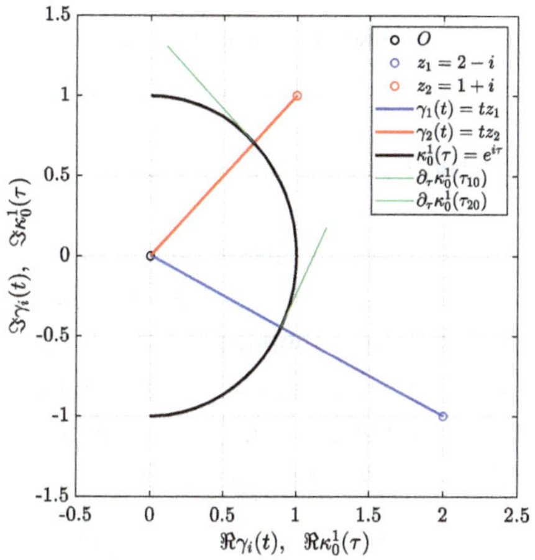

Abb. 1.6: Darstellung der Wege $\gamma_1(t), \gamma_2(t)$ und $\kappa_0^1(\tau)$, sowie den Tangentialvektoren $\partial_\tau \kappa_0^1(\tau_{i0})$ an der Kreislinie in den beiden Schnittpunkten $z_{10} = (2-\mathrm{i})/\sqrt{5}$ und $z_{20} = (1+\mathrm{i})/\sqrt{2}$ mit den Geraden bei $t_{10} = 1/\sqrt{5}, \tau_{10} = -\arctan(1/2)$ und $t_{20} = 1/\sqrt{2}, \tau_{20} = \pi/4$.

Betrachten wir Schnittpunkte der Wege und beginnen mit den Geraden γ_1, γ_2 im Punkt $z_0 = 0$, also $t_{i0} = 0$. Der dort eingeschlossene Winkel ist gegeben durch:

$$\sphericalangle_0(\gamma_1, \gamma_2) = \angle(\gamma_1'(0), \gamma_2'(0)) = \arg(z_2/z_1) = \arctan(3) = \varphi_2 - \varphi_1,$$

mit $\varphi_1 = \arg(z_1) = -\arctan(1/2)$ und $\varphi_2 = \arg(z_2) = \arctan(1) = \pi/4$. Dies ist das bekannte Ergebnis für Winkel zwischen zwei komplexen Zahlen.

Als nächstes betrachten wir die Schnittpunkte der Strecken mit dem Halbkreis, die gegeben sind durch die Gleichungen $z_{i0} = \gamma_i(t_{i0}) = \kappa_0^1(\tau_{i0})$, daraus folgt:

$$\begin{aligned} t_{10} &= 1/\sqrt{5}, \quad \tau_{10} = -\arctan(1/2), \quad z_{10} = (2-\mathrm{i})/\sqrt{5}, \\ t_{20} &= 1/\sqrt{2}, \quad \tau_{20} = \pi/4, \quad z_{20} = (1+\mathrm{i})/\sqrt{2}. \end{aligned}$$

Damit folgt für den Winkel der Tangenten:

$$\sphericalangle_{z_{i0}}(\gamma_i, \kappa_0^1) = \angle(\gamma_i'(t_{i0}), \kappa_0^{1\prime}(\tau_{i0})) = \arg\left(\frac{\mathrm{i}e^{\mathrm{i}\tau_{i0}}}{e^{\mathrm{i}\tau_{i0}}}\right) = \arg(e^{\mathrm{i}\pi/2}) = \frac{\pi}{2}.$$

Die beiden Tangenten stehen, wie bekannt, je senkrecht aufeinander. Alle hier diskutierten Punkte und Kurven sind in der Abb. 1.6 dargestellt. ◇

Im nächsten Schritt betrachten wir Abbildungen von Wegen γ durch reell differenzierbare Funktionen f nach $\mathbb{C}$. Da wir die Schnittwinkel von abgebildeten Wegen untersuchen wollen, wird die Ableitung von $(f \circ \gamma)(t)$ benötigt.

Lemma 1.7. *Es sei eine in* $\mathbb{U}$ *reell differenzierbare Funktion* $f : \mathbb{U} \to \mathbb{C}$ *gegeben, so wie ein Weg* $\gamma : \mathbb{I} \ni t \to \mathbb{U}$, *dann gilt:*

$$(f \circ \gamma)'(t) = \partial_z f(\gamma(t))\gamma'(t) + \partial_{\bar{z}} f(\gamma(t))\bar{\gamma}'(t). \tag{1.26}$$

Dies folgt unmittelbar aus der reellen Differenzierbarkeit in (1.16). Für eine komplex differenzierbare Funktion reduziert sich dies auf:

$$(f \circ \gamma)'(t) = \partial_z f(\gamma(t))\gamma'(t).$$

Wir interpretieren die Ableitungen der Wege $\gamma'(t)$ als nicht normierte Tangentialvektoren, wobei das Verhältnis von Imaginär- zu Realteil die Steigung der Tangente ist. Für glatte Wege ist dies immer von Null verschieden. Nach einer Abbildung des Weges über eine reell differenzierbare Funktion $f \circ \gamma$, kann dies in einem Punkt z_0 verschwinden, sofern $\partial_z f(z_0) = \partial_{\bar{z}} f(z_0) = 0$ gilt. Allerdings bedeutet dies nicht, dass dann in diesem Punkt z_0 der Tangentialvektor verschwindet, wie das folgende Beispiel zeigt.

Beispiel 1.15. Gegeben sei der Weg $[0,1] \ni t \mapsto \gamma(t) = tz_1$ und die Funktion $f(z) = z^2$, dann gilt $\gamma'(0) = z_1$ und $(f \circ \gamma)'(t) = \partial_t(tz_1)^2 = 2tz_1^2$, was in $t = 0$ verschwindet. Ein Tangentialvektor im Punkt $z_0 = 0$ existiert aber für die quadratische Funktion z^2. ◇

---

i Die nicht normierten Tangentialvektor an Kurven (Trajektorien) von sich bewegenden Punkten im $\mathbb{R}^d$, sind in der Physik direkt mit deren Geschwindigkeitsvektoren verbunden.

Das Beispiel zeigt, dass Punkte z_0 für die gilt $f'(z_0) = 0$, besonders betrachtet werden müssen. Wir definieren nun den Begriff der winkeltreuen Abbildungen.

Definition 1.12 (Konforme Abbildungen). Eine stetig reell differenzierbare Abbildung $f : \mathbb{U}_1 \to \mathbb{U}_2$ mit nicht verschwindender Ableitung nennen wir **winkeltreu** in z_0, wenn für beliebige glatte Wege γ_i mit $z_0 := \gamma_1(t_{10}) = \gamma_2(t_{20})$ gilt:

$$\sphericalangle_{w_0}(f \circ \gamma_1, f \circ \gamma_2) = \sphericalangle_{z_0}(\gamma_1, \gamma_2), \quad w_0 = f(z_0).$$

Lokal winkeltreue, orientierungserhaltende und umkehrbare Abbildungen nennen wir **lokal konform**, falls f auch global injektiv ist, nennen wir f **konform**. ■

Der folgende Satz beschreibt den Zusammenhang zwischen holomorphen Funktionen und konformen Abbildungen.

Satz 1.5. *Eine holomorphe Funktion $f : \mathbb{U} \to \mathbb{C}$ mit $f'(z) \neq 0$ für $z \in \mathbb{U}$ ist lokal konform.*

Beweis. Die Winkeltreue zweier Wege γ_i in $z_0 \in \mathbb{U}$, mit $w_0 = f(z_0)$, folgt aus:

$$\begin{aligned}\sphericalangle_{w_0}(f \circ \gamma_1, f \circ \gamma_2) &= \angle((f \circ \gamma_1)'(t_{10}), (f \circ \gamma_2)'(t_{20}))\\ &= \angle(f'(z_0)\gamma_1'(t_{10}), f'(z_0)\gamma_2'(t_{20}))\\ &= \arg(f'(z_0)\gamma_2'(t_{20})/f'(z_0)\gamma_1'(t_{10}))\\ &= \arg(\gamma_2'(t_{20})/\gamma_1'(t_{10})) = \sphericalangle_{z_0}(\gamma_1, \gamma_2).\end{aligned}$$

Die Umkehrbarkeit der Abbildung folgt aus dem Satz über implizite Funktionen im $\mathbb{R}^2$ (siehe Anhang A.3). Eine Funktion $f(x,y) = g(x,y)+\mathrm{i}h(x,y)$ ist in (x_0, y_0) lokal umkehrbar, wenn die Funktionaldeterminante nicht verschwindet und die partiellen Ableitungen stetig sind. Für die Funktionaldeterminante gilt:

$$|\mathbf{J}(f)|_{x_0,y_0} = \det\left|\frac{\partial(g,h)}{\partial(x,y)}\right|_{x_0,y_0} = |f'(z_0)|^2 \neq 0.$$

Diese Gleichung zeigt man mithilfe der Wirtinger-Ableitungen (siehe zugehörige Aufgabe am Ende des Kapitels). □

Man müsste im Prinzip noch die Stetigkeit der partiellen Ableitungen fordern, aber wir werden später sehen, dass dies für holomorphe Funktionen automatisch erfüllt ist.

Eine nicht orientierungserhaltende Abbildung diskutieren wir im folgenden Beispiel einer nicht holomorphen Funktion.

Beispiel 1.16. Betrachten wir die Abbildung:

$$\mathbb{C} \ni z \mapsto f(z) = \mathrm{i} + \bar{z},$$

sowie zwei glatte Wege $\mathbb{R} \ni t \mapsto \gamma_i(t), i = 1,2$.

Nehme an, die Wege besitzen in $z_0 = \gamma_1(t_{10}) = \gamma_2(t_{20})$ einen Schnittpunkte, mit $w_0 = f(z_0)$, dann folgt mit (1.26):

$$\begin{aligned}
\sphericalangle_{w_0}(f\circ\gamma_1, f\circ\gamma_2) &= \arg((f\circ\gamma_2)'(t_{20})/(f\circ\gamma_1)'(t_{10})) \\
&= \arg(\partial_{\bar{z}} f(z_0)\bar{\gamma}_2'(t_{20})/\partial_{\bar{z}} f(z_0)\bar{\gamma}_1'(t_{10})) \\
&= \arg(\bar{\gamma}_2'(t_{20})/\bar{\gamma}_1'(t_{10})) \\
&= -\arg(\gamma_2'(t_{20})/\gamma_1'(t_{10})) \\
&= -\sphericalangle_{z_0}(\gamma_1, \gamma_2).
\end{aligned}$$

Die Abbildung ist damit nicht orientierungserhaltend, aber für die Beträge gilt:

$$|\sphericalangle_{w_0}(f\circ\gamma_1, f\circ\gamma_2)| = |\sphericalangle_{z_0}(\gamma_1,\gamma_2)|. \qquad \diamond$$

Betrachte die beiden Wege $\gamma_i : [-1/2, 3/2] \ni t \mapsto \gamma_i(t) \in \mathrm{Sp}\,\gamma_{ab}$, die definiert sind durch:

$$\gamma_1(t) := t + \mathrm{i}\alpha t, \quad \gamma_2(t) := t + \mathrm{i}\beta t^2,$$

mit $\alpha, \beta > 0$ und die Funktion:

$$\mathbb{C} \ni z \mapsto f(z) := \mathrm{e}^{z^2}.$$

Überprüfe die Winkeltreue der Abbildung f für die gegebenen Wege in ihren Schnittpunkten und stelle die Wege, und Abbildungen zusammen mit den Tangenten grafisch dar.
Lösung: Zunächst sind die Schnittpunkte z_0 zu bestimmen. Die Bestimmungsgleichung für die Wegparameter t_{i0} lauten:

$$z_0 = \gamma_1(t_{10}) = t_{10} + \mathrm{i}\alpha t_{10} = \gamma_2(t_{20}) = t_{20} + \mathrm{i}\beta t_{20}^2.$$

Daraus ergeben sich zwei mögliche Schnittpunkte z_0:

$$\begin{aligned} &\text{(i)} && t_{10} = t_{20} \equiv t_0 = 0, && \text{mit } z_{10} = 0,\\ &\text{(ii)} && t_{10} = t_{20} \equiv t_0 = \frac{\alpha}{\beta}, && \text{mit } z_{20} = \frac{\alpha}{\beta}(1 + \mathrm{i}\alpha). \end{aligned}$$

Für die Berechnung der Winkel benötigen wir die Tangential-Ableitungen:

$$\gamma_1'(t_0) = \begin{cases} 1 + \mathrm{i}\alpha & : t_0 = 0, \\ 1 + \mathrm{i}\alpha & : t_0 = \alpha/\beta, \end{cases} \qquad \gamma_2'(t_0) = \begin{cases} 1 & : t_0 = 0, \\ 1 + \mathrm{i}2\alpha & : t_0 = \alpha/\beta. \end{cases}$$

Dann folgt für die beiden Fälle (i), (ii) für die Winkel:

$$\begin{aligned} \sphericalangle_{z_0}(\gamma_1, \gamma_2) = \arg\left(\frac{\gamma_2'(t_0)}{\gamma_1'(t_0)}\right) &= \begin{cases} \arg(1/(1 + \mathrm{i}\alpha)) & : t_0 = 0, \\ \arg((1 + \mathrm{i}2\alpha)/(1 + \mathrm{i}\alpha)) & : t_0 = \alpha/\beta, \end{cases} \\ &= \begin{cases} -\arctan(\alpha) & : t_0 = 0, \\ \arctan(\alpha/(1 + 2\alpha^2)) & : t_0 = \alpha/\beta. \end{cases} \end{aligned}$$

In Abbildung 1.7 sind die Wege $\gamma_{1,2}$ durch gestrichelte Kurven für den Fall $\alpha = \beta = 1$ dargestellt. Die beiden Schnittpunkte der Kurven sind durch grüne bzw. schwarze offene Punkte markiert.

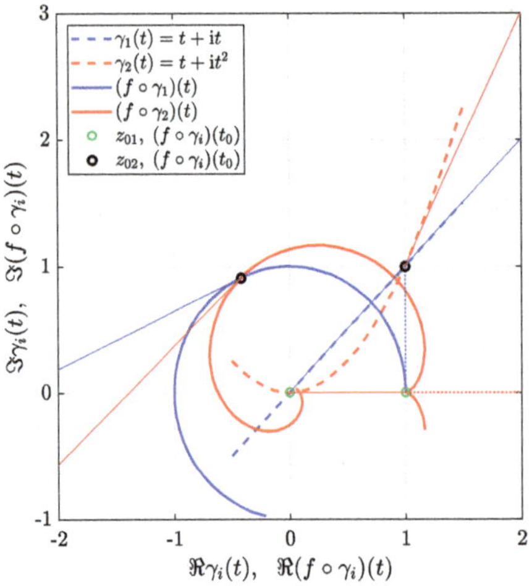

Abb. 1.7: Die beiden Wege $\gamma_{1,2}$ für den Fall $\alpha = \beta = 1$ und die Abbildungen $f \circ \gamma_{1,2}$. Die offenen grünen Punkte gehören zum Schnittpunkt $z_{10} = 0$ und dem abgebildeten Schnittpunkt bei $f(0) = 1$. Die schwarzen offenen Punkte gehören zum Schnittpunkt $z_{20} = 1 + \mathrm{i}$ und dem abgebildeten Schnittpunkt bei $f(1 + \mathrm{i}) = \mathrm{e}^{\mathrm{i}2}$. In allen Punkten sind die zugehörigen Tangentenlinien Linien eingezeichnet. Die normierten Tangentialvektoren im Punkt $w_{01} = 1$, sind durch gepunktete Linien dargestellt.

Betrachten wir im nächsten Schritt die Abbildung $f(z)$, dann gilt für die Schnittpunkte:

$$\text{(i)}\quad z_{10} = 0: \qquad f(z_{10}) = 1,$$

$$\text{(ii)}\quad z_{20} = \frac{\alpha(1+\mathrm{i}\alpha)}{\beta}: \quad f(z_{20}) = \mathrm{e}^{(1-\alpha^2)\alpha^2/\beta^2}\left(\cos\left(2\alpha^3/\beta^2\right) + \mathrm{i}\sin\left(2\alpha^3/\beta^2\right)\right).$$

Die Funktion $f(z) = \mathrm{e}^{z^2}$ ist holomorph, aber $f'(z)|_{z=0} = 0$. Führen wir die Abkürzungen $c_1^t = \cos(2\alpha t^2)$ und $s_1^t = \sin(2\alpha t^2)$, bzw. $c_2^t = \cos(2\beta t^3)$ und $s_2^t = \sin(2\beta t^3)$ ein, dann folgt zunächst allgemein für die Tangentenabbildungen $(f \circ \gamma_i)'(t)$:

$$\begin{aligned}
(f \circ \gamma_1)'(t) &= 2(t + \mathrm{i}\alpha t)\mathrm{e}^{(1-\alpha^2)t^2}\left(c_1^t + \mathrm{i}s_1^t\right)(1+\mathrm{i}\alpha)\\
&= 2t\mathrm{e}^{(1-\alpha^2)t^2}\left(\left(1-\alpha^2\right)c_1^t - 2\alpha s_1^t + \mathrm{i}\left(2\alpha c_1^t + \left(1-\alpha^2\right)s_1^t\right)\right),\\
(f \circ \gamma_2)'(t) &= 2\left(t + \mathrm{i}\beta t^2\right)\mathrm{e}^{(1-\beta^2t^2)t^2 + \mathrm{i}2\beta t^3}(1 + \mathrm{i}2\beta t)\\
&= 2t\mathrm{e}^{(1-\beta^2t^2)t^2}\left(\left(1-2\beta^2t^2\right)c_2^t - 3\beta t s_2^t + \mathrm{i}\left(3\beta t c_2^t + \left(1-2\beta^2t^2\right)s_2^t\right)\right).
\end{aligned}$$

Betrachten wir nun die beiden Schnittpunkte der Abbildungen einzeln.

(i) $t_0 = 0, z_{10} = 0, w_{10} = 1$: Für beide Wege gilt $(f \circ \gamma_i)'(0) = 0$, aber es existiert trotzdem ein Tangentialvektor in $z_{10} = 0$, da Real- und Imaginärteil einen gemeinsamen Vorfaktor haben, der verschwindet:

$$\lim_{t\to 0}\frac{\Im(f\circ\gamma_1)'(t)}{\Re(f\circ\gamma_1)'(t)} = \begin{cases} 2\alpha/(1-\alpha^2) & : \alpha \neq 1\\ -\infty & : \alpha = 1,\end{cases} \qquad \lim_{t\to 0}\frac{\Im(f\circ\gamma_2)'(t)}{\Re(f\circ\gamma_2)'(t)} = 0.$$

Deswegen existieren die normierten Tangentialvektoren

$$\lim_{t\to 0}\frac{(f\circ\gamma_1)'(t)}{|(f\circ\gamma_1)'(t)|} = \frac{1-\alpha^2+\mathrm{i}2\alpha}{1+\alpha^2}, \qquad \lim_{t\to 0}\frac{(f\circ\gamma_2)'(t)}{|(f\circ\gamma_2)'(t)|} = 1,$$

die in der Abbildung durch gepunktete Linien dargestellt sind.

Der Fall $\alpha = 1$ mit einer senkrechten und waagerechten Tangente ist in der Abbildung als gepunktete Linie eingezeichnet. Für den Schnittpunktwinkel in $w_{i0} = (f \circ \gamma_i)(0) = 1$ gilt

$$\begin{aligned}
\sphericalangle_1(f\circ\gamma_1, f\circ\gamma_2) &= \lim_{t\to 0}\arg\left((f\circ\gamma_2)'(t)/(f\circ\gamma_1)'(t)\right)\\
&= \arg\left(\frac{1}{1-\alpha^2+\mathrm{i}2\alpha}\right) = -2\arctan(\alpha)\\
&= 2\sphericalangle_0(\gamma_1,\gamma_2).
\end{aligned}$$

Der Winkel nach der Transformation ist damit doppelt so groß. Betrachten wir den zweiten Schnittpunkt.

(ii) $t_0 = \alpha/\beta, z_{20} = \alpha(1+\mathrm{i}\alpha)/\beta, w_{20} = f(z_{20})$: Analog ergibt sich mit den Abkürzungen $c = \cos(2\alpha^3/\beta^2)$ und $s = \sin(2\alpha^3/\beta^2)$:

$$\begin{aligned}
\sphericalangle_{w_{20}}(f\circ\gamma_1, f\circ\gamma_2) &= \arg\left((f\circ\gamma_2)'(t_0)/(f\circ\gamma_1)'(t_0)\right)\\
&= \arg\left(\frac{(1-2\alpha^2)c - 3\alpha s + \mathrm{i}(3\alpha c + (1-2\alpha^2)s)}{(1-\alpha^2)c - 2\alpha s + \mathrm{i}(2\alpha c + (1-\alpha^2)s)}\right)
\end{aligned}$$

$$= \arctan\left(a/\left(1+2a^2\right)\right)$$
$$= \sphericalangle_{z_{20}}(\gamma_1,\gamma_2).$$

Die Winkel sind in diesem Fall identisch und sind in der Abbildung durch schwarze offene Punkte und entsprechenden Tangentenlinien zu sehen. ◇

1.2.5 Äquipotential- und Stromlinien*

Betrachten wir eine analytische Funktion $f(x,y) = g(x,y) + ih(x,y)$ und definieren die Gradienten

$$\nabla g := \begin{pmatrix} \partial_x g \\ \partial_y g \end{pmatrix}, \quad \nabla h := \begin{pmatrix} \partial_x h \\ \partial_y h \end{pmatrix}.$$

Des Weiteren betrachten wir Wege im $\mathbb{R}^2$, auf denen g bzw. h konstant sind:

$$\gamma_g(t) := \left\{(x_g(t), y_g(t)) \in \mathbb{R}^2, t \in \mathbb{R} \mid g(x_g(t), y_g(t)) = g_0\right\},$$
$$\gamma_h(t) := \left\{(x_h(t), y_h(t)) \in \mathbb{R}^2, t \in \mathbb{R} \mid h(x_h(t), y_h(t)) = h_0\right\}.$$

Diese Linien nennt man in der Physik auch **Äquipotentiallinien** oder auch Niveaulinien und **Stromlinien**. Die Tangentialvektoren sind dann gegeben durch $\gamma_g'(t) = (x_g'(t), y_g'(t))^t$, $\gamma_h'(t) = (x_h'(t), y_h'(t))^t$ und auf den Linien gilt

$$0 = \frac{\mathrm{d}g}{\mathrm{d}t} = (\partial_x g)x_g' + (\partial_y g)y_g' = \langle \nabla g \mid \gamma_g' \rangle,$$
$$0 = \frac{\mathrm{d}h}{\mathrm{d}t} = (\partial_x h)x_h' + (\partial_y h)y_h' = \langle \nabla h \mid \gamma_h' \rangle.$$

Das bedeutet, die Gradienten stehen senkrecht auf den Niveaulinien, dies ist in Abbildung 1.8 exemplarisch dargestellt.

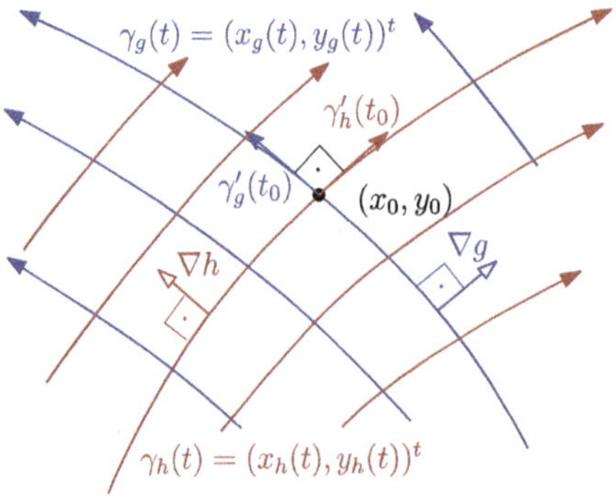

Abb. 1.8: Wege $\gamma_g(t)$, $\gamma_h(t)$ auf denen jeweils g und h konstant sind mit $g(x_g(t), y_g(t)) = g_0$ und $h(x_h(t), y_h(t)) = h_0$. Im Punkt (x_0, y_0) schneiden sich die Linien und es gilt $\gamma_g(x_0, y_0) = \gamma_h(x_0, y_0)$.

Betrachten wir einen Punkt (x_0, y_0), in dem sich die Wege kreuzen, dann stehen die Gradienten senkrecht aufeinander, denn aufgrund der CRD gilt:

$$\langle \nabla g \mid \nabla h \rangle|_{(x_0,y_0)} = (\partial_x g \partial_x h + \partial_y g \partial_y h)|_{(x_0,y_0)} = (\partial_y h \partial_x h - \partial_x h \partial_y h)|_{(x_0,y_0)} = 0.$$

Anders ausgedrückt, die Niveaulinien der Real- und Imaginärteile einer analytischen Funktion schneiden sich orthogonal.

1.2.6 Biholomorphe Funktionen

Betrachten wir nun holomorphe und lokal bijektive Funktionen.

Definition 1.13 (Biholomorph). Eine Funktion $f : \mathbb{U}_1 \to \mathbb{U}_2$ zwischen offenen Gebieten $\mathbb{U}_{1,2}$ heißt **biholomorph**, wenn sie holomorph und bijektiv ist und die Umkehrfunktion $f^{-1} : \mathbb{U}_2 \to \mathbb{U}_1$ holomorph ist. Wir nennen die Funktion **lokal biholomorph** in z_0, wenn es Umgebungen $\mathbb{U}_{z_0}$ und $\mathbb{U}_{f(z_0)}$ gibt, so dass f eingeschränkt auf $\mathbb{U}_{z_0}$ biholomorph ist. ∎

Wie im Reellen folgt aufgrund der Stetigkeit der Umkehrfunktion, die in $\mathbb{U}$ keine verschwindende Ableitung besitzen:

$$(f^{-1})'(w) = \frac{1}{f'(z)}, \quad w = f(z), f'(z) \neq 0, \quad \forall z \in \mathbb{U}.$$

Ohne Beweis sei der folgende Satz genannt.

Satz 1.6. *Eine holomorphe Funktion $f : \mathbb{U} \to \mathbb{C}$, ist genau dann in $z_0 \in \mathbb{U}$ lokal biholomorph, wenn $f'(z_0) \neq 0$ gilt.*

Die Funktion $f(z) = z^2$ ist in $\mathbb{C}^\times := \mathbb{C} \setminus \{0\}$ holomorph und $f'(z) \neq 0$ aber nicht injektiv. Sie ist aber lokal biholomorph und stellt ein einfaches Beispiel einer lokal invertierbaren Funktion dar, die selbst holomorph ist. An diesem Beispiel illustrieren wir den **Phasenplot** von komplexen Funktionen, bei dem das Argument der komplexen Zahl farbig dargestellt wird.

Beispiel 1.17. Wir schauen uns das Abbild der **rechten Halbebene**

$$\mathbb{H}^< := \{z \in \mathbb{C}^\times \mid -\pi/2 < \arg z < \pi/2\}$$

unter der Abbildung $\mathbb{H}^< \ni z \mapsto z^2$ an. Ein Ausschnitt der Halbebene ist in der linken Abbildung als sogenannter Phasenplot dargestellt, wobei die Phase $\varphi = \arg z$ von $z = re^{i\varphi} \in \mathbb{H}^<$ farbig entsprechend der Legende kodiert ist.

Die Ebene $\mathbb{H}^<$ wird unter der Abbildung $f(z) = z^2$ in die geschlitzte komplexe Ebene

$$\mathbb{C}^- := \{z \in \mathbb{C} \mid \pi < \arg z < \pi\}$$

bijektiv abgebildet und in der rechten Abbildung in einem Phasenplot dargestellt (siehe Abbildung 1.9).

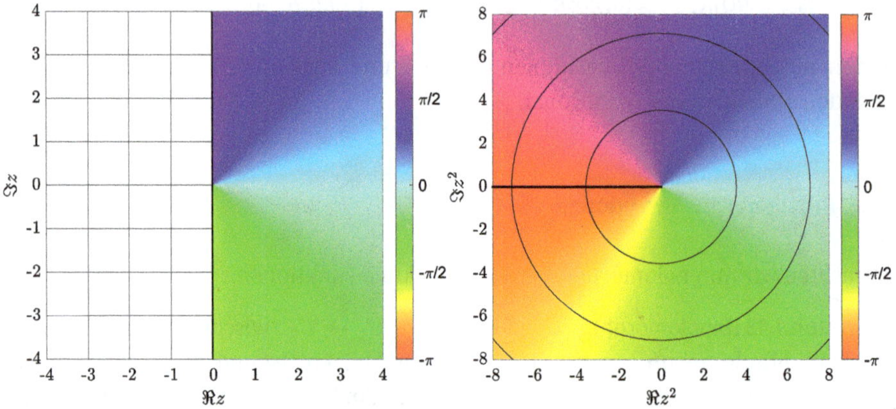

Abb. 1.9: Die Legende zeigt die Farbkodierung des Argumentes. Die dicken schwarzen Linie sind jeweils nicht in $\mathbb{H}^<$ bzw. $\mathbb{C}^-$ enthalten. Die Kreise rechts in der Grafik sind Niveaulinien.

Durch das Quadrieren wird die Phase verdoppelt und somit die komplexe Ebene bis auf die negative reelle Achse abgebildet. In der rechten Halbebene $\mathbb{H}^<$ gilt $f'(z) = 2z \neq 0$. Des Weiteren besitzt $f(z) = z^2$ eine holomorphe Umkehrfunktion $f^{-1}(f(z)) = z$, die gegeben ist durch:

$$\mathbb{C}^- \ni w \mapsto f^{-1}(w) = w^{1/2} \in \mathbb{H}^<.$$

Damit ist die Abbildung $f : \mathbb{H}^< \to \mathbb{C}^-$ biholomorph. ◇

Der Phasenplot ist eine geeignete Methode, um das Argument einer komplexen Funktion darzustellen. Eine andere Form der visuellen Darstellung komplexer Funktionen $f : \mathbb{U}_1 \to \mathbb{U}_2$ ist die Abbildung von Niveaulinien konstanten Real- und Imaginärteils. Hierbei wird ein Gitternetz aus einer Menge $\mathbb{U}_1$ in ein Gitternetz $\mathbb{U}_2$ abgebildet. Für konforme Abbildung sind dann alle Schnittwinkel der Gitter winkel- und orientierungstreu. Betrachten wir als Beispiel wiederum eine quadratische Funktion.

Beispiel 1.18. Gegeben sei die obere Halbebene

$$\mathbb{H}^+ := \{z \in \mathbb{C} \mid \Im z > 0\},$$

die in der Abbildung (1.10) als Ausschnitt mit grau eingefärbten Kacheln dargestellt ist. Die reelle Achse ist schwarz markiert und gehört nicht zu $\mathbb{H}^+$.

Betrachten wir die Abbildung:

$$\mathbb{H}^+ \ni z \mapsto f(z) := -z^2 \in \mathbb{C}^-.$$

Eine komplexe Zahl $z \in \mathbb{H}^+$ schreibt sich in Polarkoordinaten als $z = re^{i\varphi}$ mit $0 < \varphi < \pi$, damit folgt für die Abbildung $f(z) = -z^2 = r^2 e^{i2(\varphi-\pi/2)} = r^2 e^{i2\varphi'}$ mit $-\pi/2 < \varphi' < \pi/2$. Aufgrund der Erkenntnisse des vorherigen Beispiels ist das Abbild die geschlitzte komplexe Ebene $\mathbb{C}^-$. Damit ist die Abbildung biholomorph und konform und ist in der rechten Abbildung dargestellt (siehe Abbildung 1.10). Man beachte, dass $z = 0 \neq \mathbb{H}^+$ gilt. Die unterschiedlich grau gefärbten quadratischen Kacheln der oberen Halbebene werden auf die entsprechenden grauen Felder rechts abgebildet. Exemplarisch sind rote und blaue Tangenten für einen orientierten Schnittpunktwinkel eingezeichnet.

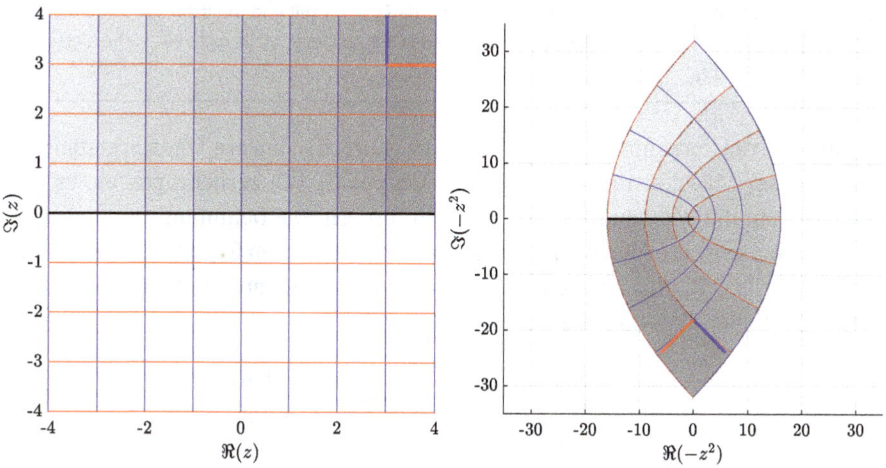

Abb. 1.10: Links dargestellt ist die obere Halbebene $\mathbb{H}^+$ und die Linien konstanten Real- und Imaginärteils. Die verschiedenen Grauwerte kennzeichnen die Spalten. Rechts dargestellt ist die konforme Abbildung $f(z) = -z^2$ des grauen Gitters. Die einzelnen dicken blauen und roten Linien sind exemplarische Tangenten in einem Schnittpunktwinkel und deren Abbildung.

Die Umkehrabbildung ist gegeben durch:

$$\mathbb{C}^- \ni w \mapsto f^{-1}(w) = \sqrt{-w} \in \mathbb{H}^+. \qquad \diamond$$

1.2.7 Möbius-Transformation*

Eine wichtige Klasse biholomorpher Abbildungen sind die Möbius-Transformationen. Hier schauen wir uns nur deren elementare Eigenschaften an. Für weiterführende Diskussionen sei auf Fischer und Lieb [9] verwiesen.

Definition 1.14 (Möbius-Transformation (MT)). Gegeben seien die Matrizen

$$\mathbf{A} = \begin{pmatrix} a & b \\ c & d \end{pmatrix} \in \mathsf{GL}_2(\mathbb{C}).$$

Die **Möbius-Transformation** ist definiert durch die Abbildung:

$$\{\mathbb{C} \setminus -d/c\} \ni z \mapsto T_{\mathbf{A}}(z) := \frac{az+b}{cz+d} \in \mathbb{C}.$$

Die Menge der Transformationen wird mit $\mathbb{M}_T := \{T_{\mathbf{A}} \mid \mathbf{A} \in \mathsf{GL}_2(\mathbb{C})\}$ bezeichnet. ■

---

i Die Definition über Matrizen $\mathbf{A} \in \mathsf{GL}_2$ ist nicht eindeutig, da $T_{\mathbf{A}} = T_{\alpha\mathbf{A}}$ gilt und somit alle $\alpha\mathbf{A}$, $\alpha \neq 0$ bezüglich der Definition äquivalent sind. Auf diese Diskussion gehen wir an dieser Stelle nicht ein, siehe hierzu etwa die Ausführungen in [9].

Die Möbius-Transformation ist eine sogenannte gebrochen lineare Transformation. Zur Definition der MT ist es nicht nötig auf die Gruppe $\mathsf{GL}_2(\mathbb{C})$ zurückzugreifen, es würde ausreichen die Bedingung $ad - bc \neq 0$ zu fordern. Die Definition ist lediglich gewählt um den existierenden Gruppenhomorphismus zwischen GL_2 und der Gruppe der MT herzustellen. Um dies zu sehen betrachten wir die Komposition zweier Möbius-Transformationen $T_{\mathbf{A}_i}(z)$, $i = 1, 2$:

$$(T_{\mathbf{A}_1} \circ T_{\mathbf{A}_2})(z) = \frac{(a_1a_2 + b_1c_2)z + a_1b_2 + b_1d_2}{(c_1a_2 + d_1c_2)z + c_1b_2 + d_1d_2}. \tag{1.27}$$

Die resultierende Abbildung ist wieder eine MT und es gilt:

$$T_{\mathbf{A}_1\mathbf{A}_2} = T_{\mathbf{A}_1} \circ T_{\mathbf{A}_2}.$$

Daraus folgt die Assoziativität $T_{\mathbf{A}_1} \circ (T_{\mathbf{A}_2} \circ T_{\mathbf{A}_3}) = (T_{\mathbf{A}_1} \circ T_{\mathbf{A}_2}) \circ T_{\mathbf{A}_3}$. Setzt man $a = d = 1$ und $b = c = 0$, dann gilt $T_1(z) = z$, dies stellt ein *neutrales Element* dar, wobei zu beachten ist, dass ebenso $T_{\alpha 1} = z$ gilt (siehe **i**). Benutzt man die Relation (1.27) so folgt für die inverse MT:

$$T_{\mathbf{A}}^{-1}(z) = -\frac{dz - b}{cz - a} = T_{(\det \mathbf{A})\mathbf{A}^{-1}}(z) = T_{\mathbf{A}^{-1}}(z).$$

Damit bildet die Menge der Möbius-Transformationen $\mathbb{M}_T$ eine Gruppe. Der Gruppenhomorphismus ist gegeben durch

$$\mathsf{GL}_2(\mathbb{C}) \ni \mathbf{A} \mapsto T_{\mathbf{A}}(z) = \frac{az+b}{cz+d} \in \mathbb{M}_T.$$

Betrachten wir nun **Elementartypen** von Möbius-Transformationen für spezielle Matrizen **A** und erweitern zunächst, wie im Reellen, die komplexen Zahlen durch Hinzunahme von ∞.

Definition 1.15 (Erweiterte komplexe Zahlen). Die **erweiterten komplexen Zahlen** sind definiert durch:

$$\mathbb{C}^* := \mathbb{C} \cup \{\infty\},$$

zusammen mit den Rechenregeln

$$z + \infty = \infty + z := \infty, \quad z/\infty := 0, \quad z \in \mathbb{C}^*,$$
$$z \cdot \infty = \infty \cdot z := \infty, \quad z/0 := \infty, \quad z \in \mathbb{C}^* \setminus \{0\}.$$

■

Als erste elementare MT sei die **Inversion** betrachtet, die definiert ist durch:

$$\mathbb{C}^* \ni z \mapsto T_{\mathrm{J}}(z) := \frac{1}{z} \in \mathbb{C}^*, \quad \mathrm{J} := \begin{pmatrix} 0 & 1 \\ 1 & 0 \end{pmatrix}.$$

Die Inversion ist in Abbildung 1.11 dargestellt.

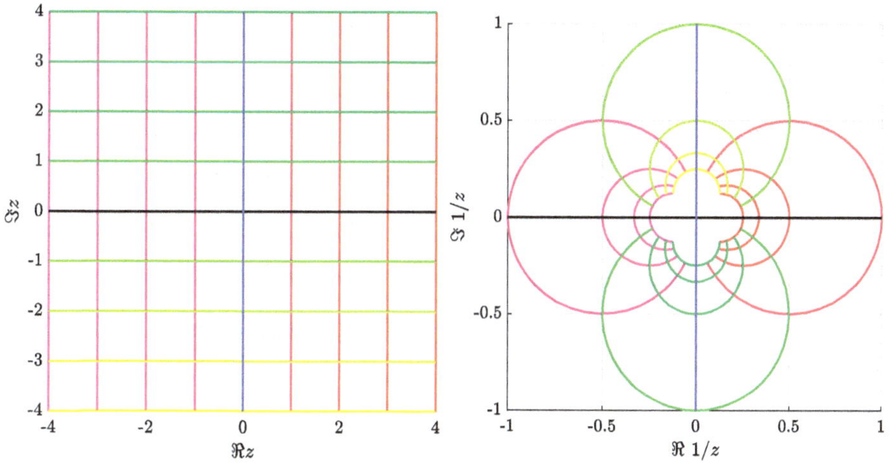

Abb. 1.11: Links ist ein Ausschnitt der komplexen Ebene mit einem orthogonalen achsenparallem Gitter dargestellt, rechts die Abbildung $T_{\mathrm{J}}(z) = 1/z$ des Gitters.

Vollständige Kreise werden durch vollständige Geraden erzeugt. Die Kreise würden sich also schließen, wenn wir statt des Ausschnittes die komplette komplexe Ebene betrachten würden. Die Abbildung $T_{\mathrm{J}}(z)$ ist in $\mathbb{C}^{\times}$ konform, denn

$$T_{\mathrm{J}}'(z) = -1/z^2 \neq 0, \quad z \in \mathbb{C}^{\times}.$$

In der rechten Abbildung zeigt sich dies durch die senkrecht aufeinander stehenden Tangenten in den Schnittpunkten der Kreislinien. Die reelle und imaginäre Achse sind invariant unter $T_{\mathbf{J}}(z)$ und können als Grenzfälle von Kreisen mit unendlichem Radius aufgefasst werden.

Die lineare Transformation mit $c = 0$ ist eine weitere MT und definiert durch:

$$T_{\mathbf{L}}(z) := \frac{a}{d}z + \frac{b}{d}, \quad \mathbf{L} := \begin{pmatrix} a/d & b/d \\ 0 & 1 \end{pmatrix} \quad a, d \neq 0.$$

Eine Matrix

$$\mathbf{L} = \begin{pmatrix} a & b \\ 0 & 1 \end{pmatrix} \in \mathrm{GL}_2(\mathbb{C}),$$

repräsentiert damit eine lineare MT. Damit kann eine allgemeine MT ($c \neq 0$) als Komposition einer Inversion und einer linearen Transformation (Drehstreckungen) geschrieben werden. Dazu beachten wir, dass gilt $\mathbf{A} = \mathbf{L}_2\mathbf{J}\mathbf{L}_1$ mit:

$$\mathbf{L}_1 = \begin{pmatrix} c & d \\ 0 & 1 \end{pmatrix}, \quad \mathbf{L}_2 = \begin{pmatrix} b - ad/c & a/c \\ 0 & 1 \end{pmatrix}.$$

Aufgrund der Homomorphismus-Eigenschaft folgt dann:

$$\begin{aligned} T_{\mathbf{A}}(z) &= (T_{\mathbf{L}_2} \circ T_{\mathbf{J}} \circ T_{\mathbf{L}_1})(z) = (T_{\mathbf{L}_2} \circ T_{\mathbf{J}})(cz + d) = T_{\mathbf{L}_2}\left(\frac{1}{cz + d}\right) \\ &= -\frac{\det \mathbf{A}}{c}\frac{1}{cz + d} + \frac{a}{c}. \end{aligned}$$

Aufbauend auf der allgemeinen MT betrachten wir als weiteres Beispiel einer biholomorphen Abbildung eine spezielle MT, die sogenannte Caley-Abbildung.

Beispiel 1.19 (Caley-Abbildung). Die Caley-Abbildung ist eine Abbildung der oberen Halbebene $\mathbb{H}^+$ in die offene **Einheitskreisscheibe**

$$\mathbb{E} := \{z \in \mathbb{C} \mid |z| < 1\},$$

die definiert ist durch

$$\mathbb{H}^+ \ni z \mapsto T_{\mathbf{C}}(z) := \frac{z - \mathrm{i}}{z + \mathrm{i}} \in \mathbb{E}, \quad \text{mit } \mathbf{C} = \begin{pmatrix} 1 & -\mathrm{i} \\ 1 & +\mathrm{i} \end{pmatrix}, \tag{1.29}$$

und in Abbildung 1.12 ist $T_{\mathbf{C}}(z)$ dargestellt.

Die nicht zu $\mathbb{H}^+$ gehörige reelle Achse wird auf den Rand $\partial\mathbb{E}$ der offenen Kreisscheibe abgebildet. Die Inverse Caley-Abbildung ist gegeben durch:

$$T_{\mathbf{C}}^{-1}(z) = T_{\mathbf{C}^{-1}}(z) = T_{2\mathrm{i}\,\mathbf{C}^{-1}}(z) = \mathrm{i}\frac{1 + z}{1 - z}, \quad z \in \mathbb{H}^+.$$

Dies sei exemplarisch verifiziert:

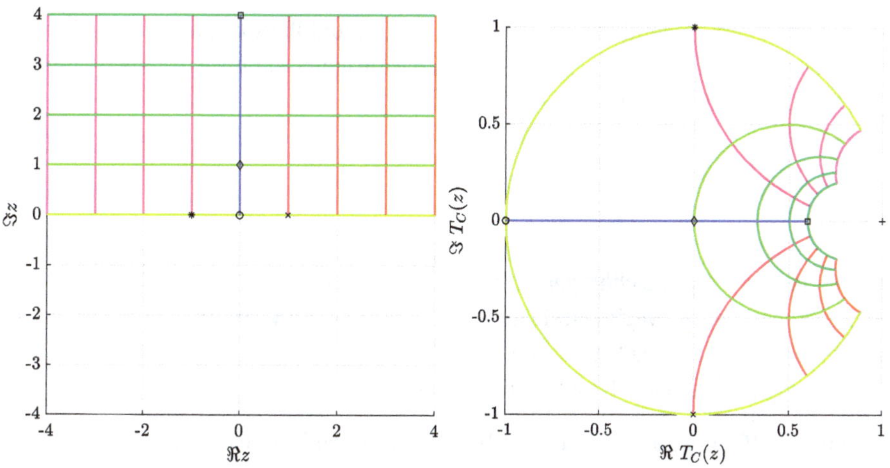

Abb. 1.12: Links ist ein Ausschnitt der komplexen Ebene $\mathbb{C}$ mit einem orthogonalen achsenparallem Gitter in $\mathbb{H}^+$ dargestellt. Die einzeln markierten Punkte sind: $\circ : z = 0$, $* : z = -1$, $\times : z = 1$, $\diamond : z = \mathrm{i}$ und $\square : z = 4\mathrm{i}$. Die rechte Grafik stellt die Abbildung $T_\mathrm{C}(z)$ des Gitters zusammen mit den abgebildeten Punkten aus $\mathbb{H}^+$ dar. Der Punkt '$+ : z = 1$' in der rechten Abbildung gehört zu $x = \pm\infty$ in der linken Abbildung.

$$(T_\mathrm{C}^{-1} \circ T_\mathrm{C})(z) = T_\mathrm{C}^{-1}\left(\frac{z-\mathrm{i}}{z+\mathrm{i}}\right) = \mathrm{i}\frac{1+\frac{z-\mathrm{i}}{z+\mathrm{i}}}{1-\frac{z-\mathrm{i}}{z+\mathrm{i}}} = \mathrm{i}\frac{2z}{2\mathrm{i}} = z.$$

Des Weiteren gilt für die Ableitung:

$$\frac{\mathrm{d}}{\mathrm{d}z}T_\mathrm{C}(z) = \frac{2\mathrm{i}}{(z+\mathrm{i})^2} \neq 0, \quad \forall z \in \mathbb{H}^+,$$

damit ist $T_\mathrm{C}(z)$ biholomorph in $\mathbb{H}^+$. ◇

Die Caley-Abbildung und deren Eigenschaften werden später bei der Diskussion von Funktionen gebraucht.

Die Caley-Transformation ist eine für die Physik wichtige Transformation und wird zum Beispiel bei der Lösung von Potentialproblemen aus der Elektrodynamik gebraucht, indem Kreisgeometrien auf Rechteckgeometrien zurückgeführt werden.

1.3 Cauchy Integralsatz

Zur Formulierung des Cauchy Integralsatzes benötigen wir Wegintegrale in der komplexen Ebene, die wir im ersten Abschnitt einführen und aus dem Reellen übertragen. Darauf aufbauend führen wir den Begriff der Stammfunktion ein. In den sich daran anschließenden Abschnitten diskutieren wir ausführlich den Cauchy Integralsatz und seine vielfältigen Anwendungen in der Mathematik und Physik. Eine wichtige Anwendungen im Bereich der Potentialtheorie wird das Dirichlet-Randwertproblem sein, welches ausführlich an einem Beispiel illustriert wird.

1.3.1 Wegintegrale

In diesem Abschnitt beschäftigen wir uns mit Wegintegralen in der komplexen Ebene. Alle Konzepte der Wegintegrale im $\mathbb{R}^2$ können dabei im Wesentlichen übernommen werden. Zunächst definieren wir den Begriff des Integrationsweges in $\mathbb{C}$. Dies wird eine Fortsetzung des Wegbegriffes aus der Definition 1.10 sein.

Definition 1.16 (Integrationsweg). Ein **Integrationsweg** in $\mathbb{U}$ ist ein stückweiser stetig differenzierbarer Weg $[a,b] \ni t \mapsto \gamma_{ab}(t) \in \operatorname{Sp}\gamma_{ab} \subset \mathbb{U}$, mit $\gamma_{ab}(a) = z_a$ und $\gamma_{ab}(b) = z_b$. Wir nennen einen Integrationsweg γ_{ab} **geschlossen**, wenn jeder Punkt $z \in \operatorname{Sp}\gamma_{ab}$ genauso oft als Anfangs- und Endpunkt vorkommt. ∎

Betrachten wir die Komposition einer Abbildungen $\gamma : \mathbb{I} = [a,b] \to \operatorname{Sp}\gamma_{ab} \subset \mathbb{U}$ aus einem kompakten Intervall $\mathbb{I}$ mit einer Abbildung $f : \mathbb{U} \to \mathbb{C}$. Diese Abbildung $f \circ \gamma : \mathbb{I} \to \mathbb{C}$ integrieren wir entlang des Weges γ. Das Integrationsintervall $\mathbb{I}$ ist dabei reell. Durch getrennte Betrachtung von Real- und Imaginärteil der Funktion f lässt sich der Begriff des Integrals einer komplexwertigen Funktion aus der reellen Analysis dann direkt übertragen.

Definition 1.17 (Komplexes Integral). Es sei $f : \mathbb{I} \to \mathbb{C}$ eine stückweise stetige Funktion, dann definieren wir das **komplexe Integral** über die Funktion f als:

$$\int_a^b \mathrm{d}t\, f(t) := \int_a^b \mathrm{d}t\, \Re f(t) + \mathrm{i} \int_a^b \mathrm{d}t\, \Im f(t), \qquad a,b \in \mathbb{R}. \tag{1.30}$$

∎

Wir verwenden hier den Begriff der stückweisen Stetigkeit aus der reellen Analysis. Die auftretenden Integrale sind wohl definierte reellwertige Integrale. Als Nächstes führen wir den Begriff des komplexen Wegintegrals ein. Nachdem wir das allgemeine komplexwertige Integral in (1.30) und Integrationswege eingeführt haben, definieren wir das Wegintegral in der komplexen Ebene.

Definition 1.18. Das **komplexe Wegintegral** einer stetige Funktion $f : \operatorname{Sp}\gamma_{ab} \to \mathbb{C}$ über den Integrationsweg $\gamma_{ab} : [a,b] \to \operatorname{Sp}\gamma_{ab}$ ist definiert durch:

$$\int_{\gamma_{ab}} \mathrm{d}z\, f(z) := \int_a^b \mathrm{d}t\, \partial_t \gamma_{ab}(t) f(\gamma_{ab}(t)). \tag{1.31}$$

Die **Länge** eines Integrationsweges γ_{ab} ist definiert durch:

$$L[\gamma_{ab}] := \int_a^b \mathrm{d}t\, |\partial_t \gamma_{ab}(t)|. \qquad \blacksquare$$

Betrachten wir wiederum elementare aber wichtige Beispiele.

Beispiel 1.20.

(i) Sei $f(z) = 1/(z - z_0)$, dann ist das Wegintegral über die positiv orientierte Kreislinie $\kappa^r_{z_0}$ gegeben durch:

$$\int_{\kappa^r_{z_0}} \mathrm{d}z\, f(z) \overset{(1.25)}{=} \int_0^{2\pi} \mathrm{d}t\, ire^{it} f(\kappa^r_{z_0}(t)) = \int_0^{2\pi} \mathrm{d}t\, \mathrm{i} = i2\pi. \tag{1.32}$$

Das Ergebnis hängt nicht vom Radius r ab! Die Länge des Integrationsweges ist $L[\kappa^r_{z_0}] = r2\pi$.

(ii) Es sei eine Gerade $\hat{\gamma}_{z_a z_b}$ gegeben, dann gilt für das Wegintegral einer komplexwertigen Funktion f (sofern das Integral existiert):

$$\int_{\hat{\gamma}_{z_a z_b}} \mathrm{d}z\, f(z) = \int_0^1 \mathrm{d}t\, (z_b - z_a) f(\gamma_{z_a z_b}(t)) \overset{z=\gamma_{z_a z_b}(t)}{=} \int_{z_a}^{z_b} \mathrm{d}z\, f(z).$$

Die rechte Seite sieht genau so aus wie im Reellen, es wird lediglich über die Gerade von z_a nach z_b im Komplexen integriert. Die Länge des Integrationsweges ist $L[\hat{\gamma}_{z_a z_b}] = |z_b - z_a|$.

(iii) Betrachten wir noch ein Beispiel bei dem das Ergebnis vom betrachteten Integrationsweg abhängt. Die Funktion sei $f(z) = |z|$ und die Wege seien der Halbkreis um den Ursprung in der oberen Halbebene $\kappa^1_0 : [0, \pi] \ni t \mapsto e^{i(\pi - t)}$ und die Gerade $\hat{\gamma}_{-1,1} : [-1, 1] \ni t \mapsto t$ vom selben Anfangspunkt $\kappa^1_0(0) = \hat{\gamma}_{-1,1}(-1) = -1$ zum selben Endpunkt $\kappa^1_0(\pi) = \hat{\gamma}_{-1,1}(1) = 1$. Für die beiden Wegintegrale folgt:

$$\int_{\kappa^1_0} \mathrm{d}z\, |z| = \int_0^{\pi} \mathrm{d}t\, \partial_t \kappa^1_0(t) 1 = \kappa^1_0(\pi) - \kappa^1_0(0) = 2,$$

$$\int_{\hat{\gamma}_{-1,1}} \mathrm{d}z\, |z| = \int_{-1}^{+1} \mathrm{d}t\, |t| = 1.$$

Der Wert hängt somit vom Weg ab. Wäre die zu integrierende Funktion $f(z) = z$, so wären beide Integrale gleich Null. ◇

Kommen wir zu den Grundeigenschaften von Wegintegralen. Zunächst ist es wichtig, dass das Wegintegral nicht von der gewählten Parametrisierung der Spur $\mathrm{Sp}\,\gamma$ abhängig ist.

Lemma 1.8 (Unabhängigkeit der Wegparametrisierung). *Gegeben seien zwei Wege $\gamma_i : \mathbb{I}_i \to \mathrm{Sp}\,\gamma_i$, die dieselbe Spur besitzen $\mathrm{Sp}\,\gamma_1 = \mathrm{Sp}\,\gamma_2$ und stetig bijektiv durch $\tau : \mathbb{I}_2 \to \mathbb{I}_1$ aufeinander abgebildet werden, so dass gilt: $\gamma_2 = \gamma_1 \circ \tau$ mit $\partial_t \tau(t) > 0$. Dann gilt für eine stetige Funktion $f(z)$:*

$$\int_{\gamma_1} \mathrm{d}z\, f(z) = \int_{\gamma_2} \mathrm{d}z\, f(z).$$

Beweis. Wir gehen von der Definition des Wegintegrals für den zweiten Weg aus, führen eine Substitution durch und beachten $t' = \tau(t)$. Anfangs- und Endpunkte sind gleich: $\gamma_1(a') = \gamma_2(a) = z_a$ und $\gamma_1(b') = \gamma_2(b) = z_b$. Damit folgt:

$$\begin{aligned}\int_{\gamma_2} \mathrm{d}z\, f(z) &= \int_a^b \mathrm{d}t\, \partial_t \gamma_2(t) f(\gamma_2(t)) = \int_a^b \mathrm{d}t\, \partial_\tau \gamma_1(\tau(t)) \partial_t \tau(t) f(\gamma_1(\tau(t))) \\ &= \int_{\tau(a)}^{\tau(b)} \mathrm{d}\tau \partial_\tau \gamma_1(\tau) f(\gamma_1(\tau)) = \int_{\gamma_1} \mathrm{d}z\, f(z).\end{aligned}$$ □

Lemma 1.9 (Wegumkehrung). *Für einen Integrationsweg $\gamma_{ab} : [a,b] \to \mathrm{Sp}\,\gamma_{ab}$ und eine auf diesem Weg stetige Funktion $f : \mathrm{Sp}\,\gamma_{ab} \to \mathbb{C}$ gilt für das Wegintegral des umgekehrten Integrationsweges $\gamma_{ab}^{-1} := \gamma_{ba} : [b,a] \to \mathrm{Sp}\,\gamma_{ab}$:*

$$\int_{\gamma_{ab}} \mathrm{d}z\, f(z) = -\int_{\gamma_{ba}} \mathrm{d}z\, f(z).$$

Beweis. Dies folgt direkt aus der Definition:

$$\int_{\gamma_{ab}} \mathrm{d}z\, f(z) = \int_a^b \mathrm{d}t\, \gamma'_{ab}(t) f(\gamma_{ab}(t)) = -\int_b^a \mathrm{d}t\, \gamma'_{ba}(t) f(\gamma_{ba}(t)) = -\int_{\gamma_{ba}} \mathrm{d}z\, f(z).$$ □

Lemma 1.10 (Wegaddition). *Es seien zwei Integrationswege $\gamma_i : [a_i, b_i] \to \mathrm{Sp}\,\gamma_i$ gegeben, für die gilt: $\gamma_1(b_1) = \gamma_2(a_2)$, dann gilt für den zusammengesetzten Weg: $\gamma = \gamma_1 + \gamma_2 : [a_1, b_2] \to \mathrm{Sp}\,\gamma$:*

$$\int_{\gamma} \mathrm{d}z\, f(z) = \int_{\gamma_1} \mathrm{d}z\, f(z) + \int_{\gamma_2} \mathrm{d}z\, f(z).$$

Beweis. Dies folgt direkt aus der Additivität des Integrals.

Unmittelbar klar ist dann auch die Verallgemeinerung auf mehrere Teilwege:

$$\int_{\sum_i \gamma_i} \mathrm{d}z\, f(z) = \sum_i \int_{\gamma_i} \mathrm{d}z\, f(z).$$

Lemma 1.11 (Wegintegralabschätzung). *Für einen stückweise stetigen Integrationsweg $\gamma : \mathbb{I} \to \operatorname{Sp}\gamma$ und eine auf $\operatorname{Sp}\gamma$ stetige Funktion $f(z)$ gilt:*

$$\left|\int_\gamma \mathrm{d}z\, f(z)\right| \leq L[\gamma] \max_{z\in\operatorname{Sp}\gamma} |f(z)|.$$

Beweis. Es gilt zunächst für einen stetigen Integrationsweg:

$$\left|\int_\gamma \mathrm{d}z\, f(z)\right| = \left|\int_a^b \mathrm{d}t\, \gamma'(t) f(\gamma(t))\right| \leq \int_a^b \mathrm{d}t\, |\gamma'(t)||f(\gamma(t))| \leq L[\gamma] \max_{z\in\operatorname{Sp}\gamma} |f(z)|.$$

Setzt sich der Weg aus stückweise stetigen Integrationswegen zusammen, so benutzen wir die Additivität des Wegintegrals. □

Schauen wir uns all diese Aspekte an konkreten Beispielen an.

Beispiel 1.21. Betrachte den aus zwei Strecken und einem Teilkreis zusammengesetzten Integrationsweg $\gamma = \gamma_1 + \gamma_2 + \gamma_3$ aus Abbildung 1.13. Berechne explizit die beiden Wegintegrale:

$$I_i := \int_\gamma \mathrm{d}z f_i(z), \quad f_1(z) = \bar{z}, \quad f_2(z) = \sin z.$$

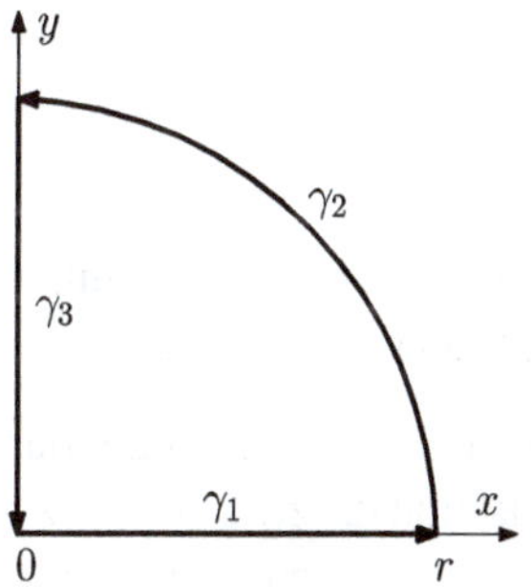

Abb. 1.13: Ein geschlossener stückweise stetiger Integrationsweg $\gamma = \gamma_1 + \gamma_2 + \gamma_3$, der zusammengesetzt ist aus zwei Strecken und einem Viertelkreis mit Radius r um den Ursprung.

Die Parametrisierung der Teilwege lautet:

$$[0, r] \ni t \mapsto \gamma_1(t) = t,$$

$$[0,\pi/2] \ni t \mapsto \gamma_2(t) = re^{\mathrm{i}t},$$
$$[0,r] \ni t \mapsto \gamma_3(t) = \mathrm{i}(r-t).$$

Damit folgt für das erste Integral I_1:

$$\begin{aligned} I_1 &= \int_\gamma \mathrm{d}z\,\bar{z} = \int_0^r \mathrm{d}t\,t + \int_0^{\pi/2} \mathrm{d}t\; r\mathrm{i}e^{\mathrm{i}t}\overline{re^{\mathrm{i}t}} + \int_0^r \mathrm{d}t\,(-\mathrm{i})\overline{\mathrm{i}(r-t)} \\ &= \frac{r^2}{2} + \mathrm{i}\frac{\pi r^2}{2} - \frac{r^2}{2} = \mathrm{i}\frac{\pi r^2}{2}. \end{aligned}$$

Wie man leicht nachrechnet, ist das Integral für die Funktion $f(z) = z$ gleich Null. Betrachten wir das zweite Integral I_2 und rechnen die Teilintegrale explizit nur über die Definition (1.30) von komplexen Integralen aus. Im nächsten Kapitel über komplexe Stammfunktionen werden wir sehen, dass dies schneller geht.

$$\begin{aligned} I_2 &= \int_0^r \mathrm{d}t\,\sin t + \int_0^{\pi/2} \mathrm{d}t\; r\mathrm{i}e^{\mathrm{i}t}\sin(re^{\mathrm{i}t}) + \int_0^r \mathrm{d}t\,(-\mathrm{i})\sin(\mathrm{i}(r-t)) \\ &= -\cos r + \cosh r - \int_0^{\pi/2} \mathrm{d}t \frac{\mathrm{d}}{\mathrm{d}t}\cos(re^{\mathrm{i}t}) \\ &= \cosh r - \cos r - \cos(re^{\mathrm{i}t})\big|_0^{\pi/2} = 0. \end{aligned}$$ ◇

Das Beispiel zeigt, das geschlossene Wegintegral über die nicht holomorphe Funktion $f_1(z) = |z|$ verschwindet nicht, wohingegen das geschlossene Wegintegral über die holomorphe Funktion $f_2(z) = \sin z$ verschwindet. Den Grund hierfür können wir durch den Begriff der Stammfunktion, den wir aus der reellen Analysis kennen, auflösen. Betrachten wir nun Stammfunktion von komplexwertigen Funktionen.

1.3.2 Stammfunktion in $\mathbb{C}$

In diesem Abschnitt führen wir den Begriff der Stammfunktion im Komplexen ein, so wie wir ihn aus der reellen Analysis mit den bekannten Eigenschaften kennen.

Definition 1.19 (Stammfunktion). Es sei $f : \mathbb{U} \to \mathbb{C}$ eine stetige Funktion. Eine Funktion $F : \mathbb{U} \to \mathbb{C}$ heißt **Stammfunktion** von f, wenn F holomorph ist und $\mathrm{d}F(z)/\mathrm{d}z = f(z), z \in \mathbb{U}$ gilt. Man sagt $F(z)$ ist eine **lokale Stammfunktion** auf $\mathbb{U}$, wenn es zu jedem Punkt $z_0 \in \mathbb{U}$ eine Umgebung $\mathbb{U}_{z_0} \subset \mathbb{U}$ gibt, so dass $F(z)$ mit $z \in \mathbb{U}_{z_0}$ eine Stammfunktion von $f(z)$ ist. ■

Zunächst betrachten wir den Hauptsatz der Integralrechnung, der sich mit der Existenz von Stammfunktionen beschäftigt.

Satz 1.7 (Stammfunktion). *Es sei $f : \mathbb{U} \to \mathbb{C}$ eine stetige Funktion, die eine Stammfunktion besitzt, des Weiteren sei $\gamma : [a, b] \to \operatorname{Sp}\gamma \subset \mathbb{U}$ ein Integrationsweg mit $z_a = \gamma(a)$ und $z_b = \gamma(b)$, dann gilt:*

$$\int_\gamma \mathrm{d}z f(z) = F(z_b) - F(z_a).$$

Beweis. Im Allgemeinen ist der Integrationsweg zusammengesetzt aus stückweise stetigen Teilwegen. Wir beschränken uns auf den Fall, dass der gesamte Integrationsweg γ stetig ist. Den Fall eines aus stückweise stetigen Funktionen zusammengesetzten Weges ist dann klar. Betrachten wir die linke Seite und setzen die Definition aus Gl. (1.31) ein, so ergibt sich:

$$\begin{aligned}\int_\gamma \mathrm{d}z f(z) &= \int_a^b \mathrm{d}t\, \partial_t\gamma(t) f(\gamma(t)) \\ &= \int_a^b \mathrm{d}t\, \partial_t\gamma(t) \left.\frac{\mathrm{d}F(z)}{\mathrm{d}z}\right|_{z=\gamma(t)} = \int_a^b \mathrm{d}t \frac{\mathrm{d}}{\mathrm{d}t} F(\gamma(t)) \\ &= F(\gamma(b)) - F(\gamma(a)) = F(z_b) - F(z_a).\end{aligned}$$ □

Der Satz besagt, bei Vorhandensein einer Stammfunktion hängt das Integral nur von den Endpunkten des Integrationsweges ab. Dies ist dann ganz analog zum reellen Fall. Gehen wir als Nächstes zu geschlossenen Wegen in zusammenhängenden Integrationsgebieten über. Dazu benötigen wir den Begriff des Gebietes.

Definition 1.20 (Gebiet). Wir nennen die Teilmenge $\mathbb{G} \subset \mathbb{C}$ ein **Gebiet**, wenn für je zwei Punkte $z_a, z_b \in \mathbb{G}$ ein Integrationsweg $\gamma_{z_a z_b}$ existiert mit $\operatorname{Sp}\gamma_{z_a z_b} \subset \mathbb{G}$. Das Gebiet bezeichnet man dann auch als **zusammenhängend**. ■

Lemma 1.12. *Für eine auf dem Gebiet $\mathbb{G}$ stetige Funktion $f : \mathbb{G} \to \mathbb{C}$ mit Stammfunktion $F(z)$, gilt für jeden innerhalb von $\mathbb{G}$ geschlossenen Integrationsweg γ:*

$$\int_\gamma \mathrm{d}z f(z) = 0. \tag{1.33}$$

Falls Gl. (1.33) für jeden geschlossenen Integrationsweg γ gilt, dann besitzt f auf $\mathbb{G}$ eine Stammfunktion.

Beweis. Der erste Teil des Beweises ist eine Folgerung aus Satz 1.7 über Stammfunktionen, denn für einen geschlossenen Integrationsweg gilt $\gamma : [a, b] \to \operatorname{Sp}\gamma$ und $\gamma(b) = \gamma(a)$. Betrachten wir die andere Richtung und konstruieren eine Stammfunktion von f. Hierzu nehmen wir einen beliebigen aber festen Punkt $z' \in \mathbb{G}$. Zu jedem Punkt $z \in \mathbb{G}$ existiert nach Voraussetzung ein Integrationsweg $\gamma_{z'z}$ in $\mathbb{G}$, den wir frei wählen. Dann definieren wir die Funktion F:

$$\mathbb{G} \ni z \mapsto F(z) := \int_{\gamma_{z'z}} \mathrm{d}\zeta f(\zeta), \quad z' \in \mathbb{G}. \tag{1.34}$$

Die Funktion $F(z)$ ist wegunabhängig, denn sei $\tilde{\gamma}_{z'z}$ ein zweiter Weg von z' nach z, so gilt für den geschlossenen Weg $\gamma = \gamma_{z'z} + \tilde{\gamma}^{-1}_{z'z}$:

$$0 = \int_{\gamma_{z'z}+\tilde{\gamma}^{-1}_{z'z}} \mathrm{d}\zeta f(\zeta) = \int_{\gamma_{z'z}} \mathrm{d}\zeta f(\zeta) - \int_{\tilde{\gamma}_{z'z}} \mathrm{d}\zeta f(\zeta).$$

Damit sind die beiden Wegintegrale gleich und die Darstellung (1.34) unabhängig vom Weg und somit eine sinnvolle Definition. Nun zeigen wir, dass die Stammfunktionseigenschaft $\mathrm{d}F(z)/\mathrm{d}z = f(z)$ für alle $z \in \mathbb{G}$ gilt. Dazu betrachten wir den geschlossenen Weg, wie er in Abbildung 1.14 dargestellt ist.

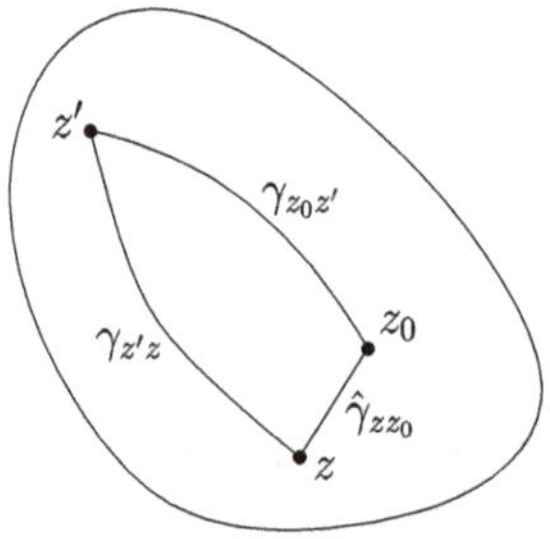

Abb. 1.14: Zusammengesetzter Integrationsweg $\gamma = \gamma_{z'z} + \hat{\gamma}_{zz_0} + \gamma^{-1}_{z'z_0}$ im Gebiet $\mathbb{G}$. Der Punkt $z' \in \mathbb{G}$ ist beliebig, aber fest. Der Weg $\hat{\gamma}_{zz_0}$ ist die Strecke zwischen den Punkten $z \neq z_0$.

Die Integration über den geschlossenen Weg γ ergibt:

$$0 = \int_{\gamma} \mathrm{d}z f(z) = \int_{\gamma_{z'z}+\hat{\gamma}_{zz_0}+\gamma_{z_0z'}} \mathrm{d}z f(z) = F(z) - F(z_0) + \int_0^1 \mathrm{d}t\,(z_0 - z) f(z + t(z_0 - z)).$$

Diese Gleichung stellen wir um zu:

$$\frac{F(z) - F(z_0)}{z - z_0} = \int_0^1 \mathrm{d}t f(z + t(z_0 - z)) =: \Delta^F_{z_0}(z).$$

Für die so definierte Funktion gilt: $\Delta^F_{z_0}(z_0) = f(z_0)$. Des Weiteren ist die Funktion stetig, denn es gilt:

$$|\Delta^F_{z_0}(z) - \Delta^F_{z_0}(z_0)| \leq \max_{0\leq t\leq 1} |f(z_0 + t(z - z_0)) - f(z_0)|.$$

Da nach Voraussetzung $f(z)$ stetig ist, ist die linke Seite beschränkt und damit ist die Funktion $\Delta^F_{z_0}(z)$ stetig. Insgesamt haben wir eine explizite Darstellung einer stetigen Funktion $\Delta^F_{z_0}(z)$ der Form (1.7) konstruiert, für die gilt:

$$\Delta_{z_0}^F(z_0) = \left.\frac{\mathrm{d}F(z)}{\mathrm{d}z}\right|_{z=z_0} = F'(z_0) = f(z_0).$$

Die in Gl. (1.34) definierte Funktion ist damit eine Stammfunktion. □

Schauen wir wir uns explizite Beispiele für Monome $p_n(z) = z^n$ und verschiedene Integrationswege an.

Beispiel 1.22. Gegeben seien elementare Polynome $p_n(z) := z^n$, $n \neq -1$ und ein stetiger Integrationsweg γ_{ab} zwischen den Punkten z_a und z_b, dann folgt:

$$\int\limits_{\gamma_{ab}} \mathrm{d}z\, p_n(z) = \int\limits_a^b \mathrm{d}t\, \gamma'_{ab}(t) p_n(\gamma_{ab}(t)) = \int\limits_{z_a}^{z_b} \mathrm{d}z\, p_n(z) = \frac{p_{n+1}(z_b) - p_{n+1}(z_a)}{n+1}.$$

Die Integrationswege sind völlig beliebig in $\mathbb{C}$ gewählt. Die Stammfunktion von $p_n(z)$, $n \neq -1$ ist damit gegeben durch $p_{n+1}(z)/(n+1)$, so wie im Reellen. ◇

Im nächsten Beispiel schauen wir uns wiederum die Elementarpolynome $p_n(z)$ an, lassen aber auch $n = -1$ zu und betrachten zwei konkrete Integrationswege.

Beispiel 1.23. Berechne die Wegintegrale über γ_1 und γ_2 aus Abbildung 1.15 über die Monome $p_n(z)$, $n \in \mathbb{Z}$.

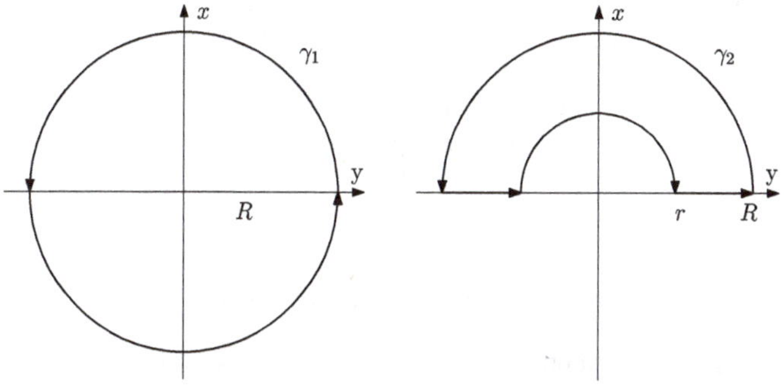

Abb. 1.15: Der Weg $\gamma_1 = \kappa_0^R$ über die Kreislinie um den Ursprung mit Radius R und der zusammengesetzte Weg $\gamma_2 = \hat{\gamma}_{rR} + \breve{\kappa}_0^R + \hat{\gamma}_{-R,-r} + \breve{\kappa}_0^{r^{-1}}$ über die Halbkreislinien mit Radien r und R, sowie Strecken zwischen $-R, -r$ und r, R.

Obwohl wir im vorherigen Beispiel den Fall $n \neq 1$ schon diskutiert haben, werden wir im Folgenden allgemein für beliebiges $n \in \mathbb{Z}$ rechnen, um den Unterschied deutlich zu machen. Betrachten wir zunächst den Fall des ersten Integrationsweges über die positiv orientierte Kreislinie $\gamma_1(t) = \kappa_0^R(t)$, $t \in [0, 2\pi[$:

$$\int\limits_{\gamma_1} \mathrm{d}z\, p_n(z) = \int\limits_0^{2\pi} \mathrm{d}t\, \mathrm{i}R\mathrm{e}^{\mathrm{i}t}(R\mathrm{e}^{\mathrm{i}t})^n = \mathrm{i}R^{n+1} 2\pi\delta_{-1,n} = \mathrm{i}2\pi\delta_{-1,n}.$$

Für $n \neq -1$ verschwindet das geschlossene Wegintegral für jeden beliebigen Kreisring, im Einklang mit dem zuvor erzielten Ergebnis, da es sich um einen geschlossenen Weg handelt. Für $n = -1$ erhalten wir ebenfalls ein bekanntes Ergebnis (1.32), das Integral ist von Null verschieden und unabhängig von R.

---

i Die Größe

$$\delta_{nm} = \begin{cases} 1 & : n = m \\ 0 & : n \neq m \end{cases}$$

heißt **Kronecker-Tensor** und spielt eine wichtige Rolle bei der Diskussion von Tensoren in späteren Kapiteln.

Betrachten wir den zusammengesetzten Integrationsweg $\gamma_2 = \hat{\gamma}_{rR} + \breve{\kappa}_0^R + \hat{\gamma}_{-R,-r} - \breve{\kappa}_0^r$, so ergibt sich für $n \neq -1$ aus dem vorherigen Beispiel aufgrund des geschlossenen Integrationsweges:

$$\int_{\gamma_2} \mathrm{d}z\, p_n(z) = 0, \quad (n \neq -1).$$

Sei nun $n = -1$, dann gilt:

$$\begin{aligned} \int_{\gamma_2} \mathrm{d}z\, p_{-1}(z) &= \left(\int_{\hat{\gamma}_{rR}} + \int_{\hat{\gamma}_{-R,-r}} + \int_{\breve{\kappa}_0^R} - \int_{\breve{\kappa}_0^r} \right) \mathrm{d}z\, \frac{1}{z} \\ &= \int_R^r \mathrm{d}z\, \frac{1}{z} + \int_{-r}^{-R} \mathrm{d}z\, \frac{1}{z} + \int_0^\pi \mathrm{d}t\, \mathrm{i} - \int_0^\pi \mathrm{d}t\, \mathrm{i} \\ &= 0. \end{aligned}$$

Das Wegintegral über $p_{-1}(z) = 1/z$ hängt also vom Integrationsweg ab! ◇

Obwohl das Lemma 1.12 weitreichende Konsequenzen hat, ist es doch für die praktische Anwendbarkeit begrenzt, da es oft schwierig ist nachzuweisen, dass ein Wegintegral für alle möglichen Wege verschwindet. Im nächsten Abschnitt bringen wir die Aussage in eine auch anwendungsorientierte Form. Zunächst benötigen wir noch die Aussage über die Vertauschbarkeit von Differentiation nach einem Parameter und der Integration.

Satz 1.8 (Parameterabhängige Integrale). *Es sei $\mathbb{M}$ eine offene Umgebung von $\mathbb{C}$ und es sei eine stetige Funktion $f : \mathrm{Sp}\,\gamma_{ab} \times \mathbb{M} \ni (\zeta, z) \mapsto f(\zeta, z) \in \mathbb{C}$ gegeben, die nach z komplex differenzierbar sei, dann gilt:*

$$\frac{\mathrm{d}}{\mathrm{d}z} \int_{\gamma_{ab}} \mathrm{d}\zeta f(\zeta, z) = \int_{\gamma_{ab}} \mathrm{d}\zeta\, \partial_z f(\zeta, z). \tag{1.35}$$

Beweis. Der Beweis folgt aus dem entsprechenden Satz für parameterabhängige Integrale der reellen Analysis (vergleiche auch *Forster: Analysis III* [21]) zusammen mit der Darstellung (1.30). □

1.3.3 Cauchy Integralsatz

Nun kommen wir zum Integralsatz von Cauchy zunächst für konvexe Gebiete, die wie folgt definiert sind.

Definition 1.21 (Konvexes Gebiet). Wir nennen ein Gebiet $\mathbb{G} \subset \mathbb{C}$ **konvex**, wenn für alle Punktepaare $z_a, z_b \in \mathbb{G}$ die ganze Gerade $\hat{\gamma}_{z_a z_b}$ zwischen den Punkten in $\mathbb{G}$ liegt, also $\operatorname{Sp} \hat{\gamma}_{z_a z_b} \subset \mathbb{G}$. Ein **Dreieck** mit den Eckpunkten z_0, z_1 und z_2 als konvexe Menge bezeichnen wir mit $\mathbb{D}$, den Rand des Dreieckes mit $\partial\mathbb{D}$. ■

Im Folgenden betrachten wir zentrale Sätze der Funktionentheorie. Die Beweise stammen aus [22], und werden hier wiedergegeben, da sie einige wichtige Aspekte komplexer Wegintegrale aufzeigen und das Arbeiten mit Wegintegralen vertiefen.

Satz 1.9 (Goursat). *Es sei $\mathbb{D} \subset \mathbb{C}$ ein abgeschlossenes Dreieck. Dann gilt für jede in einer Umgebung von $\mathbb{D}$ holomorphe Funktion $f : \mathbb{D} \to \mathbb{C}$:*

$$\int_{\partial\mathbb{D}} \mathrm{d}z f(z) = 0. \tag{1.36}$$

Beweis. Sei f auf einer Umgebung von $\mathbb{D}$ holomorph, dann zerlege man $\mathbb{D}$ in vier Teildreiecke $\mathbb{D}_i, i = 1, 2, 3, 4$, so wie es in Abbildung 1.16 dargestellt ist. Die Spitzen des inneren Dreiecks liegen auf den Seitenmitten des großen Dreiecks $\mathbb{D}$.

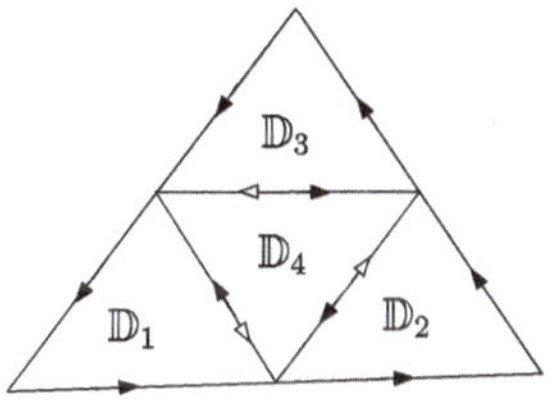

Abb. 1.16: Integrationswege im Dreieck $\mathbb{D}$ zusammengesetzt aus den Dreiecken $\mathbb{D}_1, \ldots, \mathbb{D}_4$. Zum inneren Dreieck gehören die offenen Pfeile. Der Umlaufsinn des großen Dreiecks ist der selbe wie der Umlaufsinn der Dreiecke $\mathbb{D}_1, \mathbb{D}_2$ und $\mathbb{D}_3$. Der Umfang jedes der vier kleinen Dreiecke $\mathbb{D}_i, i = 1, \ldots, 4$ ist halb so groß wie der des großen Dreiecks $\mathbb{D}$.

Die Pfeile geben die Umlaufrichtungen der Wege an. Das innere Dreieck $\mathbb{D}_4$ hat dabei einen zu den anderen Wegen umgekehrten Umlaufsinn, deswegen heben sich die Beiträge der angrenzenden Seiten zu den Wegintegralen weg und das Wegintegral über $\partial\mathbb{D}$ ist gleich der Summe der Wegintegrale über $\partial\mathbb{D}_i$, $i = 1, \ldots, 4$. Es gilt die Abschätzung:

$$\left|\int_{\partial\mathbb{D}} \mathrm{d}z f(z)\right| = \left|\int_{\sum_{i=1}^4 \partial\mathbb{D}_i} \mathrm{d}z f(z)\right| \leq 4 \max_{i=1,\ldots,4} \left|\int_{\partial\mathbb{D}_i} \mathrm{d}z f(z)\right| \equiv 4 \left|\int_{\partial\mathbb{D}^{(1)}} \mathrm{d}z f(z)\right|. \tag{1.37}$$

Das Wegintegral mit dem maximalen Beitrag sei dabei mit $\partial\mathbb{D}^{(1)}$ bezeichnet. Diese Konstruktion wiederholen wir und erhalten eine Folge von Inklusionen $\mathbb{D} \supset \mathbb{D}^{(1)} \supset \mathbb{D}^{(2)} \supset \ldots$, mit der Eigenschaft:

$$\left| \int_{\partial\mathbb{D}} \mathrm{d}z f(z) \right| \leq 4^n \left| \int_{\partial\mathbb{D}^{(n)}} \mathrm{d}z f(z) \right|.$$

Die Länge des Integrationsweges $\partial\mathbb{D}$ ergibt sich zu:

$$L[\partial\mathbb{D}^{(n)}] = \frac{1}{2} L[\partial\mathbb{D}^{(n-1)}] = \frac{1}{2^n} L[\partial\mathbb{D}].$$

Da alle Dreiecke kompakt sind, gibt es einen Punkt $z_0 \in \mathbb{D}$ mit der Eigenschaft:

$$\bigcap_{n\in\mathbb{N}} \mathbb{D}^{(n)} = \{z_0\}. \tag{1.38}$$

Nun benutzen wir die Eigenschaft der Holomorphie von f und schreiben:

$$f(z) = f(z_0) + (z - z_0)\Delta^f_{z_0}(z) = f(z_0) + (z - z_0)\big(\partial_z f(z_0) + A(z, z_0)\big).$$

Aufgrund der Darstellung verschwindet die Funktion $A(z, z_0) = R(z, z_0)/(z - z_0)$ in z_0. Da $f(z_0) + (z - z_0)\partial_z f(z_0)$ linear in z ist, existiert eine Stammfunktion mit:

$$\int_{\partial\mathbb{D}^{(n)}} \mathrm{d}z\, [f(z_0) + (z - z_0)\partial_z f(z_0)] = 0.$$

Daraus folgt:

$$\begin{aligned}
\left| \int_{\partial\mathbb{D}^{(n)}} \mathrm{d}z f(z) \right| &= \left| \int_{\partial\mathbb{D}^{(n)}} \mathrm{d}z\, (z - z_0)A(z, z_0) \right| \\
&\leq L[\partial\mathbb{D}^{(n)}] \max_{z\in\partial\mathbb{D}^{(n)}} \big[|z - z_0| \cdot |A(z, z_0)|\big] \\
&\leq L[\partial\mathbb{D}^{(n)}]^2 \max_{z\in\partial\mathbb{D}^{(n)}} |A(z, z_0)|.
\end{aligned}$$

Insgesamt ergibt sich die Abschätzung:

$$\left| \int_{\partial\mathbb{D}} \mathrm{d}z f(z) \right| \leq L[\partial\mathbb{D}]^2 \max_{z\in\partial\mathbb{D}^{(n)}} |A(z, z_0)|.$$

Der Umfang des Dreiecks $L[\partial\mathbb{D}]$ ist eine Konstante. Die Funktion $A(z, z_0)$ ist stetig und verschwindet in $z = z_0$ aufgrund der Holomorphie von $f(z)$. Deswegen kann das Wegintegral (1.37) durch ein hinreichend großes n beliebig klein abgeschätzt werden. Im Limes $n \to \infty$ verschwindet die rechte Seite wegen (1.38). □

Im nächsten Schritt schwächen wir die Voraussetzungen des Satzes ein wenig ab, in dem wir auf die Holomorphie in einem Punkt verzichten.

Satz 1.10. *Es sei $\mathbb{D}$ ein abgeschlossenes Dreieck in $\mathbb{C}$. Dann gilt für jede in $\mathbb{D}$ bis auf einen Punkt $z_0 \in \mathbb{D}$ holomorphe Funktion f, die noch stetig ist in z_0:*

$$\int\limits_{\partial\mathbb{D}} \mathrm{d}z\,(z) = 0.$$

Beweis. Wir betrachten drei Fälle. Der Punkt z_0 kann entweder auf einer Ecke, am Rand oder im Dreieck $\mathbb{D}$ liegen, wie es in Abbildung 1.17 dargestellt ist.

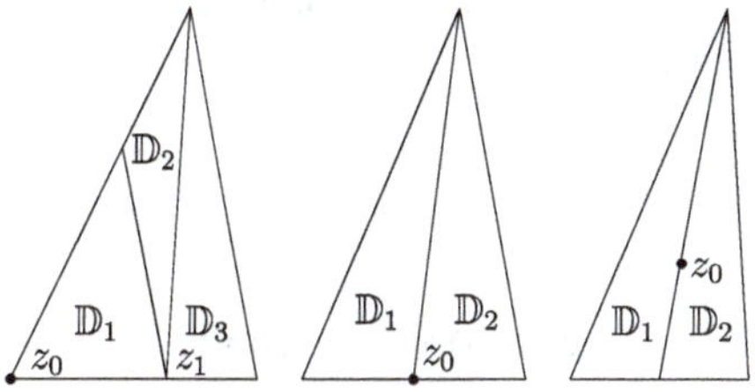

Abb. 1.17: Wegintegrale über $\mathbb{D}$ mit einem Punkt z_0 in dem die Funktion $f(z)$ nur noch stetig zu sein braucht.

Beginnen wir damit, dass der Punkt z_0 auf einem Eckpunkt des Dreiecks $\mathbb{D}$ liegt. Die Konstruktion von $\mathbb{D}_1$ ist derart, dass die beiden sich gegenüberliegenden Seiten von $\mathbb{D}_1$ und $\mathbb{D}_3$ parallel zueinander liegen. Das Wegintegral über $\partial\mathbb{D}$ kann wiederum als die Summe der Wegintegrale über $\partial\mathbb{D}_i$, $i = 1, 2, 3$ geschrieben werden. Die Wegintegrale in $\mathbb{D}_2$ und $\mathbb{D}_3$ verschwinden nach Satz 1.9 und es gilt deswegen:

$$\int\limits_{\partial\mathbb{D}} \mathrm{d}z\,f(z) = \int\limits_{\partial\mathbb{D}_1+\partial\mathbb{D}_2+\partial\mathbb{D}_3} \mathrm{d}z\,f(z) = \int\limits_{\partial\mathbb{D}_1} \mathrm{d}z\,f(z).$$

Die Konstruktion ist unabhängig vom gewählten Punkt z_1. Da $f(z)$ in z_0 noch stetig ist gilt:

$$\left|\int\limits_{\partial\mathbb{D}_1} \mathrm{d}z\,f(z)\right| \leq L[\partial\mathbb{D}_1] \max_{z\in\partial\mathbb{D}_1} |f(z)|.$$

Insgesamt ergibt sich somit im Grenzübergang:

$$\lim_{z_1\to z_0} \int\limits_{\partial\mathbb{D}_1} \mathrm{d}z\,f(z) = 0,$$

da der Umfang des Dreiecks per Konstruktion im Limes $z_1 \to z_0$ verschwindet. Damit ist die Behauptung für diesen Fall gezeigt. Betrachten wir nun den zweiten Fall, bei dem z_0 auf einer Seite liegt. Aufgrund der Konstruktion aus der Abbildung lässt sich dieser

Fall unmittelbar auf den ersten Fall zurückführen. Der letzte Fall, bei dem z_0 innerhalb des Dreiecks liegt, lässt sich ebenso durch Konstruktion, wie in der Abbildung gezeigt, auf den zweiten Fall zurückführen. □

Es sei bemerkt, dass man auf die Konvexivität des Gebietes verzichten kann, man aber immer noch lokal eine Stammfunktion hat. Die Funktion $f(z) = 1/z$ hat in $\mathbb{C}^\times$ keine Stammfunktion, da das Wegintegral über κ_0^r um den Ursprung nicht verschwindet. In einem konvexen Gebiet, welches den Pol bei $z = 0$ nicht enthält, finden wir jedoch lokal eine Stammfunktion. Wir fassen die diskutierten Aussagen im Folgenden Satz von Cauchy zusammen.

Satz 1.11 (Cauchy Integralsatz für konvexe Gebiete). *Es sei $\mathbb{G} \subset \mathbb{C}$ ein konvexes Gebiet und $f : \mathbb{G} \to \mathbb{C}$ eine Funktion, die stetig ist und mit eventueller Ausnahme eines Punktes holomorph ist. Dann gilt für jedes Wegintegral in $\mathbb{G}$:*

$$\int_\gamma \mathrm{d}z\, f(z) = 0.$$

Beweis. In dieser Aussage ist lediglich statt der konvexen Dreiecke, von allgemeinen konvexen Gebieten die Rede. Die Übertragung auf diesen Fall geschieht dadurch, dass man das konvexe Gebiet durch Dreiecke beliebig genau *überdecken* kann und für jedes dieser Dreiecke den Satz von Goursat benutzt.

Als Nächstes diskutieren wir die **Cauchy Integralformel** eingeschränkt auf kompakte Kreisscheiben. Anschließend werden wir die gesetzten Voraussetzungen an diesen Satz immer weiter abschwächen um dann letztlich zum Residuensatz zu gelangen.

Satz 1.12 (Cauchy Integralformel). *Es sei $\mathbb{G} \subset \mathbb{C}$ ein Gebiet und $f : \mathbb{G} \to \mathbb{C}$ eine holomorphe Funktion. Weiter sei $\mathbb{U}_{z_0}^r$ eine relativ kompakte offene Kreisscheibe in $\mathbb{G}$ mit Mittelpunkt in z_0 und $\partial\mathbb{U}_{z_0}^r = \kappa_{z_0}^r$, dann gilt:*

$$f(z) = \frac{1}{\mathrm{i}2\pi} \int_{\kappa_{z_0}^r} \mathrm{d}\zeta \frac{f(\zeta)}{\zeta - z}, \quad \forall z \in \mathbb{U}_{z_0}^r. \tag{1.39}$$

Beweis. Wir betrachten eine konvexe Umgebung $\mathbb{U}_\epsilon \equiv \mathbb{U}_{z_0}^{r+\epsilon}$ und einen fest gewählten Punkt $z \in \mathbb{U}_{z_0}^r$. Die Umgebung $\mathbb{U}_\epsilon$ wird für hinreichend kleines ϵ in $\mathbb{G}$ liegen. In Abbildung 1.18 ist die Lage der Punkte und Mengen skizziert.

In der Umgebung $\mathbb{U}_\epsilon$ definieren wir folgende Funktion:

$$\mathbb{U}_\epsilon \ni \zeta \mapsto g(\zeta) := \begin{cases} \frac{f(\zeta)-f(z)}{\zeta - z} & : \zeta \neq z, \\ \frac{\mathrm{d}f(z)}{\mathrm{d}z} & : \zeta = z. \end{cases}$$

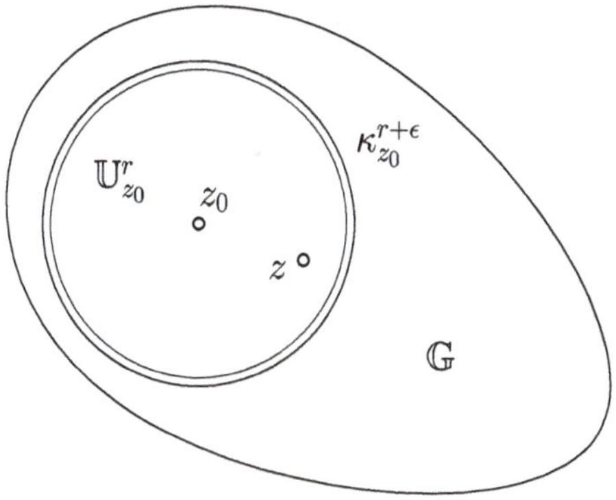

Abb. 1.18: Das Gebiet $\mathbb{G}$ zusammen mit der offenen Kreisscheibe $\mathbb{U}_{z_0}^r$ (dünne innere Kreislinie) und der Umgebung $\mathbb{U}_\epsilon = \mathbb{U}_{z_0}^{r+\epsilon}$ mit Rand $\partial\mathbb{U}_\epsilon = \kappa_{z_0}^{r+\epsilon}$ (dickere äußere Kreislinie).

Da f komplex differenzierbar ist, ist $g(\zeta)$ auch in $\zeta = z$ stetig. Weiter ist g auf $\mathbb{U}_\epsilon \setminus \{z\}$ holomorph. Somit sind die Voraussetzungen zum Cauchy Integralsatz für konvexe Gebiete erfüllt, so dass gilt:

$$0 = \int_{\kappa_{z_0}^r} \mathrm{d}\zeta g(\zeta) = \int_{\kappa_{z_0}^r} \mathrm{d}\zeta \frac{f(\zeta) - f(z)}{\zeta - z} = \int_{\kappa_{z_0}^r} \mathrm{d}\zeta \frac{f(\zeta)}{\zeta - z} - f(z) \int_{\kappa_{z_0}^r} \mathrm{d}\zeta \frac{1}{\zeta - z}.$$

Betrachten wir das zweite Integral:

$$h(z) := \int_{\kappa_{z_0}^r} \mathrm{d}\zeta \frac{1}{\zeta - z} \overset{(1.35)}{\Longrightarrow} \frac{\mathrm{d}h(z)}{\mathrm{d}z} = \int_{\kappa_{z_0}^r} \mathrm{d}\zeta \frac{1}{(\zeta - z)^2} = 0.$$

Die letzte Folgerung ergibt sich aus der Tatsache, dass $\zeta \mapsto -1/(\zeta - z)$ die Stammfunktion von $\zeta \mapsto 1/(\zeta - z)^2$ ist und dem Lemma 1.12. Insgesamt gilt dann $\mathrm{d}h(z)/\mathrm{d}z = 0$, also $h(z)$ konstant. Deswegen ist $h(z) = h(z_0)$, letzteres ergibt sich aus dem Beispiel 1.20 zu $h(z_0) = i2\pi$. Damit folgt insgesamt die Behauptung. □

Dieser Satz ist von größter Wichtigkeit in der Funktionentheorie, er besagt also, dass der Wert einer Funktion an einer beliebigen Stelle innerhalb von $\mathbb{U}_{z_0}^r$ gegeben ist durch die Werte auf dem Rand! In der reellen Analysis gibt es kein Analogon hierzu. Zur Illustration schauen wir uns verschiedene Beispiele an.

Beispiel 1.24.

(i)

$$\int_{|z+1|=1} \mathrm{d}z \frac{1}{(z+1)(z-1)^3} \overset{f(z)=(z-1)^{-3}}{=} \int_{\kappa_{-1}^1} \mathrm{d}z \frac{f(z)}{z+1} = 2\pi \mathrm{i} f(-1) = -\mathrm{i}\frac{\pi}{4}.$$

(ii)

$$\int_{|z|=1} \mathrm{d}z \frac{\mathrm{e}^z}{z^2 + 2z} \overset{f(z)=\mathrm{e}^z/(z+2)}{=} \int_{\kappa_0^1} \mathrm{d}z \frac{f(z)}{z} = 2\pi \mathrm{i} f(0) = \mathrm{i}\pi.$$

◇

Als Nächstes schauen wir uns ein komplexeres Beispiel als Aufgabe formuliert an, bei dem die zu integrierende Funktion auf dem Integrationsweg einen Pol besitzt und bei dem zur Anwendung bisheriger Resultate der Integrand geeignet zerlegt werden muss.

Berechne als Funktion von r das Integral:

$$f(r) = \int\limits_{|z|=r} \mathrm{d}z \frac{1+z^2+z^4}{z(1+z^2)}, \qquad r > 0.$$

Lösung: Zunächst schreiben wir den Integranden um:

$$\frac{1+z^2+z^4}{z(1+z^2)} = z + \frac{1}{z} - \frac{1}{2}\left(\frac{1}{z-\mathrm{i}} + \frac{1}{z+\mathrm{i}}\right).$$

Der erste Term z ist holomorph und hat eine Stammfunktion, so dass für alle r das Integral verschwindet. Insgesamt lässt sich f dann als die Summe von drei Cauchy-Integralen schreiben:

$$f(r) = \int\limits_{\kappa_0^r} \frac{\mathrm{d}z}{z} - \frac{1}{2}\int\limits_{\kappa_0^r} \frac{\mathrm{d}z}{z-\mathrm{i}} - \frac{1}{2}\int\limits_{\kappa_0^r} \frac{\mathrm{d}z}{z+\mathrm{i}}.$$

Das erste Integral haben wir schon zuvor berechnet, es gilt

$$\int\limits_{\kappa_0^r} \frac{\mathrm{d}z}{z} = \mathrm{i}2\pi, \qquad r > 0.$$

Für die beiden anderen Integrale ergibt sich:

$$\int\limits_{\kappa_0^r} \frac{\mathrm{d}z}{z \pm \mathrm{i}} = \begin{cases} 0 & : 0 < r < 1, \\ \mathrm{i}2\pi & : r > 1. \end{cases}$$

Es bleibt übrig den Fall $r = 1$ zu betrachten. In diesem Fall gibt es eine Polstelle bei $z = \pm\mathrm{i}$, die auf dem Integrationsweg liegt. Wir berechnen das Integral als uneigentliches Integral und betrachten exemplarisch das Integral mit Integrand $1/(z - \mathrm{i})$ und definieren die Wegparametrisierung des Kreises wie folgt: $\kappa_0^1 : [-\pi/2, 3\pi/2[\ni t \mapsto \mathrm{e}^{\mathrm{i}t}$. Die Polstelle liegt bei $t = \pi/2$, so dass wir für das uneigentliche Integral schreiben:

$$\begin{aligned}
\int\limits_{\kappa_0^1} \frac{\mathrm{d}z}{z-\mathrm{i}} &= \lim_{0<\epsilon\to 0}\left(\int\limits_{-\pi/2}^{\pi/2-\epsilon} + \int\limits_{\pi/2+\epsilon}^{3\pi/2}\right) \frac{\mathrm{d}t\, \mathrm{i}\mathrm{e}^{\mathrm{i}t}}{\mathrm{e}^{\mathrm{i}t} - \mathrm{i}} \\
&= \frac{\mathrm{i}}{2} \lim_{0<\epsilon\to 0}\left(\int\limits_{-\pi}^{-\epsilon} + \int\limits_{\epsilon}^{\pi}\right) \mathrm{d}t\, \frac{1 - \cos t - \mathrm{i}\sin t}{1 - \cos t} \\
&= \mathrm{i}\pi + \frac{1}{2} \lim_{0<\epsilon\to 0}\left(\int\limits_{-\pi}^{-\epsilon} + \int\limits_{\epsilon}^{\pi}\right) \mathrm{d}t\, \frac{\sin t}{1 - \cos t} = \mathrm{i}\pi.
\end{aligned}$$

Die beiden Integrale im zweiten Term heben sich für alle ϵ weg. Völlig analog berechnen wir das Wegintegral über die zweite Polstelle und erhalten:

$$\int_{\kappa_0^1} \frac{\mathrm{d}z}{t \pm \mathrm{i}} = \mathrm{i}\pi.$$

Fassen wir alle Terme zusammen so folgt insgesamt für f:

$$f(r) = \mathrm{i}\pi \begin{cases} 2 & : 0 < r < 1, \\ 1 & : r = 1, \\ 0 & : r > 1. \end{cases} \qquad \diamond$$

Oft können auch reelle Integrale, die trigonometrische Funktionen im Integranden enthalten mit Hilfe der Cauchy Integralformel berechnet werden. Hierzu betrachten wir das Lemma:

Lemma 1.13. *Es sei eine auf dem Einheitskreis $\partial\mathbb{E}$ endliche rationale Funktion $f(u, v) = R(u, v)$ gegeben, dann ist das Integral*

$$I = \int_0^{2\pi} \mathrm{d}t\, R(\sin t, \cos t)$$

gegeben durch:

$$I = \frac{1}{\mathrm{i}} \int_{\kappa_0^1} \frac{\mathrm{d}z}{z} R\big((z - 1/z)/2\mathrm{i}), (z + 1/z)/2\big).$$

Beweis. Das reelle Integral führen wir durch eine Substitution $z = \mathrm{e}^{\mathrm{i}t}$ auf ein komplexes Integral zurück, was einer Integration über den Einheitskreis κ_0^1 entspricht. Es gilt $\sin t = (z - 1/z)/2\mathrm{i}$, $\cos t = (z + 1/z)/2$ und damit:

$$I = \int_{\kappa_0^1} \frac{\mathrm{d}z}{\mathrm{i}z} R\big((z - 1/z)/2\mathrm{i}), (z + 1/z)/2\big) \qquad \square$$

Falls die rationale Funktion $R(u, v)$ auf dem Einheitskreis Pole besitzt müssen uneigentliche Integrale betrachtet werden. Betrachten wir dazu das folgende Beispiel:

Beispiel 1.25. Berechne das Integral

$$I = \int_0^{2\pi} \frac{\mathrm{d}t}{3 + 2\sin(t)}.$$

Mit dem Lemma folgt:

$$I = \int_0^{2\pi} \frac{\mathrm{d}t\,\mathrm{i}}{3\mathrm{i} + \mathrm{e}^{\mathrm{i}t} - \mathrm{e}^{-\mathrm{i}t}} = \int_{\kappa_0^1} \frac{\mathrm{d}z}{\mathrm{i}3z + z^2 - 1} = \int_{\kappa_0^1} \frac{\mathrm{d}z}{(z - \mathrm{i}(\sqrt{5} - 3)/2)(z + \mathrm{i}(\sqrt{5} + 3)/2)}.$$

Da $|(\sqrt{5}-3)/2| < 1$ und $|(\sqrt{5}+3)/2| > 1$ gibt es nur einen Pol in κ_0^1 und es folgt:

$$I = \mathrm{i}2\pi \frac{1}{z + \mathrm{i}(\sqrt{5}+3)/2}\bigg|_{z=\mathrm{i}(\sqrt{5}-3)/2} = \frac{\mathrm{i}2\pi}{\mathrm{i}(\sqrt{5}-3)/2 + \mathrm{i}(\sqrt{5}+3)/2} = \frac{2\pi}{\sqrt{5}}. \qquad \diamond$$

1.3.4 Anwendungen zum Cauchy Integralsatz

Es folgen eine Reihe von Eigenschaften, die aus dem Cauchy Integralsatz direkt abgeleitet werden und die relevant sind für die Physik.

Lemma 1.14 (Mittelwertgleichung). *Mit den Voraussetzungen der Cauchy Integralformel folgt mit der Parametrisierung* $\kappa_z^r(t) = z + r\mathrm{e}^{\mathrm{i}t}, t \in [0, 2\pi[$:

$$f(z) = \frac{1}{2\pi}\int_0^{2\pi} \mathrm{d}t\, f(z + r\mathrm{e}^{\mathrm{i}t}).$$

Beweis. Der Beweis ist trivial und folgt aus der Cauchy Integralformel:

$$f(z) = \frac{1}{\mathrm{i}2\pi}\int_{\kappa_z^r} \mathrm{d}\xi \frac{f(\xi)}{\xi - z} = \frac{1}{2\pi}\int_0^{2\pi} \mathrm{d}t\, f(z + r\mathrm{e}^{\mathrm{i}t}). \qquad \square$$

Der Wert der Funktion $f(z)$ ist der Mittelwert über den Kreisweg κ_z^r um z mit beliebigem Radius r. Aus der Mittelwertgleichung folgt insbesondere die Abschätzung für innerhalb der Kreisscheibe $\mathbb{U}_z^r$ holomorphe Funktionen:

$$|f(z)| \leq \max_{\zeta \in \kappa_z^r} |f(\zeta)|.$$

Funktionen, die auf ganz $\mathbb{C}$ holomorph sind, nennt man **ganze Funktionen**. Eine direkte Anwendung der Cauchy Integralformel für Kreise ist das folgende Lemma:

Lemma 1.15 (Liouville). *Eine beschränkte ganze Funktion ist konstant.*

Beweis. Für einen vorgegebenen Radius $r > 0$ betrachten wir ein beliebiges $z \in \mathbb{C}$ mit der Eigenschaft $r > 2|z| > 0$, dann gilt:

$$f(z) - f(0) = \frac{1}{\mathrm{i}2\pi}\int_{\kappa_0^r} \mathrm{d}\zeta \left(\frac{1}{\zeta - z} - \frac{1}{\zeta}\right) f(\zeta) = \frac{z}{\mathrm{i}2\pi}\int_{\kappa_0^r} \mathrm{d}\zeta \frac{f(\zeta)}{(\zeta - z)\zeta}.$$

Benutzen wir $|\zeta - z| > r/2, \forall \zeta \in \kappa_0^r$, so schätzt man ab:

$$0 \leq |f(z) - f(0)| \leq \frac{|z|}{2\pi} L[\kappa_0^r] \max_{|\zeta|=r} \left|\frac{f(\zeta)}{(\zeta - z)\zeta}\right| \leq \frac{2|z|}{r} \underbrace{\max_{|\zeta|=r} |f(\zeta)|}_{<\mathrm{cst}} \overset{r\to\infty}{\longrightarrow} 0.$$

Damit folgt: $f(z) = f(0), \forall z \in \mathbb{C}^\times$, also ist $f(z)$ konstant. □

Lemma 1.16. *Für eine holomorphe Funktion f auf $\mathbb{G}$ gilt für jede relativ kompakte offene Kreisscheibe $z \in \mathbb{U}^r_{z_0} \subset \mathbb{G}, n \in \mathbb{N}$:*

$$\frac{\mathrm{d}^n f}{\mathrm{d}z^n}(z) = \frac{n!}{\mathrm{i}2\pi} \int_{\kappa^r_{z_0}} \mathrm{d}\zeta \frac{f(\zeta)}{(\zeta - z)^{n+1}}. \tag{1.40}$$

Beweis. Unmittelbare Folgerung aus (1.35) angewendet auf (1.39). □

Schauen wir uns Beispiele an, die Ableitungen von Funktionen enthalten.

Beispiel 1.26.

(i)

$$\int_{\kappa^1_0} \mathrm{d}z \frac{\mathrm{e}^{z^2}}{(z - 1/2)^2} = 2\pi\mathrm{i} \left.\frac{\mathrm{d}\mathrm{e}^{z^2}}{\mathrm{d}z}\right|_{z=1/2} = \mathrm{i}2\pi\mathrm{e}^{1/4}.$$

(ii)

$$\int_{|z-1|=1} \mathrm{d}z \left(\frac{z}{z-1}\right)^{n+1} = \int_{\kappa^1_1} \mathrm{d}z \frac{z^{n+1}}{(z-1)^{n+1}} = \frac{2\pi\mathrm{i}}{n!} \left.\frac{\mathrm{d}^n z^{n+1}}{\mathrm{d}z^n}\right|_{z=1} = \mathrm{i}2\pi(n+1). \quad \diamond$$

Berechne die Integrale:

$$I_1 = \int_{|z|=2} \mathrm{d}z \frac{\sin z}{(z+\mathrm{i})^2}, \quad I_2 = \int_{|z|=1/2} \mathrm{d}z \frac{\mathrm{e}^{1-z}}{z^3(1-z)}.$$

Lösung:

(i)

$$I_1 = \int_{\kappa^2_0} \mathrm{d}z \frac{\sin z}{(z+\mathrm{i})^2} = \frac{\mathrm{d}}{\mathrm{d}\zeta} \int_{\kappa^2_0} \mathrm{d}z \left.\frac{\sin z}{z-\zeta}\right|_{\zeta=-\mathrm{i}} = \mathrm{i}2\pi \frac{\mathrm{d}}{\mathrm{d}\zeta} \sin\zeta|_{\zeta=-\mathrm{i}} = \mathrm{i}2\pi\cosh 1.$$

(ii)

$$I_2 = \int_{\kappa^{1/2}_0} \frac{\mathrm{d}z\,\mathrm{e}^{1-z}}{z^3(1-z)} = \frac{1}{2}\frac{\mathrm{d}^2}{\mathrm{d}\zeta^2} \int_{\kappa^{1/2}_0} \left.\frac{\mathrm{d}z\,\mathrm{e}^{1-z}}{(z-\zeta)(1-z)}\right|_{\zeta=0} = \mathrm{i}\pi \left.\frac{\mathrm{d}^2}{\mathrm{d}\zeta^2}\frac{\mathrm{e}^{1-\zeta}}{1-\zeta}\right|_{\zeta=0} = \mathrm{i}\pi\mathrm{e}. \quad \diamond$$

Als Vorbereitung auf die **Schwarz'sche Integralformel** betrachten wir zunächst das Lemma:

Lemma 1.17. *Es sei eine auf einer abgeschlossenen Kreisscheibe $\bar{\mathbb{U}}^r_0$ holomorphe Funktion f gegeben, dann gilt:*

$$\bar{f}(0) = \frac{1}{\mathrm{i}2\pi} \int_{\kappa_0^r} \mathrm{d}\zeta \frac{\bar{f}(\zeta)}{\zeta - z}, \quad \forall z \in \mathbb{U}_0^r. \tag{1.41}$$

Beweis. Sei $z \in \mathbb{U}_0^r$ dann gilt $|\bar{z}| < r$ und damit: $r^2 > |\zeta\bar{z}|$ für alle $\zeta \in \mathbb{U}_0^r$. Damit ist die Funktion:

$$\zeta \mapsto \frac{\bar{z}f(\zeta)}{r^2 - \bar{z}\zeta}, \quad z \in \mathbb{U}_0^r,$$

holomorph in $\bar{\mathbb{U}}_0^r$ für alle $z \in \mathbb{U}_0^r$. Nun verwenden wir die Cauchy Integralformel und beachten, dass gilt: $\zeta \in \partial\bar{\mathbb{U}}_0^r$, woraus folgt $r^2 = \zeta\bar{\zeta}$ und damit:

$$f(0) = \frac{1}{\mathrm{i}2\pi} \int_{\kappa_0^r} \mathrm{d}\zeta \frac{f(\zeta)}{\zeta} = \frac{1}{\mathrm{i}2\pi} \int_{\kappa_0^r} \mathrm{d}\zeta \left\{ \frac{f(\zeta)}{\zeta} + \frac{\bar{z}f(\zeta)}{r^2 - \bar{z}\zeta} \right\} = \frac{1}{\mathrm{i}2\pi} \int_{\kappa_0^r} \mathrm{d}\zeta \frac{f(\zeta)}{\zeta} \frac{\bar{\zeta}}{\bar{\zeta} - \bar{z}}.$$

Des Weiteren folgt aus $r^2 = \zeta\bar{\zeta}$ für die Differentiale $\zeta \mathrm{d}\bar{\zeta} = -\bar{\zeta}\mathrm{d}\zeta$ und daraus nach Konjugation die Gleichung:

$$\bar{f}(0) = \overline{\frac{1}{\mathrm{i}2\pi} \int_{\kappa_0^r} \mathrm{d}\zeta \frac{f(\zeta)}{\zeta} \frac{\bar{\zeta}}{\bar{\zeta} - \bar{z}}} = \frac{-1}{\mathrm{i}2\pi} \int_{\kappa_0^r} \mathrm{d}\bar{\zeta} \frac{\bar{f}(\zeta)}{\bar{\zeta}} \frac{\zeta}{\zeta - z} = \frac{1}{\mathrm{i}2\pi} \int_{\kappa_0^r} \mathrm{d}\zeta \frac{\bar{f}(\zeta)}{\zeta} \frac{\zeta}{\zeta - z}.$$ □

Nun kommen wir zur Schwarz'schen Integralformel.

Lemma 1.18 (Schwarzsche Integralformel). *Es sei eine auf einer offenen Kreisscheibe $\mathbb{U}_0^r$ holomorphe Funktion f gegeben, dann gilt:*

$$f(z) = +\mathrm{i}\Im f(0) + \frac{1}{\mathrm{i}2\pi} \int_{\kappa_0^r} \mathrm{d}\zeta \frac{\Re f(\zeta)}{\zeta} \frac{\zeta + z}{\zeta - z}, \quad \forall z \in \mathbb{U}_0^r. \tag{1.42}$$

Beweis. Es gilt für den Integranden:

$$\frac{\Re f(\zeta)}{\zeta} \frac{\zeta + z}{\zeta - z} = \frac{f(\zeta) + \bar{f}(\zeta)}{2} \left(\frac{2}{\zeta - z} - \frac{1}{\zeta} \right).$$

Dann folgt mit der zuvor gezeigten Relation (1.41):

$$\begin{aligned}
\int_{\kappa_0^r} \mathrm{d}\zeta \frac{\Re f(\zeta)}{\zeta} \frac{\zeta + z}{\zeta - z} &= \int_{\kappa_0^r} \mathrm{d}\zeta \frac{f(\zeta)}{\zeta - z} - \int_{\kappa_0^r} \mathrm{d}\zeta \frac{f(\zeta)}{2\zeta} + \int_{\kappa_0^r} \mathrm{d}\zeta \frac{\bar{f}(\zeta)}{\zeta - z} - \int_{\kappa_0^r} \mathrm{d}\zeta \frac{\bar{f}(\zeta)}{2\zeta} \\
&= \mathrm{i}2\pi f(z) - \mathrm{i}\pi f(0) + \mathrm{i}2\pi \bar{f}(0) - \mathrm{i}\pi \bar{f}(0) \\
&= \mathrm{i}2\pi f(z) + 2\pi \Im f(0).
\end{aligned}$$

Nach Umstellen der Gleichung folgt die Aussage. □

Damit ist eine holomorphe Funktion $f(z)$ durch den Realteil auf dem Rand und dem Imaginärteil im Ursprung bestimmt! Eine unmittelbare Folgerung aus der Schwarz'schen Integralformel ist die Poisson'sche Integralformel. Setzen wir in (1.42) die Zerlegung von $f = g + \mathrm{i}h$ in Real- und Imaginärteil ein und parametrisieren wir $[0, 2\pi[\ \ni t \mapsto \zeta(t) = r\mathrm{e}^{\mathrm{i}t}$, so folgt:

$$g(z) + \mathrm{i}h(z) = \mathrm{i}h(0) + \frac{1}{2\pi}\int_0^{2\pi} \mathrm{d}t g(r\mathrm{e}^{\mathrm{i}t})\frac{r\mathrm{e}^{\mathrm{i}t} + z}{r\mathrm{e}^{\mathrm{i}t} - z}.$$

Betrachten wir ein $z := r'\mathrm{e}^{\mathrm{i}t'} \in \mathbb{U}_0^r$, so folgt daraus:

$$g(r'\mathrm{e}^{\mathrm{i}t'}) + \mathrm{i}h(r'\mathrm{e}^{\mathrm{i}t'}) = \mathrm{i}h(0) + \frac{1}{2\pi}\int_0^{2\pi} \mathrm{d}t g(r\mathrm{e}^{\mathrm{i}t})\frac{r^2 - r'^2 - \mathrm{i}2rr'\sin(t-t')}{r^2 + r'^2 - 2rr'\cos(t-t')}.$$

Diese Gleichung lösen wir nach Real- und Imaginärteil auf. Den Realteil bezeichnet man als die **Poisson'sche Integralformel** und ist gegeben durch:

$$g(r\mathrm{e}^{\mathrm{i}t}) = \frac{1}{2\pi}\int_0^{2\pi} \mathrm{d}t' \frac{g(r'\mathrm{e}^{\mathrm{i}t'})(r'^2 - r^2)}{r^2 + r'^2 - 2rr'\cos(t-t')}.$$

Dieser Sachverhalt wird in der Potentialtheorie im Rahmen des Dirichlet-Randwertproblems von Bedeutung sein. Bei diesem Problem ist eine harmonische Funktion innerhalb eines Gebietes gesucht, die auf dem Rand des Gebietes vorgegebene Werte annimmt. Betrachten wir den Kreis als Rand, dann gilt die folgende Aussage.

Lemma 1.19 (Dirichlet-Randwertproblem für eine Scheibe). *Es sei eine stetige Funktion* $[0, 2\pi[\ \ni \varphi \mapsto g_R(\varphi) \in \mathbb{R}$ *auf dem Rand einer Scheibe mit dem Radius* R *gegeben, dann ist:*

$$g(r,\varphi) := \frac{1}{2\pi}\int_0^{2\pi} \mathrm{d}\varphi' \frac{g_R(\varphi')(R^2 - r^2)}{R^2 + r^2 - 2Rr\cos(\varphi - \varphi')},$$

für $0 \le r < R$ *und* $0 \le \varphi < 2\pi$ *eine harmonische Funktion und es gilt:*

$$\lim_{r\to R} g(r,\varphi) = g_R(\varphi).$$

Beweis. Wir zeigen, dass g eine harmonische Funktion ist, indem wir $\Delta g = 0$ zeigen. Hierzu verwenden wir die Zylinderkoordinaten-Darstellung von Δ aus (1.24) und differenzieren unter dem Integral:

$$\Delta g(r,\varphi) = \frac{1}{2\pi}\int_0^{2\pi} \mathrm{d}\varphi' g_R(\varphi')\frac{1}{r^2}\left(r\frac{\partial}{\partial r}\left(r\frac{\partial}{\partial r}\right) + \frac{\partial^2}{\partial\varphi^2}\right)\frac{R^2 - r^2}{R^2 + r^2 - 2Rr\cos(\varphi - \varphi')}.$$

Innerhalb des Kreises ($r < R$) ist

$$\frac{Z(r)}{N(r,\varphi)} := \frac{R^2 - r^2}{R^2 + r^2 - 2Rr\cos(\varphi - \varphi')}$$

zweimal stetig differenzierbar, so dass die Vertauschung der Differentiation und Integration erlaubt ist. Nach einer etwas längeren aber elementaren Rechnung folgt:

$$\left(r\frac{\partial}{\partial r}\left(r\frac{\partial}{\partial r}\right) + \frac{\partial^2}{\partial\varphi^2}\right)\frac{R^2 - r^2}{R^2 + r^2 - 2Rr\cos(\varphi - \varphi')} = 0$$

und damit $\Delta g(r,\varphi) = 0$. Somit ist g eine harmonische Funktion. Um zu zeigen, dass $\lim_{r\to R} g(r,\varphi) = g_R(\varphi)$ gilt, betrachten wir zunächst in der Poisson'schen Integralformel $g_R(\varphi) = 1$ für $r \leq R$ und verwenden wie im Beispiel 1.25 die Integration über den Einheitskreis mit $z_\pm := (R/r)^{\pm 1}$, woraus folgt:

$$\begin{aligned}\frac{1}{2\pi}\int_0^{2\pi}\frac{d\varphi'(R^2 - r^2)}{R^2 + r^2 - 2Rr\cos(\varphi - \varphi')} &= \frac{i}{2\pi rR}\int_{\kappa_0^1}\frac{dz\,(R^2 - r^2)}{z^2 - (R/r + r/R)z + 1}\\ &= \frac{R^2 - r^2}{2\pi rR}\frac{-2\pi}{z - z_+}\bigg|_{z=z_-} = -\frac{R/r - r/R}{r/R - R/r} = 1.\end{aligned}$$

Multiplizieren wir dies auf beiden Seiten mit $g_R(\varphi)$, so ergibt sich:

$$g(r,\varphi) - g_R(\varphi) = \frac{1}{2\pi}\int_0^{2\pi} d\varphi'\frac{[g_R(\varphi') - g_R(\varphi)][R^2 - r^2]}{R^2 + r^2 - 2Rr\cos(\varphi - \varphi')}.$$

Im nächsten Schritt nutzen wir die Stetigkeit von $g_R(\varphi)$ aus, die zum einen besagt, dass wir für jedes $\epsilon > 0$ ein $\delta > 0$ finden können, sodass gilt:

$$|g_R(\varphi) - g_R(\varphi')| < \epsilon, \quad \forall|\varphi - \varphi'| < 2\delta,$$

und zum anderen nutzen wir aus, dass es eine Konstante $\gamma > 0$ gibt, so dass gilt: $|g_R(\varphi)| < \gamma$. Teilen wir das Integrationsintervall in drei Bereiche auf:

$$g(r,\varphi) - g_R(\varphi) = \frac{1}{2\pi}\left[\int_0^{\varphi-\delta} + \int_{\varphi-\delta}^{\varphi+\delta} + \int_{\varphi+\delta}^{2\pi}\right] d\varphi'\frac{[g_R(\varphi') - g_R(\varphi)][R^2 - r^2]}{R^2 + r^2 - 2Rr\cos(\varphi - \varphi')}.$$

Betrachten wir das erste Integral und schätzen ab:

$$\left|\int_0^{\varphi-\delta} \mathrm{d}\varphi' \frac{[g_R(\varphi') - g_R(\varphi)][R^2 - r^2]}{R^2 + r^2 - 2Rr\cos(\varphi - \varphi')}\right| \le \int_0^{\varphi-\delta} \mathrm{d}\varphi' \frac{|g_R(\varphi') - g_R(\varphi)|[R^2 - r^2]}{R^2 + r^2 - 2Rr\cos(\varphi - \varphi')}$$
$$\le \gamma \int_0^{\varphi-\delta} \frac{\mathrm{d}\varphi' [R^2 - r^2]}{R^2 + r^2 - 2Rr\cos(\varphi - \varphi')}$$
$$\le \gamma \int_0^{\varphi-\delta} \frac{\mathrm{d}\varphi' [R^2 - r^2]}{R^2 + r^2 - 2Rr\cos\delta}$$
$$\le (\varphi - \delta)\gamma \frac{[R^2 - r^2]}{[R - r\cos\delta]^2}$$
$$\le 2\pi\gamma \frac{[R^2 - r^2]}{R^2[1 - \cos\delta]^2}.$$

Für ein r hinreichend nahe R gilt dann:

$$\left|\int_0^{\varphi-\delta} \mathrm{d}\varphi' \frac{[g_R(\varphi') - g_R(\varphi)][R^2 - r^2]}{R^2 + r^2 - 2Rr\cos(\varphi - \varphi)}\right| < 2\pi\epsilon.$$

Die Identische Argumentation führt man für das dritte Integral durch. Betrachten wir das zweite Integral, so gilt die Abschätzung:

$$\left|\int_{\varphi-\delta}^{\varphi+\delta} \mathrm{d}\varphi' \frac{[g_R(\varphi') - g_R(\varphi)][R^2 - r^2]}{R^2 + r^2 - 2Rr\cos(\varphi - \varphi')}\right| \le \int_{\varphi-\delta}^{\varphi+\delta} \mathrm{d}\varphi' \frac{|g_R(\varphi') - g_R(\varphi)|[R^2 - r^2]}{R^2 + r^2 - 2Rr\cos(\varphi - \varphi')}$$
$$\le \epsilon \int_{\varphi-\delta}^{\varphi+\delta} \frac{\mathrm{d}\varphi [R^2 - r^2]}{R^2 + r^2 - 2Rr\cos(\varphi - \varphi)}$$
$$< 2\pi\epsilon.$$

Insgesamt folgt dann:

$$|g(r,\varphi) - g_R(\varphi)| < 3\epsilon,$$

für ein hinreichend großes $r(< R)$. Da ϵ beliebig ist, gilt:

$$\lim_{r\to R}[g_R(r,\varphi) - g_R(\varphi)] = 0. \qquad \square$$

Die Voraussetzung der Stetigkeit von g auf dem Rand kann durch eine stückweise Stetigkeit ersetzt werden. Dann ist $g(r,\varphi)$ immer noch eine harmonische Funktion, aber $\lim_{r\to R} g(r,\varphi) = g_R(\varphi)$ gilt dann an endlich vielen Stellen nicht mehr. Des Weiteren kann die Vorgehensweise auf andere nicht kreisförmige Gebiete ausgedehnt werden.

Wir betrachten ein Beispiel, bei dem die Voraussetzungen des Dirichlet'schen Randwertproblems zunächst nicht erfüllt sind und das Problem erst umformuliert werden muss. Zusätzlich wird die Randfunktion nur stückweise stetig sein. In der sehr umfangreichen Aufgabenstellung und Lösung werden wir viele Aspekte der vorherigen Kapitel wiederfinden.

Bestimme die Lösung des Dirichlet'schen Randwertproblems $\Delta g(x,y) = 0$ auf einer Halbkreisscheibe

$$\mathbb{E}^+ := \left\{z \in \mathbb{C} \mid |z| < 1, \Im(z) > 0\right\},$$

mit Rand $\partial\mathbb{E}^+$. Die Funktion $g(x,y)$ ist auf dem Rand stückweise stetig mit den Werten:

$$g(x,y) = \begin{cases} 0 & : y = 0, |x| < 1, \\ 1 & : x^2 + y^2 = 1, \end{cases} \qquad (x,y) \in \partial\mathbb{E}^+.$$

Lösung: Das Problem ist zunächst nicht auf einer Kreisscheibe definiert. Damit wir Lemma 1.19 anwenden können, müssen wir die Halbkreisscheibe $\mathbb{E}^+$ zunächst auf eine offene Kreisscheibe $\mathbb{E}$ biholomorph abbilden. Diese Abbildung geschieht durch eine Hintereinanderschachtelung dreier Teilabbildungen

$$\mathbb{E}^+ \ni z \mapsto \xi(z) = (\xi_3 \circ \xi_2 \circ \xi_1)(z) \in \mathbb{E},$$

die im Einzelnen gegeben sind durch:

$$\begin{aligned} \mathbb{E}^+ \ni z &\mapsto \xi_1(z) = z + \frac{1}{z} \in \mathbb{H}^-, \\ \mathbb{H}^- \ni \xi_1 &\mapsto \xi_2(\xi_1) = -\xi_1/2 \in \mathbb{H}^+, \\ \mathbb{H}^+ \ni \xi_2 &\mapsto \xi_3(\xi_2) = -T_C(\xi_2) \in \mathbb{E}. \end{aligned}$$

Die Halbkreisscheibe $\mathbb{E}^+$ wird zunächst auf die untere Halbebene

$$\mathbb{H}^- := \left\{z \in \mathbb{C} \mid \Im(z) < 0\right\}$$

abgebildet, anschließend mit einer Spiegelung und Stauchung auf die obere Halbebene $\mathbb{H}^+$ und schließlich mit der Caley-Abbildung aus (1.29) in eine Einheitskreisscheibe $\mathbb{E}$ abgebildet. Insgesamt lautet die Abbildung dann:

$$\mathbb{E}^+ \ni z \mapsto \xi(z) = \frac{\mathrm{i}2z + z^2 + 1}{\mathrm{i}2z - z^2 - 1} \in \mathbb{E}.$$

Die Abbildung $\xi(z)$ ist bijektiv, da alle Teilabbildungen bijektiv sind und holomorph in $\mathbb{E}^+$, denn die Nullstellen des Nenners ($z_\pm = \mathrm{i}(1 \pm \sqrt{2})$) liegen außerhalb der kompakten Halbkreisscheibe $\bar{\mathbb{E}}^+ = \mathbb{E}^+ \cup \partial\mathbb{E}^+$. Des Weiteren ist die Ableitung in $\mathbb{E}^+$ ungleich Null, denn es gilt:

$$\xi'(z) = \frac{\mathrm{i}4(z^2 - 1)}{(\mathrm{i}2z - z^2 - 1)^2}.$$

Die Umkehrabbildung $z = \xi^{-1}(w)$ ist gegeben durch:

$$\mathbb{E} \ni w \mapsto \xi^{-1}(w) = \mathrm{i}\frac{w - 1 + \sqrt{2(1 + w^2)}}{w + 1} \in \mathbb{E}^+.$$

Diese ist ebenfalls holomorph in $\mathbb{E}$. Insgesamt ist $\xi(z)$ dann biholomorph. Um sich einen Eindruck von der Abbildung zu verschaffen ist links in der folgenden Grafik die obere Halbkreisscheibe $\bar{\mathbb{E}}^+$ dargestellt, sowie rechts die transformierte Einheitskreisscheibe $\mathbb{E}$ (siehe Abbildung 1.19).

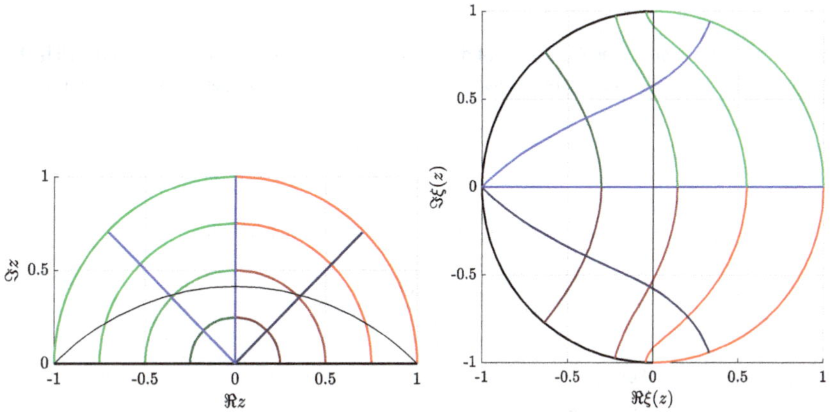

Abb. 1.19: Links ist die obere Halbkreisscheibe $\bar{\mathbb{E}}^+$ zusammen mit verschiedenen Kreislinien und radialen Linien zur Verdeutlichung der Abbildung $\xi : \mathbb{E}^+ \to \mathbb{E}$ dargestellt. Die dünne schwarze Linie mit $\Im z > 0$ ist die Abbildung der Linie $\Re\xi(z) = 0$. Rechts ist die transformierte Einheitskreisscheibe $\bar{\mathbb{E}}$ mit transformierten Linien in den selben Farben abgebildet.

Aufgrund der Voraussetzungen handelt sich um eine konforme Abbildung, wie dies auch in der Winkeltreue der Abbildung der dargestellten Linien und Schnittwinkel zu erkennen ist. In den beiden Punkten $z = \pm 1 \in \partial\mathbb{E}^+$ ist die Abbildung nicht winkeltreu, dort gilt $\xi'(\pm 1) = 0$.

Das Randwertproblem des Halbkreises überträgt sich damit auf den Vollkreis. In der Grafik sieht man, wie sich die Ränder unter $\xi(z)$ transformieren. Die beiden Viertelkreislinien in $\bar{\mathbb{E}}^+$ werden zu Viertelkreislinien in $\bar{\mathbb{E}}$ abgebildet; die reelle Gerade zwischen -1 und $+1$ in eine ergänzende Halbkreislinie in $\bar{\mathbb{E}}^+$. Damit definiert dies ein Dirichlet'sches Randwertproblem mit einer stückweisen stetigen Funktion $\bar{\mathbb{E}} \ni w \mapsto g_\xi(w) = g_\xi(\rho, \varphi)$ in Polarkoordinaten mit $w = \rho e^{\mathrm{i}\varphi}, 0 \le \rho \le 1$ und $-\pi/2 \le \varphi < 3\pi/2$, sowie Randwerten auf $\bar{\mathbb{E}}$:

$$g_\xi(1, \varphi) = \begin{cases} 1 & : -\pi/2 < \varphi < \pi/2, \\ 0 & : \pi/2 < \varphi < 3\pi/2. \end{cases}$$

Die Funktion $g_\xi(\rho, \varphi)$ ist dann bestimmt durch:

$$g_\xi(\rho, \varphi) = \frac{1}{2\pi} \int_{-\pi/2}^{\pi/2} \frac{d\varphi'(1 - \rho^2)}{1 + \rho^2 - 2\rho\cos(\varphi - \varphi')}.$$

Das Integral kann explizit gelöst werden, nach einer etwas längeren Rechnung erhalten wir:

$$g_\xi(\rho, \varphi) = -\frac{1}{\pi} \arctan\left(\frac{1 - \rho^2}{2\rho\cos\varphi}\right) + \frac{1 + \operatorname{sign}(\cos\varphi)}{2}.$$

Hier ist der Hauptwert des arctan gewählt worden. Die Funktion $g_\xi(\rho,\varphi)$ ist stetig in $\mathbb{E}$, denn es gilt für $\varphi \to \pm\pi/2$:

$$\lim_{0<\epsilon\to 0} g_\xi\big(\rho, \pm(\pi/2-\epsilon)\big) = -\frac{1}{\pi}\lim_{0<\epsilon\to 0} \arctan\left(\frac{1-\rho^2}{2\rho\sin\epsilon}\right) + 1 = \frac{1}{2},$$

$$\lim_{0<\epsilon\to 0} g_\xi\big(\rho, \pm(\pi/2+\epsilon)\big) = -\frac{1}{\pi}\lim_{0<\epsilon\to 0} \arctan\left(\frac{1-\rho^2}{-2\rho\sin\epsilon}\right) = \frac{1}{2}.$$

Dass dies tatsächlich die Lösung des Problems auf der Einheitskreisscheibe ist, überprüft man mit Hilfe der harmonischen Gleichung in Polarkoordinaten. Nach einer elementaren aber längeren Rechnung folgt:

$$\Delta g_\xi(w) \equiv \left(\frac{\partial^2}{\partial\rho^2} + \frac{1}{\rho}\frac{\partial}{\partial\rho} + \frac{1}{\rho^2}\frac{\partial^2}{\partial\varphi^2}\right) g_\xi(\rho,\varphi) = 0.$$

Darüber hinaus werden die vorgegebenen Randwerte im Limes $\rho \to 1$ angenommen:

$$\lim_{\rho\to 1} g_\xi(\rho,\varphi) = \frac{1+\operatorname{sign}(\cos\varphi)}{2} = g_\xi(1,\varphi).$$

In Abbildung 1.20 links ist die Funktion $g_\xi(w) = g_\xi(\rho,\varphi)$ skizziert. Es sind Linien zu festen ρ-Werten (rötlich) eingezeichnet und eine blaue Linie $g_\xi(\rho,\pm\pi/2) = 1/2$.

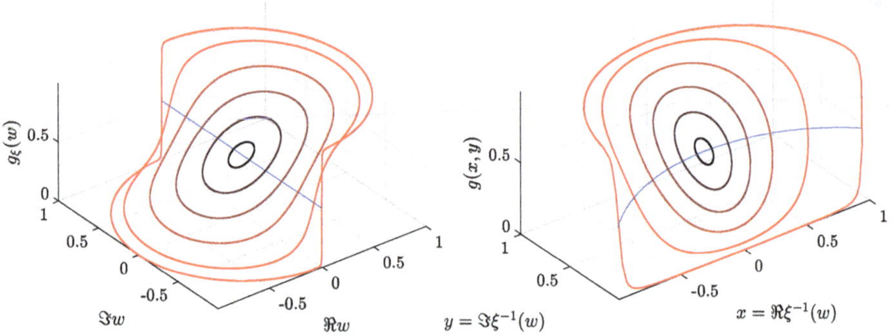

Abb. 1.20: Links ist die Lösung $g_\xi(w), w = \rho e^{i\varphi}$ des Dirichlet'schen Randwertproblems in $\bar{\mathbb{E}}$ skizziert. Die Linien gehören von innen nach außen zu $\rho = 0.1, 0.3, 0.5, 0.7, 0.9, 0.999$. Rechts ist die zurücktransformierte Lösung für $g(z)$ in $\bar{\mathbb{E}}^+$ zusammen mit den projizierten Linien in der $(x-y)$-Ebene dargestellt.

Um die Funktion $g(z)$ in $\mathbb{E}^+$ zu erhalten, müssen wir noch von $\mathbb{E}$ auf $\mathbb{E}^+$ zurücktransformieren. Dazu verwenden wir die zuvor bestimmte Umkehrfunktion $z = \xi^{-1}(w)$ mit

$$x = \Re\xi^{-1}(w), \quad y = \Im\xi^{-1}(w).$$

Hierbei ist darauf zu achten, dass gilt

$$g(z) = g\big(\xi^{-1}(w)\big) = g_\xi(w).$$

Die Umkehrung kann zumindest numerisch durchgeführt werden. Im vorliegenden Fall kann die Transformation jedoch komplett bestimmt werden. Hierzu schreiben wir zunächst $g_\xi(w) = g_\xi(\rho, \varphi)$ als Funktion von $w = u + iv$ um und setzen anschließend $w = \xi(z)$ ein. Für den sign-Term beachten wir, dass in $z \in \mathbb{E}^+$ gilt:

$$\begin{aligned}\operatorname{sign}\big(\cos(\varphi)\big) &= \operatorname{sign}(u)\\ &= \operatorname{sign}\left(-\frac{(1-x^2-y^2-2y)(1-x^2-y^2+2y)}{(x^2+y^2+1)^2+4x^2+4y(1-x^2-y^2)}\right)\\ &= -\operatorname{sign}\big(1-x^2-y^2-2y\big) = \operatorname{sign}\big(y-\sqrt{2-x^2}+1\big).\end{aligned}$$

Die Linie, die die Bereiche trennt, ist als blaue Linie in der Abbildung eingezeichnet. Insgesamt ergibt sich dann nach längerer elementarer Rechnung:

$$g(x,y) = \frac{1}{\pi}\arctan\left(\frac{4y(1-x^2-y^2)}{(1-x^2-y^2)^2-4y^2}\right) + \frac{1+\operatorname{sign}(y-\sqrt{2-x^2}+1)}{2}, \qquad z \in \mathbb{E}^+.$$

Die komplette Funktion $g(z)$ ist in der obigen Abbildung für verschiedene Linien dargestellt. Aus dem Plot erkennt man, wie für $r \longrightarrow 1$ die beiden Randwerte auf der Halbkreislinie und der reellen Geraden angenommen werden. Ebenso prüft man $\Delta g(x,y) = 0$. ◇

In diesem Abschnitt haben wir uns hauptsächlich mit Kreislinien in der Cauchy Integralformel beschäftigt. Im nächsten Abschnitt werden wir uns von Kreislinien lösen und allgemeine Wegintegrale betrachten.

1.3.5 Allgemeine Cauchy Integralformel

Betrachten wir im Folgenden geschlossene Integrationswege beliebiger Formen und definieren zunächst den Begriff der Umlaufzahl solcher Wege.

Definition 1.22 (Umlaufzahl). Für einen geschlossenen Weg γ nennen wir

$$n_\gamma(z) := \frac{1}{i2\pi}\int_\gamma d\zeta \frac{1}{\zeta - z}, \qquad z \in \mathbb{C} \setminus \operatorname{Sp}\gamma, \tag{1.43}$$

die **Umlaufzahl** von γ im Punkt z. ■

Es kann vorkommen, dass der geschlossene Integrationsweg aus Teilwegen zusammengesetzt ist, diese aber nicht miteinander verbunden sind, etwa zwei Kreislinien $\kappa_{z_0}^r$ und $\kappa_{z_0}^R$. Schauen wir uns einfache Eigenschaften der Umlaufzahl an, aus der Definition folgt:

$$\begin{aligned} n_{\gamma+\gamma'}(z) &= n_\gamma(z) + n_{\gamma'}(z), \qquad \forall z \notin \operatorname{Sp}\gamma \cup \operatorname{Sp}\gamma',\\ n_{\gamma^{-1}}(z) &= -n_\gamma(z), \qquad \forall z \notin \operatorname{Sp}\gamma.\end{aligned}$$

Die Aussagen sind klar und folgen aus der Eigenschaft des Integrals und der Integrationswege. Die Umlaufzahl sollte des Weiteren die Eigenschaft haben, dass sie eine ganze Zahl ist, dies zeigen wir im nächsten Lemma.

Lemma 1.20. *Für einen geschlossenen Integrationsweg γ ist die Umlaufzahl $n_\gamma(z)$ eine ganze Zahl.*

Beweis. Hier folgen wir wieder der Darstellung in [22]. Nehmen wir an der Weg $\gamma = \sum_k \gamma_k$ ist stückweise differenzierbar aus Wegen γ_k zusammengesetzt und alle Wege γ_k seien so parametrisiert, dass für den gesamten Weg γ die Integrationsvariable für alle Teilwege γ_k zwischen $[0,1]$ liegt, was ohne Einschränkung durch Umparametrisierung möglich ist. Betrachten wir nun die Funktion:

$$\mathbb{R} \ni t \mapsto h_z(t) := \frac{1}{\mathrm{i}2\pi} \sum_k \int_0^t \mathrm{d}\tau \frac{\partial_\tau \gamma_k(\tau)}{\gamma_k(\tau) - z}. \tag{1.44}$$

Offenbar gilt $h_z(0) = 0$ und $h_z(1) = n_\gamma(z)$. Da es sich um stückweise differenzierbare Wege handelt, ist die Funktion:

$$g(t) := \mathrm{e}^{-\mathrm{i}2\pi h_z(t)} \prod_k (\gamma_k(t) - z)$$

differenzierbar und es gilt:

$$\begin{aligned}\partial_t g(t) &= \mathrm{e}^{-\mathrm{i}2\pi h_z(t)} \Big(-\mathrm{i}2\pi h_z'(t) \prod_k [\gamma_k(t) - z] + \sum_l \gamma_l'(t) \prod_{k \neq l} [\gamma_k(t) - z] \Big) \\ &= \mathrm{e}^{-\mathrm{i}2\pi h_z(t)} \prod_k [\gamma_k(t) - z] \mathrm{i}2\pi \underbrace{\left(-h_z'(t) + \frac{1}{\mathrm{i}2\pi} \sum_l \frac{\gamma_l'(t)}{\gamma_l(t) - z} \right)}_{\overset{(1.44)}{=} 0} = 0.\end{aligned}$$

Damit ist $g(t)$ konstant, da es definitionsgemäß auf dem ganzen Intervall $[0,1]$ stetig ist. Sei etwa $g(t) = c$, dann folgt:

$$c\mathrm{e}^{\mathrm{i}2\pi h_z(t)} = \prod_k (\gamma_k(t) - z) \in \mathbb{C}, \quad \forall t \in [0,1].$$

Die rechte Seite ist aber ungleich Null, da $z \notin \operatorname{Sp} \gamma$, deswegen gilt:

$$\mathrm{e}^{\mathrm{i}2\pi [h_z(1) - h_z(0)]} = \mathrm{e}^{\mathrm{i}2\pi n_\gamma(z)} = \prod_k \frac{\gamma_k(1) - z}{\gamma_k(0) - z} = 1.$$

Im letzten Schritt haben wir die Eigenschaft benutzt, dass γ ein geschlossener Weg ist und somit die Anfangs- und Endpunkte, also $\gamma_k(0)$ und $\gamma_{k'}(1)$ der Teilwege gleich oft vorkommen müssen. Daraus folgt $\exp(\mathrm{i}2\pi n_\gamma(z)) = 1$ und damit für die Umlaufzahl $n_\gamma(z) \in \mathbb{Z}$. □

Die Menge $\{z \in \mathbb{C} \setminus \mathrm{Sp}\,\gamma \mid n_\gamma(z) \neq 0\}$ bezeichnet das **Innere** des geschlossenen Weges γ und die Menge $\{z \in \mathbb{C} \setminus \mathrm{Sp}\,\gamma \mid n_\gamma(z) = 0\}$ das **Äußere** des Weges γ. Ein **einfach geschlossener Weg** ist durch $n_\gamma(z) = 1$ für alle inneren Punkte des Weges charakterisiert. Die bisher betrachteten Kreise $\kappa_{z_0}^r$ und Dreiecksränder $\partial \mathbb{U}_z^r$ sind Beispiele für einfach geschlossene Wege. Ein komplizierteres Beispiel für Umlaufzahlen zeigt die Abbildung 1.21.

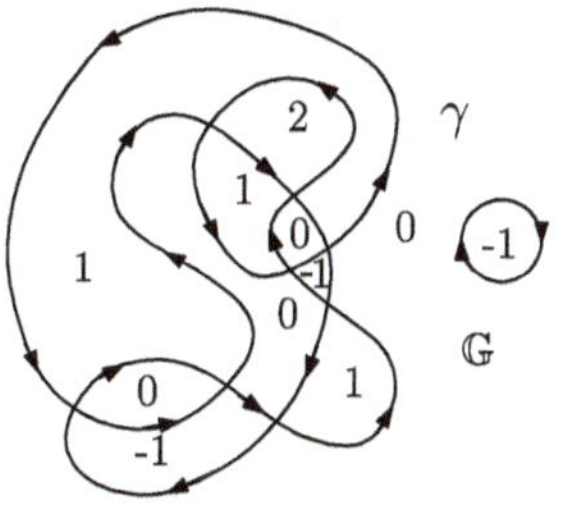

Abb. 1.21: Umlaufzahlen $n_\gamma(z)$ für einen geschlossenen Weg γ in einem Gebiet $\mathbb{G}$, welches den gesamten Weg γ enthält.

Definition 1.23 (homolog). Ein geschlossener Integrationsweg $\mathrm{Sp}\,\gamma \subset \mathbb{U}$ heißt **nullhomolog** in $\mathbb{U}$, wenn für jeden Punkt $z \in \mathbb{U}^C := \mathbb{C} \setminus \mathbb{U}$ des Komplements, gilt

$$n_\gamma(z) = 0.$$

Zwei geschlossene Integrationswege heißen **homolog** in $\mathbb{U}$, wenn ihre Differenz **nullhomolog** in $\mathbb{U}$ ist. Ein Gebiet in dem jeder Integrationsweg nullhomolog ist heißt **einfach zusammenhängend**. ■

Betrachten wir hierzu einige Beispiele, die diese Begriffe verdeutlichen.

Beispiel 1.27.

(i) Die Kreislinie κ_0^r ist in $\mathbb{U} = \mathbb{C}^\times$ nicht nullhomolog, da gilt $\{0\} = \mathbb{U}^C$ und $n_{\kappa_0^r}(0) = 1$.

(ii) Zwei Kreislinien κ_0^r und κ_0^R sind in $\mathbb{U} = \mathbb{C}^\times$ homolog, da gilt:

$$n_{\kappa_0^r}(0) + n_{\kappa_0^{R^{-1}}}(0) = n_{\kappa_0^r}(0) - n_{\kappa_0^R}(0) = 1 - 1 = 0.$$

(iii) Geschlossene Integrationswege sind in konvexen Gebieten nullhomolog.

(iv) Die Menge $\mathbb{C}^\times$ ist nicht einfach zusammenhängend, da $n_\gamma(0) = 1$ ist.

(v) In der obigen Abbildung ist ein Weg in einem Gebiet $\mathbb{G}$ dargestellt. Beim Überqueren der Spur eines Weges mit positivem Umlaufsinn von *rechts* nach *links* erhöht sich die Umlaufzahl um eins und erniedrigt sich andersherum um eins. Man beachte, dass es auch Bereiche gibt, die von Teilwegen eingeschlossen sind, aber trotzdem zum Äußeren des Weges gehören. Damit ist Vorsicht geboten mit den Begriffen *Inneres* und *Äußeres* aus der einfachen Anschauung.

Nun sind wir in der Lage die Cauchy Integralformel (1.39) zu erweitern.

Satz 1.13 (Allgemeine Cauchy Integralformel). *Es sei eine im Bereich* $\mathbb{U}$ *holomorphe Funktion* $f(z)$ *gegeben, sowie ein nullhomologer Weg* $\operatorname{Sp}\gamma \subset \mathbb{U}$, *dann gilt für alle* $z \in \mathbb{U} \setminus \operatorname{Sp}\gamma$ *und* $n \in \mathbb{N}$:

(i)

$$n_\gamma(z)\frac{\mathrm{d}^n f(z)}{\mathrm{d}z^n} = \frac{n!}{\mathrm{i}2\pi}\int_\gamma \mathrm{d}\zeta \frac{f(\zeta)}{(\zeta - z)^{n+1}}, \tag{1.45}$$

(ii)

$$\int_\gamma \mathrm{d}\zeta f(\zeta) = 0. \tag{1.46}$$

Beweis. [2]

(i) Es reicht aus den Fall $n = 0$ zu betrachten, denn der Fall $n > 0$ folgt unmittelbar durch Differentiation des Integrals nach z. Für $n = 0$ ist durch Verwendung der Definition von $n_\gamma(z)$ [Gl. (1.43)] zu zeigen:

$$\int_\gamma \mathrm{d}\zeta \frac{f(\zeta) - f(z)}{\zeta - z} = 0, \quad \forall z \in \mathbb{U} \setminus \operatorname{Sp}\gamma. \tag{1.47}$$

Wir definieren die von zwei Variablen abhängige Hilfsfunktion:

$$\mathbb{U} \times \mathbb{U} \ni (\zeta, z) \mapsto g(\zeta, z) := \begin{cases} \frac{f(\zeta)-f(z)}{\zeta - z} & : \zeta \neq z, \\ \partial_z f(z) & : \zeta = z. \end{cases}$$

Diese Funktion ist in beiden Argumenten stetig. Um dies zu sehen betrachten wir die Funktion in einer Umgebung eines Punktes (ζ_0, z_0). Nach Voraussetzungen und Definition ist diese Funktion für $\zeta_0 \neq z_0$ stetig. Zu untersuchen bleibt der Punkt $(\zeta_0 = z_0)$. Hierzu schätzen wir $|g(\zeta, z) - g(z_0, z_0)|$ ab. Es gibt zwei Fälle zu unterscheiden:

1. $\zeta = z$:

$$g(z, z) - g(z_0, z_0) = \partial_z f(z) - \partial_z f(z_0).$$

2. $\zeta \neq z$:

$$g(\zeta, z) - g(z_0, z_0) = \frac{f(\zeta) - f(z)}{\zeta - z} - \partial_z f(z_0) = \frac{1}{\zeta - z}\int_{\hat{\gamma}_{z\zeta}} \mathrm{d}z' \left[\partial_{z'} f(z') - \partial_z f(z_0)\right].$$

2 Der Beweis stammt aus dem Lehrbuch [22]. Verschiedene andere Beweise finden sich in [14].

Aufgrund der Cauchy Integralformel für Kreise ist $\partial_z f(z)$ stetig in z_0, sodass wir zu einem gegebenem $\epsilon > 0$ immer ein $\delta > 0$ finden können mit der Eigenschaft:

$$|\partial_z f(z) - \partial_z f(z_0)| < \epsilon, \quad \forall z \in \mathbb{U}_\delta(z_0).$$

Für die beiden Fälle bedeutet dies:

1. $\zeta = z$:

$$|g(z,z) - g(z_0,z_0)| = |\partial_z f(z) - \partial_z f(z_0)| < \epsilon, \quad \forall z \in \mathbb{U}_\delta(z_0).$$

2. $\zeta \neq z$:

$$|g(\zeta,z) - g(z_0,z_0)| \le \frac{1}{|\zeta - z|}|\zeta - z| \sup_{z' \in \mathrm{Sp}\,\hat{\gamma}_{z\zeta}} |\partial_{z'} f(z') - \partial_z f(z_0)| < \epsilon.$$

Damit ist gezeigt, dass $g(\zeta, z)$ stetig in (ζ_0, z_0) ist und wir definieren die in ganz $\mathbb{U}$ stetige Funktion:

$$h_0(z) := \int_\gamma \mathrm{d}\zeta\, g(\zeta, z).$$

Diese Funktion ist holomorph, denn betrachten wir einen beliebigen Integrationsweg über den Rand eines Dreiecks $\partial\mathbb{D} \subset \mathbb{U}$, dann gilt:

$$\int_{\partial\mathbb{D}} \mathrm{d}z\, h_0(z) = \int_{\partial\mathbb{D}} \mathrm{d}z \int_\gamma \mathrm{d}\zeta g(\zeta,z) = \int_\gamma \mathrm{d}\zeta \underbrace{\int_{\partial\mathbb{D}} \mathrm{d}z\, g(\zeta,z)}_{\overset{(1.36)}{=}0} = 0.$$

Dabei folgt die Vertauschbarkeit der Integrale aus der Stetigkeit der Funktion $g(\zeta, z)$. Damit ist (1.47) für ein positiv berandetes Dreieck innerhalb von $\mathbb{U}$ gezeigt. Nun verwenden wir die Eigenschaften des nullhomolgen Weges γ, dazu definieren wir die Menge:

$$\mathbb{U}_0 := \{z \in \mathbb{C} \mid n_\gamma(z) = 0\}.$$

Wir merken zunächst an, dass gilt: $\mathbb{U} \cup \mathbb{U}_0 = \mathbb{C}$, des Weiteren gilt für $h_0(z)$:

$$h_0(z)|_{z\in\mathbb{U}_0} = \int_\gamma \mathrm{d}\zeta \frac{f(\zeta) - f(z)}{\zeta - z}\Bigg|_{z\in\mathbb{U}_0} = \int_\gamma \mathrm{d}\zeta \frac{f(\zeta)}{\zeta - z} =: h_1(z).$$

Die so definierte Funktion $h_1(z)$ ist holomorph in $\mathbb{U}_0$, da für jedes $z \in \mathbb{U}_0$ das Wegintegral über ein Dreieck $\mathbb{D} \subset \mathbb{U}_0$ gilt: $\int_{\partial\mathbb{D}} \mathrm{d}z\, h_1(z) = 0$. Setzt man nun eine Funktion wie folgt zusammen:

$$h(z) := \begin{cases} h_0(z) & : \forall z \in \mathbb{U}, \\ h_1(z) & : \forall z \in \mathbb{U}_0, \end{cases}$$

so ist diese Funktion holomorph auf $\mathbb{U}_0 \cup \mathbb{U} = \mathbb{C}$, also eine ganze Funktion. Betrachten wir sodann die Funktion $h(z)$ in $\mathbb{U}_0$ und schätzen ab:

$$|h(z)| \overset{z\in\mathbb{U}_0}{=} |h_1(z)| \leq L[\gamma] \max_{\zeta\in\gamma} \left| \frac{f(\zeta)}{\zeta - z} \right| \leq L[\gamma] \frac{\max_{\zeta\in\gamma} |f(\zeta)|}{\min_{\zeta\in\gamma} |\zeta - z|}. \tag{1.48}$$

Nun existiert ein großer Kreis um den Ursprung, dessen Komplement ganz in $\mathbb{U}_0$ enthalten ist. In diesem Komplement gilt die Ungleichung (1.48) und damit existiert eine Konstante, die $h(z)$ dort beschränkt. Also ist $h(z)$ als ganze Funktion beschränkt und damit aufgrund des Liouville Theorems konstant. Es bleibt diese Konstante zu bestimmen. Dazu benutzen wir die Ungleichung (1.48) für den Limes $z \to \infty$, aus der wir unmittelbar erkennen, dass gilt $|h(z)| \overset{z\to\infty}{\longrightarrow} 0$ und damit $h(z) = h_0(z) = 0$ und letztendlich (1.47).

(ii) Es gelte (1.45), dann betrachten wir die Funktion:

$$F(z) := (z - z_0)f(z), \quad z \in \mathbb{U} \setminus \operatorname{Sp}\gamma.$$

Da $f(z)$ und $(z - z_0)$ holomorph sind, ist es auch $F(z)$ und es gilt $F(z_0) = 0$. Es folgt dann aus (1.45):

$$0 = n_\gamma(z_0)F(z_0) = \frac{1}{\mathrm{i}2\pi} \int_\gamma \mathrm{d}\zeta \frac{F(\zeta)}{\zeta - z_0} = \frac{1}{\mathrm{i}2\pi} \int_\gamma \mathrm{d}\zeta\, f(\zeta), \quad \forall z \in \mathbb{U} \setminus \gamma. \qquad \square$$

Aus dem Cauchy Integralsatz 1.13 folgt, dass die Wegintegrale zweier homologer Integrationswege γ und γ' in einem Gebiet $\mathbb{G}$ über eine holomorphe Funktion gleich sind, denn die Differenz ist nach Definition dann nullhomolog. Deswegen sind die Umlaufzahlen im gesamten einfach eingeschlossenen Gebiet überall konstant. Dies ist in der Abbildung für einen komplizierten Integrationsweg dargestellt.

Des Weiteren folgt aus (1.46), dass es für jeden nicht nullhomologen Integrationsweg γ in $\mathbb{U}$ eine auf $\mathbb{U}$ holomorphe Funktion f gibt mit:

$$\int_\gamma \mathrm{d}z\, f(z) \neq 0. \tag{1.49}$$

Damit dies gilt muss ein Punkt z_1 im Inneren des Weges γ zum Komplement $\mathbb{U}^C$ von $\mathbb{U}$ gehören, beispielsweise z_1 wie in Abbildung 1.22 dargestellt.

Eine in $\mathbb{U}$ holomorphe Funktion, für die (1.49) gilt, ist gegeben durch:

$$\mathbb{U} \ni z \mapsto f(z) = \frac{1}{(z - z_1)(z - z_2)}, \quad z_1, z_2 \in \mathbb{U}^C, \quad z_1 \neq z_2,$$

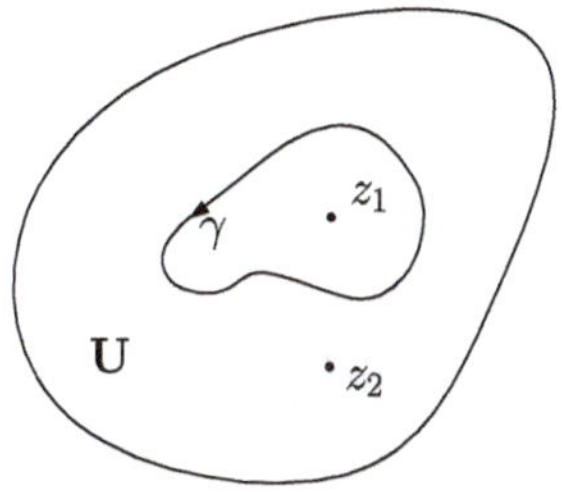

Abb. 1.22: Ein Gebiet $\mathbb{U}$ mit einem Weg γ, wobei z_1 und z_2 zum Komplement von $\mathbb{U}$ gehören. Der Punkte z_1 gehört zum Inneren und der Punkt z_2 zum Äußeren des Weges γ.

denn es gilt

$$\frac{1}{\mathrm{i}2\pi}\int_\gamma \mathrm{d}z f(z) = \frac{1}{z_1 - z_2}\int_\gamma \mathrm{d}z\left(\frac{1}{z - z_1} - \frac{1}{z - z_2}\right) = \frac{1}{z_1 - z_2} \neq 0.$$

Etwas verkürzt dargestellt, sind nullhomologe die Wege, die wir in einem Punkt zusammenziehen können, ohne dabei den Integrationsweg über einen Punkt aus dem Komplement, etwa z_1 in der Abbildung, hinwegzuheben. Einfach zusammenhängende Gebiete können wir uns anschaulich als Gebiete ohne Löscher vorstellen.

1.4 Potenzreihen

Im letzten Kapitel haben wir gesehen, dass eine in einer Umgebung komplex differenzierbare Funktionen aufgrund der Eigenschaft (1.40) bzw. (1.45) beliebig oft komplex differenzierbar sind, eine über die im Reellen hinausgehende Eigenschaft. Wie im Reellen werden wir nun eine Taylorreihenentwicklung einführen. In einem ersten Schritt untersuchen wir Eigenschaften von Potenzreihen.

1.4.1 Taylor- und Laurent-Reihen

Zunächst definieren wir allgemeine Potenzreihen, die wir als holomorphe Funktionen identifizieren. Darauf aufbauend formulieren wir den Cauchy-Taylor-Satz als Erweiterung der Taylorreihenentwicklung im Reellen.

Satz 1.14. *Es sei eine in $\mathbb{U}^r_{z_0}$ konvergente* ***Potenzreihe***

$$p_{z_0}(z) := \sum_{n=0}^{\infty} a_n (z - z_0)^n, \quad a_n \in \mathbb{C},$$

mit Konvergenzradius r gegeben. Dann ist $p_{z_0}(z)$ in $\mathbb{U}^r_{z_0}$ holomorph und es gilt:

$$\frac{\mathrm{d}p_{z_0}(z)}{\mathrm{d}z} = \sum_{n=1}^{\infty} n a_n (z - z_0)^{n-1}.$$

Beweis. Aus der Analysis ist klar, dass $p_{z_0}(z)$ und

$$q_{z_0}(z) := \sum_{n=1}^{\infty} n a_n (z - z_0)^{n-1}$$

den selben Konvergenzradius besitzen. Betrachten wir die Potenzreihe $q_{z_0}(z)$ und integrieren selbige gliedweise:

$$\int_{\kappa_{z_0}^r} \mathrm{d}z\, q_{z_0}(z) = \int_{\kappa_{z_0}^r} \mathrm{d}z \sum_{n=1}^{\infty} n a_n (z - z_0)^{n-1} = \sum_{n=1}^{\infty} n a_n \underbrace{\int_{\kappa_{z_0}^r} \mathrm{d}z\,(z - z_0)^{n-1}}_{=0} = 0.$$

Damit hat $q_{z_0}(z)$ eine Stammfunktion in $\mathbb{U}_{z_0}^r$, etwa:

$$\int_{\hat{\gamma}_{z_0 z}} \mathrm{d}\zeta q_{z_0}(\zeta) = \sum_{n=1}^{\infty} n a_n \int_{\hat{\gamma}_{z_0 z}} \mathrm{d}\zeta (\zeta - z_0)^{n-1} = \sum_{n=1}^{\infty} a_n (z - z_0)^n.$$

Also ist auch:

$$p_{z_0}(z) = a_0 + \int_{\hat{\gamma}_{z_0 z}} \mathrm{d}\zeta q_{z_0}(\zeta)$$

auf $\mathbb{U}_{z_0}^r$ eine Stammfunktion. □

Damit ist die Potenzreihe $p_{z_0}(z)$ eine holomorphe Funktion. Gehen wir umgekehrt davon aus, dass eine holomorphe Funktion eine Darstellung als Potenzreihe $p_{z_0}(z)$ besitzt und bestimmen die Koeffizienten a_n.

Satz 1.15 (Cauchy-Taylor). *Sei ein Punkt $z_0 \in \mathbb{U}$ gegeben und d sei der Abstand von z_0 zum Rand $\partial\mathbb{U}$. Dann ist jede in $\mathbb{U}$ holomorphe Funktion $f(z)$ in $\mathbb{U}_{z_0}^d$ um z_0 in eine* ***Taylorreihe*** *entwickelbar mit:*

$$f(z) = \sum_{n=0}^{\infty} a_n(z_0)(z - z_0)^n,$$

und Koeffizienten

$$a_n(z_0) = \frac{1}{n!}\frac{\mathrm{d}^n f}{\mathrm{d}z^n}(z_0) = \frac{1}{\mathrm{i}2\pi} \int_{\kappa_{z_0}^r} \mathrm{d}\zeta \frac{f(\zeta)}{(\zeta - z_0)^{n+1}}, \quad (0 < r < d).$$

Beweis. Bei dem Beweis verzichten wir darauf zu zeigen, dass bestimmte Vertauschungsrelationen von Integration und Summation gewährleistet sind. Dies kann jedoch mit Mitteln aus der reellen Analysis ohne Probleme gezeigt werden, alle Voraussetzungen dazu sind erfüllt. Betrachten wir die Reihenentwicklung:

$$\frac{1}{\zeta - z} = \frac{1}{\zeta - z_0 - (z - z_0)} = \frac{1}{\zeta - z_0}\sum_{n=0}^{\infty}\left(\frac{z - z_0}{\zeta - z_0}\right)^n \quad \text{mit} \left|\frac{z - z_0}{\zeta - z_0}\right| < 1. \tag{1.50}$$

Die Reihe konvergiert und somit folgt:

$$\frac{f(\zeta)}{\zeta - z} = \sum_{n=0}^{\infty} \frac{f(\zeta)}{(\zeta - z_0)^{n+1}}(z - z_0)^n.$$

Diese Gleichung integrieren wir über ζ auf der Kreislinie $\kappa_{z_0}^r$:

$$\begin{aligned} f(z) &= \frac{1}{\mathrm{i}2\pi}\int_{\kappa_{z_0}^r} \mathrm{d}\zeta \frac{f(\zeta)}{\zeta - z} = \frac{1}{\mathrm{i}2\pi}\int_{\kappa_{z_0}^r} \mathrm{d}\zeta \sum_{n=0}^{\infty}\frac{f(\zeta)}{(\zeta - z_0)^{n+1}}(z - z_0)^n \\ &= \sum_{n=0}^{\infty}\frac{1}{\mathrm{i}2\pi}\int_{\kappa_{z_0}^r} \mathrm{d}\zeta \frac{f(\zeta)}{(\zeta - z_0)^{n+1}}(z - z_0)^n = \sum_{n=0}^{\infty} a_n(z_0)(z - z_0)^n. \end{aligned}$$ □

Erweitern wir den Begriff der Taylorreihe hin zu den Laurent-Reihen und definieren Letztere.

Definition 1.24 (Laurent-Reihe). Potenzreihen der Form

$$L_{z_0}(z) := \sum_{n=-\infty}^{+\infty} a_n (z - z_0)^n$$

heißen **Laurent-Reihen.** Die Teilreihe mit negativem n heißt **Hauptreihe**, die mit positivem n heißt **Nebenreihe**. Die Laurent-Reihe nennen wir konvergent, wenn Haupt- und Nebenreihe konvergent sind. ■

Für eine Laurent-Reihe gilt der Entwicklungssatz:

Lemma 1.21. *Auf dem offenen* ***Kreisring*** $\mathbb{U}_{z_0}^{rR} := \mathbb{U}_{z_0}^{R} \setminus \bar{\mathbb{U}}_{z_0}^{r}$ *mit* $r < R$ *sei eine holomorphe Funktion* $f(z)$ *definiert, dann sind die Koeffizienten* $a_n(z_0)$ *der Laurent-Reihe*

$$f(z) = \sum_{n=-\infty}^{+\infty} a_n(z_0)(z - z_0)^n, \quad z \in \mathbb{U}_{z_0}^{rR},$$

gegeben durch

$$a_n(z_0) = \frac{1}{\mathrm{i}2\pi}\int_{\kappa_{z_0}^{\rho}} \mathrm{d}\zeta \frac{f(\zeta)}{(\zeta - z_0)^{n+1}}, \quad (r < \rho < R). \tag{1.51}$$

Beweis. Aus der konvergenten Laurent-Reihe erhalten wir die Darstellung:

$$\frac{f(\zeta)}{(\zeta - z_0)^{n+1}} = \sum_{m=-\infty}^{+\infty} a_m(z_0)(\zeta - z_0)^{m-n-1} = \sum_{m=-\infty}^{+\infty} a_{m+n+1}(z_0)(\zeta - z_0)^m.$$

Eine gliedweise Integration ergibt:

$$\frac{1}{\mathrm{i}2\pi}\int_{\kappa_{z_0}^{\rho}} d\zeta \frac{f(\zeta)}{(\zeta - z_0)^{n+1}} = \sum_{m=-\infty}^{+\infty} a_{n+m+1}(z_0) \underbrace{\frac{1}{\mathrm{i}2\pi}\int_{\kappa_{z_0}^{\rho}} d\zeta(\zeta - z_0)^m}_{=\delta_{-1m}} = a_n(z_0).$$

Die Vertauschbarkeit von Summation und Integration ist wiederum erlaubt. □

In den folgenden Beispielen untersuchen wir Laurent-Reihen verschiedener Funktionen um einen Punkt z_0. Dabei verwenden wir die geometrische Reihe um Ausdrücke der Art $1/(z - \zeta)^n$ in konvergente Potenzreihen um z_0 zu überführen. Hierzu muss der jeweilige Konvergenzradius r beachtet werden. Verschiedene Situationen sind in Abbildung 1.23 dargestellt.

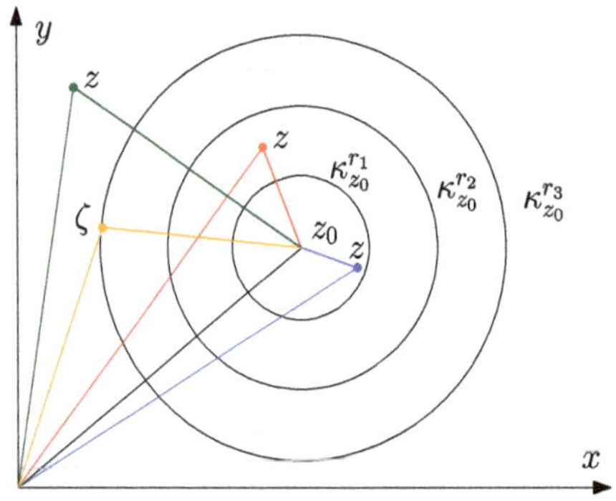

Abb. 1.23: Mögliche Situationen bei der Entwicklung der Funktion $z \mapsto 1/(z - \zeta)$ in geometrische Reihen um z_0, innerhalb von Kreisringen definiert durch die Kreislinien $\kappa_{z_0}^{r_i}$, $i = 1, 2, 3$.

Beispiel 1.28. Wir betrachten die holomorphe Funktion

$$\mathbb{C} \setminus \{0, \mathrm{i}\} \ni z \mapsto f(z) = \frac{1}{z(z - \mathrm{i})^2}$$

und bestimmen die Laurent-Reihen in $z_0 = 0, \mathrm{i}$. Für $z_0 = 0$ gibt es zwei Kreisringe zu betrachten: $\mathbb{U}_0^{01}, \mathbb{U}_0^{1\infty}$, ebenso für $z_0 = \mathrm{i}$: $\mathbb{U}_\mathrm{i}^{01}, \mathbb{U}_\mathrm{i}^{1\infty}$.

(i) Für den Kreis $\mathbb{U}_0^{01} = \mathbb{U}_0^1$ und $0 < |z| < 1$ gilt:

$$f(z) = \frac{-1}{z}\frac{1}{(1 - z/\mathrm{i})^2} = \frac{-1}{z}\sum_{n=0}^{\infty}(n+1)\left(\frac{z}{\mathrm{i}}\right)^n = \mathrm{i}\sum_{n=-1}^{\infty}(n+2)(-\mathrm{i})^n z^n.$$

(ii) Für den Kreisring $\mathbb{U}_0^{1\infty}$ und $1 < |z|$ gilt:

$$f(z) = \frac{1}{z^3}\frac{1}{(1 - \mathrm{i}/z)^2} = \frac{\mathrm{i}}{z}\frac{d}{dz}\sum_{n=0}^{\infty}\frac{\mathrm{i}^n}{z^n} = \frac{1}{z}\sum_{n=1}^{\infty}(-n)\frac{\mathrm{i}^{n+1}}{z^{n+1}} = \sum_{n=3}^{\infty}\frac{\mathrm{i}^{n+1}(n-2)}{z^n}.$$

(iii) Für den Kreisring $\mathbb{U}_{\mathrm{i}}^{01}$ und $0 < |z - \mathrm{i}| < 1$ folgt mit Partialbruchzerlegung:

$$f(z) = \frac{-\mathrm{i}}{(z-\mathrm{i})^2} + \frac{1}{z-\mathrm{i}} - \frac{1}{z} = \frac{-\mathrm{i}}{(z-\mathrm{i})^2} + \frac{1}{z-\mathrm{i}} + \frac{\mathrm{i}}{1-\mathrm{i}(z-\mathrm{i})}$$
$$= \frac{-\mathrm{i}}{(z-\mathrm{i})^2} + \frac{1}{z-\mathrm{i}} + \mathrm{i}\sum_{n=0}^{\infty} \mathrm{i}^n (z-\mathrm{i})^n = \sum_{n=-2}^{\infty} \mathrm{i}^{n+1}(z-\mathrm{i})^n,$$

oder durch Anwendung von (1.50):

$$f(z) = \frac{1}{(z-\mathrm{i})^2}\frac{1}{z-\mathrm{i}+\mathrm{i}} = \frac{-\mathrm{i}}{(z-\mathrm{i})^2}\sum_{n=0}^{\infty} \mathrm{i}^n(z-\mathrm{i})^n = \sum_{n=-2}^{\infty} \mathrm{i}^{n+1}(z-\mathrm{i})^n.$$

(iv) Für den Kreisring $\mathbb{U}_{\mathrm{i}}^{1\infty}$ und $|z - \mathrm{i}| > 1$ folgt:

$$f(z) = \frac{1}{(z-\mathrm{i})^3}\frac{1}{1+\mathrm{i}/(z-\mathrm{i})} = \frac{1}{(z-\mathrm{i})^3}\sum_{n=0}^{\infty}\frac{(-\mathrm{i})^n}{(z-\mathrm{i})^n} = -\mathrm{i}\sum_{n=3}^{\infty}\frac{(-\mathrm{i})^n}{(z-\mathrm{i})^n}. \qquad \diamond$$

Betrachten wir noch eine Laurent-Reihe des Produktes einer ganzen und rationalen Funktion als Aufgabe.

Gegeben sei die holomorphe Funktion:

$$\mathbb{C} \setminus \{1\} \ni z \mapsto f(z) = \frac{\mathrm{e}^{\mathrm{i}z}}{z-1}.$$

Bestimme die Laurent-Reihe um $z_0 = 1$ einmal durch Taylorreihenentwicklung der Exponentialfunktion und einmal durch Anwendung des Entwicklungssatzes von Laurent und bestimme den Konvergenzradius.

Lösung:

(i) Die Laurent-Reihe um $z_0 = 1$ mit $0 < |z - 1| < \infty$ lautet:

$$f(z) = \frac{\mathrm{e}^{\mathrm{i}(z-1)+\mathrm{i}}}{z-1} = \mathrm{e}^{\mathrm{i}}\sum_{n=0}^{\infty}\frac{\mathrm{i}^n}{n!}(z-1)^{n-1} = \sum_{n=-1}^{\infty}\frac{\mathrm{e}^{\mathrm{i}}\mathrm{i}^{n+1}}{(n+1)!}(z-1)^n.$$

(ii) Mit Gl. (1.51) aus Lemma 1.21 folgt zunächst für alle n:

$$a_n(1) = \frac{1}{\mathrm{i}2\pi}\int_{\kappa_1^\rho} d\zeta \frac{e^{\mathrm{i}\zeta}}{(\zeta-1)^{n+2}}, \qquad 0 < \rho < \infty.$$

Offenbar ist $a_n(1) = 0$ für $n \leq -2$. Für $n = -1$ gilt:

$$a_{-1}(1) = \frac{1}{\mathrm{i}2\pi}\int_{\kappa_1^\rho} d\zeta \frac{e^{\mathrm{i}\zeta}}{\zeta-1} = e^{\mathrm{i}}$$

und für $n \geq 0$ folgt:

$$a_n(1) = \frac{1}{i2\pi}\int_{\kappa_1^\rho} d\zeta \, \frac{1}{(n+1)!}\frac{d^{n+1}}{dz^{n+1}}\frac{e^{i\zeta}}{\zeta - z}\bigg|_{z=1} = \frac{1}{(n+1)!}\frac{d^{n+1}}{dz^{n+1}}e^{iz}\bigg|_{z=1} = \frac{i^{n+1}e^{i}}{(n+1)!}$$

und damit erhalten wir ebenso:

$$\frac{e^{iz}}{z-1} = \sum_{n=-\infty}^{+\infty} a_n(1)(z-1)^n = \frac{e^{i}}{z-1} + \sum_{n=0}^{\infty}\frac{i^{n+1}e^{i}}{(n+1)!}(z-1)^n = \sum_{n=-1}^{\infty}\frac{e^{i}i^{n+1}}{(n+1)!}(z-1)^n.$$ ◇

---

i An dieser Stelle fassen wir unsere bisher gewonnen Aussagen über holomorphe Funktionen nochmals zusammen. Für eine Funktion f auf einer offenen Menge $\mathbb{U} \subset \mathbb{C}$ sind die folgenden Aussagen äquivalent:

- f ist holomorph.
- f besitzt lokale Stammfunktionen.
- f ist reell differenzierbar und genügt den Cauchy-Riemann'schen Differentialgleichungen.
- f ist um $z_0 \in \mathbb{U}$ in eine Potenzreihe entwickelbar.

1.4.2 Analytische Fortsetzung*

In der Praxis kommt es vor, dass eine Funktion zunächst auf einem eingeschränkten Definitionsbereich gegeben ist und man diesen erweitern möchte. Häufig trifft diese Situation bei reell definierten Funktionen auf, die ins Komplexe fortgesetzt werden sollen. Diese Fortsetzung nennen wir unter bestimmten Umständen dann **Analytische Fortsetzung.**

Definition 1.25 (Analytische Fortsetzung). Für eine reelle Funktion g auf einem offenen Intervall $\mathbb{I} \subset \mathbb{R}$, nennen wir die Funktion $f : \mathbb{U} \to \mathbb{C}$ **holomorphe Fortsetzung** von g auf $\mathbb{U}$, wenn gilt: $f|_{\mathbb{I}\subset\mathbb{U}} = g$ und f holomorph in $\mathbb{U}$. ■

---

i Die holomorphe Fortsetzung nennt man in der Physik oft auch **analytische Fortsetzung**.

Wenn f die holomorphe Fortsetzung von g ist, dann ist f beliebig oft differenzierbar und die Taylorreihe von g um x_0 ergibt sich aus der Taylorreihe von f um x_0.

Definition 1.26. Eine holomorphe Funktion $f : \mathbb{U} \subset \mathbb{C}$ besitze in $z_0 \in \mathbb{U}$ eine Taylorreihe mit Konvergenzradius $\rho_{z_0} = \inf_{z\in\partial\mathbb{U}}\{|z - z_0|\}$. Ist der tatsächliche Konvergenzradius jedoch größer als ρ_{z_0}, so sagen wir f ist über $\mathbb{U}$ analytisch bzw. holomorph fortgesetzt. ■

Wie eine analytische Fortsetzung aussehen kann zeigt das folgende Beispiel.

Beispiel 1.29. Gegeben sei die reelle Funktion:

$$\mathbb{I} =]-1,1[\ni x \mapsto g(x) := \sum_{n=0}^{\infty} x^n.$$

Es ist klar, dass mit der Ersetzung von x durch z die Funktion $f : \mathbb{E} \to \mathbb{C}$ die holomorphe Fortsetzung mit $f|_{\mathbb{I}} = g$ ist und κ_0^1 der Konvergenzkreis. Darüber hinaus kann die Funktion aber noch über $\mathbb{E}$ hinaus auf verschiedene Arten fortgesetzt werden. Mithilfe der geometrischen Reihe ergibt sich:

$$f(z) = \frac{1}{1-z}, \qquad \forall z \in \mathbb{C} \setminus \{1\}.$$

Dies ist die größtmögliche analytische Fortsetzung. Man kann aber auch andere analytische Fortsetzungen finden, die gegebenenfalls nützlich sein können, wenn man an einer Entwicklung um einzelne Punkte interessiert ist. Hierzu wählt man einen Punkt $z_0 \in \mathbb{C} \setminus \{1\}$ und schreibt:

$$\frac{1}{1-z} = \frac{1}{(1-z_0)} \frac{1}{1-(z-z_0)/(1-z_0)}.$$

Da $z \in \mathbb{U}_{z_0}^{|1-z_0|}$ ist, gilt $|z - z_0| < |1 - z_0|$ und man wendet wieder die geometrische Reihe an (Vergleiche hierzu Abbildung 1.24).

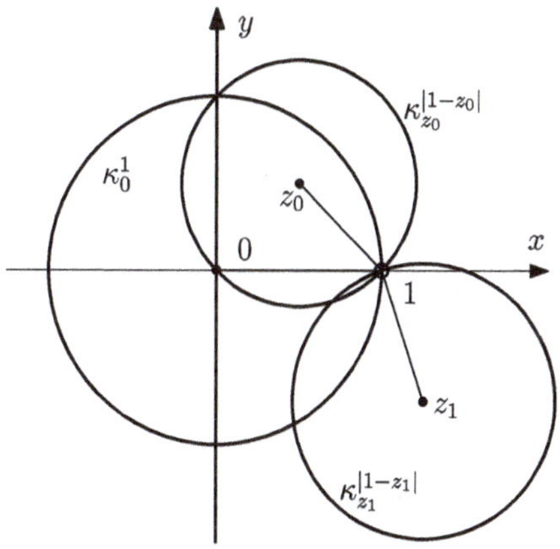

Abb. 1.24: Konvergenzkreise κ_0^1, $\kappa_{z_0}^{|1-z_0|}$ und $\kappa_{z_1}^{|1-z_1|}$ der analytischen Fortsetzung $f = (1-z)^{-1}$ von g in den Punkten z_0 und z_1.

Zwei analytische Fortsetzungen von $f = 1/(1-z)$ sind dann gegeben durch:

$$f_i(z) = \sum_{n=0}^{\infty} \frac{1}{(1-z_i)^{n+1}} (z-z_i)^n, \qquad |z - z_i| < |1 - z_i|. \qquad \diamond$$

Im Reellen findet man den Konvergenzradius einer Taylorreihe über die Sätze von Hadamard oder etwa dem Quotientenkriterium. Dies kann unter Umständen eine sehr schwierige Aufgabe darstellen. Im Komplexen stellt sich die Situation oft einfacher dar. Seien etwa zwei holomorphe Funktionen $f_Z(z)$ und $f_N(z)$ ohne eine gemeinsame Nullstelle in $\mathbb{C}^\times$ gegeben und sei $z_0 \neq 0$ die kleinste Nullstelle von $f_N(z)$. Des Weiteren sei die Funktion $f(z) := f_Z(z)/f_N(z)$ in 0 holomorph fortsetzbar, dann besitzt $f(z)$ im Punkt 0 eine Taylorreihe mit Konvergenzradius $\rho_0 = |z_0|$, da $f(z)$ in $\mathbb{U}_0^{\rho_0}$ holomorph ist.

Beispiel 1.30. Die erzeugende Funktion der **Bernoulli-Zahlen** B_n ist definiert durch die Taylorreihe:

$$\frac{z}{e^z - 1} \equiv \sum_{n=1}^{\infty} \frac{B_n}{n!} z^n, \qquad z \neq 0.$$

Das bedeutet $z_0 = i2\pi$ ist die kleinste von Null verschiedene Nullstelle und damit ist der Konvergenzradius gegeben durch 2π. Die linke Seite lässt sich schreiben als:

$$\frac{z}{e^z - 1} = \frac{z}{2} \frac{2e^{-z/2}}{e^{z/2} - e^{-z/2}} = \frac{z}{2}\left(\frac{\cosh(z/2)}{\sinh(z/2)} - 1\right) = \frac{z}{i2} \cot \frac{z}{i2} - \frac{z}{2}.$$

Dies kann genutzt werden, um die B_n zu bestimmen. Eine sehr ausführliche Diskussion der Bernoulli-Zahlen findet sich in [10].

Satz 1.16. *Seien zwei Bereiche $\mathbb{U}_1$ und $\mathbb{U}_2$ gegeben, für die gilt $\mathbb{U}_1 \cap \mathbb{U}_2 = \emptyset$ und $\bar{\mathbb{U}}_1 \cap \bar{\mathbb{U}}_2 = \hat{\gamma}$, des Weiteren zwei holomorphe Funktionen $f_i : \mathbb{U}_i \to \mathbb{C}$, $i = 1, 2$, die noch stetig auf $\mathbb{U}_i \cup \hat{\gamma}$ sind und es gelte $f_1(z) = f_2(z), \forall z \in \hat{\gamma}$. Dann ist*

$$f(z) := \begin{cases} f_1(z) & : z \in \mathbb{U}_1, \\ f_2(z) & : z \in \mathbb{U}_2, \\ f_1(z) = f_2(z) & : z \in \hat{\gamma}, \end{cases}$$

holomorph in $\mathbb{U} := \mathbb{U}_1 \cup \mathbb{U}_2 \cup \hat{\gamma}^*$, wobei $\hat{\gamma}^*$ der Weg $\hat{\gamma}$ ohne seine Endpunkte ist.

Beweis. Die Situation des Satzes ist in Abbildung 1.25 dargestellt. Innerhalb von $\bar{\mathbb{U}}_1 \cup \bar{\mathbb{U}}_2$ sei ein einfacher Weg $\gamma = \gamma_1 + \gamma_2$ gegeben, dessen Inneres jeweils die beiden Punkte $z_i \in \mathbb{U}_i$ einschließt.

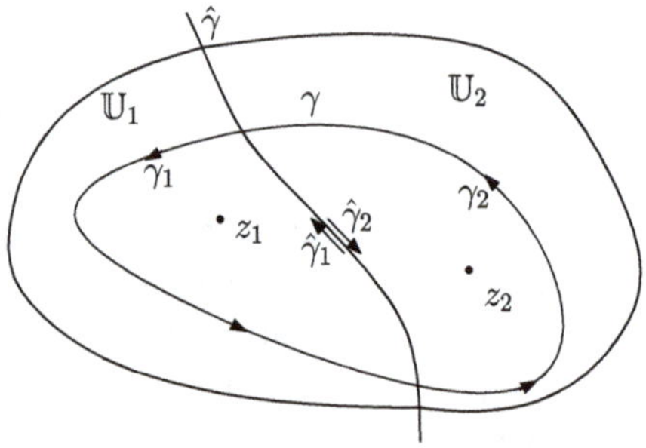

Abb. 1.25: Der offene Bereiche $\mathbb{U} = \mathbb{U}_1 \cup \mathbb{U}_2 \cup \hat{\gamma}^*$, wobei $\hat{\gamma}^*$ der Weg $\hat{\gamma}$ ohne seine Endpunkte ist. Die Wege $\gamma_i + \hat{\gamma}_i$, $i = 1, 2$ sind geschlossen, wobei für die Teilwege gilt: $\hat{\gamma}_1 = -\hat{\gamma}_2$. Die Punkte z_i sind aus dem Inneren von $\gamma_i + \hat{\gamma}_i$.

Sei z_1 im Inneren von $\partial\mathbb{U}_1 \cup \hat{\gamma}$, dann gilt:

$$f_1(z_1) = \frac{1}{i2\pi} \int\limits_{\gamma_1+\hat{\gamma}_1} dz\, \frac{f_1(z)}{z - z_1} \quad \text{und} \quad 0 = \frac{1}{i2\pi} \int\limits_{\gamma_2+\hat{\gamma}_2} dz\, \frac{f_2(z)}{z - z_1}.$$

Addieren wir diese beiden Gleichungen und beachten, dass für die Teilwege $\hat{\gamma}_i$ gilt $\hat{\gamma}_1 = -\hat{\gamma}_2$, so folgt:

$$f_1(z_1) = \frac{1}{i2\pi} \int\limits_{\gamma_1+\hat{\gamma}_1} dz\, \frac{f_1(z)}{z - z_1} + \frac{1}{i2\pi} \int\limits_{\gamma_2+\hat{\gamma}_2} dz\, \frac{f_2(z)}{z - z_1} = \frac{1}{i2\pi} \int\limits_{\gamma} dz\, \frac{f(z)}{z - z_1}.$$

Völlig analog gilt die Argumentation für z_2, aus der dann folgt:

$$f_2(z_2) = \frac{1}{i2\pi} \int\limits_{\gamma} dz\, \frac{f(z)}{z - z_2}.$$

Für jedes $z_0 \in \mathbb{U}$ gibt es immer einen Weg γ mit $\operatorname{Sp}\gamma \subset \mathbb{U}$, so dass z_0 aus dem Inneren ist. Da f stetig auf γ ist, ist die Funktion

$$\hat{f}(z_0) := \frac{1}{i2\pi} \int\limits_{\gamma} dz\, \frac{f(z)}{z - z_0}$$

holomorph in $\mathbb{U}_1 \cup \mathbb{U}_2$ Zusammengefasst gilt dann:

$$\hat{f}(z_0) = \begin{cases} f_1(z_0) & : z_0 \in \mathbb{U}_1, \\ f_2(z_0) & : z_0 \in \mathbb{U}_2, \\ f_1(z_0) = f_2(z_0) & : z_0 \in \hat{\gamma}^*, \end{cases}$$

und damit folgt $\hat{f}(z) \equiv f(z)$. □

Eine praxisrelevante Situation ist in der folgenden Aufgabe diskutiert.

Sei eine holomorphe Funktion $f_+ : \mathbb{H}^+ \to \mathbb{C}$ in der oberen Halbebene gegeben, sowie ein offenes Intervall $\mathbb{I} \subset \mathbb{R}$, sodass f_+ auf $\mathbb{H}^+ \cup \mathbb{I}$ noch stetig ist. Bestimme die analytische Fortsetzung von f_- in $\mathbb{H}^-$ und insgesamt die in $\mathbb{H}^+ \cup \mathbb{H}^- \cup \mathbb{I}$ holomorphe Funktion $f(z) = g(z) + ih(z)$, die auf $\mathbb{I}$ reell ist.

Lösung: Zunächst zerlegen wir die Funktion f_+ in Real- und Imaginärteil $f_+ = g_+ + ih_+$ und beachten, dass $f_+(z)|_{\mathbb{I}} = g(x, 0)$ gilt und $g(x, 0)$ dann eine stetige Funktion ist. Letztlich ist eine holomorphe Funktion in $\mathbb{H}^+ \cup \mathbb{H}^- \cup \mathbb{I}$ gesucht. Deswegen konstruieren wir zunächst die gesuchte Funktion mit Hilfe der CRD in $\mathbb{H}^+$:

$$\partial_x g_+(x, y) = \partial_y h_+(x, y), \quad \partial_y g_+(x, y) = -\partial_x h_+(x, y).$$

Definieren wir für $z \in \mathbb{H}^+$ folgende Funktionen ($y > 0$):

$$g_-(x, y) := g_+(x, -y), \quad h_-(x, y) := h_+(x, -y),$$

dann sind diese Funktionen per Konstruktion in $\mathbb{H}^-$ definiert und es gilt:

$$\partial_x g_-(x,y) = \partial_x g_+(x,-y) = -\partial_y h_+(x,-y) = \partial_y\big(-h_+(x,-y)\big),$$
$$\partial_y g_-(x,y) = -\partial_y g_+(x,-y) = -\partial_x\big(-h_+(x,-y)\big).$$

Das bedeutet aber, dass $f_-(z) = g_-(x,y) - ih_-(x,y)$ die CRD erfüllt und damit holomorph ist, aber es gilt andererseits auch per Konstruktion $f_-(z) = \bar{f}_+(\bar{z})$. Des Weiteren gilt aufgrund der Stetigkeit von $f_+(z)$ in $\mathbb{H}^+$:

$$\lim_{0>y\to 0} g_-(x,y) = \lim_{0>y\to 0} g_+(x,-y) = \lim_{0<y\to 0} g_+(x,y) = g(x,0).$$

Damit sind die Voraussetzungen des Satzes erfüllt und die gesuchte Funktion gegeben durch:

$$f(z) = \begin{cases} f_+(z) & : z \in \mathbb{H}^+, \\ \bar{f}_+(\bar{z}) & : z \in \mathbb{H}^-, \\ g(x,0) & : z = x \in \mathbb{I}. \end{cases}$$ ◇

1.5 Der Residuensatz

Der Residuensatz stellt eine Verallgemeinerung des Cauchy Integralsatzes dar. Bevor wir uns jedoch mit diesem beschäftigen können, ist es notwendig, verschiedene Typen von Singularitäten in Funktionen zu diskutieren. Sobald wir uns mit diesem Thema vertraut gemacht haben, werden wir den Residuensatz formulieren und uns seine vielfältigen Anwendungen ansehen.

1.5.1 Singularitäten

Definition 1.27 (Singularitäten). Eine Funktion f sei in einer Umgebung $\mathbb{U}_{z_0}$ von z_0 definiert und holomorph, nicht aber in z_0 selbst, dann heißt der Punkt z_0 **isolierte Singularität (Punkt)**, und die Menge $\mathbb{U}_{z_0} \setminus \{z_0\}$ nennen wir eine **punktierte Umgebung**. Eine isolierte Singularität z_0 ist **hebbar**, wenn f auf einer punktierten Umgebung von z_0 holomorph fortgesetzt werden kann. Wir nennen die isolierte Singularität einen **Pol**, wenn es ein $k \in \mathbb{N}$ gibt, so dass $(z - z_0)^k f(z)$ hebbar ist und **wesentliche Singularität**, wenn sie weder hebbar noch ein Pol ist. Die **Ordnung eines Pols** von $f(z)$ im Punkt z_0 ist die natürliche Zahl

$$m_f(z_0) := \min_{n\in\mathbb{N}}\{|z - z_0|^n f(z) < c,\ \forall z \in \mathbb{U}^{\epsilon}_{z_0}, c = \text{cst} > 0\}.$$ ■

Betrachten wir zur Veranschaulichung Beispiele von Singularitäten.

Beispiel 1.31.

(i) Die Funktion

$$\mathbb{C} \setminus \{0, \mathrm{i}\} \ni z \mapsto f(z) = \frac{1}{z(z-\mathrm{i})^2}$$

hat isolierte Punkte bei $z = z_0 = 0, \mathrm{i}$ und es sind Pole der Ordnung 1 und 2.

(ii) Die Kardinalsinus-Funktion

$$\mathbb{C} \ni z \mapsto \operatorname{sinc}(z) = \frac{\sin(z)}{z}$$

hat in $z = z_0 = 0$ eine hebbare Singularität.

(iii) Die komplexe Cotangens-Funktion

$$\mathbb{C} \setminus \mathbb{Z} \ni z \mapsto \cot(\pi z) := \frac{\cos(\pi z)}{\sin(\pi z)}$$

ist holomorph, die isolierten Singularitäten sind Pole.

(iv) Die Funktion

$$\mathbb{C} \setminus \{0\} \ni z \mapsto f(z) = \mathrm{e}^{-1/z}$$

hat in $z = z_0 = 0$ eine wesentliche Singularität. ◇

Definition 1.28 (Meromorph). Eine Funktion f heißt **meromorph** im Bereich $\mathbb{U}$, wenn es eine diskrete Teilmenge $\mathbb{P}_f \subset \mathbb{U}$ gibt, so dass f in $\mathbb{U} \setminus \mathbb{P}_f$ holomorph ist und in jedem Punkt von $\mathbb{P}_f$ einen Pol hat. Die Menge $\mathbb{P}_f$ nennt man die **Polstellenmenge** von f. ■

Die Polstellenmenge ist abgeschlossen und offenbar entweder eine leere, endliche oder abzählbar unendliche Menge, die auch einen Häufungspunkt haben kann.

Beispiel 1.32.

(i) Die rationale Funktion

$$f(z) = \frac{\sum_{l=0}^{n} \alpha_l z^l}{\sum_{l=0}^{m} \beta_l z^l}, \quad \alpha_l, \beta_l \in \mathbb{C},$$

ist meromorph in $\mathbb{C}$ und die Polstellenmenge ist in der Nullstellenmenge des Nennerpolynoms enthalten.

(ii) Die Cotangens-Funktion:

$$\cot(\pi z) = \frac{\cos(\pi z)}{\sin(\pi z)}$$

ist meromorph mit einer abzählbar unendlichen Polstellenmenge: $\mathbb{P}_{\cot(\pi z)} = \mathbb{Z}$.

(iii) Die aus der Cotangens-Funktion und der Möbius-Transformation $T_C(z)$ aus Gl. (1.29) zusammengesetzte Funktion

$$f(z) := (\cot \circ T_C)(z) \equiv \cot(T_C(z))$$

besitzt die Polstellenmenge $\mathbb{P}_f = \{\mathrm{i}(l\pi + 1)/(l\pi - 1), l \in \mathbb{Z}\}$. Alle Pole sind erster Ordnung und haben einen Häufungspunkt bei $z_\infty = \mathrm{i}$. ◇

Eine Klassifikation von Polen kann auch mittels der Laurent-Reihe durchgeführt werden. Ohne Beweis fassen wir zusammen:

Lemma 1.22 (Polklassifikation). *Es sei*

$$L^f_{z_0}(z) := \sum_{n=-\infty}^{+\infty} a_n(z_0)(z - z_0)^n$$

die Laurent-Reihe von $f(z)$ *mit der isolierten Singularität* z_0. *Dann ist* z_0

$$\begin{aligned} \textit{hebbare Singularität} \quad &\Leftrightarrow \quad a_n(z_0) = 0 \textit{ für } n < 0, \\ \textit{Pol der Ordnung } m_f \quad &\Leftrightarrow \quad a_n(z_0) = 0 \textit{ für } n < -m_f, a_{m_f} \neq 0, \\ \textit{wesentliche Singularität} \quad &\Leftrightarrow \quad a_n(z_0) \neq 0 \textit{ für unendlich viele } n < 0. \end{aligned}$$

Jetzt definieren wir einen zentralen Begriff der Funktionentheorie.

Definition 1.29 (Residuum). Sei eine auf dem Gebiet $\mathbb{U} \subset \mathbb{C}$ bis auf isolierte Singularitäten holomorphe Funktion $f(z)$ gegeben, dann heißt

$$\operatorname{res}_{z_0} f := \frac{1}{\mathrm{i}2\pi} \int_{\kappa^r_{z_0}} \mathrm{d}z\, f(z),$$

das **Residuum** von $f(z)$ im Punkt z_0. Der Kreis $\kappa^r_{z_0}$ ist dabei so zu wählen, das höchstens z_0 eine Singularität von $f(z)$ in $\bar{\mathbb{U}}^r_{z_0}$ ist. ■

Offenbar ist für holomorphe Funktionen $\operatorname{res}_z f = 0$. Betrachten wir eine Laurent-Reihe, dann gilt:

$$\operatorname{res}_{z_0} f = \frac{1}{\mathrm{i}2\pi} \int_{\kappa^r_{z_0}} \mathrm{d}z \sum_{n=-\infty}^{+\infty} a_n(z_0)(z - z_0)^n = a_{-1}(z_0).$$

Die Cauchy-Funktion $f(z) = 1/(z - z_0)$ hat in z_0 das Residuum $\operatorname{res}_{z_0} f = 1$ und in $z' \neq z_0$ das Residuum 0, da definitionsgemäß der Kreis $\kappa^r_{z'}$ so zu wählen ist, dass er höchstens in z' eine Singularität haben darf. Betrachten wir Beispiele:

Beispiel 1.33.

(i) Für die Funktion $f(z) = 1/(z(z-i)^2)$ aus Beispiel 1.28, folgt mit den zugehörigen Laurent-Reihen: $\mathrm{res}_0 f = (-i)^{-2} = -1$ und $\mathrm{res}_i f = a_{-1} = 1$.

(ii) Für die Funktion

$$\frac{\mathrm{e}^{\mathrm{i}z}}{z-1} = \frac{\mathrm{e}^{\mathrm{i}(z-1)+\mathrm{i}}}{z-1} = \sum_{n=-1}^{\infty} \frac{\mathrm{e}^{\mathrm{i}}\mathrm{i}^{n+1}}{(n+1)!}(z-1)^n,$$

ergibt sich $\mathrm{res}_1\, \mathrm{e}^{\mathrm{i}z}/(z-1) = a_{-1} = \mathrm{e}^{\mathrm{i}}$. ◇

Es gelten die folgenden elementaren und praktischen Rechenregeln für Residuen.

Lemma 1.23.

(i) *Für einen einfachen Pol von f in z_0 gilt:*

$$\mathrm{res}_{z_0} f = \lim_{z\to z_0} (z-z_0)f(z).$$

(ii) *Die Funktionen $f_Z(z)$ und $f_N(z)$ seien holomorph in z_0, mit $f_Z(z_0) \neq 0$ und $f_N(z_0) = 0$, sowie $\partial_z f_N(z_0) = f_N'(z_0) \neq 0$, dann gilt:*

$$\mathrm{res}_{z_0} \frac{f_Z(z)}{f_N(z)} = \frac{f_Z(z_0)}{f_N'(z_0)}. \tag{1.52}$$

(iii) *Hat die Funktion f in z_0 einen Pol n-ter Ordnung, so gilt:*

$$\mathrm{res}_{z_0} f(z) = \lim_{z\to z_0} \frac{1}{(n-1)!}\partial_z^{n-1}[(z-z_0)^n f(z)].$$

Beweis.

(i) Wenn f in z_0 einen einfachen Pol besitzt, dann ist in der Hauptreihe gerade nur der Term mit $a_{-1}(z_0) = \mathrm{res}_{z_0} f = \lim_{z\to z_0}(z-z_0)f(z)$ vorhanden.

(ii) Wenn $f_N(z)$ holomorph in z_0 ist und verschwindet ($f_N(z_0) = 0$), dann gilt

$$f_N(z) = (z-z_0)f_N'(z) + R(z_0, z),$$

mit einem Restterm für den gilt $\lim_{z\to z_0} R(z_0, z)/(z-z_0) = 0$. Damit folgt:

$$\lim_{z\to z_0} (z-z_0)\frac{f_Z(z)}{f_N(z)} = \lim_{z\to z_0} \frac{(z-z_0)f_Z(z)}{f_N'(z_0)(z-z_0) + R(z_0,z)} = \frac{f_Z(z_0)}{f_N'(z_0)}.$$

(iii) Wir benutzen die Laurent-Reihe von f in z_0, die mit dem Term $a_{-n}(z_0)$ beginnt, dann folgt:

$$\partial_z^{n-1}[(z-z_0)^n f(z)] = \partial_z^{n-1} \sum_{m=-n}^{\infty} a_m(z_0)(z-z_0)^{m+n}$$

$$= \partial_z^{n-1} \sum_{m=0}^{\infty} a_{m-n}(z_0)(z - z_0)^m.$$

Im Limes $z \to z_0$ bleibt in der Summe nur der Term mit $m = n - 1$ über und damit:

$$\lim_{z\to z_0} \frac{1}{(n-1)!} \partial_z^{n-1}[(z - z_0)^n f(z)] = a_{-1}(z_0). \qquad \square$$

Beispiel 1.34. Wir berechnen die Residuen der folgenden Funktionen in allen isolierten Singularitäten:

$$\text{(i)} \quad f_1(z) := \frac{1 - \cos z}{z^3}, \quad \text{(ii)} \quad f_2(z) := \frac{z}{e^z + 1}, \quad \text{(iii)} \quad f_3(z) := \frac{z}{1 - \sqrt{2 - z}}.$$

(i) Die einzige isolierte Singularität ist $z_0 = 0$ und dort entwickelt man den Zähler in eine Taylorreihe und erhält insgesamt die Laurent-Reihe:

$$f_1(z) = -\sum_{n=1}^{\infty} \frac{(-1)^n}{(2n)!} z^{2n-3} = \frac{1}{2}\frac{1}{z} + \sum_{n=1}^{\infty} \frac{(-1)^n}{(2n+2)!} z^{2n-1},$$

und damit folgt $\mathrm{res}_0 f_1 = 1/2$.

(ii) Hier gibt es an allen Stellen $e^{z_0} = -1$ Pole erster Ordnung. Die Polstellenmenge ist gegeben durch $\mathbb{P}_{f_2} = \{i\pi(1 + 2l),\ l \in \mathbb{Z}\}$ und damit:

$$\mathrm{res}_{z_0 \in \mathbb{P}_{f_2}} f_2 = \lim_{z\to z_0} (z - z_0) \frac{z}{e^{z-z_0} e^{z_0} + 1} = z_0 \lim_{z\to z_0} \frac{z - z_0}{e^{z-z_0} e^{z_0} + 1} = -z_0, \quad z_0 \in \mathbb{P}_{f_2}.$$

(iii) Die isolierte Singularität liegt bei $z_0 = 1$ und es ist ein Pol erster Ordnung und damit folgt:

$$\mathrm{res}_1 f_3 = \left.\frac{z}{\partial_z (1 - \sqrt{2 - z})}\right|_{z_0=1} = \frac{1}{1/2} = 2. \qquad \diamond$$

Man bestimme alle Residuen der Funktionen

$$\text{(i)} \quad f_1(z) := \frac{1}{(1 + z^2)^3}, \quad \text{(ii)} \quad f_1(z) := \frac{z^2}{1 + z^4},$$

$$\text{(iii)} \quad f_2(z) := \frac{z^2}{\sin^3 z}, \quad \text{(iv)} \quad f_3(z) := z e^{1/(1-z)}.$$

Lösung:

(i) Es gibt zwei Pole dritter Ordnung bei $z_\pm = \pm i$ und deswegen folgt:

$$\mathrm{res}_{\pm i} f_1(z) = \frac{1}{2} \lim_{z\to\pm i} \partial_z^2 \frac{(z - \pm i)^3}{(z + i)^3 (z - i)^3} = \frac{1}{2} \lim_{z\to\pm i} \partial_z^2 \frac{1}{(z \pm i)^3} = \frac{6}{(\pm 2i)^5} = \mp \frac{3}{16} i.$$

(ii) Es gibt 4 Pole erster Ordnung in $z_n = \mathrm{e}^{\mathrm{i}(2n+1)\pi/4}, n = 0, 1, 2, 3$ und es gilt:

$$\operatorname{res}_{z_n} f_2(z) = \lim_{z\to z_n} \frac{(z-z_n)z^2}{(z-z_1)(z-z_2)(z-z_3)(z-z_4)} = z_n^2 \prod_{m\neq n} \frac{1}{z_n - z_m}.$$

Beachten wir, dass gilt $z_0 = \bar{z}_2, z_1 = \bar{z}_3$ sowie $z_n^2 = (-)^n \mathrm{i}$, so folgt:

$$\operatorname{res}_{z_0} f_2(z) = \frac{\mathrm{i}}{z_0 - z_2} \frac{1}{(z_0 - z_1)(z_0 - z_3)} = \frac{\mathrm{i}}{z_0 - \bar{z}_0} \frac{1}{1 + \mathrm{i} - z_0(z_1 + \bar{z}_1)} = \frac{z_3}{4},$$

$$\operatorname{res}_{z_2} f_2(z) = \frac{\mathrm{i}}{z_2 - z_0} \frac{1}{(z_2 - z_1)(z_2 - z_3)} = \frac{\mathrm{i}}{\bar{z}_0 - z_0} \frac{1}{1 + \mathrm{i} - \bar{z}_0(z_1 + \bar{z}_1)} = \frac{z_1}{4},$$

$$\operatorname{res}_{z_1} f_2(z) = \frac{-\mathrm{i}}{z_1 - z_3} \frac{1}{(z_1 - z_2)(z_1 - z_4)} = \frac{-\mathrm{i}}{z_1 - \bar{z}_1} \frac{1}{1 - \mathrm{i} - z_1(z_2 + \bar{z}_2)} = \frac{z_2}{4},$$

$$\operatorname{res}_{z_3} f_2(z) = \frac{-\mathrm{i}}{z_3 - z_1} \frac{1}{(z_3 - z_2)(z_3 - z_4)} = \frac{-\mathrm{i}}{\bar{z}_1 - z_1} \frac{1}{1 - \mathrm{i} - \bar{z}_1(z_2 + \bar{z}_2)} = \frac{z_0}{4}.$$

(iii) Hier unterscheiden wir zwischen dem Pol erster Ordnung in $z_0 = 0$ und den Polen dritter Ordnung in $z_l = l\pi, l \in \mathbb{Z} \setminus 0$. Es gilt dann einerseits

$$\operatorname{res}_0 f_3(z) = \lim_{z\to 0} z \frac{z^2}{\sin^3 z} = 1,$$

und andererseits

$$\operatorname{res}_{z_l} f_3(z) = \lim_{z\to z_l} \frac{1}{2} \partial_z^2 \left((z - z_l)^3 \frac{z^2}{\sin^3 z} \right) = \frac{(-1)^{3l}}{2} \lim_{z\to z_l} \partial_z^2 \left(z^2 \left(\frac{z - z_l}{\sin(z - z_l)} \right)^3 \right)$$

$$= \frac{(-1)^l}{2} \lim_{\zeta\to 0} \partial_\zeta^2 \left((\zeta + z_l)^2 \left(\frac{1}{1 - \zeta^2/6 + \mathcal{O}(\zeta^4)} \right)^3 \right)$$

$$= \frac{(-1)^l}{2} \lim_{\zeta\to 0} \partial_\zeta^2 ((\zeta + z_l)^2 (1 + \zeta^2/2 + \mathcal{O}(\zeta^4))) = (-)^l \left(1 + \frac{\pi^2}{2} l^2 \right).$$

(iv) Die Funktion hat eine wesentliche Singularität bei $z_0 = 1$, deswegen verwenden wir die Laurent-Entwicklung der Exponentialfunktion:

$$f_4(z) = \sum_{n=0}^{\infty} \frac{(-)^n}{n!} \frac{z - 1 + 1}{(z-1)^n} = \sum_{n=-1}^{\infty} \frac{(-)^n n}{(n+1)!} \frac{1}{(z-1)^n},$$

und damit:

$$\operatorname{res}_1 f_4(z) = a_{-1}(1) = -\frac{1}{2}.$$

◇

1.5.2 Residuensatz

Nun sind wir in der Lage den Cauchy Integralsatz zum Residuensatz zu erweitern.

Satz 1.17 (Residuensatz). *Es sei* $\mathbb{U} \subset \mathbb{C}$ *eine offene Menge und* f *eine Funktion, die in* $\mathbb{U}$ *bis auf isolierte Singularitäten* $z_l, l = 1, 2, \ldots, k$ *holomorph ist. Für jeden nullhomologen Integrationsweg* γ *in* $\mathbb{U}$, *mit* $z_l \notin \operatorname{Sp}\gamma, l = 1, 2, \ldots, k$ *gilt:*

$$\sum_{z_l \in \mathbb{U}} n_\gamma(z_l) \operatorname{res}_{z_l} f(z) = \frac{1}{\mathrm{i}2\pi} \int_\gamma \mathrm{d}\zeta\, f(\zeta).$$

Beweis. Zum Beweis definieren wir eine in $\mathbb{U}$ holomorphe Funktion, indem wir die Hauptreihe der Laurent-Reihe von f abziehen:

$$h(z) := f(z) - \sum_{l=1}^{k} \sum_{n=1}^{\infty} \frac{a_n^{(l)}}{(z - z_l)^n}.$$

Der zweite Term sei der Hauptteil der Laurent-Reihen der auf $\mathbb{U} \setminus \{z_1, \ldots, z_k\}$ holomorphen Funktion $f(z)$, um die k Singularitäten der Funktion $f(z)$ in $\mathbb{U}$. Damit ist die Funktion $h(z)$ holomorph in $\mathbb{U}$ und es gilt:

$$0 = \frac{1}{\mathrm{i}2\pi} \int_\gamma \mathrm{d}z\, h(z) = \frac{1}{\mathrm{i}2\pi} \int_\gamma \mathrm{d}z \left(f(z) - \sum_{l=1}^{k} \sum_{n=1}^{\infty} \frac{a_n^{(l)}}{(z - z_l)^n} \right)$$

$$= \frac{1}{\mathrm{i}2\pi} \int_\gamma \mathrm{d}z \left(f(z) - \mathrm{i}2\pi \sum_{l=1}^{k} n_\gamma(z_l) a_{-1}^{(l)} \right).$$

Setzen wir in diese Gleichung: $a_{-1}^{(l)} = \operatorname{res}_{z_l} f(z)$ ein, so folgt die Behauptung. □

Die Situation ist in Abbildung 1.26 exemplarisch dargestellt.

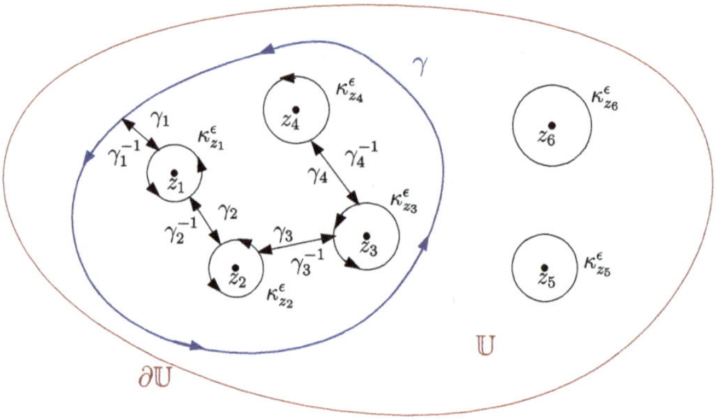

Abb. 1.26: Allgemeiner einfach geschlossener Integrationsweg γ in $\mathbb{U}$ um Singularitäten $z_1, \ldots, z_4$. Die Singularitäten z_5 und z_6 sind nicht von γ umschlossen.

Der Weg γ in $\mathbb{U}$ umschließt die Pole $z_i, i = 1, \ldots, 4$. Fügt man die Wege γ_i, γ_i^{-1} sowie $\kappa_{z_i}^{\epsilon}$ im dargestellten Verlauf hinzu, so liegen die Pole für den so gebildeten Gesamtweg im Äußeren und das Wegintegral verschwindet, dies entspricht dann der holomorphen Funktion $h(z)$. Alternativ kann man sich auch vorstellen, dass der Weg γ auf die zuvor beschriebenen Wege zusammengezogen wird und im Ergebnis dann nur die Residuen zum Ergebnis beitragen.

So wie in der Abbildung als Beispiel angedeutet ist, kommt es in der Praxis oft vor, dass über den Rand $\partial\mathbb{U}$ eines Gebietes $\mathbb{U}$ integriert werden muss. Dann reduziert sich der Residuensatz auf die folgende Aussage.

Lemma 1.24 (Residuensatz für Ränder von Gebieten). *Für eine auf einem Gebiet $\mathbb{U}$ holomorphe Funktion $f(z)$, die in $\mathbb{U}$ isolierte Singularitäten $z_1, \ldots, z_k$ besitzt, gilt:*

$$\int_{\partial\mathbb{U}} \mathrm{d}\zeta\, f(\zeta) = \mathrm{i}2\pi \sum_{l=1}^{k} \operatorname{res}_{z_l} f(z).$$

Diese Form des Residuensatz diskutieren wir im Folgenden. Betrachten wir ein einfaches und instruktives Beispiel für eine Integration über eine wesentliche Singularität.

Beispiel 1.35. Berechne mit Hilfe des Residuensatzes das Integral

$$I_m(r) := \int_{\kappa_0^r} \mathrm{d}z\, z^m \mathrm{e}^{1/z}, \qquad m \in \mathbb{N}, r > 0.$$

Mit Hilfe des Residuensatzes folgt:

$$I_m(r) = \mathrm{i}2\pi \operatorname{res}_0 z^m \mathrm{e}^{1/z} = \mathrm{i}2\pi \ \operatorname{res}_0 \sum_{n=0}^{\infty} \frac{z^{m-n}}{n!} = \frac{\mathrm{i}2\pi}{(m+1)!}.$$

Es sei bemerkt, dass die Integration über die wesentliche Singularität durch Substitution $z \mapsto 1/\zeta$ beseitigt werden kann:

$$I_m(r) = -\int_{\kappa_0^{1/r^{-1}}} \mathrm{d}\zeta \frac{\mathrm{e}^{\zeta}}{\zeta^{2+m}} = \int_{\kappa_0^{1/r}} \mathrm{d}\zeta \sum_{n=0}^{\infty} \frac{\zeta^{n-2-m}}{n!} = \frac{\mathrm{i}2\pi}{(m+1)!}.$$ ◇

Betrachten wir nun sehr ausführliche und praxisrelevante Beispiele, in denen geschlossene und stückweise stetige Integrationswege zu parametrisieren sind, so wie sie in der Physik vielfältig vorkommen.

Berechne das Wegintegral

$$I_n := \int_{\partial Q_n} \mathrm{d}z \, \frac{\pi \cot(\pi z)}{z^2}$$

über den geschlossenen Weg $\gamma = \partial Q_n$ eines um den Ursprung zentrierten Quadrates Q_n mit der Seitenlänge $2r_n$ wobei $r_n = (n + 1/2)$, $n \in \mathbb{N}$ ist. Was ergibt sich im Limes $n \to \infty$?
Lösung: Die Funktion $\cot(\pi z)$ hat die Polstellenmenge $z_l \in \mathbb{Z}$. Damit haben wir einen Pol dritter Ordnung in $z_0 = 0$ und Pole erster Ordnung in $z_l = l, l \in \mathbb{Z} \setminus \{0\}$. Die Residuen sind damit gegeben durch:

$$\begin{aligned} \operatorname{res}_0 \frac{\cot(\pi z)}{z^2} &= \frac{1}{2} \lim_{z \to 0} \partial_z^2 \big(z \cot(\pi z)\big) = -\frac{\pi}{3}, \\ \operatorname{res}_l \frac{\cot(\pi z)}{z^2} &= \lim_{z \to l} \frac{(z-l)}{z^2} \frac{\cos(\pi z)}{\sin(\pi z)} = \frac{1}{l^2 \pi}. \end{aligned}$$

Damit folgt:

$$I_n := \int_{\partial Q_n} \mathrm{d}z \, \frac{\pi \cot(\pi z)}{z^2} = \mathrm{i}2\pi \left(-\frac{\pi}{3} + 2 \sum_{l=1}^{n} \frac{1}{\pi l^2} \right) = \mathrm{i}4 \left(\sum_{l=1}^{n} \frac{1}{l^2} - \frac{\pi^2}{6} \right).$$

betrachten wir nun den Limes $n \to \infty$. Dazu schätzen wir das Integral auf den zwei horizontalen Geraden γ_1, γ_3 und den beiden vertikalen Geraden γ_2, γ_4 ab:

$$\left| \int_{\gamma_{1,3}} \mathrm{d}z \, \frac{\pi \cot(\pi z)}{z^2} \right| \le \int_{\gamma_{1,3}} \mathrm{d}z \left| \frac{\pi \cot(\pi z)}{z^2} \right| \le \frac{L[\gamma_{1,3}]\pi}{r_n^2} \frac{\mathrm{e}^{\pi r_n} + \mathrm{e}^{-\pi r_n}}{\mathrm{e}^{\pi r_n} - \mathrm{e}^{-\pi r_n}} = \frac{2\pi}{r_n} \frac{1 + \mathrm{e}^{-2\pi r_n}}{1 - \mathrm{e}^{-2\pi r_n}}.$$

Dies verschwindet für $n \to \infty$. Für die vertikalen Achsen gilt: $z = \pm(n + 1/2) + \mathrm{i}y$ und damit:

$$|\cot(\pi z)| = |\tanh(\pi y)| \le \big|\tanh\big(\pi(n + 1/2)\big)\big|,$$

woraus dann für die Integrale folgt:

$$\left| \int_{\gamma_{2,4}} \mathrm{d}z \, \frac{\pi \cot(\pi z)}{z^2} \right| \le \frac{2\pi}{r_n} \big|\tanh\big(\pi(n + 1/2)\big)\big|.$$

Auch dies verschwindet für $n \to \infty$, so dass insgesamt gilt:

$$\lim_{n \to \infty} I_n = 0 = \mathrm{i}4 \left(\sum_{l=1}^{\infty} \frac{1}{l^2} - \frac{\pi^2}{6} \right),$$

woraus folgt:

$$\sum_{l=1}^{\infty} \frac{1}{l^2} = \frac{\pi^2}{6}.$$

◇

Schauen wir uns ein umfangreiches Beispiel an, bei dem zunächst kein geschlossenes Wegintegral und auch kein Residuum einer Funktion vorliegt. Die Formel ist von großer Wichtigkeit in der Mathematik und Physik und die Rechnung enthält einige wichtige Aspekte bei der Berechnung von Integralen mit Hilfe des Residuensatzes. Deswegen formulieren wir das Ergebnis als Lemma.

Lemma 1.25 (Gauß-Integral). *Für das allgemeine komplexe Gauß-Integral G_a gilt*

$$G_a := \int_{-\infty}^{+\infty} \mathrm{d}t\, \mathrm{e}^{-a^2(t+c)^2} = \frac{\sqrt{\pi}}{a}, \qquad c \in \mathbb{C}, a > 0.$$

Beweis. Zunächst führen wir eine Variablensubstitution durch

$$G_a \overset{c:=az}{=} \frac{1}{a} \int_{-\infty}^{+\infty} \mathrm{d}t\, \mathrm{e}^{-(t+z)^2}.$$

Es handelt sich um ein Integral mit einem nicht geschlossenen Weg über eine holomorphe Funktion. Um den Residuensatz anwenden zu können benötigen wir einen geschlossenen Weg über eine meromorphe Funktion mit nicht verschwindenden Residuen. Zunächst nutzen wir aus, dass $z \mapsto \mathrm{e}^{-(t+z)^2}$ eine ganze Funktion in $\mathbb{C}$ ist und betrachten den geschlossenen Weg $\gamma = \sum_i \gamma_i$ aus Abbildung 1.27.

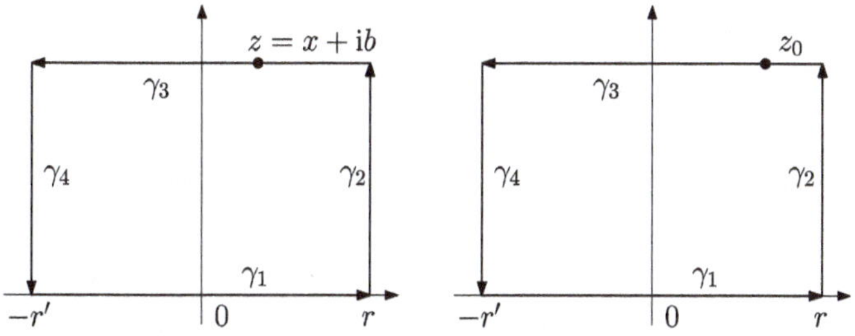

Abb. 1.27: Links ist das Wegintegral γ mit einem positivem $b > 0$ und rechts das Wegintegral γ mit speziell gewähltem z_0 dargestellt.

Dann folgt für das Wegintegral über γ aus der linken Abbildung:

$$0 = \int_\gamma \mathrm{d}\zeta \mathrm{e}^{-\zeta^2} = \int_{-r'}^{+r} \mathrm{d}\zeta \mathrm{e}^{-\zeta^2} + \int_{r+ib}^{-r'+ib} \mathrm{d}\zeta \mathrm{e}^{-\zeta^2} + \int_{\gamma_2+\gamma_4} \mathrm{d}\zeta \mathrm{e}^{-\zeta^2}.$$

Im Limes $r, r' \to \infty$ verschwinden die Wegintegrale über γ_2 und γ_4 exponentiell schnell, denn beispielsweise gilt für $\gamma_2(t) = r + \mathrm{i}tb, b \in \mathbb{R}, t \in [0, 1]$:

$$\left|\int_{\gamma_2} \mathrm{d}\zeta \mathrm{e}^{-\zeta^2}\right| = \left|\int_0^1 \mathrm{d}t\, \mathrm{e}^{-(r+\mathrm{i}tb)^2} \partial_t(r+\mathrm{i}tb)\right| \le |b|\mathrm{e}^{-r^2} \int_0^1 \mathrm{d}t\, \mathrm{e}^{(tb)^2}.$$

Da das verbleibende Integral endlich ist, verschwindet das Wegintegral über γ_2 im Limes $r \to \infty$ proportional zu e^{-r^2}. Entsprechend verfährt man mit dem Wegintegral über γ_4. Somit erhalten wir als Zwischenergebnis im Limes $r, r' \to \infty$:

$$\int_{-\infty}^{+\infty} \mathrm{d}\zeta \mathrm{e}^{-(\zeta+z)^2} = \int_{-\infty}^{+\infty} \mathrm{d}\zeta \mathrm{e}^{-\zeta^2}.$$

Das Gauß-Integral ist also invariant gegenüber einer Verschiebung einer komplexe Zahl z im Argument. Dies nutzen wir, um eine Funktion mit einem Residuum zu konstruieren. Betrachten wir die rechte Seite und wiederum zunächst das geschlossene Wegintegral über den Weg γ aus der linken Abbildung.

Wir konstruieren durch die Freiheit in der Wahl von z ein Residuum mithilfe der Funktion e^{ζ} und machen dazu den Ansatz:

$$\mathrm{e}^{-\zeta^2} = h(\zeta) - h(\zeta + z_0), \quad z_0 \in \mathbb{C}. \tag{1.53}$$

Die Funktion h soll so beschaffen sein, dass sie ein Residuum besitzt und so konstruiert sein, dass sich die Wegintegrale γ_1 und γ_3 über h für beide Terme auf der rechten Seite (1.53) addieren. Der Punkt z_0 ist zunächst frei und muss bestimmt werden. Für die Funktion $h(\zeta)$ machen wir den Ansatz:

$$h(\zeta) := \frac{\mathrm{e}^{-\zeta^2}}{1 + \mathrm{e}^{-2z_0\zeta}},$$

wobei z_0 so bestimmt werden muss, dass (1.53) gilt, was wiederum bedeutet

$$\mathrm{e}^{-\zeta^2} \overset{!}{=} \frac{\mathrm{e}^{-\zeta^2}}{1 + \mathrm{e}^{-2z_0\zeta}} - \frac{\mathrm{e}^{-(\zeta+z_0)^2}}{1 + \mathrm{e}^{-2z_0\zeta}\mathrm{e}^{-2z_0^2}}.$$

Deswegen muss gelten:

$$\mathrm{e}^{-2z_0\zeta}\left(1 + \mathrm{e}^{-2z_0^2}\mathrm{e}^{-2z_0\zeta}\right) = -\mathrm{e}^{-z_0^2}\mathrm{e}^{-2z_0\zeta}\left(1 + \mathrm{e}^{-2z_0\zeta}\right).$$

Wir erkennen, dass $\mathrm{e}^{-z_0^2} = -1$ die Gleichung löst, was bedeutet $z_0 = \sqrt{\pi}\mathrm{e}^{\mathrm{i}\pi/4}$. Die Funktion $h(\zeta)$ hat damit ein Residuum an der Stelle $z_0/2$, für das gilt:

$$\operatorname{res}_{\frac{z_0}{2}} h(\zeta) \overset{(1.52)}{=} \left.\frac{\mathrm{e}^{-\zeta^2}}{\partial_\zeta(1 + \mathrm{e}^{-2z_0\zeta})}\right|_{\zeta=z_0/2} = \frac{\mathrm{e}^{-z_0^2/4}}{-2z_0\mathrm{e}^{-z_0^2}} = \frac{\mathrm{e}^{-\mathrm{i}\pi/4}}{2\sqrt{\pi}\mathrm{e}^{-\mathrm{i}\pi/4}} = \frac{-\mathrm{i}}{2\sqrt{\pi}}.$$

Nun bilden wir das Wegintegral über γ und benutzen den Residuensatz:

$$\int_{\sum_i \gamma_i} \mathrm{d}\zeta h(\zeta) = \mathrm{i}2\pi \operatorname{res}_{\frac{z_0}{2}} h(\zeta) = \sqrt{\pi}.$$

Im Limes $r', r \to \infty$ verschwinden die Wegintegrale über γ_2 und γ_4 woraus folgt:

$$\sqrt{\pi} = \int_{-\infty}^{+\infty} \mathrm{d}\zeta h(\zeta) + \int_{+\infty}^{-\infty} \mathrm{d}\zeta h(\zeta + z_0) = \int_{-\infty}^{+\infty} \mathrm{d}\zeta (h(\zeta) - h(\zeta + z_0)) = \int_{-\infty}^{+\infty} \mathrm{d}\zeta \mathrm{e}^{-\zeta^2}.$$

Zusammengefasst ergibt sich somit das Ergebnis:

$$\int_{-\infty}^{+\infty} \mathrm{d}t\, \mathrm{e}^{-a^2(t+c)^2} = \frac{\sqrt{\pi}}{a}, \qquad c \in \mathbb{C}, a > 0.$$ □

An dieser Stelle sei nochmals betont, dass $c \in \mathbb{C}$ eine beliebige komplexe Zahl ist und wir deswegen in der Notation G_a die Abhängigkeit von c nicht auftritt.

Betrachten wir noch ein praxisrelevantes Beispiel aus der klassischen Feldtheorie (siehe G.Parisi in *Statistical Field Theory* [23]) als Aufgabe formuliert, so wie sie in der Physik vorkommt.

Die Zweipunkt-Korrelationsfunktion des Ising-Modells in Meanfieldnäherung ist proportional zu:

$$C_\nu(y) = \frac{1}{2\pi} \int_{-\pi/2}^{+\pi/2} \mathrm{d}q \frac{e^{-iqy}}{\nu^2 + \sin^2 q},$$

dabei ist $y = 2(x_i - x_j)$ ein *Spin-Abstand* und ν proportional zu einem äußeren Magnetfeld. Bestimme unter Verwendung des Residuensatzes das führende Verhalten von $C_\nu(y)$ für große Abstände y bis zur Ordnung $\mathcal{O}(1/y^2)$. Vergleiche das asymptotische Ergebnis mit dem exakten Ergebnis in einem Plot.
Lösung: Zunächst muss ein geschlossenes Wegintegral konstruiert werden, welches ein Residuum enthält und den Teilweg des Integrals $[-\pi/2, \pi/2] \ni t \mapsto \gamma_1(t) = -t$. Dieses Wegintegral $\gamma = \sum_i \gamma_i$ über alle Teilwege ist in Abbildung 1.28 skizziert.

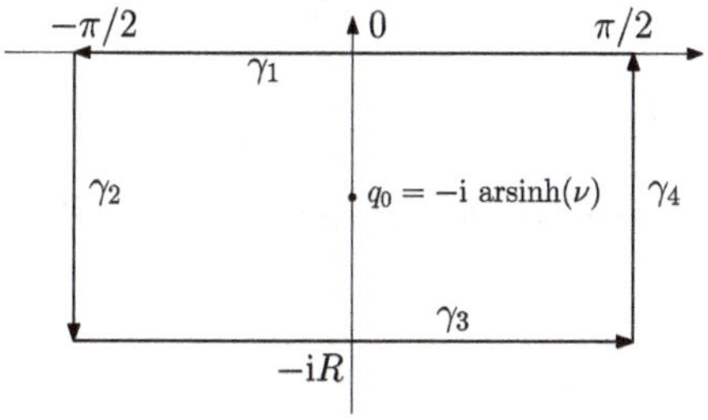

Abb. 1.28: Das Wegintegral über γ, dabei ist der Teilweg γ_1 der Weg in der Definition von C_ν. An der Stelle $q_0 = -\mathrm{i} \operatorname{arsinh} \nu$ existiert ein Pol erster Ordnung des Integranden von C_ν.

Wir berechnen dann das folgende Wegintegral:

$$\hat{C}_v(y) := \frac{1}{2\pi} \int_\gamma dq \frac{e^{-iqy}}{v^2 + \sin^2 q}.$$

Das eigentlich zu bestimmende Integral ist gegeben durch den Weg γ_1. Der Weg über γ_3 verschwindet, da der Integrand mit wachsendem R exponentiell schnell verschwindet. Aus diesem Grund ist der geschlossene Weg in die untere Halbebene gelegt worden.

Im nächsten Schritt rechnen wir mithilfe des Residuensatzes das Wegintegral über γ aus. Das Residuum befindet sich an der Stelle $q_0 = -\mathrm{i}\,\mathrm{arsinh}\, v$, $(\mathrm{i}\sin q_0 = v)$, somit ergibt sich:

$$\begin{aligned}\frac{1}{2\pi}\int_\gamma dq \frac{e^{-iqy}}{v^2+\sin^2 q} &= \mathrm{i}\,\mathrm{res}_{q_0} \frac{e^{-iqy}}{v^2+\sin^2 q} \\ &= \mathrm{i} \lim_{q\to q_0} (q-q_0) \frac{e^{-iqy}}{v^2+\sin^2 q} \\ &= \mathrm{i}\frac{e^{-y\,\mathrm{arsinh} v}}{2v} \frac{1}{-\mathrm{i}\cos q_0} = -\frac{e^{-y\,\mathrm{arsinh} v}}{2v\sqrt{1+v^2}}.\end{aligned}$$

Betrachten wir die Wegintegrale über γ_2 und γ_4. Die Wegparametrisierungen lauten: $\gamma_2(t) = -\pi/2 - \mathrm{i}t, t \in [0, R]$ und $\gamma_4(t) = +\pi/2 - \mathrm{i}t, t \in [R, 0]$, somit folgt

$$\begin{aligned}\int_{\gamma_2+\gamma_4} dq \frac{e^{-iqy}}{v^2+\sin^2 q} &= \int_0^R dt \frac{e^{-i\gamma_2(t)y}\gamma_2'(t)}{v^2+\sin^2 \gamma_2(t)} + \int_R^0 dt \frac{e^{-i\gamma_4(t)y}\gamma_4'(t)}{v^2+\sin^2\gamma_4(t)} \\ &= -i\int_0^R dt \left(\frac{e^{iy\pi/2}e^{-yt}}{v^2+(\cosh t)^2} - \frac{e^{-iy\pi/2}e^{-yt}}{v^2+(-\cosh t)^2}\right) \\ &= 2\sin(y\pi/2)\int_0^R dt \frac{e^{-yt}}{v^2+\cosh^2 t}.\end{aligned}$$

Im nächsten Schritt führen wir den Limes $R \to \infty$ durch und erhalten:

$$\frac{1}{2\pi}\int_{\gamma_2+\gamma_4} dq \frac{e^{-iqy}}{v^2+\sin^2 q} = \frac{\sin(y\pi/2)}{\pi}\int_0^\infty dt \frac{e^{-yt}}{v^2+\cosh^2 t}.$$

Wir sind an großen Abständen y interessiert, deswegen integrieren wir partiell:

$$\begin{aligned}\int_0^\infty dt \frac{e^{-yt}}{v^2+\cosh^2 t} &= -\frac{1}{y}\frac{e^{-yt}}{v^2+\cosh^2 t}\bigg|_0^\infty + \frac{1}{y}\int_0^\infty dt\, e^{-yt}\frac{d}{dt}\frac{e^{-yt}}{v^2+\cosh^2 t} \\ &= \frac{1}{y(1+v^2)} + O(1/y^2).\end{aligned}$$

Insgesamt ergibt sich somit das führende Verhalten unter Beachtung der verschiedenen Vorzeichen aller Wege:

$$C_v(y) = \frac{e^{-y\,\mathrm{arsinh}\, v}}{2v\sqrt{1+v^2}} + \frac{\mathrm{sinc}(\pi y/2)}{2(1+v^2)} + O(1/y^2).$$

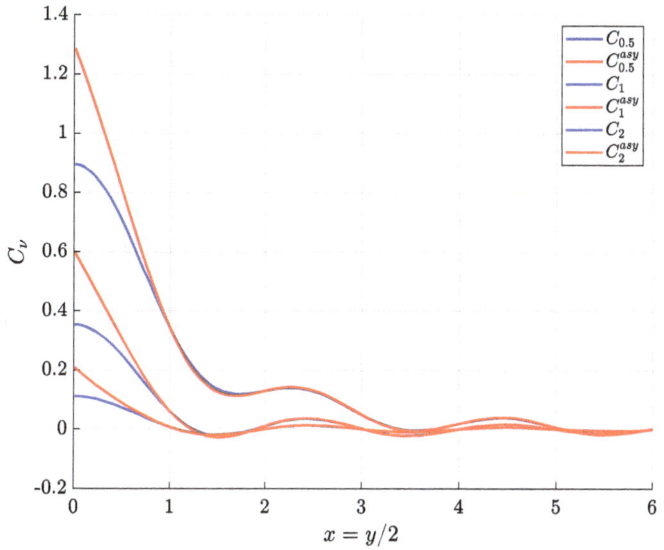

Abb. 1.29: Vergleich der exakten Kurven $C_\nu(y)$ und der bis zur Ordnung $\mathcal{O}(1/y^2)$ approximierten Funktion $C_\nu^{asy}(y)$ für $\nu = 0.5, 1, 2$.

Aus der Abb. 1.29 ist die Übereinstimmung des asymptotischen und exakten Ergebnisses für die gewählten Parameter ν schon bei einem Abstand $x \gtrsim 1$ sehr gut zu erkennen. ◇

Betrachten wir noch folgende allgemeine Aussage, die aus dem Residuensatz ableitbar ist.

Satz 1.18. *Es sei eine auf dem Gebiet $\mathbb{U}$ nicht konstante meromorphe Funktion f gegeben, die an den Stellen $p_1, p_2, \ldots$ Pole der Ordnung $m_1, m_2, \ldots$ besitzt. Des Weiteren sei $z_0 \in \mathbb{C}$ und es gelte $z_0 = f(z_i)$ für $i = 1, 2, \ldots$ mit Ordnung n_i der z_0-Stelle, dann gilt:*

$$\frac{1}{\mathrm{i}2\pi} \int_{\partial\mathbb{U}} \mathrm{d}z \, \frac{f'(z)}{f(z) - z_0} = \sum_i n_i - \sum_l m_l. \tag{1.54}$$

Beweis. Aus dem Residuensatz folgt zunächst

$$\frac{1}{\mathrm{i}2\pi} \int_{\partial\mathbb{U}} \mathrm{d}z \, \frac{f'(z)}{f(z) - z_0} = \sum_{z \in \mathbb{U}} \operatorname{res}_z \frac{f'(z)}{f(z) - z_0}.$$

Wir erhalten zwei Beiträge. Betrachten wir zunächst die z_0-Stellen von $f(z)$, dann gilt für alle diese Stellen z_i:

$$f(z_i) = z_0 + (z - z_i)^{n_i} + \mathcal{O}\big((z - z_i)^{n_i+1}\big),$$

und damit

$$\frac{f'(z_i)}{f(z_i) - z_0} = \frac{n_i}{z - z_i} + \mathcal{O}(1).$$

An den Polstellen $z = p_l$ von f gilt:

$$f(z) = \frac{a_l}{(z - p_l)^{m_l}} + \mathcal{O}(1/(z - p_l)^{m_l - 1}),$$

und damit

$$\frac{f'(p_l)}{f(p_l) - z_0} = \frac{-m_l a_l/(z - p_l)^{m_l+1} + \mathcal{O}(1/(z - p_l)^{m_l})}{a_l/(z - p_l)^{m_l} + \mathcal{O}(1/(z - p_l)^{m_l-1})} = -\frac{m_l}{z - p_l} + \mathcal{O}(1).$$

Verwenden wir die Rechenregeln für Residuen und summieren über alle z_0-Stellen und Pole von f, so folgt die Aussage. □

Für den Fall einer Nullstelle $z_0 = 0$ folgt daraus:

$$\frac{1}{i2\pi} \int_{\partial \mathbb{U}} dz \frac{f'(z)}{f(z)} = N - M,$$

wobei N und M die Anzahl der Null- und Polstellen sind, die mit ihrer Vielfachheit gezählt werden. Der Satz lässt sich noch vielfältig verallgemeinern und auch spezialisieren. Hier ergänzen wir eine Anwendung des Satzes.

Satz 1.19 (Rouche). *Es seien zwei auf einem Gebiet $\mathbb{U}$ holomorphe Funktionen f_1 und f_2 gegeben, mit endlich vielen Nullstellen innerhalb von $\mathbb{U}$. Für einen einfach geschlossenen in $\mathbb{U}$ nullhomologen Weg γ gelte:*

$$|f_1(z) - f_2(z)| < |f_2(z)|, \quad \forall z \in \operatorname{Sp} \gamma.$$

Dann haben die Funktionen f_1 und f_2 gleich viele Nullstellen im Inneren von γ.

Beweis. Wir betrachten die Funktion:

$$h_t(z) := f_2(z) + t[f_1(z) - f_2(z)], \quad t \in [0, 1],$$

die als Funktion der Variablen t stetig ist und als Funktion von z holomorph in $\mathbb{G}$ ist. Es gilt nach Voraussetzung die Abschätzung:

$$\begin{aligned} |h_t(z)| = |f_2(z) + t[f_1(z) - f_2(z)]| &\geq \big||f_2(z)| - t|f_1(z) - f_2(z)|\big| \\ &\geq |f_2(z)| - |f_1(z) - f_2(z)| > 0, \quad \forall z \in \operatorname{Sp} \gamma. \end{aligned}$$

Die Funktion $h_t(z)$ hat also keine Nullstellen auf $\operatorname{Sp} \gamma$, und wegen (1.54) gilt für die Anzahl von Nullstellen:

$$\sum_l n_l = \frac{1}{i2\pi} \int_{\partial \mathbb{U}} dz \frac{h_t'(z)}{h_t(z)}.$$

Die linke Seite ist eine ganze Zahl und muss stetig von t abhängen, also konstant sein. Da aber $h_0(z) = f_2(z)$ und $h_1(z) = f_1(z)$ ist, müssen f_2 und f_1 dieselbe Anzahl von Nullstellen haben. □

Beispiel 1.36. Gesucht sind die Anzahl der Nullstellen der Funktion

$$f_1(z) := 2z^4 - 5z + 2$$

innerhalb von κ_0^1. Um den Satz von Rouche anwenden zu können, benötigen wir ein geeignetes $f_2(z)$. Man beachte das $|z| = 1$, $\forall z \in \operatorname{Sp} \kappa_0^1$ ist. Betrachten wir deswegen $f_2(z) = -5z + 2$, dann gilt:

$$|f_1(z) - f_2(z)| = |2z^4| = 2 < 3 \leq |f_2(z)| = |5z - 2|, \quad \forall z \in \operatorname{Sp} \kappa_0^1.$$

Damit sind die Voraussetzungen des Satzes von Rouche erfüllt und die Funktionen $f_1(z) = 2z^4 - 5z + 2$ und $f_2(z) = -5z + 2$ haben gleich viele Nullstellen innerhalb von κ_0^1, also genau eine. (Die Nullstellen von $f_1(z)$ lauten: $-0.7971029778\ldots \pm i1.191412004\ldots$, $0.4114655208\ldots, 1.18274035\ldots$). ◇

1.5.3 Anwendungen des Residuensatzes*

In diesem Abschnitt diskutieren wir reelle Integrale, die mithilfe des Residuensatzes in eine geschlossene Form gebracht werden können. Die auftretenden Integrale mit Integrationsgrenzen im Unendlichen sind immer als uneigentliche Integrale zu verstehen, so wie sie in der Analysis definiert sind.

Lemma 1.26. *Es sei eine rationale Funktion $\mathbb{R}^2 \ni (x, y) \mapsto R(x, y) \in \mathbb{R}$ gegeben, die auf der Kreislinie $\kappa_0^1 = \partial\mathbb{U}_0^1$ endlich ist, dann gilt:*

$$\int_0^{2\pi} dt\, R(\cos(mt), \sin(nt)) = 2\pi \sum_{z_l \in \mathbb{U}_0^1} \operatorname{res}_{z_l} \frac{1}{z} R\left(\frac{z^m + z^{-m}}{2}, \frac{z^n - z^{-n}}{2i}\right).$$

Beweis. Wir setzen $\cos(mt) = (e^{imt} + e^{-imt})/2$ und $\sin(nt) = (e^{int} - e^{-int})/2i$ ein:

$$\begin{aligned}\int_0^{2\pi} dt\, R(\cos(mt), \sin(nt)) &= \int_0^{2\pi} dt\, R\left(\frac{e^{imt} + e^{-imt}}{2}, \frac{e^{int} - e^{-int}}{2i}\right) \\ &= \int_{\kappa_0^1} \frac{dz}{iz} R\left(\frac{z^m + z^{-m}}{2}, \frac{z^n - z^{-n}}{2i}\right) \\ &= 2\pi \sum_{z_l \in \mathbb{U}_0^1} \operatorname{res}_{z_l} \frac{1}{z} R\left(\frac{z^m + z^{-m}}{2}, \frac{z^n - z^{-n}}{2i}\right).\end{aligned}$$

Der letzte Schritt folgt aufgrund des Residuensatzes. □

Betrachten wir hierzu ein konkretes Beispiel als Aufgabe.

Es sei $p > 1$, zeige dass gilt:

$$\int_0^{2\pi} \mathrm{d}t \, \frac{\cos(2t)}{p + \sin(t)} = -2\pi \frac{\left(p - \sqrt{p^2 - 1}\right)^2}{\sqrt{p^2 - 1}}.$$

Lösung: Es gilt

$$\begin{aligned}
\int_0^{2\pi} \mathrm{d}t \, \frac{\cos(2t)}{p + \sin(t)} &= 2\pi \sum_{z_l \in \mathbb{U}_0^1} \mathrm{res}_{z_l} \frac{1}{z} \frac{z^2 + z^{-2}}{2} \frac{2\mathrm{i}}{\mathrm{i}2p + z - z^{-1}} \\
&= \mathrm{i}2\pi \sum_{z_l \in \mathbb{U}_0^1} \mathrm{res}_{z_l} \frac{z^4 + 1}{z^2(z^2 + \mathrm{i}2pz - 1)}.
\end{aligned}$$

In $z = 0$ gibt es einen Pol zweiter Ordnung, und in $z = z_\pm \equiv \mathrm{i}\left(-p \pm \sqrt{p^2 - 1}\right)$ je einen Pol erster Ordnung. Wir benötigen nur die Pole innerhalb der Region $|z| < 1$, also $z_0 = 0, z_+$:

$$\begin{aligned}
\mathrm{res}_0 \frac{z^4 + 1}{z^2(z^2 + \mathrm{i}2pz - 1)} &= \lim_{z \to 0} \partial_z \frac{z^4 + 1}{z^2 + \mathrm{i}2pz - 1} = -\mathrm{i}2p = z_+ + z_-, \\
\mathrm{res}_{z_+} \frac{z^4 + 1}{z^2(z^2 + \mathrm{i}2pz - 1)} &= \frac{z_+^4 + 1}{z_+^2(z_+ - z_-)}.
\end{aligned}$$

Verwenden wir $z_+ z_- = -1$ und $z_+ - z_- = \mathrm{i}2\sqrt{p^2 - 1}$ und fassen zusammen:

$$\begin{aligned}
\int_0^{2\pi} \mathrm{d}t \, \frac{\cos(2t)}{p + \sin(t)} &= \mathrm{i}2\pi \left(z_+ + z_- + \frac{z_+^4 + 1}{z_+^2(z_+ - z_-)} \right) = \mathrm{i}2\pi \left(\frac{2z_+^4}{z_+^2(z_+ - z_-)} \right) \\
&= \mathrm{i}2\pi \left(\frac{-2(p - \sqrt{p^2 - 1})^2}{\mathrm{i}2\sqrt{p^2 - 1}} \right) \\
&= -2\pi \frac{\left(p - \sqrt{p^2 - 1}\right)^2}{\sqrt{p^2 - 1}}.
\end{aligned}$$

◇

Lemma 1.27. *Es sei $f(z)$ eine in der oberen Hälfte $\mathbb{H}^+$ bis auf abzählbar viele isolierte Singularitäten holomorphe Funktion, die auf $\mathbb{R}$ keine isolierten Singularitäten besitzt. Des Weiteren genüge $f(z)$ der Abschätzung:*

$$|f(z)| \leq c\, R^{-1-\epsilon}, \quad \forall |z| > R \quad c, \epsilon > 0,$$

dann gilt:

$$\int_{-\infty}^{+\infty} \mathrm{d}t\, f(t) = \mathrm{i}2\pi \sum_{\Im z_l > 0} \mathrm{res}_{z_l} f(z).$$

Beweis. Für eine gegebene rationale Funktion existiert ein R, sodass alle Pole in der oberen Halbebene im Halbkreis $\breve{\kappa}_0^R$ liegen. Deswegen gilt für den geschlossenen Weg $\gamma = \hat{\gamma}_{-RR} + \breve{\kappa}_0^R$:

$$\mathrm{i}2\pi \sum_{z_l>0} \mathrm{res}_{z_l} f(z) = \int_\gamma \mathrm{d}z f(z) = \int_{-R}^{R} \mathrm{d}z f(z) + \int_{\breve{\kappa}_0^R} \mathrm{d}z f(z).$$

Betrachten wir das Wegintegral über den oberen Halbkreis. Da für hinreichend große R, aufgrund der Relation zwischen Zähler- und Nennergrad, die Abschätzung $|f(z)| \leq cR^{-(1+\epsilon)}$ mit einer Konstanten $c > 0$ gilt, folgt insgesamt:

$$\left|\int_{\breve{\kappa}_0^R} \mathrm{d}z f(z)\right| \leq \int_{\breve{\kappa}_0^R} \mathrm{d}z\, |f(z)| \leq \frac{c}{R^{1+\epsilon}} \underbrace{L[\breve{\kappa}_0^R]}_{=\pi R} \overset{R\to\infty}{\longrightarrow} 0.$$

Setzen wir alles zusammen, so folgt im Limes $R \to \infty$ die Behauptung. □

Das über die reelle Achse erstreckte Integral über die Lorentz Glockenkurve $l_a(t)$ ist ein Beispiel für diesen Satz.

Beispiel 1.37. Die Lorentz Glockenkurve ist definiert als

$$l_a(t) := \frac{1}{\pi}\frac{a}{a^2 + t^2}, \qquad a > 0.$$

Für das Integral von $l_a(t)$ über die reelle Achse ergibt sich:

$$\int_{-\infty}^{+\infty} \mathrm{d}t\, l_a(t) = \frac{a}{\pi}\int_{-\infty}^{+\infty} \mathrm{d}t \frac{1}{(t+\mathrm{i}a)(t-\mathrm{i}a)} = a2\mathrm{i}\, \mathrm{res}_{\mathrm{i}a} \frac{1}{(t+\mathrm{i}a)(t-\mathrm{i}a)} = 1.$$ ◇

In der Physik wird die Funktion auch als Lorentz-Kurve oder Lorentz-Verteilung bezeichnet. In der Mathematik spricht man von der Cauchy-Verteilung.

Lemma 1.28 (Fourierintegral). *Es sei f eine bis auf endlich viele isolierte Punkte, von denen keiner reell ist, holomorph in $\mathbb{C}$. Zusätzlich gelte $\lim_{|z|\to\infty} f(z) = 0$, dann gilt:*

$$\int_{-\infty}^{+\infty} \mathrm{d}t f(t)\mathrm{e}^{\mathrm{i}tk} = \mathrm{i}2\pi \sum_{\Im z_l>0} \mathrm{res}_{z_l}[f(z)\mathrm{e}^{\mathrm{i}kz}], \quad k > 0.$$

Beweis. In der oberen Halbebene gilt $\Re(ikz) = -ky < 0$. Deswegen schließen wir die Integration über die obere Halbebene. Wir verwenden das geschlossene Wegintegral, wie im Beweis des Gauß-Integrals, wobei γ so gewählt wird, dass alle isolierten Punkte vom Weg $\gamma = \sum_{i=1}^4 \gamma_i$ eingeschlossen werden. Wenn im Limes $r', r \to \infty$ die Wegintegrale über γ_2, γ_3 und γ_4 verschwinden, folgt die Behauptung aus dem Residuensatz. Betrachten wir also diese Wegintegrale und beginnen mit dem oberen Weg $[0,1] \ni t \mapsto \gamma_3(t) = \mathrm{i}y + r - t(r' + r)$ und schätzen ab:

$$\begin{aligned}\left|\int\limits_{\gamma_3} \mathrm{d}z\, \mathrm{e}^{\mathrm{i}kz} f(z)\right| &\leq (r+r')\left|\int\limits_0^1 \mathrm{d}t\, \mathrm{e}^{-ky}\mathrm{e}^{-\mathrm{i}kt(r+r')} f(\gamma_3(t))\right| \\ &\leq (r+r')\mathrm{e}^{-ky} \max_{z\in\gamma_3} |f(z)| \left|\int\limits_0^1 \mathrm{d}t\, \mathrm{e}^{-\mathrm{i}kt(r+r')}\right| \\ &\leq (r+r')\mathrm{e}^{-ky} \max_{z\in\gamma_3} |f(z)| \frac{2}{r+r'} \\ &\leq 2\mathrm{e}^{-ky} \max_{z\in\gamma_3} |f(z)| \overset{y\to\infty}{\longrightarrow} 0.\end{aligned}$$

Auf dem Weg $[0,1] \ni t \mapsto \gamma_2(t) = r + \mathrm{i}ty$ gilt:

$$\begin{aligned}\left|\int\limits_{\gamma_2} \mathrm{d}z\, \mathrm{e}^{\mathrm{i}kz} f(z)\right| &\leq y \max_{z\in\gamma_2} |f(z)| \int\limits_0^1 \mathrm{d}t\, \mathrm{e}^{-kyt} \\ &\leq y \max_{z\in\gamma_2} |f(z)| \frac{1-\mathrm{e}^{-ky}}{ky} \\ &\leq \max_{z\in\gamma_2} |f(z)| \frac{1-\mathrm{e}^{-ky}}{k} \overset{|z|\to\infty}{\longrightarrow} 0.\end{aligned}$$

Analog schätzt man das letzte Teilstück über den Weg γ_4 ab. □

Für den Fall $k < 0$ betrachtet man die untere Halbebene, bei der dann der Umlaufsinn umgekehrt ist und somit ein zusätzliches Vorzeichen generiert. Schauen wir uns Beispiele an.

Beispiel 1.38. Sei $b > 0$ und $k > 0$, dann gilt:

(i) $$\int\limits_{-\infty}^{+\infty} \mathrm{d}t\, \frac{\mathrm{e}^{\mathrm{i}tk}}{t - \mathrm{i}b} = \mathrm{i}2\pi\, \mathrm{res}_{z=\mathrm{i}b} \frac{\mathrm{e}^{\mathrm{i}zk}}{z - \mathrm{i}b} = \mathrm{i}2\pi \mathrm{e}^{-kb},$$

(ii) $$\int\limits_{-\infty}^{+\infty} \mathrm{d}t\, \frac{\mathrm{e}^{\mathrm{i}tk}}{t + \mathrm{i}b} = 0.$$ ◇

Eine unmittelbare Folgerung ergibt sich, falls $f(t) \in \mathbb{R}, \forall t \in \mathbb{R}$, dann gilt für $k > 0$:

$$\int\limits_{-\infty}^{+\infty} \mathrm{d}t\, f(t) \cos(tk) = -2\pi\, \Im \sum_{\Im z_l > 0} \mathrm{res}_{z_l} [f(z)\mathrm{e}^{\mathrm{i}kz}], \tag{1.55a}$$

$$\int_{-\infty}^{+\infty} \mathrm{d}t\, f(t)\sin(tk) = +2\pi\,\Re \sum_{\Im z_l<0} \operatorname{res}_{z_l}\left[f(z)\mathrm{e}^{ikz}\right]. \tag{1.55b}$$

Lemma 1.29. *Es sei z_0 ein einfacher Pol der ansonsten holomorphen Funktion f, so gilt für die Halbkreislinie: $[0,\pi] \ni t \mapsto \breve{\kappa}_{z_0}^r(t) = z_0 + r\mathrm{e}^{\mathrm{i}t} \in \mathbb{C}$:*

$$\lim_{r\to 0} \int_{\breve{\kappa}_{z_0}^r} \mathrm{d}z\, f(z) = \mathrm{i}\pi \operatorname{res}_{z_0} f(z).$$

Beweis. Da $f(z)$ in z_0 einen einfachen Pol besitzt und sonst holomorph ist, existiert in der Nähe von z_0 eine Darstellung der Form $f(z) = a_{-1}/(z-z_0) + \Delta(z)$, mit einer holomorphen Funktion $\Delta(z)$, so dass folgt:

$$\int_{\breve{\kappa}_{z_0}^r} \mathrm{d}z\, f(z) = a_{-1} \int_{\breve{\kappa}_{z_0}^r} \mathrm{d}z\, \frac{1}{z-z_0} + \int_{\breve{\kappa}_{z_0}^r} \mathrm{d}z\, \Delta(z) = a_{-1}\mathrm{i}\pi + \underbrace{\int_0^\pi \mathrm{d}t\, \Delta(\kappa_{z_0}^r)}_{\overset{r\to 0}{\to} 0}.$$

Im Limes $r \to 0$ folgt damit die Behauptung. □

Diese Eigenschaft wird häufig genutzt, um Singularitäten auf Integrationswegen zu umgehen. Im folgenden Lemma wird damit das Fourierintegral erweitert.

Lemma 1.30. *Es sei $f(z)$ eine rationale Funktion, die auf $\mathbb{R}$ keine Pole hat und der Grad des Nenners sei größer als der des Zählers. Des Weiteren habe f in $t_0 \in \mathbb{R}$ einen einfachen Pol, dann gilt:*

$$\frac{1}{\mathrm{i}2\pi} \lim_{\epsilon\to 0}\left(\int_{-\infty}^{t_0-\epsilon} + \int_{t_0+\epsilon}^{+\infty}\right)\mathrm{d}t\, f(t)\mathrm{e}^{ikt} = \sum_{\Im z_l>0} \operatorname{res}_{z_l} f(z)\mathrm{e}^{ikz} + \frac{1}{2}\operatorname{res}_{t_0} f(z)\mathrm{e}^{ikz},$$

für alle $k > 0$.

Beweis. Betrachte den Integrationsweg γ aus Abbildung 1.30.

Dann ergibt sich als direkte Folgerung aus Lemma 1.27 und 1.29 in den Limits $r \to 0$, $R \to \infty$ und $y \to \infty$, die Behauptung. □

Schauen wir uns ein Beispiel die sinc-Funktion an:

Beispiel 1.39.

$$\int_{-\infty}^{+\infty} \mathrm{d}t\ \operatorname{sinc}(t) = \lim_{\epsilon\to 0} \Im\left(\int_{-\infty}^{-\epsilon} + \int_{+\epsilon}^{+\infty}\right)\mathrm{d}t\, \frac{\mathrm{e}^{\mathrm{i}t}}{t} = \Im\left(\mathrm{i}\pi \operatorname{res}_{z=0} \frac{\mathrm{e}^{\mathrm{i}z}}{z}\right) = \pi.$$ ◇

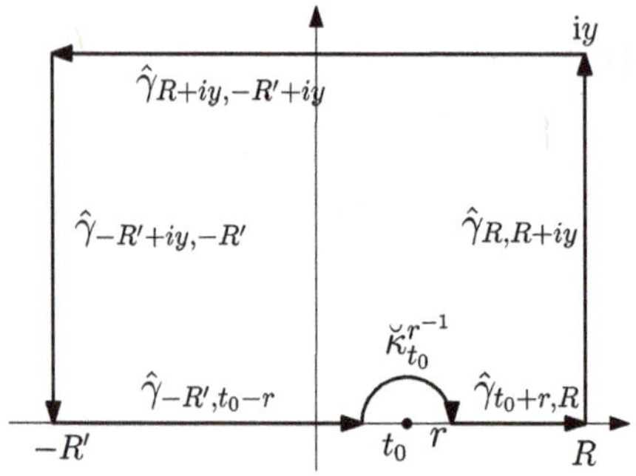

Abb. 1.30: Zusammengesetzter Integrationsweg $\gamma = \hat{\gamma}_{-R',t_0-r} + \breve{\kappa}_{t_0}^{r^{-1}} + \hat{\gamma}_{t_0+r,R} + \hat{\gamma}_{R,R+iy} + \hat{\gamma}_{R+iy,-R'+iy} + \hat{\gamma}_{-R'+iy,-R'}$.

Lemma 1.31. *Es sei $f(z)$ eine rationale Funktion, die auf $]0,\infty[$ keine Pole hat und in $z = 0$ holomorph ist oder einen einfachen Pol besitzt. Der Grad des Nenners sei um zwei größer als der des Zählers, dann gilt:*

$$\int_0^\infty \mathrm{d}t\, t^\alpha f(t) = \frac{-\pi}{\sin(\alpha\pi)} \sum_{z_l \neq 0} \mathrm{res}_{z_l}(-z)^\alpha f(z), \qquad 0 < \alpha < 1.$$

Beweis. Wir betrachten den geschlossenen Weg γ aus Abbildung 1.31 und werden die Limits $\epsilon, r \to 0$ und $R \to \infty$ durchführen.

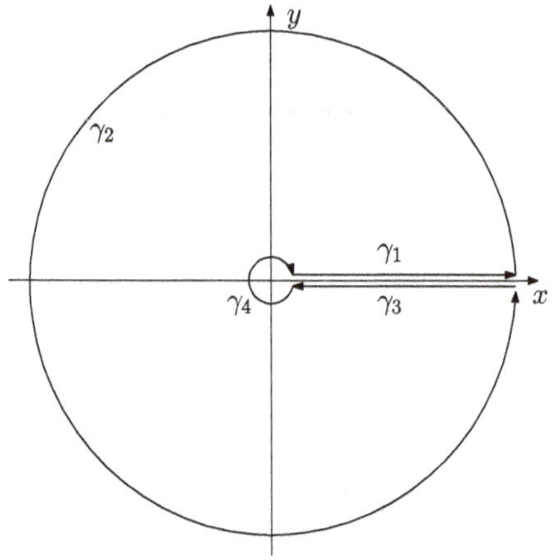

Abb. 1.31: Der Weg $\gamma = \sum_i \gamma_i$ zusammengesetzt aus den Geraden γ_1 und γ_3, die einen Abstand von $\pm\epsilon$ von der reellen x-Achse und die Länge $R - r$ haben. Der kleine Teilkreis γ_4 ist um 0 zentriert mit Radius r. Der große Teilkreis γ_2 ist ebenfalls um 0 zentriert und hat den Radius R. Beide Teilkreise schließen an die Geraden an.

Im Limes $\epsilon \to 0$ gehen die kleinen und großen Teilkreise in Kreise mit Mittelpunkt im Ursprung über: $\gamma_4 \to \kappa_0^{r^{-1}}$ und $\gamma_2 \to \kappa_0^R$ und die Wege $\gamma_{1,2}$ gehen von oben und unten gegen die positive reelle Achse. Wir wählen r und R so, dass alle Pole der Funktion f umschlossen werden, deswegen ergibt sich mithilfe des Residuensatzes:

$$\int_\gamma \mathrm{d}z\, z^\alpha f(z) = \mathrm{i}2\pi \sum_{z_l \neq 0} \operatorname{res}_{z_l} z^\alpha f(z). \tag{1.56}$$

Betrachten wir zunächst die Wege über die beiden Kreise und beachten, dass in der Nähe des Ursprungs gilt: $|f(z)| \leq c\,|z|^{-1}, c > 0$, woraus folgt:

$$\left|\int_{\kappa_0^r} \mathrm{d}z\, z^\alpha f(z)\right| \leq c \int_{\kappa_0^r} \mathrm{d}z\, |z^{\alpha-1}| \leq c2\pi r \cdot r^{\alpha-1} \overset{r\to 0}{\longrightarrow} 0.$$

Für den großen Kreis gilt wegen der Gradbedingung die Abschätzung:

$$\left|\int_{\kappa_0^R} \mathrm{d}z\, z^\alpha f(z)\right| \overset{|f(z)|\leq C|z|^{-2}}{\leq} C \int_{\kappa_0^R} \mathrm{d}z\, |z^{\alpha-2}| \leq C2\pi R \cdot R^{\alpha-2} \overset{R\to\infty}{\longrightarrow} 0.$$

Daraus folgt insgesamt, dass im Limes $\epsilon, r \to 0$ und $R \to \infty$ die Wegintegrale über κ_0^r und κ_0^R verschwinden. Es bleiben die Wegintegrale über die Strecken $[0,1] \ni t \mapsto \gamma_1(t) \equiv \hat{\gamma}_{rR}^+(t) := r + \mathrm{i}\epsilon + t(R-r)$ und $[0,1] \ni t \mapsto \gamma_3(t) \equiv \hat{\gamma}_{rR}^-(t) := R - \mathrm{i}\epsilon - t(R-r)$ zu betrachten. Bei der Funktion z^α müssen wir darauf achten den richtigen Zweig zu wählen, es gilt:

$$z^\alpha = (x + \mathrm{i}y)^\alpha = \mathrm{e}^{\alpha \ln|z|} \mathrm{e}^{\alpha \mathrm{i} \arg z}.$$

Daraus folgt dann im Limes:

$$\lim_{y\to 0^\pm} z^\alpha = x^\alpha \mathrm{e}^{\mathrm{i}\alpha\pi(1\mp 1)}.$$

Deswegen gilt für die Wegintegrale:

$$\lim_{\epsilon\to 0} \int_{\hat{\gamma}_{rR}^\pm} \mathrm{d}z\, z^\alpha f(z) = \int_{\hat{\gamma}_{rR}^\pm} \mathrm{d}x\, (x\mathrm{e}^{\mathrm{i}(1\mp 1)\pi})^\alpha f(x) = \pm \mathrm{e}^{\mathrm{i}\alpha\pi(1\mp 1)} \int_r^R \mathrm{d}x\, x^\alpha f(x).$$

Insgesamt folgt für die Wege γ_1 und γ_3:

$$\lim_{r\to 0} \lim_{R\to\infty} \lim_{\epsilon\to 0} \int_{\gamma_1+\gamma_3} \mathrm{d}z f(z) = (1 - \mathrm{e}^{\mathrm{i}2\pi\alpha}) \int_0^\infty \mathrm{d}x\, x^\alpha f(x).$$

Alle Wegintegrale zusammen mit Gl. (1.56) ergeben:

$$\begin{aligned}\int_0^\infty \mathrm{d}t\, t^\alpha f(t) &= \frac{\mathrm{i}2\pi}{1 - \mathrm{e}^{\mathrm{i}2\pi\alpha}} \sum_{z_l\neq 0} \operatorname{res}_{z_l} z^\alpha f(z) \\ &= \frac{-\pi}{\sin(\alpha\pi)} \sum_{z_l\neq 0} \operatorname{res}_{z_l} (-z)^\alpha f(z).\end{aligned}$$

□

Schauen wir uns dazu explizit das folgende Beispiel an.

Beispiel 1.40. Sei $0 < \alpha < 1$:

$$\int_0^\infty dt \, \frac{t^{\alpha-1}}{1+t} = \frac{-\pi}{\sin(\alpha\pi)} \operatorname{res}_{-1} \frac{(-z)^\alpha}{z(z+1)} = \frac{\pi}{\sin(\pi\alpha)}. \tag{1.57}$$

Die Integral-Transformation einer Funktion $f : \mathbb{R}^+ \to \mathbb{R}$, definiert durch

$$M[f](z) := \int_0^\infty dt \, f(t) t^{z-1}, \quad z \in \mathbb{C},$$

nennt man die **Melin-Transformation**, sofern das Integral existiert (Siehe hierzu [24]).

Betrachten wir den Grenzfall $\alpha \to 0$ des Lemmas (1.31) und ersetzen t^α durch den Logarithmus $\ln t$. Die detaillierte Diskussion des Logarithmus folgt in Abschnitt 2.1.

Lemma 1.32. *Es sei $f(z)$ eine rationale Funktion, die auf $[0, \infty[$ keine Pole hat. Der Grad des Nenners sei um zwei größer als der des Zählers, dann gilt:*

$$\int_0^\infty dt \, f(t) = -\sum_{z_l \neq 0} \operatorname{res}_{z_l} \ln(z) f(z).$$

Beweis. Der Beweis geht analog zum Beweis des Lemmas (1.31), die Wege sind dieselben. Da die Funktion $f(z)$ nun keinen Pol in $z = 0$ besitzen darf, ist sie um $z = 0$ beschränkt und es gilt dort die Abschätzung: $|f(z)| \leq c, c > 0$, damit schätzt man wiederum ab:

$$\left| \int_{K_0^r} dz \, \ln(z) f(z) \right| \overset{|f(z)| \leq c}{\leq} c \int_{K_0^r} dz \, |\ln(z)| \leq \hat{c} 2\pi r |\ln r| \overset{r \to 0}{\longrightarrow} 0.$$

Für den großen Kreis gilt aufgrund der Gradbedingung die Abschätzung:

$$\left| \int_{K_0^R} dz \, \ln(z) f(z) \right| \overset{|f(z)| \leq C|z|^{-2}}{\leq} C \int_{K_0^R} dz \, |\ln(z) z^{-2}| \leq \hat{C} \cdot 2\pi R \ln(R) \cdot R^{-2} \overset{R \to \infty}{\longrightarrow} 0.$$

Es bleiben die Wege über γ_1 und γ_3 zu berechnen, die analog behandelt werden, indem wir die Zweige des Logarithmus richtig wählen:

$$\ln z = \ln(x + iy) \Rightarrow \lim_{y \to 0^\pm} \ln(x + iy) = \ln x + \begin{cases} 0 & : +, \\ i2\pi & : -. \end{cases}$$

Deswegen gilt für die Wegintegrale über γ_1, γ_3:

$$\lim_{\epsilon\to 0} \int_{\hat{\gamma}_{rR}^{+}} \mathrm{d}z\, \ln(z) f(z) = + \int_r^R \mathrm{d}x\, \ln(x) f(x),$$

$$\lim_{\epsilon\to 0} \int_{\hat{\gamma}_{rR}^{-}} \mathrm{d}z\, \ln(z) f(z) = - \int_r^R \mathrm{d}x\, (\ln(x) + \mathrm{i}2\pi) f(x).$$

Damit folgt insgesamt im Limes $r \to 0, R \to \infty, \epsilon \to 0$:

$$\begin{aligned} \mathrm{i}2\pi \sum_{z_l \neq 0} \mathrm{res}_{z_l} \ln(z) f(z) &= \int_\gamma \mathrm{d}z\, \ln(z) f(z) = \int_{\gamma_1+\gamma_3} \mathrm{d}z\, \ln(z) f(z) \\ &= - \int_0^\infty \mathrm{d}x\, \mathrm{i}2\pi f(x). \end{aligned}$$

□

Auch hier betrachten wir ein Beispiel:

Beispiel 1.41.

$$\int_0^\infty \mathrm{d}x\, \frac{1}{1+x^3} = - \sum_{z_l \neq 0} \mathrm{res}_{z_l} \frac{\ln(z)}{1+z^3}$$

Die Polstellen lauten: $z_1 = -1$ und $z_\pm = (1 \pm \mathrm{i}\sqrt{3})/2$, somit folgt:

$$\begin{aligned} \int_0^\infty \mathrm{d}x\, \frac{1}{1+x^3} &= - \sum_{z=z_1,z_\pm} \mathrm{res}_z \frac{\ln(z)}{1+z^3} \\ &= \frac{-\ln(z)}{(z-z_+)(z-z_-)}\bigg|_{z=-1} + \frac{-\ln(z)}{(z+1)(z-z_+)}\bigg|_{z=z_-} + \frac{-\ln(z)}{(z+1)(z-z_-)}\bigg|_{z=z_+} \\ &= \frac{-\mathrm{i}\pi}{(1+z_+)(1+z_-)} - \frac{\mathrm{i}5\pi/3}{(z_-+1)(z_--z_+)} - \frac{\mathrm{i}\pi/3}{(z_++1)(z_+-z_-)} \\ &= -\mathrm{i}\pi\left(\frac{1}{3} + \frac{-5/3}{(3-\mathrm{i}\sqrt{3})/2\mathrm{i}\sqrt{3}} + \frac{1/3}{(3+\mathrm{i}\sqrt{3})/2\mathrm{i}\sqrt{3}}\right) \\ &= \frac{2\pi}{3\sqrt{3}}. \end{aligned}$$

◇

Eine Folgerung, die wir ohne Beweis angeben, ist die folgende Aussage:

Lemma 1.33. *Es sei $f(z)$ eine rationale Funktion, die auf $[0,\infty[$ keine Pole hat. Der Grad des Nenners sei um zwei größer als der des Zählers, dann gilt:*

$$\int_0^\infty dt\, \ln(t) f(t) = -\frac{1}{2} \Re \sum_{z_l} \operatorname{res}_{z_l} \ln^2(z) f(z).$$

Aufgaben

1. Gegeben sei $z, z' \in \mathbb{C}$, bestimme Real- und Imaginärteile, sowie den Betrag von:

$$\text{(i)} \quad (z + z')^2, \quad \text{(ii)} \quad z/z', \quad \text{(iii)} \quad 1/(z + z'),$$

und achte auf die Definitionsbereiche.

2. Sei $z = x + \mathrm{i}y$, bestimme Real- und Imaginärteile, sowie den Betrag von:

$$]0, \pi/2] \times [0, 1] \ni (x, y) = z \mapsto f(z) := \frac{1}{\sin z},$$
$$[0, \pi/2[\times [0, 1] \ni (x, y) = z \mapsto f(z) := \tan z = \frac{\sin z}{\cos z},$$

und stelle diese grafisch in einem 3d-Plot dar.

3. Sei $z_1 = 1 - \mathrm{i}, z_2 = 1 + 2\mathrm{i}$. Stelle $z_1 \pm z_2$ in Polarkoordinaten dar, berechne den Winkel $\angle(z_1, z_2)$ und veranschauliche dies in der $\mathbb{C}$-Ebene.
4. Zeige, für $n \in \mathbb{N}$ hat die Gleichung $z^n = 1$ die n Lösungen:

$$(\zeta_n)^0 = 1, \quad (\zeta_n)^1 = \zeta_n, \quad (\zeta_n)^2, \quad \ldots \quad (\zeta_n)^{n-1},$$

und gib diese in Polarkoordinaten an.

5. Zeige mithilfe der Reihendarstellung der Exponentialfunktion

$$|\exp z - 1| \leq 2|z|, \quad \text{für } |z| \leq 1/2.$$

6. Zeige die Gültigkeit der Wirtinger-Ableitungen in Lemma 1.3
7. Zeige explizit

$$\lim_{z \to z_0} \frac{z^n - z_0^n}{z - z_0} = n z_0^{n-1}.$$

8. Zeige für eine holomorphe Funktion $f(z) = f(x, y) = g(x, y) + \mathrm{i}h(x, y)$ gilt:

$$|\mathbf{J}(f)|_{x_0, y_0} = \det \left| \frac{\partial(g, h)}{\partial(x, y)} \right|_{x_0, y_0} = |f'(z_0)|^2.$$

9. Bestimme eine analytische Funktionen $f = g + \mathrm{i}h$, die durch die folgenden Realteile gegeben sind:

$$\text{(i)} \quad g(x, y) = x - xy, \quad \text{(ii)} \quad g(x, y) = \frac{y}{x^2 + y^2}.$$

10. Betrachte die Funktion $f(z) = \ln(z)$ in Polarkoordinaten $z = re^{\mathrm{i}\varphi}$ und gib die Niveaulinien konstantem Real- und Imaginärteil an und überprüfe, dass diese sich orthogonal schneiden.
11. Bestimme die Äquipotential- und Stromlinien der komplexen Potentiale:

$$f(z) := re^{\mathrm{i}\varphi}z, \quad r > 0, \varphi > 0,$$
$$f(z) := k\ln(z - z_0)z, \quad k > 0.$$

12. Es sei ein Weg $\gamma_{ab} : [a,b] \to \mathbb{U}$ gegeben mit $z_a = \gamma_{ab}(a)$ und $z_b = \gamma_{ab}(b)$ und holomorphe Funktion $f, g : \mathbb{U} \to \mathbb{C}$, zeige dass gilt:

$$\int_{\gamma_{ab}} \mathrm{d}z f'(z)g(z) = f(z_b)g(z_b) - f(z_a)g(z_a) - \int_{\gamma_{ab}} \mathrm{d}z f(z)g'(z).$$

13. Bestimme das Residuum an der Stelle $z_0 = 0$ der folgenden Funktionen:

$$\text{(i)} \quad \frac{e^z}{\sin z}, \quad \text{(ii)} \quad \frac{\sin z}{z^3}, \quad \text{(iii)} \quad \frac{\ln z}{z^2}.$$

14. Berechne das Wegintegrale über den Weg γ aus Beispiel 1.21 für die Funktion $f(z) = z$.
15. Bestimme die Konvergenzradien der beiden Funktionen:

$$f(z) := \sum_{n=0}^{\infty} \frac{z^n}{2^{n+1}}, \quad g(z) := \sum_{n=0}^{\infty} \frac{(z-\mathrm{i})^n}{(2-\mathrm{i})^{n+1}},$$

und zeige, dass $g(z)$ eine analytische Fortsetzung von $f(z)$ ist.
16. Zeige die Reihendarstellungen

$$\pi\cot(\pi z) = \frac{1}{z} + \sum_{n\neq 0}\left(\frac{1}{z-n} + \frac{1}{n}\right),$$
$$\left(\frac{\pi}{\sin(\pi z)}\right)^2 = \frac{1}{z} + \sum_{n=-\infty}^{\infty} \frac{1}{(z-n)^2}.$$

17. Berechne das Wegintegral

$$I_\gamma := \int_\gamma \mathrm{d}z \frac{e^{-z^2}}{z}$$

über die Ellipse $\gamma := \{(x,y) \in \mathbb{R}^2 : x^2/a^2 + y^2/b^2 = 1, a, b > 0\}$.
18. Zeige die Integrale

$$\int_0^\infty \frac{\mathrm{d}x}{1+x^n} = \frac{\pi/n}{\sin(\pi/n)}, \quad n = 2, 3, \ldots,$$

$$\int_{-\infty}^{+\infty} \frac{dx\,\cos(x)}{x^2 + a^2} = \frac{\pi}{a} e^{-a}, \qquad a > 0.$$

19. Berechne das Wegintegral

$$I(a) = \int_{a-i\infty}^{a+i\infty} dz \frac{b^z}{z} := \lim_{R\to\infty} \int_{a-iR}^{a+iR} dz \frac{b^z}{z}, \qquad a, b > 0.$$

20. Berechne die Integrale

$$\int_0^\infty dx\, \frac{\ln(x)}{(1+x^2)^2} = -\frac{\pi}{4},$$

$$\int_0^\infty dx\, \frac{\ln(x)^2}{1+x^2} = \frac{\pi^3}{8}.$$

2 Spezielle Funktionen

In diesem Kapitel diskutieren wir beispielhaft einige Funktionen der komplexen Analysis. Die Darstellung ist dabei exemplarisch zu verstehen und beschränkt sich auf elementare, aber wichtige Funktionen der Physik. Die Ausführungen hier sollen lediglich einen kleinen Einblick in die Diskussion um Funktionen der Mathematik und Physik geben. An dieser Stelle sei ausdrücklich auf das Nachschlagewerk *Handbook of Mathematical Functions* [25] hingewiesen. Die hier verwendete Notation orientiert sich an diesem Werk. Ausführliche Diskussionen über spezielle mathematische Funktionen und deren Anwendungen finden sich in dem Lehrbuch *Special Functions* [26].

2.1 Logarithmusfunktion

Dem Logarithmus von komplexen Zahlen sind wir schon im Kapitel 1 an verschiedenen Stellen begegnet. Hier wollen wir seine Eigenschaften genauer diskutieren und mithilfe des Logarithmus weitere elementare Funktionen konstruieren.

Wir nennen $w \in \mathbb{C}$ den Logarithmus von $z \in \mathbb{C}^\times$, wenn gilt $\mathrm{e}^w = z$. Aufgrund der Periodizität der Exponentialfunktion ist damit klar, dass z unendlich viele Logarithmen besitzt. Schauen wir uns nun Logarithmusfunktionen an, anhand derer einige wichtige Aspekte komplexer Funktionen verdeutlicht werden sollen.

Definition 2.1 (Logarithmusfunktion). Eine auf einem Gebiet $\mathbb{G} \subset \mathbb{C}^\times$ stetige Funktion $\mathrm{Ln} : \mathbb{G} \to \mathbb{C}$ mit der Eigenschaft

$$\exp(\mathrm{Ln}\, z) = z = |z| \exp(\mathrm{i} \arg z), \quad \forall z \in \mathbb{G}, \tag{2.1}$$

nennen wir einen **Zweig des Logarithmus** auf $\mathbb{G}$. Den Zweig für den gilt:

$$\ln |z| = \Re\, \mathrm{Ln}\, z, \quad -\pi < \arg z \leq \pi,$$

nennen wir den **Hauptzweig**, für den wir dann auch $\ln z$ schreiben.[1] ∎

Der Hauptzweig ln ist die aus der reellen Analysis bekannte Logarithmusfunktion, so dass sich die Darstellung ergibt:

$$\ln z = \ln |z| + \mathrm{i} \arg z.$$

Schauen wir uns eine Reihe von elementaren Eigenschaften an. Es gilt $\ln 1 = 0$, dies ist der einzige Punkt in der komplexen Ebene in der die Logarithmusfunktion verschwindet. Für negative reelle Zahlen $z = -x$, $x > 0$ gilt:

1 Wir verwenden hier die Notation aus [27].

https://doi.org/10.1515/9783111059228-002

$$\ln z = \ln(-x) = \ln(x\mathrm{e}^{\mathrm{i}\pi}) = \ln x + \mathrm{i}\pi.$$

Insbesondere gilt:

$$\ln(-1 \pm \mathrm{i}0) := \lim_{\varphi \to 0+} \ln(-1 \pm \mathrm{i}\varphi) = \lim_{\varphi \to 0+} \ln\left(\sqrt{1+\varphi^2}\,\mathrm{e}^{\mathrm{i}(\pm\pi + \arctan\varphi)}\right) = \pm\mathrm{i}\pi = \pi\mathrm{e}^{\pm\mathrm{i}\pi/2},$$

und

$$\ln(\pm\mathrm{i}) = \ln(\mathrm{e}^{\pm\mathrm{i}\pi/2}) = \pm\mathrm{i}\frac{\pi}{2} = \frac{\pi}{2}\mathrm{e}^{\pm\mathrm{i}\pi/2}.$$

Der Hauptzweig der Logarithmusfunktion ist in Abbildung 2.1 als Phasenplot dargestellt, in dem auch die oben diskutierten speziellen Punkte $z = -1 \pm \mathrm{i}0, \pm\mathrm{i}$ als kleine schwarze Punkte auf der Fläche $|\ln(z)|$ markiert sind.

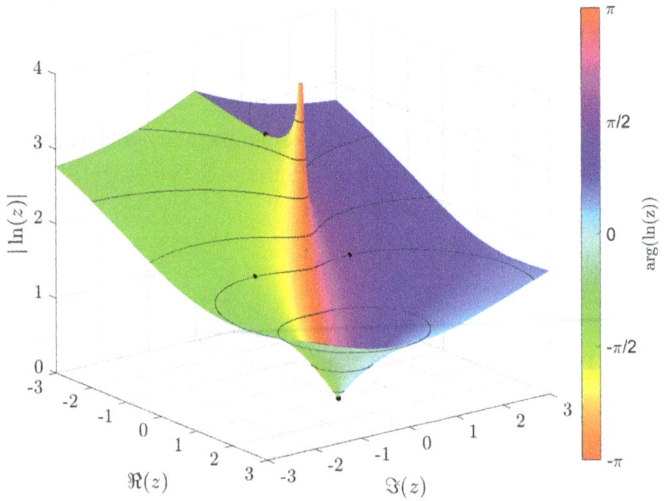

Abb. 2.1: Phasenplot der Logarithmusfunktion $\ln z$. Mit kleinen schwarzen Punkten sind die Punkte $z = 1, -1 \pm \mathrm{i}0, \pm\mathrm{i}$ auf der Fläche $|\ln(z)|$ markiert. Die Höhenlinie sind von unten nach oben gegeben durch: $|\ln(z)| = 0.1, 0.5, 1, \pi/2, 2, 2.5, 3$.

Die Exponentialfunktion ist die Umkehrfunktion der Logarithmusfunktion und zu jeder Logarithmusfunktion $\operatorname{Ln} z$ ist auch $\operatorname{Ln} z + \mathrm{i}2\pi n$, $n \in \mathbb{Z}$ ein Zweig. Betrachten wir elementare Eigenschaften dieser Funktion und verzichten an dieser Stelle auf Existenzaussagen. Zunächst folgt aufgrund der Definition:

$$\mathrm{e}^{\operatorname{Ln}(zz')} = zz' = \mathrm{e}^{\operatorname{Ln} z}\mathrm{e}^{\operatorname{Ln} z'} = \mathrm{e}^{\operatorname{Ln} z + \operatorname{Ln} z'}.$$

Daraus erhält man die Funktionalgleichung für die Logarithmusfunktion:

$$\operatorname{Ln}(zz') = \operatorname{Ln} z + \operatorname{Ln} z' + \mathrm{i}2\pi n, \qquad n \in \mathbb{Z}.$$

Kommen wir zu den Differenzierbarkeitsaussagen der Logarithmusfunktion.

Lemma 2.1. *Es sei ein Zweig des Logarithmus* $\operatorname{Ln} z$ *auf dem einfach zusammenhängendem Gebiet* $\mathbb{G} \subset \mathbb{C}^\times$ *gegeben, dann gilt:*

(i) $\operatorname{Ln} z$ *ist holomorph und es gilt:*

$$\frac{\mathrm{d} \operatorname{Ln} z}{\mathrm{d}z} = \frac{1}{z}. \tag{2.2}$$

(ii) *Die Funktion* $1/z$ *hat eine Stammfunktion auf* $\mathbb{G}$*, die gegeben ist durch:*

$$\operatorname{Ln} z = \int_{\gamma_{z_0 z}} \frac{\mathrm{d}\zeta}{\zeta} + \operatorname{Ln} z_0, \quad \operatorname{Sp} \gamma_{z_0 z} \subset \mathbb{G}.$$

Beweis.

(i) Auf $\mathbb{G}$ ist $\operatorname{Ln} z$ eine stetige Funktion. Sei $w = \operatorname{Ln} z$ und $w_0 = \operatorname{Ln} z_0$ für $z \neq z_0$, dann folgt mit der Definition (2.1):

$$\left.\frac{\mathrm{d} \operatorname{Ln} z}{\mathrm{d}z}\right|_{z=z_0} = \lim_{z \to z_0} \frac{\operatorname{Ln} z - \operatorname{Ln} z_0}{z - z_0} = \lim_{w \to w_0} \frac{w - w_0}{\mathrm{e}^w - \mathrm{e}^{w_0}} = \frac{1}{\mathrm{e}^{w_0}} = \frac{1}{z_0}.$$

(ii) Da das Gebiet $\mathbb{G} \subset \mathbb{C}^\times$ nach Voraussetzung einfach zusammenhängend ist und deswegen den Punkt $z = 0$ nicht enthält, gilt:

$$n_\gamma(0) = \frac{1}{\mathrm{i}2\pi} \int_\gamma \mathrm{d}z \, \frac{1}{z} = 0,$$

und damit besitzt $1/z$ nach Lemma 1.12 eine Stammfunktion auf $\mathbb{G}$ und es gilt:

$$\operatorname{Ln} z_0 = \int_{\gamma_{z_0 z_0}} \mathrm{d}\zeta \frac{1}{\zeta} + \operatorname{Ln} z_0 = \operatorname{Ln} z_0.$$

□

Zunächst sei bemerkt, dass auf $\mathbb{C}^\times$ kein Zweig des Logarithmus existieren kann, denn $\mathbb{C}^\times$ ist nicht einfach zusammenhängend und deswegen $n_\gamma(0) = 1$ und somit besitzt $1/z$ keine Stammfunktion in $\mathbb{C}^\times$. Deswegen muss ein Gebiet $\mathbb{G}$ konstruiert werden, welches einfach zusammenhängend ist, sowie in Abbildung 2.2 dargestellt. Der Hauptzweig des Logarithmus lässt sich auch definieren über:

$$\ln z := \int_{\gamma_{1z}} \frac{\mathrm{d}\zeta}{\zeta}, \quad \forall z \in \mathbb{G} = \mathbb{C}^\times \setminus \mathbb{R}^-,$$

denn das Wegintegral über den geschlossen Weg $\gamma := \gamma_{1z} + \gamma_{1|z|}^{-1} + \kappa_0^{|z|^{-1}}$ verschwindet, da $1/z$ eine Stammfunktion besitzt. Somit gilt insgesamt:

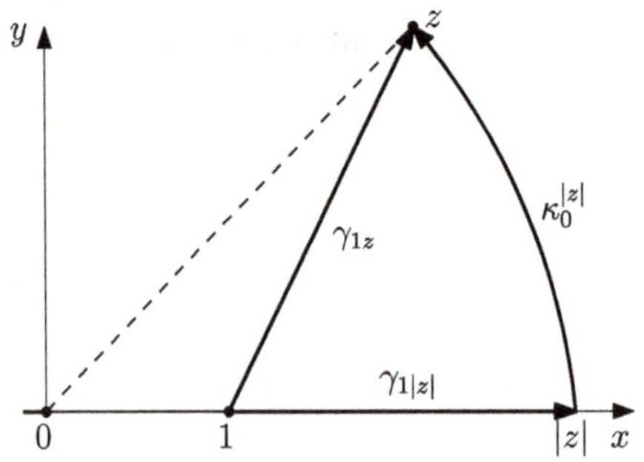

Abb. 2.2: Wegintegral des Hauptzweiges $\ln z$ der Logarithmusfunktion über die Wege γ_{1z} und $\gamma_{1|z|} + \kappa_0^{|z|}$.

$$\ln z = \int_{\gamma_{1z}} \frac{d\zeta}{\zeta} = \int_{\gamma_{1|z|}+\kappa_0^{|z|}} \frac{d\zeta}{\zeta} = \int_1^{|z|} \frac{dx}{x} + \int_0^{\arg z} i d\varphi = \ln|z| + i \arg z .$$

Dies stimmt mit der Definition des Hauptzweiges überein.

Beispiel 2.1. Betrachten wir die Funktion $\ln(1 + z)$ und eine Potenzreihenentwicklung um $z = 0$. Zum einen folgt aus der Definition:

$$\ln(1+z) = \int_{\gamma_{1,1+z}} \frac{d\zeta}{\zeta} = \int_1^{1+z} \frac{d\zeta}{\zeta} = \int_0^z \frac{d\zeta}{1+\zeta} = \sum_{n=0}^{\infty} (-)^n \int_0^z d\zeta \zeta^n = -\sum_{n=1}^{\infty} \frac{(-z)^n}{n} ,$$

für $|z| < 1$ und zum anderen aus der Taylorreihen-Darstellung und (2.2):

$$\ln(1+z) = \sum_{n=1}^{\infty} \frac{z^n}{n!} \frac{d^n}{dz^n} \ln(1+z)|_{z=0} = \sum_{n=1}^{\infty} \frac{z^n}{n!} \underbrace{\frac{d^{n-1}}{dz^{n-1}} \frac{1}{1+z}\bigg|_{z=0}}_{=(-)^{n-1}(n-1)!} = -\sum_{n=1}^{\infty} \frac{(-z)^n}{n} . \qquad \diamond$$

Beispiele über Integrale des Hauptzweiges haben wir zum Ende von Abschnitt 1.5.3 kennengelernt. Eine Stammfunktion der Logarithmusfunktion ist gegeben durch:

$$\int dz \ln z = z \ln z - z ,$$

wie sich durch Differenzieren schnell verifizieren lässt.

---

i Die hier eingeführte Logarithmusfunktion stellt den **natürlichen Logarithmus** zur Basis e dar. In der Physik wird häufig auch der Logarithmus zur Basis 10 verwendet. Die Umrechnung ist gegeben durch:

$$\log z \equiv \log_{10} z = \frac{\ln z}{\ln 10} ,$$

denn es gilt $10^{\log z} = (e^{\ln 10})^{\ln z / \ln 10} = e^{\ln z} = z$. Die Verallgemeinerung zu einer beliebigen Basis ist evident.

Mit Hilfe der Logarithmusfunktion werden wir in den nächsten Abschnitten weitere elementare Funktionen konstruieren.

2.2 Arcus-Funktionen

In diesem Abschnitt diskutieren wir exemplarisch Umkehrfunktionen der trigonometrischen Funktionen sin, cos und tan und beginnen mit der Arcustangens-Funktion oder kurz **Arcustangens** genannt.

Definition 2.2 (Arcustangens). Die auf einem Gebiet $\mathbb{G}^{|} := \mathbb{C} \setminus \{\mathrm{i}y \mid |y| \geq 1\}$ definierte komplexe Funktion:

$$\mathbb{G}^{|} \ni z \mapsto \arctan z := \frac{\mathrm{i}}{2} \ln\left(\frac{\mathrm{i}+z}{\mathrm{i}-z}\right) \in \mathbb{C}, \tag{2.3}$$

nennen wir den Hauptzweig des **Arcustangens.** ■

Hierbei ist ln der Hauptzweig der Logarithmusfunktion. Man beachte, dass aus dem Definitionsgebiet die beiden imaginären Achsen für $|y| \geq 1$ herausgenommen wurden. In der folgenden Abbildung werden Linien aus dem Gebiet $\mathbb{G}^{|}$ (links) über die Abbildung (2.3) zu Linien in der rechten Abbildung abgebildet (siehe Abbildung 2.3). Der Kreis $\mathbb{U}_0^1$ wird auf den Streifen zwischen $x = -\pi/4$ und $\pi/4$ abgebildet und der Rand $\partial\mathbb{U}_0^1$ auf die beiden vertikalen Geraden bei $\pm\pi/4$.

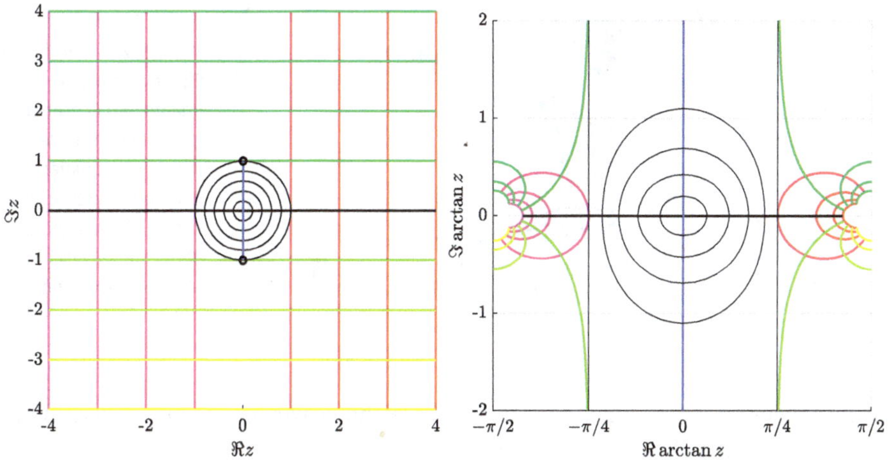

Abb. 2.3: Links ist ein Ausschnitt der $\mathbb{G}^{|}$-Ebene mit einem orthogonalen achsenparallem Gitter und einer Kreislinienschar mit Radien $r = 0.2, 0.4, 0.6, 0.8, 1$ dargestellt. Rechts ist die Abbildung der Linienschar aus $\mathbb{G}^{|}$ unter der arctan-Abbildung dargestellt. Die Kreislinie mit $r = 1$ bildet sich in die beiden vertikalen Linien bei $x = \pm\pi/4$ ab.

Die explizite Zerlegung in Real- und Imaginärenteil des Arcustangens ist gegeben durch:

$$\arctan z = \frac{i}{4}\ln\left(\frac{x^2+(1+y)^2}{x^2+(1-y)^2}\right) + \frac{1}{2}\begin{cases} \arctan(\frac{2x}{1-x^2-y^2}) & : x^2+y^2<1, \\ \arctan(\frac{2x}{1-x^2-y^2})+\pi & : x^2+y^2>1,\ x\geq 0, \\ \arctan(\frac{2x}{1-x^2-y^2})-\pi & : x^2+y^2>1,\ x<0, \\ \frac{\pi}{2}\operatorname{sign} x & : x^2+y^2=1,\ x\neq 0. \end{cases}$$

Betrachten wir den Bereich $x^2 + y^2 < 1$, dann geht im Imaginärteil das Argument des Logarithmus bei $x = 0, y \to -1$ gegen Null, und bei $x = 0, y \to 1$ gegen $+\infty$. Da das Argument eine stetige Funktion ist, ist der Wertebereich des Imaginärteils des Arcustangens $\mathbb{R}$. Für den Realteil gilt $|\Re \arctan z| = |\arctan(2x/(1-x^2-y^2))|/2 \leq \pi/4$, da das Argument des arctan aus $\mathbb{R}$ ist und ebenso eine stetige Funktion ist. In Abbildung 2.4 ist der Arcustangens in einem Phasenplot dargestellt. Viele der zuvor diskutierten Aspekte lassen sich an dieser Grafik verifizieren.

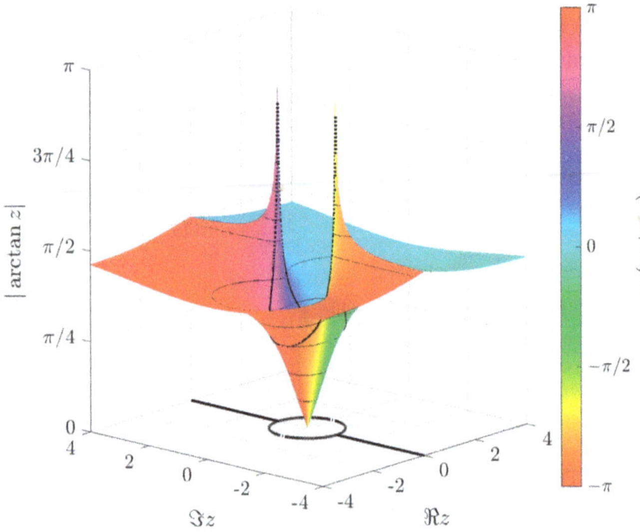

Abb. 2.4: Phasenplot des Hauptzweiges der arctan-Funktion. Die Höhenlinie sind von unten nach oben gegeben durch: $|\arctan z| = 0.25, 0.5, \pi/4, 1, 1.25, 1.5, 1.75, 2$. In der $(x-y)$-Ebene sind die beiden imaginären Achsen mit $|y| \geq 1$ eingezeichnet, sowie punktiert der Einheitskreis, dessen Abbild man in der abgebildeten Fläche ebenfalls erkennen kann.

Einen beliebigen Zweig des Arcustangens bezeichnen wir analog zur Logarithmusfunktion mit großen Buchstaben und es gilt:

$$\operatorname{Arctan} z = k\pi + \frac{1}{2}\arctan\left(\frac{2x}{1-x^2-y^2}\right) + \frac{i}{4}\ln\left(\frac{x^2+(1+y)^2}{x^2+(1-y)^2}\right), \quad z^2 \neq -1,\ k \in \mathbb{Z}.$$

Für reelle Zahlen ($z = x$) verschwindet der Imaginärenteil und es gilt

$$\arctan x = \frac{1}{2}\begin{cases}\arctan(\frac{2x}{1-x^2}) & : |x| < 1,\\ \arctan(\frac{2x}{1-x^2}) + \pi \operatorname{sign} x & : |x| > 1,\\ \pi/2 & : x = \pm 1.\end{cases}$$

Auch die rechte Seite ist in den Punkten $x = \pm 1$ stetig, denn es gilt etwa:

$$\lim_{x \to 1+} \frac{1}{2}\left(\arctan\left(\frac{2x}{1-x^2}\right) + \pi\right) = \frac{\pi}{4}.$$

Für rein komplexe Zahlen $z = \pm 0 + \mathrm{i}y$ ergibt sich:

$$\arctan(\pm 0 + \mathrm{i}y) = \frac{1}{2}\begin{cases}\mathrm{i}\ln(\frac{1+y}{1-y}) & : |y| < 1,\\ \mathrm{i}\ln(\frac{y+1}{y-1}) \pm \pi & : |y| > 1.\end{cases}$$

Hier ist die Funktion für $|y| < 1$ ebenfalls stetig, aber für $|y| > 1$ gibt es einen Sprung in der Phase, der in einem Farbensprung im Phasenplot zu erkennen ist. An den Stellen $z = \pm \mathrm{i}$ ist der Arcustangens singulär.

Ebenso wie die Logarithmusfunktion, kann der Arcustangens auch über ein komplexes Wegintegral definiert werden. Hierzu betrachte die folgende Aussage.

Lemma 2.2.

(i) *Der* $\arctan z$ *ist holomorph und es gilt:*

$$\frac{\mathrm{d}\arctan z}{\mathrm{d}z} = \frac{1}{1+z^2}, \quad \forall z \in \mathbb{G}^{|}. \tag{2.4}$$

(ii) *Die Funktion* $1/(1+z^2)$ *hat eine Stammfunktion auf* $\mathbb{G}^{|}$, *die gegeben ist durch:*

$$\arctan z = \int_{\gamma_{0z}} \frac{\mathrm{d}\zeta}{1+\zeta^2}, \quad \operatorname{Sp}\gamma_{0z} \subset \mathbb{G}^{|}.$$

Beweis.

(i) Auf $\mathbb{G}^{|}$ ist $\arctan z$ eine stetige Funktion. Aus der Definition (2.3) und der Eigenschaften der Logarithmusfunktion folgt:

$$\frac{\mathrm{d}\arctan z}{\mathrm{d}z} = \frac{\mathrm{d}}{\mathrm{d}z}\frac{\mathrm{i}}{2}\ln\left(\frac{\mathrm{i}+z}{\mathrm{i}-z}\right) = \frac{\mathrm{i}}{2}\left(\frac{1}{\mathrm{i}+z} + \frac{1}{\mathrm{i}-z}\right) = \frac{1}{1+z^2}, \quad \forall z \in \mathbb{G}^{|}.$$

Da $1/(1+z^2)$ in $\mathbb{G}^{|}$ holomorph ist, ist dies auch $\arctan z$.

(ii) Da das Gebiet $\mathbb{G}^{|}$ einfach zusammenhängend ist, gilt für einen in $\mathbb{G}^{|}$ geschlossenen Weg $\gamma = \gamma_{0z} + \hat{\gamma}_{z0}$, bei dem $\hat{\gamma}_{z0} \subset \mathbb{G}^{|}$ die Gerade zwischen z und 0 ist und γ_{0z} ein beliebiger Weg in $\mathbb{G}^{|}$:

$$0 = \int_{\gamma} d\zeta \frac{1}{1+\zeta^2} = \int_{\gamma_{0z}} d\zeta \frac{1}{1+\zeta^2} + \int_{\hat{\gamma}_{z0}} d\zeta \frac{1}{1+\zeta^2}.$$

Für das zweite Integral gilt mit (2.4):

$$\int_{\hat{\gamma}_{z0}} d\zeta \frac{1}{1+\zeta^2} = -\int_0^z d\zeta \frac{1}{1+\zeta^2} = -\int_0^z d\zeta \frac{d \arctan \zeta}{d\zeta} = -\arctan z,$$

und damit insgesamt die Behauptung. □

Die Arcustangens-Funktion ist die Umkehrfunktion der Tangens-Funktion und die Gebiete $\mathbb{G}^{\pi/2} := \{z \mid |\Re z| < \pi/2\}$ und $\mathbb{G}^{|}$ werden bijektiv aufeinander abgebildet, dabei gilt:

$$\arctan(\tan w) = \frac{i}{2} \ln\left(\frac{i + \tan w}{i - \tan w}\right) = \frac{i}{2} \ln\left(\frac{\cos w - i \sin w}{\cos w + i \sin w}\right) = \frac{i}{2} \ln e^{-i2w} = w,$$

sowie mit $w = \arctan z$:

$$\tan w = \frac{\sin w}{\cos w} = \frac{1}{i} \frac{e^{i2w} - 1}{e^{i2w} + 1} = \frac{1}{i} \frac{(i-z)/(i+z) - 1}{(i-z)/(i+z) + 1} = \frac{1}{i} \frac{i - z - i - z}{i - z + i + z} = z.$$

Schauen wir uns Rechenregeln des Arcustangens an, die wir als Aufgaben formulieren.

Sei $z_1, z_2 \in \mathbb{G}^{|}$ mit $z_1 z_2 \neq \pm 1$, zeige dass gilt:

$$\arctan z_1 \pm \arctan z_2 = \arctan\left(\frac{z_1 \pm z_2}{1 \mp z_1 z_2}\right).$$

Lösung: Wir verwenden die Definition (2.3) und die Eigenschaften der Logarithmusfunktion und betrachten zunächst den Fall mit '+':

$$\begin{aligned}
\arctan z_1 + \arctan z_2 &= \frac{i}{2} \ln\left(\frac{(i+z_1)(i+z_2)}{(i-z_1)(i-z_2)}\right) = \frac{i}{2} \ln\left(\frac{z_1 z_2 - 1 + i(z_1+z_2)}{z_1 z_2 - 1 - i(z_1+z_2)}\right) \\
&= \frac{i}{2} \ln\left(\frac{i + (z_1+z_2)/(1-z_1 z_2)}{i - (z_1+z_2)/(1-z_1 z_2)}\right) \\
&= \arctan\left(\frac{z_1+z_2}{1-z_1 z_2}\right).
\end{aligned}$$

Setzt man $z_2 \mapsto -z_2$, dann folgt die Behauptung. ◇

Stelle die Taylorreihe von $\arctan z$ um $z = 0$ auf.
Lösung: Wir benutzen die Definition (2.3) und die bekannte Taylorreihe der Logarithmusfunktion aus Beispiel 2.1:

$$\arctan z = \frac{i}{2}\ln\frac{1-iz}{1+iz} = -\frac{i}{2}\sum_{n=1}^{\infty}\frac{i^n}{n}z^n\big((-)^n-1\big)$$
$$= \sum_{n=0}^{\infty}\frac{(-)^n}{2n+1}z^{2n+1}. \qquad \diamond$$

Analog können wir die Arcussinus- und Arcuscosinus-Funktion diskutieren, die wir ebenso kurz als Arcussinus bzw. Arcuscosinus bezeichnen. Wir führen hier nicht die vollständige Diskussion in Analogie zum Arcustangens durch, sondern beschränken uns auf ein paar wesentliche Eigenschaften. Beginnen wir zunächst mit der Definition der Funktionen.

Definition 2.3 (Arcussinus). Die **Arcussinus**-Funktion ist definiert auf dem Gebiet $\mathbb{G}^{--} := \mathbb{C} \setminus \{x \mid |x| \geq 1\}$ durch die Abbildung:

$$\mathbb{G}^{--} \ni z \mapsto \quad \arcsin z := -i\ln(iz + \sqrt{1-z^2}) \in \mathbb{G}^{\pi/2}, \tag{2.5}$$

mit dem Streifengebiet $\mathbb{G}^{\pi/2} := \{z \in \mathbb{C} \mid |\Re z| < \pi/2\}$. ∎

Die Arcuscosinus-Funktion werden wir nicht separat diskutieren, da wir alle Eigenschaften aus der Relation $\cos z = \sin(z+\pi/2)$ erhalten können. Wie für die Logarithmusfunktion verwenden wir für den Hauptzweig der Arcus-Funktionen die klein geschriebene Schreibweise und bezeichnen mit Arcsin und Arccos einen beliebigen Zweig.

Ein Ausschnitt des Gebietes $\mathbb{G}^{--}$ unter Abbildung 2.5 des arcsin ist in der folgenden Grafik mit verschiedenen Linienscharen skizziert.

Betrachten wir die Differentiation, sowie die Stammfunktionseigenschaft.

Lemma 2.3.
(i) *Der* $\arcsin z$ *ist holomorph und es gilt:*

$$\frac{d\arcsin z}{dz} = \frac{1}{\sqrt{1-z^2}}, \qquad \forall z \in \mathbb{G}^{--}.$$

(ii) *Die Funktion* $1/\sqrt{1-z^2}$ *hat eine Stammfunktionen auf* $\mathbb{G}^{--}$, *die lautet:*

$$\arcsin z = \int_{\gamma_{0z}} \frac{d\zeta}{\sqrt{1-\zeta^2}},$$

für $\operatorname{Sp}\gamma_{0z} \subset \mathbb{G}^{--}$.

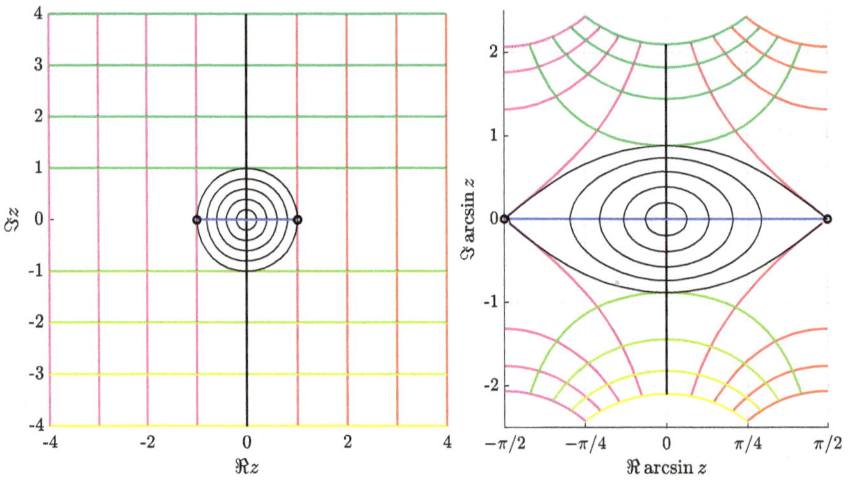

Abb. 2.5: Ausschnitt der $\mathbb{G}^{--}$-Ebene mit einem orthogonalen achsenparallem Gitter und einer Kreislinienschar mit Radien $r = 0.2, 0.4, 0.6, 0.8, 1$. Die reellen Achsen mit $|x| \geq 1$ sind nicht Teil der Ebene und sind deswegen nicht eingezeichnet. Die beiden kleinen schwarzen Kreise markieren die Punkte $z = \pm 1$ (∘). Rechts dargestellt ist die Abbildung der Linienschar unter der arcsin-Abbildung.

Beweis.

(i) Auf $\mathbb{G}^{--}$ ist $\arcsin z$ eine stetige Funktion. Aus der Definition (2.5) und der Eigenschaften der Logarithmusfunktion folgt:

$$\frac{\mathrm{d} \arcsin z}{\mathrm{d}z} = \frac{-\mathrm{i}}{\mathrm{i}z + \sqrt{1-z^2}}\left(\mathrm{i} - \frac{z}{\sqrt{1-z^2}}\right) = \frac{1}{\sqrt{1-z^2}}, \qquad \forall z \in \mathbb{G}^{--}.$$

Da $1/\sqrt{1-z^2}$ in $\mathbb{G}^{--}$ holomorph ist, ist dies auch $\arcsin z$.

(ii) Der Beweis geht analog zum Beweis für die arctan-Funktion und wird hier nicht durchgeführt. □

Ergänzen wir die Abbildungseigenschaften durch die Darstellung des Phasenplots der Arcussinus-Funktion (siehe Abbildung 2.6).

Für die Umkehrfunktionen gilt unter Beachtung der richtig gewählten Zweige:

$$\begin{aligned}\mathrm{Arcsin}(\sin w) &= -\mathrm{i}\mathrm{Ln}(\mathrm{i}\sin w + \sqrt{1-\sin^2 w}) = -\mathrm{i}\ln \mathrm{e}^{\mathrm{i}w} = w,\\ \sin(\mathrm{Arcsin} z) &= \frac{1}{2\mathrm{i}}(\mathrm{e}^{\mathrm{Ln}(\mathrm{i}z+\sqrt{1-z^2})} - \mathrm{e}^{-\mathrm{Ln}(\mathrm{i}z+\sqrt{1-z^2})}) = z,\end{aligned}$$

und analog

$$\begin{aligned}\mathrm{Arccos}(\cos w) &= \frac{\pi}{2} + \mathrm{i}\mathrm{Ln}(\mathrm{i}\cos w + \sqrt{1-\cos^2 w}) = \frac{\pi}{2} + \mathrm{i}\mathrm{Ln}(\mathrm{i}\mathrm{e}^{-\mathrm{i}w}) = w,\\ \cos(\mathrm{Arccos} z) &= \frac{1}{2}(\mathrm{e}^{\mathrm{i}\pi/2-\mathrm{Ln}(\mathrm{i}z+\sqrt{1-z^2})} + \mathrm{e}^{-\mathrm{i}\pi/2+\mathrm{Ln}(\mathrm{i}z+\sqrt{1-z^2})}) = z.\end{aligned}$$

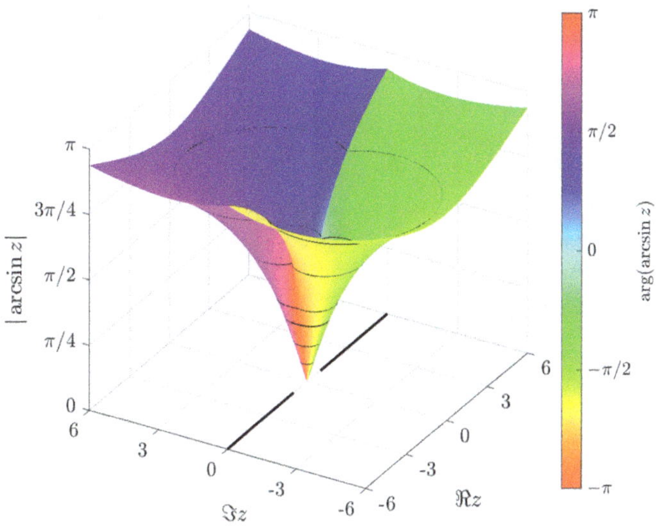

Abb. 2.6: Phasenplot der Arcussinus-Funktion zusammen den Niveaulinien für | arcsin | = $1/4, 1/2, \pi/4, 1, \pi/2, 3\pi/4$.

Es handelt sich um konforme Abbildungen, was an der Winkeltreue in den Schnittpunkten zu erkennen ist und aus den zuvor dargelegten Eigenschaften folgt. In den Punkten $z = \pm 1$ gilt die Winkeltreue nicht, wie ebenfalls im Vergleich der Abbildungen zu erkennen ist und wie im folgenden Beispiel exemplarisch gezeigt wird.

Beispiel 2.2. Wir betrachten die Abbildung des rechtwinkligen Schnittwinkels der reellen Achse mit der imaginären Achse im Punkt $w_0 = \pi/2$ der arcsin-Funktion. Der Punkt $w_0 = \pi/2$ wird bei $z_0 = 1$ angenommen. Die Parametrisierung der beiden Wege ist gegeben durch:

$$]0,1[\ \ni t \mapsto \begin{cases} \gamma_1(t) = 1 + \mathrm{i}t, \\ \gamma_2(t) = 1 - t, \end{cases}$$

wobei für die Fragestellung nur der Bereich $t \to 0+$ interessiert. Es gilt mit $f(z) = \arcsin z$, im Grenzübergang $\lim_{t\to 0+} f(\gamma_1(t)) = \lim_{t\to 0+} f(\gamma_2(t)) = \pi/2$ und:

$$\begin{aligned} \sphericalangle_0(f\circ\gamma_1, f\circ\gamma_2) &= \lim_{t\to 0+} \arg((f\circ\gamma_2)'(t)/(f\circ\gamma_1)'(t)) \\ &= \lim_{t\to 0+} \arg\left(\frac{\gamma_2'(t)}{\gamma_1'(t)}\sqrt{\frac{1-\gamma_1^2(t)}{1-\gamma_2^2(t)}}\right) \\ &= \lim_{t\to 0+} \arg\left(\mathrm{i}\sqrt{\frac{-\mathrm{i}2t + t^2}{2t - t^2}}\right) = \arg(\mathrm{i}\sqrt{-\mathrm{i}}) = \frac{\pi}{4}. \end{aligned}$$

Der Winkel halbiert sich. ◇

Betrachten wir auch ein Additionstheorem:

Zeige das Additionstheorem:

$$\arcsin z_1 \pm \arcsin z_2 = \arcsin\left(z_1\sqrt{1-z_2^2} \pm z_2\sqrt{1-z_1^2}\right)$$

Lösung: Es gilt zunächst für den '+'-Fall :

$$\begin{aligned}\arcsin z_1 + \arcsin z_2 &= -\mathrm{i}\left(\ln\left(\mathrm{i}z_1 + \sqrt{1-z_1^2}\right) + \ln\left(\mathrm{i}z_2 + \sqrt{1-z_2^2}\right)\right)\\ &= -\mathrm{i}\ln\left(\mathrm{i}\left(z_1\sqrt{1-z_2^2} + z_2\sqrt{1-z_1^2}\right) + \sqrt{\left(1-z_1^2\right)\left(1-z_2^2\right)} - z_1z_2\right).\end{aligned}$$

Für das Quadrat des ersten Terms des Logarithmus gilt:

$$\begin{aligned}1-\left(z_1\sqrt{1-z_2^2}+z_2\sqrt{1-z_1^2}\right)^2 &= 1-z_1^2-z_2^2+2z_1^2z_2^2+-2z_1z_2\sqrt{\left(1-z_1^2\right)\left(1-z_2^2\right)}\\ &= \left(\sqrt{\left(1-z_1^2\right)\left(1-z_2^2\right)}-z_1z_2\right)^2.\end{aligned}$$

Aus dem Vergleich mit dem zweiten Terms des Logarithmus folgt die Behauptung. Für den '–'-Fall setze man $z_2 \to -z_2$. ◇

Stelle die Taylorreihe von $\arcsin z$ um $z = 0$ auf.
Lösung: Wir benutzen die Darstellung über das Wegintegral und entwickeln den Integranden:

$$\begin{aligned}\arcsin z &= \int_{\gamma_{0z}} \frac{\mathrm{d}z}{\sqrt{1-z^2}} = \int_{\gamma_{0z}} \mathrm{d}z \sum_{n=0}^{\infty}\binom{-1/2}{n}\left(-z^2\right)^n = \sum_{n=0}^{\infty}\binom{-1/2}{n}(-1)^n \int_{\gamma_{0z}} \mathrm{d}z z^{2n}\\ &= \sum_{n=0}^{\infty}\binom{-1/2}{n}\frac{(-)^n}{2n+1}z^{2n+1}, \quad |z|^2<1,\end{aligned}$$

mit

$$\binom{-1/2}{n} = \frac{-\frac{1}{2}(-\frac{1}{2}-1)\cdots(-\frac{1}{2}-(n-1))}{n!} = (-1)^n\frac{(2n-1)!!}{2^n n!}, \quad n \geq 1,$$

und $\binom{-1/2}{0} = 1$ folgt

$$\arcsin z = z + \sum_{n=1}^{\infty}\frac{(2n-1)!!}{2^n n!}z^{2n+1}, \quad |z|^2 < 1.$$ ◇

Für negative Argumente und Hauptzweige gilt:

$$\begin{aligned}\arctan(-z) &= -\arctan(z),\\ \operatorname{arccot}(-z) &= -\operatorname{arccot}(z),\\ \arcsin(-z) &= -\arcsin(z),\\ \arccos(-z) &= \pi - \arcsin(z).\end{aligned}$$

In der physikalischen Praxis werden oft die reellen Arcus-Funktionen benötigt. Für die Zweige der Arcus-Funktionen gilt mit $x \in \mathbb{R}, n \in \mathbb{Z}$:

$$\begin{aligned}
\operatorname{Arctan} x &= \frac{\mathrm{i}}{2} \operatorname{Ln} \frac{\mathrm{i}+x}{\mathrm{i}-x} = n\pi + \arctan x,\\
\operatorname{Arccot} x &= \frac{\mathrm{i}}{2} \operatorname{Ln} \frac{x-\mathrm{i}}{x+\mathrm{i}} = (n+1/2)\pi - \arctan x,\\
\operatorname{Arcsin} x &= -\mathrm{i} \operatorname{Ln}(\mathrm{i}x + \sqrt{1-x^2}) = n\pi + (-1)^n \arcsin x, \quad x^2 \le 1,\\
\operatorname{Arccos} x &= -\mathrm{i} \operatorname{Ln}(x + \mathrm{i}\sqrt{1-x^2}) = (2n+1/2)\pi - \arcsin x, \quad x^2 \le 1.
\end{aligned}$$

Die folgende Grafik zeigt diese vier Arcus-Funktionen (siehe Abbildung 2.7).

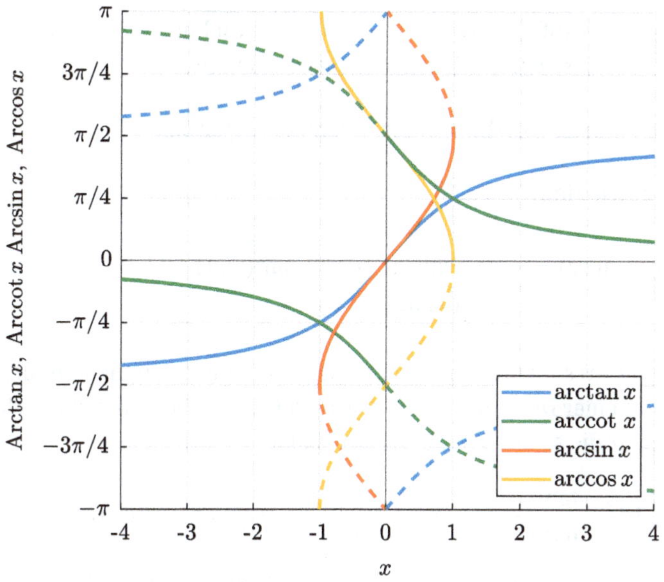

Abb. 2.7: Die Arcus-Funktionen für reelle Argumente im Ausschnitt $|x| \le 4$ mit Zweigen (gestrichelte Linien) stetig fortgesetzt im Bereich $[-\pi, \pi]$.

Der vollständigkeitshalber geben wir noch die folgenden nicht so oft genutzten Standard Arcus-Funktionen an:

$$\begin{aligned}
\operatorname{arccsc} z &:= \arcsin \frac{1}{z},\\
\operatorname{arcsec} z &:= \arccos \frac{1}{z}.
\end{aligned}$$

2.2.1 Area-Funktionen*

Für die Diskussion und Definitionen der Umkehrfunktionen der hyperbolischen Funktionen werden wir deren Beziehung zu den trigonometrischen Funktionen nutzen, indem die Abbildung $z \mapsto iz$ in den Argumenten der trigonometrischen und Arcus-Funktionen durchgeführt wird. Dies entspricht im Wesentlichen einer Drehung der Argumente und Funktionswerte um einen Winkel $\pi/2$. Wir werden nicht auf alle Details wie bei den Arcus-Funktionen eingehen, die Übertragung ist in den meisten Fällen klar.

Lemma 2.4. *Es gilt für die Hauptzweige der hyperbolischen Umkehrfunktionen:*

$$\begin{aligned}
\operatorname{arsinh} z &:= \ln(z + \sqrt{z^2+1}), \quad z \in \mathbb{G}^{\mid}, \\
\operatorname{arcosh} z &:= \ln(z + \operatorname{sign}(\Re z)\sqrt{z^2-1}), \quad z \in \mathbb{C} \setminus \left]-\infty, 1\right[, \\
\operatorname{artanh} z &:= \frac{1}{2}\ln\frac{1+z}{1-z}, \quad z \in \mathbb{G}^{--}.
\end{aligned}$$

Beweis. Wir beschränken uns auf die jeweiligen Hauptzweige und nutzen die Relationen zwischen den trigonometrischen und hyperbolischen Funktionen:

$$\sinh z = -\mathrm{i}\sin \mathrm{i}z, \quad \cosh z = \cos \mathrm{i}z, \quad \tanh z = -\mathrm{i}\tan \mathrm{i}z.$$

Dann folgt für die arsinh-Funktion:

$$\begin{aligned}
\operatorname{arsinh}(\sinh z) &= -\mathrm{i}^2 \ln(\mathrm{i}\sin(-\mathrm{i}z) + \sqrt{1-\sin^2(-\mathrm{i}z)}) \\
&= \mathrm{i}\arcsin(\sin(-\mathrm{i}z)) = z.
\end{aligned}$$

Der Definitionsbereich der arcsin-Funktion ist $\mathbb{G}^{--}$ und durch die Multiplikation des Argumentes mit i, welches einer Drehung um $\pi/2$ entspricht, ist der Definitionsbereich der arsinh-Funktion $\mathbb{G}^{\mid}$. Für die artanh-Funktion folgt analog

$$\operatorname{artanh}(\tanh z) = \frac{1}{2}\ln\frac{1+\tanh z}{1-\tanh z} = -\mathrm{i}\frac{\mathrm{i}}{2}\ln\frac{\mathrm{i}+\tan(\mathrm{i}z)}{\mathrm{i}-\tan(\mathrm{i}z)} = -\mathrm{i}\arctan(\tan(\mathrm{i}z)) = z,$$

wobei sich der Definitionsbereich entsprechend abbildet. Für die arcosh-Funktion gilt mit der Definition:

$$\begin{aligned}
\operatorname{arcosh}(\cosh z) &= \ln(\cosh z + \operatorname{sign}(\Re z)\sqrt{\cosh^2 z - 1}) \\
&= \ln(\cosh z + \operatorname{sign}(\Re z)|\sinh z|) = \ln e^z = z,
\end{aligned}$$

sowie

$$\begin{aligned}
\cosh(\operatorname{arcosh} z) &= \frac{1}{2}(e^{\ln(z+\operatorname{sign}(\Re z)\sqrt{z^2-1})} + e^{-\ln(z+\operatorname{sign}(\Re z)\sqrt{z^2-1})}) \\
&= \frac{1}{2}(z + \operatorname{sign}(\Re z)\sqrt{z^2-1} + z - \operatorname{sign}(\Re z)\sqrt{z^2-1}) = z.
\end{aligned}$$

Durch das Entfernen des reellen Intervalls $\left]-\infty, 1\right[$ aus $\mathbb{C}$ entsteht ein einfach zusammenhängendes Gebiet auf dem arcosh holomorph ist. ◇

Es gibt verschiedene Konventionen bei der Schreibweise der Area-Funktionen. Wir verwenden hier nicht wie üblich die Schreibweise der *Digital Library of Mathematical Functions* [28], sondern die modernere und häufiger verwendete Schreibweise ar∗ statt arc∗.

Ohne Beweis geben wir auch noch die Integraldefinition der Area-Funktionen an:

Lemma 2.5. *Die Area-Funktionen sind gegeben durch:*

$$\begin{aligned}
\operatorname{arsinh} z &= \int\limits_{\gamma_{0z}} \frac{d\zeta}{\sqrt{1+\zeta^2}}, \quad \operatorname{Sp}\gamma_{0z} \subset \mathbb{G}^{\mid},\\
\operatorname{arcosh} z &= \int\limits_{\gamma_{1z}} \frac{d\zeta}{\sqrt{\zeta^2-1}}, \quad \operatorname{Sp}\gamma_{1z} \subset \{\mathbb{C} \setminus]-\infty, 1[\},\\
\operatorname{artanh} z &= \int\limits_{\gamma_{0z}} \frac{d\zeta}{1-\zeta^2}, \quad \operatorname{Sp}\gamma_{0z} \subset \mathbb{G}^{--}.
\end{aligned}$$

Für negative Argumente und Hauptzweige gilt:

$$\begin{aligned}
\operatorname{arsinh}(-z) &= -\operatorname{arsinh}(z),\\
\operatorname{arcosh}(-z) &= \pm i\pi + \operatorname{arcosh}(z), \quad \Im z \gtrless 0,\\
\operatorname{artanh}(-z) &= -\operatorname{artanh}(z), \quad z \neq \pm 1,\\
\operatorname{arcoth}(-z) &= -\operatorname{arcoth}(z), \quad z \neq \pm 1.
\end{aligned}$$

In Abbildung 2.8 ist der Phasenplot der arsinh- und artanh-Funktion dargestellt.

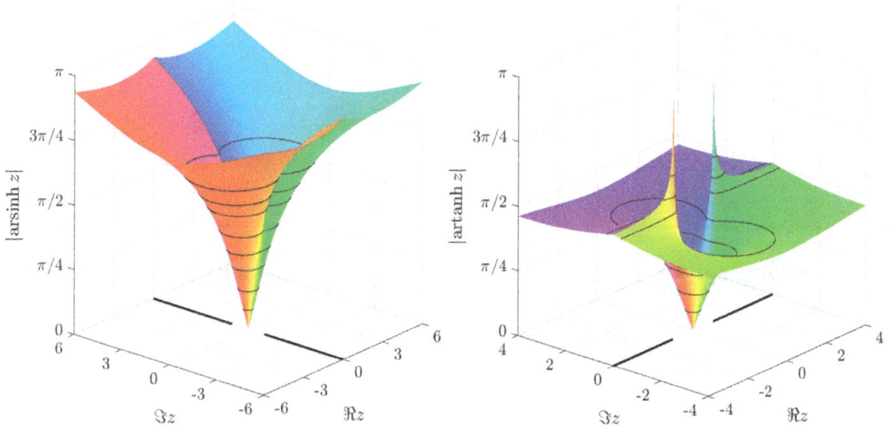

Abb. 2.8: Phasenplot der Area-Funktionen arsinh und artanh zusammen mit den Niveaulinien bei 0.25, 0.5, $\pi/4$, 1, 1.25, $\pi/2$, 1.75, 2.

Zeige das Additionstheorem

$$\operatorname{Artanh} z_1 \pm \operatorname{Artanh} z_2 = \operatorname{Artanh} \frac{z_1 \pm z_2}{1 \pm z_1 z_2}.$$

Lösung: Wir nehmen an, dass alle Argumente der Funktionen aus dem Gebiet $\mathbb{G}^{--}$ stammen. Betrachten wir zuerst den '+'-Fall, dann gilt:

$$\begin{aligned}\operatorname{Artanh} z_1 + \operatorname{Artanh} z_2 &= \frac{1}{2} \operatorname{Ln} \frac{1+z_1}{1-z_1} \frac{1+z_2}{1-z_2} = \frac{1}{2} \operatorname{Ln} \frac{1+z_1+z_2+z_1 z_2}{1-z_1-z_2+z_1 z_2} \\ &= \frac{1}{2} \operatorname{Ln} \frac{1+(z_1+z_2)/(1+z_1 z_2)}{1-(z_1+z_2)/(1+z_1 z_2)} \\ &= \operatorname{Artanh} \frac{z_1+z_2}{1+z_1 z_2}.\end{aligned}$$

Für den '−'-Fall ersetze man $z_2 \mapsto -z_2$. ◇

Zeige die Reihendarstellung:

$$\operatorname{arcoth} z := \operatorname{artanh} \frac{1}{z} = \mp \mathrm{i} \frac{\pi}{2} + \sum_{n=0}^{\infty} \frac{z^{2n+1}}{2n+1}, \quad \Re z \gtrless 0,\ |z| < 1,\ \Im z \neq 0.$$

Lösung: Zunächst gilt:

$$\operatorname{artanh} \frac{1}{z} = \frac{1}{2} \ln \frac{z+1}{z-1} = \frac{\ln(-1)}{2} + \frac{1}{2} \sum_{n=1}^{\infty} \frac{(1-(-1)^n) z^n}{n} = \pm \frac{\mathrm{i}\pi}{2} + \sum_{n=0}^{\infty} \frac{z^{2n+1}}{2n+1}.$$

Die Vorzeichen bestimmen wir aus der Polarkoordinatendarstellung und dem Limes $|z| \to 0$. Dazu setzen wir $\Re z = x = 0$, woraus zunächst folgt:

$$\begin{aligned}\operatorname{artanh} \frac{1}{z} &= \frac{1}{2} \ln\left(\left| \frac{z+1}{z-1} \right| \mathrm{e}^{\mathrm{i} \arg((z+1)/(z-1))} \right) = \frac{1}{2} \ln \left| \frac{1+z}{1-z} \right| + \frac{\mathrm{i}}{2} \operatorname{atan2}\big(2y, 1-|z|^2\big) \\ &= \frac{1}{2} \ln \left| \frac{1+\mathrm{i}y}{1-\mathrm{i}y} \right| + \frac{\mathrm{i}}{2} \left(-\pi \operatorname{sign} y + \arctan \frac{2y}{1-y^2} \right).\end{aligned}$$

Im Limes $y \to 0$ ergibt sich $\operatorname{artanh} z \to -\mathrm{i}\pi/2 \operatorname{sign} y$. ◇

Die Darstellung der Area-Funktionen für reelle Argumente lautet:

$$\begin{aligned}\operatorname{arsinh} x &= \ln(x + \sqrt{x^2+1}), \\ \operatorname{arcosh} x &= \ln(x + \sqrt{x^2-1}), \quad x \geq 1, \\ \operatorname{artanh} x &= \ln \frac{1+x}{1-x}, \quad 0 \leq x^2 < 1, \\ \operatorname{arcoth} x &= \ln \frac{x+1}{x-1}, \quad x^2 > 1.\end{aligned}$$

Abbildung 2.9 zeigt diese vier Area-Funktionen.

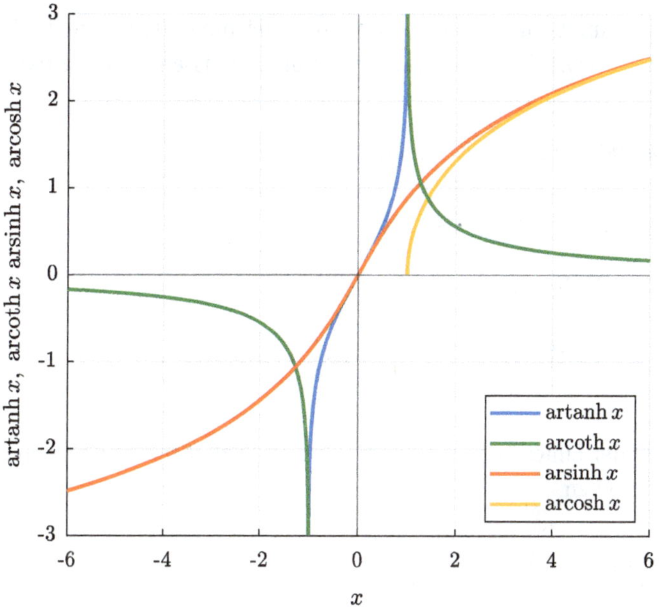

Abb. 2.9: Die Area-Funktionen für reelle Argumente im Ausschnitt $|x| \le 6$.

Der vollständigkeitshalber geben wir noch die restlichen Area-Funktionen an:

$$\operatorname{arcsch} z := \operatorname{arsinh} \frac{1}{z}, \quad \operatorname{arsech} z := \operatorname{arcosh} \frac{1}{z}.$$

2.3 Gamma- und Betafunktion

Die Gammafunktion tritt an vielen Stellen der Physik auf, deswegen diskutieren wir sie etwas ausführlicher. Der Beweis verschiedener Eigenschaften ist zum Teil rechenintensiv, aber oft instruktiv und lehrreich. Eine sehr umfangreiche Diskussion der Gammafunktion findet sich in [26]. Im Zuge der Diskussion der Eigenschaften der Gammafunktion werden wir die Digamma-Funktion, Riemann'sche Zetafunktion und Betafunktion kennenlernen. Wir gehen aus von der Definition der Gammafunktion, die auf Weierstraß zurück geht.

Definition 2.4 (Gammafunktion). Die **Gammafunktion** ist definiert durch:

$$\Gamma(z) := \frac{e^{-\gamma z}}{z} \prod_{n=1}^{\infty} \frac{e^{z/n}}{1 + z/n}, \quad \forall z \in \mathbb{C}^{-} := \mathbb{C} \setminus \{0, -1, -2, -3, \ldots\},$$

wobei γ die **Euler'sche Konstante** ist, die definiert ist durch:

$$\gamma := \lim_{N\to\infty}\left(\sum_{n=1}^{N}\frac{1}{n} - \ln N\right) = 0.57721566490\ldots. \qquad \blacksquare$$

Ein anderer Ausgangspunkt hätte auch die Funktionalgleichung der Gammafunktion sein können. Verwenden wir die Weierstraß-Definition, so müssen wir diese dann zeigen.

Lemma 2.6. *Die Gammafunktion erfüllt die Funktionalgleichung:*

$$\Gamma(1+z) = z\Gamma(z), \quad \Gamma(1) = 1.$$

Beweis. Wir definieren die Hilfsgrößen

$$\Gamma_N(z) := \frac{e^{-\gamma z}}{z}\prod_{n=1}^{N}\frac{e^{z/n}}{1+z/n}, \quad \gamma_N := \sum_{n=1}^{N}\frac{1}{n} - \ln N.$$

Zunächst zeigen wir, dass der Limes $\lim_{N\to\infty}\gamma_N = \gamma$ existiert. Dazu formen wir die endliche Summe um und schreiben

$$\gamma_N = \sum_{n=1}^{N}\frac{1}{n} - \sum_{n=2}^{N}\ln\left(\frac{n}{n-1}\right) = 1 + \sum_{n=2}^{N}\left(\frac{1}{n} + \ln(1-1/n)\right) = 1 - \sum_{n=2}^{N}\sum_{l=2}^{\infty}\frac{1}{n^l l}.$$

Setzen wir $a_n := \sum_{l=2}^{\infty} 1/(n^l l)$, so folgt einerseits $a_n > 0$ und andererseits:

$$\frac{1}{n^2} - a_n = \frac{1}{2n^2}\left(1 - \sum_{l=1}^{\infty}\frac{1}{n^l}\frac{2}{2+l}\right) \geq \frac{1}{2n^2}\left(1 - \frac{2}{3}\sum_{l=1}^{\infty}\frac{1}{n^l}\right) > 0, \quad n \geq 2.$$

Also ist $1/n^2$ eine Majorante von a_n und damit konvergiert die Reihe γ_N. Die Reihendarstellung ist aber keine gute Darstellung um die Konstante auszurechnen. Man benötigt 1000 Terme um die ersten drei Nachkommastellen zu erhalten. Es gibt verschiedene Darstellungen durch Integrale (siehe z. B. [25]).

Es gilt $\lim_{N\to\infty}\gamma_N = \gamma$ und wir können den Limes $\lim_{N\to\infty}\Gamma_N = \Gamma$ betrachten. Zunächst schauen wir uns $\Gamma(1)$ an:

$$\Gamma(1) = \frac{e^{-\gamma}}{1}\lim_{N\to\infty}\prod_{n=1}^{N}\frac{e^{1/n}}{1+1/n} = \lim_{N\to\infty}\frac{N}{\prod_{n=1}^{N}e^{1/n}}\prod_{n=1}^{N}e^{1/n}\frac{n}{1+n} = \lim_{N\to\infty}\frac{N}{N+1} = 1,$$

und im nächsten Schritt das Verhältnis:

$$\frac{\Gamma(z+1)}{\Gamma(z)} = \frac{e^{-\gamma}z}{1+z}\prod_{n=1}^{\infty}\frac{\frac{e^{(z+1)/n}}{1+(z+1)/n}}{\frac{e^{z/n}}{1+z/n}} = \frac{z}{1+z}\lim_{N'\to\infty}\frac{N'}{\prod_{n=1}^{N'}e^{1/n}}\lim_{N\to\infty}\prod_{n=1}^{N}e^{1/n}\frac{n+z}{n+1+z}$$

$$= \frac{z}{1+z}\lim_{N\to\infty}N\frac{1+z}{N+1+z} = z. \qquad \square$$

Damit ist äquivalent zur Weierstraß-Definition die Funktionalgleichung gezeigt. Letztere Darstellung ist geeignet, um weitere Relationen abzuleiten. Aus der Funktionalgleichung folgt die bekannte Relation: $\Gamma(n+1) = n!$, $n \in \mathbb{N}$. In Abbildung 2.10 ist die Gammafunktion in der komplexen Ebene als Phasenplot dargestellt. Die wesentlichen Merkmale des Plotes, z. B. die auf der negativen reellen Achse zu beobachtenden *Peaks* werden wir im Folgenden analysieren.

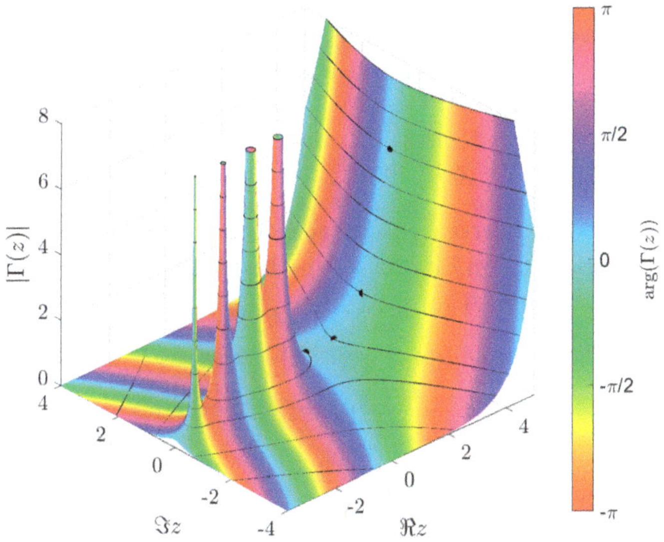

Abb. 2.10: Phasenplot der Γ-Funktion. Die schwarzen Linien sind Niveaulinien für $|\Gamma(z)| = 0.001, 0.05, 0.5, 1, 2, 3, 4, 5, 6, 7, 8$. Auf der reellen Achse sind die Punkte $\Gamma(n+1) = n!$ für $n = 0, 1, 2, 3$ als schwarze Punkte markiert.

Häufig werden Integraldarstellungen der Gammafunktion gebraucht. Diese schauen wir uns im nächsten Lemma an.

Lemma 2.7. *Die Gammafunktion kann geschrieben werden als:*

$$\text{(i)}\quad \Gamma(z) = \int_0^\infty \mathrm{d}t\, \mathrm{e}^{-t} t^{z-1}, \qquad \Re z > 0,$$

$$\text{(ii)}\quad \Gamma(z) = \sum_{n=0}^{\infty} \frac{(-)^n}{n!} \frac{1}{z+n} + \int_1^\infty \mathrm{d}t\, \mathrm{e}^{-t} t^{z-1}, \qquad z \in \mathbb{C}^-.$$

Beweis. Die erste Aussage zeigen wir, indem die Funktionalgleichung mit der Randbedingung $\Gamma(1) = 1$ überprüfen.

(i) Betrachten wir zunächst die Randbedingung, es gilt:

$$\Gamma(1) = \int_0^\infty \mathrm{d}t\, \mathrm{e}^{-t} = -\mathrm{e}^{-t}\big|_0^\infty = 1.$$

Die Funktionalgleichung folgt über partielle Integration:

$$\Gamma(z+1) = \int_0^\infty \mathrm{d}t\, \mathrm{e}^{-t} t^z = \mathrm{e}^{-t} t^z \Big|_0^\infty + \int_0^\infty \mathrm{d}t\, \mathrm{e}^{-t} z t^{z-1} = z\Gamma(z).$$

(ii) Aus (i) folgt durch Aufspaltung des Integrals:

$$\begin{aligned}\Gamma(z) &= \int_0^\infty \mathrm{d}t\, \mathrm{e}^{-t} t^{z-1} = \sum_{n=0}^\infty \frac{(-)^n}{n!} \int_0^1 \mathrm{d}t\, t^{z-1+n} + \int_1^\infty \mathrm{d}t\, \mathrm{e}^{-t} t^{z-1} \\ &= \sum_{n=0}^\infty \frac{(-)^n}{n!} \frac{1}{z+n} + \int_1^\infty \mathrm{d}t\, \mathrm{e}^{-t} t^{z-1}.\end{aligned}$$

□

Aus der letzten Darstellung ist zu erkennen, dass an den Stellen $z \in \{0, -1, -2, \ldots\}$ einfache Pole existieren. Diese sind die im Phasenplot zu beobachtenden *Peaks*. Betrachten wir spezielle Werte der Gammafunktion.

Lemma 2.8. *Die Gammafunktion nimmt folgende spezielle Werte an:*

$$\text{(i)} \quad \Gamma(n+1/2) = \frac{(2n-1)!!}{2^n} \sqrt{\pi},$$

$$\text{(ii)} \quad \operatorname{res}_{-m} \Gamma(z) = \frac{(-)^m}{m!}.$$

Beweis.

(i) Betrachten wir zunächst den Fall $n = 0$, für den gilt:

$$\Gamma(1/2) = \int_0^\infty \mathrm{d}t\, \mathrm{e}^{-t} t^{1/2-1} \overset{t=\tau^2}{=} \int_0^\infty \mathrm{d}\tau \mathrm{e}^{-\tau^2} \frac{2\tau}{\tau} = \int_{-\infty}^{+\infty} \mathrm{e}^{-\tau^2} = \sqrt{\pi}.$$

Mit diesem Ergebnis folgt rekursiv für $n \geq 1$:

$$\Gamma(n+1/2) = (n-1/2)(n-3/2)\cdots(1/2)\Gamma(1/2) = \frac{(2n-1)!!}{2^n}\sqrt{\pi}.$$

(ii) Wir verwenden:

$$\begin{aligned}\operatorname{res}_{-m}\Gamma(z) &= \lim_{z\to-m}(z+m)\Gamma(z) = \lim_{z\to-m}(z+m)\frac{\Gamma(z+m+1)}{z(z+1)\cdots(z+m-1)(z+m)} \\ &= \frac{\Gamma(1)}{(-m)(1-m)\cdots(m+m-1)} = \frac{(-)^m}{m!}.\end{aligned}$$

Letzteres folgt auch aus der Integral/Summendarstellung der Gammafunktion. □

Schauen wir uns weitere Funktionalgleichungen an, die insbesondere auch in der Physik Anwendungen finden.

Lemma 2.9.
(i) *Verdopplungsformel für* $z \in \mathbb{C} \setminus \{0, -1/2, -1, -3/2, \ldots\}$*:*

$$\Gamma(2z) = \frac{2^{2z-1}}{\sqrt{\pi}} \Gamma(z)\Gamma(z+1/2).$$

(ii) *Euler-Spiegelformel für* $z \in \mathbb{C} \setminus \mathbb{Z}$*:*

$$\Gamma(z)\Gamma(1-z) = \frac{\pi}{\sin(\pi z)}.$$

Beweis.
(i) Zunächst definieren wir die **Psifunktion** die auch **Digamma-Funktion** genannt wird, über die Ableitung des Logarithmus der Gammafunktion:

$$\psi(z) := \frac{\mathrm{d}\ln(\Gamma(z))}{\mathrm{d}z}.$$

Aus der Definition der Gammafunktion folgt:

$$\psi(z) = \frac{\mathrm{d}}{\mathrm{d}z}\left(-\gamma z - \ln z + \sum_{n=1}^{\infty}\left(\frac{z}{n} - \ln(1+z/n)\right)\right) = -\gamma - \frac{1}{z} + \sum_{n=1}^{\infty}\left(\frac{1}{n} - \frac{1}{n+z}\right).$$

Leiten wir dies nochmals ab, so folgt:

$$\frac{\mathrm{d}\psi(z)}{\mathrm{d}z} = \frac{1}{z^2} + \sum_{n=1}^{\infty}\frac{1}{(n+z)^2} = \sum_{n=0}^{\infty}\frac{1}{(n+z)^2}.$$

Damit ergibt sich:

$$\begin{aligned}\frac{\mathrm{d}^2}{\mathrm{d}z^2}\ln[\Gamma(z)\Gamma(z+1/2)] &= \sum_{n=0}^{\infty}\left(\frac{1}{(n+z)^2} + \frac{1}{(n+z+1/2)^2}\right)\\ &= 4\sum_{n=0}^{\infty}\left(\frac{1}{(2n+2z)^2} + \frac{1}{(2n+1+2z)^2}\right)\\ &= 4\sum_{n=0}^{\infty}\frac{1}{(n+2z)^2} = \frac{\mathrm{d}^2}{\mathrm{d}z^2}\ln[\Gamma(2z)],\end{aligned}$$

woraus unmittelbar folgt, dass $\ln[\Gamma(z)\Gamma(z+1/2)/\Gamma(2z)]$ eine lineare Funktion ist. Daraus folgt

$$\mathrm{e}^{az+b} = \frac{\Gamma(z)\Gamma(z+1/2)}{\Gamma(2z)}.$$

Die freien Konstanten a und b müssen noch bestimmt werden. Dazu verwenden wir die bekannten Werte der Gammafunktion an den Stellen $z = 1$ und $1/2$:

$$\begin{aligned} e^{a+b} &= \frac{\Gamma(1)\Gamma(1+1/2)}{\Gamma(2)} = \frac{\sqrt{\pi}/2}{1} = \frac{\sqrt{\pi}}{2}, \\ e^{a/2+b} &= \frac{\Gamma(1/2)\Gamma(1)}{\Gamma(1)} = \sqrt{\pi}. \end{aligned}$$

Dies lösen wir auf und finden:

$$e^{a} = \frac{1}{4}, \quad e^{b} = 2\sqrt{\pi},$$

womit die Aussage (i) gezeigt ist.

(ii) Aus der Integraldarstellung folgt:

$$\Gamma(z)\Gamma(1-z) = \int_0^\infty \int_0^\infty \mathrm{d}s\mathrm{d}t \, e^{-(s+t)} s^{-z} t^{z-1}.$$

Substituieren wir $u = s + t$, $v = t/s$, so erhält man:

$$\begin{aligned} \Gamma(z)\Gamma(1-z) &= \int_0^\infty \int_0^\infty \mathrm{d}u\mathrm{d}v \left| \frac{\partial(s,t)}{\partial(u,v)} \right| \frac{e^{-u} v^{z}}{t(u,v)} \\ &= \int_0^\infty \int_0^\infty \mathrm{d}u\mathrm{d}v \, e^{-u} \frac{v^{z-1}}{1+v} \\ &= \int_0^\infty \mathrm{d}v \, \frac{v^{z-1}}{1+v} \overset{(1.57)}{=} \frac{\pi}{\sin(\pi z)}. \end{aligned}$$

□

Das folgende Beispiel drückt ein bestimmtes Integral durch die Gammafunktion sowie der **Riemann'schen Zetafunktion** aus, letztere ist definiert durch:

$$\zeta(z) := \sum_{n=1}^{\infty} \frac{1}{n^z}, \quad \Re z > 1.$$

Beispiel 2.3. Betrachten wir das reelle bestimmte Integral ($\alpha, \beta > 0$):

$$\begin{aligned} \int_0^\infty \mathrm{d}t \, \frac{t^\alpha}{e^{\beta t} - 1} &= \int_0^\infty \mathrm{d}t \, t^\alpha e^{-\beta t} \sum_{n=0}^{\infty} e^{-\beta n t} = \sum_{n=1}^{\infty} \int_0^\infty \mathrm{d}t \, t^\alpha e^{-\beta n t} \\ &= \sum_{n=1}^{\infty} \int_0^\infty \mathrm{d}t \, \frac{t^\alpha}{(\beta n)^{\alpha+1}} e^{-t} = \beta^{-\alpha-1} \sum_{n=1}^{\infty} \frac{\Gamma(\alpha+1)}{n^{\alpha+1}} = \frac{\zeta(\alpha+1)\Gamma(\alpha+1)}{\beta^{n+1}}. \end{aligned}$$

Für den Spezialfall $\beta = 1$ und $\alpha = 3$ ergibt sich zum Beispiel:

$$\int_0^\infty dt \, \frac{t^3}{e^t - 1} = \Gamma(4)\zeta(4) = \frac{3!\pi^4}{90} = \frac{\pi^4}{15}. \qquad \diamond$$

Für die nächste Aufgabe benötigen wir die **Betafunktion**:

$$B(z, w) := \int_0^1 dt \, t^{z-1}(1-t)^{w-1}, \quad \Re z, \Re w > 0.$$

Die Betafunktion wird auch nach L. EULER als **Euler'sches Integral 1. Art** bezeichnet.

Für die Betafunktion gibt es weitere gebräuchliche Darstellungen. Eine wichtige Darstellung, ausgedrückt durch Gammafunktion, schauen wir uns in der nächsten Aufgabe an.

Drücke die Betafunktion $B(z, w)$ durch Gammafunktionen aus und zeige:

$$B(z, w) = \frac{\Gamma(z)\Gamma(w)}{\Gamma(z+w)}.$$

Lösung:

$$\begin{aligned} B(z, w) &= \int_0^1 dt \, t^{z-1}(1-t)^{w-1} \overset{t'=t/(1-t)}{=} \int_0^\infty dt \, \frac{t^{z-1}}{(1+t)^{z+w}} \\ &= \int_0^\infty dt \, t^{z-1} \frac{1}{\Gamma(z+w)} \int_0^\infty ds \, e^{-s(1+t)} s^{z+w-1} \\ &= \frac{1}{\Gamma(z+w)} \int_0^\infty ds \, e^{-s} s^{z+w-1} \underbrace{\int_0^\infty dt \, t^{z-1} e^{-st}}_{=\Gamma(z)/s^z} \\ &= \frac{\Gamma(z)}{\Gamma(z+w)} \int_0^\infty ds \, e^{-s} s^{w-1} = \frac{\Gamma(z)\Gamma(w)}{\Gamma(z+w)}. \qquad \diamond \end{aligned}$$

Direkt aus der Euler-Spiegelformel für die Gammafunktionen folgt aus dem Ergebnis der Aufgabe:

$$B(z, 1-z) = \frac{\pi}{\sin(\pi z)}, \quad z \notin \mathbb{Z}.$$

Die Betafunktion ist in z bzw. w eine meromorphe Funktion und symmetrisch in den Argumenten: $B(z, w) = B(w, z)$. Für ganzzahlige Argumente gilt:

$$\mathrm{B}(n,m) = \frac{(n-1)!(m-1)!}{(n+m-1)!} = \frac{m+n}{mn} \Big/ \binom{m+n}{m}, \qquad n,m \in \mathbb{N}.$$

Kommen wir zum Abschluss zu einer Anwendung der Gammafunktionen, die in der *Statistischen Mechanik* eine wichtige Rolle spielt und betrachten die **Stirling-Formel**. Mit dieser Formel approximieren wir $N!$ für sehr große N.

Lemma 2.10 (Stirling-Formel). *Es sei $\Re z > 0$, dann gilt:*

$$\ln \Gamma(z+1) = \left(z + \frac{1}{2}\right) \ln z - z + \frac{1}{2}\ln(2\pi) + w(z),$$

mit

$$w(z) = \int_0^\infty \mathrm{d}t \, \frac{\mathrm{e}^{-zt}}{t} \left(\frac{1}{\mathrm{e}^t - 1} - \frac{1}{t} + \frac{1}{2} \right) \overset{\Re z \to \infty}{\longrightarrow} 0.$$

Beweis. Wir beginnen mit der Darstellung der Ableitung der Digamma-Funktion:

$$\frac{\mathrm{d}\psi(z)}{\mathrm{d}z} = \sum_{n=0}^{\infty} \frac{1}{(n+z)^2} = \sum_{n=0}^{\infty} \int_0^\infty \mathrm{d}t \, t\mathrm{e}^{-(z+n)t} = \int_0^\infty \mathrm{d}t \, t \frac{\mathrm{e}^{-zt}}{1-\mathrm{e}^{-t}} = \int_0^\infty \mathrm{d}t \, \frac{t\mathrm{e}^{-(z-1)t}}{\mathrm{e}^t - 1}.$$

In führender Ordnung gilt für kleine $|t|$:

$$\frac{t}{\mathrm{e}^t - 1} = 1 - \frac{t}{2} + \frac{t^2}{12} - \frac{t^4}{720} + \mathcal{O}(t^5).$$

Die ersten beiden Terme des führenden Verhaltens subtrahieren wir von $t/(\mathrm{e}^t - 1)$ im Integranden und verschieben das Argument um $z \to z+1$ und erhalten:

$$\begin{aligned}
\frac{\mathrm{d}\psi(z+1)}{\mathrm{d}z} &= \int_0^\infty \mathrm{d}t \, \mathrm{e}^{-zt} \frac{t}{\mathrm{e}^t - 1} \\
&= \int_0^\infty \mathrm{d}t \, \mathrm{e}^{-zt} \left(\frac{t}{\mathrm{e}^t - 1} - 1 + \frac{t}{2} \right) + \int_0^\infty \mathrm{d}t \, \mathrm{e}^{-zt} - \int_0^\infty \mathrm{d}t \, \mathrm{e}^{-zt} \frac{t}{2} \\
&= \int_0^\infty \mathrm{d}t \, \mathrm{e}^{-zt} \left(\frac{t}{\mathrm{e}^t - 1} - 1 + \frac{t}{2} \right) + \frac{1}{z} - \frac{1}{2z^2}.
\end{aligned}$$

Nach Integration bzgl. z, erhalten wir als Zwischenergebnis:

$$\psi(z+1) - \ln z - \frac{1}{2z} = -\int_0^\infty \mathrm{d}t \, \mathrm{e}^{-zt} \left(\frac{1}{\mathrm{e}^t - 1} - \frac{1}{t} + \frac{1}{2} \right) + c.$$

Die Integrationskonstante c bestimmen wir über den Limes $z \to \infty$ und beachten:

$$\begin{aligned}(\psi(z+1)-\ln z)_{z=N} &= -\gamma-\frac{1}{N+1}+\sum_{n=1}^{\infty}\left(\frac{1}{n}-\frac{1}{n+N+1}\right)-\ln N\\ &= -\gamma+\sum_{n=1}^{N}\frac{1}{n}-\ln N \overset{N\to\infty}{\longrightarrow} 0.\end{aligned}$$

Da es sich um stetige Funktionen handelt, gilt dies auch für $\Re z \to \infty$. Das Integral verschwindet ebenso für $\Re z \to \infty$, da das Argument in der Klammer auf der reellen Achse beschränkt ist. Das bedeutet insgesamt, dass die Integrationskonstante auch verschwinden muss, also $c = 0$ gilt. Integrieren wir somit ein zweites mal über z, so erhalten wir:

$$\ln\Gamma(z+1)-z(\ln z-1)-\frac{1}{2}\ln z = w(z)+\tilde{c}.$$

Wiederum verschwindet das Integral $w(z)$ für $\Re z \to \infty$ und es bleibt die linke Seite zu bestimmen. Dazu ist der folgende Limes zu betrachten:

$$\begin{aligned}\mathrm{e}^{\tilde{c}} &= \lim_{\Re z\to\infty}\exp\left(\ln\Gamma(z+1)-z(\ln z-1)-\frac{\ln z}{2}\right)\\ &= \lim_{\Re z\to\infty}\Gamma(z+1)\mathrm{e}^{z}z^{-(z+1/2)}\\ &= \lim_{\Re z\to\infty}\Gamma(z+1/2)\mathrm{e}^{z-1/2}(z-1/2)^{-z}\\ &= \lim_{\Re z\to\infty}\Gamma(2z+1)\mathrm{e}^{2z}(2z)^{-(2z+1/2)}.\end{aligned}$$

Im nächsten Schritt verwenden wir die Verdopplungsformel für die Gammafunktion, für die gilt:

$$\Gamma(2z+1) = \frac{2^{2z+1/2}}{\sqrt{2\pi}}\Gamma(z+1/2)\Gamma(z+1).$$

Setzen wir dies ein, so folgt:

$$\begin{aligned}\mathrm{e}^{\tilde{c}} &= \lim_{\Re z\to\infty}\frac{2^{2z+1/2}}{\sqrt{2\pi}}\Gamma(z+1/2)\Gamma(z+1)\mathrm{e}^{2z}(2z)^{-(2z+1/2)}\\ &= \frac{1}{\sqrt{2\pi}}\lim_{\Re z\to\infty}\Gamma(z+1)\mathrm{e}^{z}z^{-(z+1/2)}\Gamma(z+1/2)\mathrm{e}^{z}z^{-z}.\end{aligned}$$

Nun identifizieren wir wieder die Konstante $\mathrm{e}^{\tilde{c}}$ ebenso auf der rechten Seite:

$$\begin{aligned}\mathrm{e}^{\tilde{c}} &= \frac{1}{\sqrt{2\pi}}\underbrace{\lim_{\Re z\to\infty}\Gamma(z+1)\mathrm{e}^{z}z^{-(z+1/2)}}_{=\mathrm{e}^{\tilde{c}}}\lim_{\Re z\to\infty}\Gamma(z+1/2)\mathrm{e}^{z}(z-1/2)^{-z}\frac{(z-1/2)^{z}}{z^{z}}\\ &= \frac{\mathrm{e}^{\tilde{c}}}{\sqrt{2\pi}}\underbrace{\lim_{\Re z\to\infty}\Gamma(z+1/2)\mathrm{e}^{z-1/2}(z-1/2)^{-z}}_{=\mathrm{e}^{\tilde{c}}}\mathrm{e}^{1/2}\underbrace{\lim_{\Re z\to\infty}\left(1-\frac{1/2}{z}\right)^{z}}_{=\mathrm{e}^{-1/2}} = \frac{\mathrm{e}^{2\tilde{c}}}{\sqrt{2\pi}}.\end{aligned}$$

Damit folgt $\tilde{c} = \frac{1}{2}\ln(2\pi)$ und somit insgesamt die erste Behauptung. Es bleibt noch das Verhalten von $w(z)$ für große $\Re z$ zu untersuchen. Betrachten wir dazu den Faktor im Integranden, den wir in eine Zählerfunktion ζ und eine Nennerfunktion η faktorisieren:

$$\frac{1}{t}\left(\frac{1}{\mathrm{e}^t - 1} - \frac{1}{t} + \frac{1}{2}\right) = \frac{t + 2 + (t-2)\mathrm{e}^t}{2t^2(\mathrm{e}^t - 1)} =: \frac{\zeta(t)}{\eta(t)}.$$

Der positive Nenner ist für alle $t > 0$ größer als der positive Zähler, denn es gilt:

$$\begin{aligned}\eta(t) - \zeta(t) &= (2t^2 - t + 2)\mathrm{e}^t - 2 - t - 2t^2 \\ &= (2t^2 - t + 2)(1 + t + t^2/2 + \sigma) - 2 - t - 2t^2 \\ &= (15/8 + 2(t - 1/4)^2)\sigma + 3t^3/2 + t^4 > 0,\end{aligned}$$

mit $\sigma = \sum_{n\geq 3} t^n/n! > 0$ für $t > 0$.

Sowohl der Zähler als auch der Nenner verschwinden im Limes $t \to 0$ und für das Verhältnis ergibt sich der Grenzwert: $\zeta(t)/\eta(t) \to 1/12$. Tatsächlich ist dies auch das Maximum für $t \geq 0$, sodass folgt:

$$w(z) = \int_0^\infty \mathrm{d}t\, \mathrm{e}^{-zt}\frac{\zeta(t)}{\eta(t)} < \max_{t\geq 0}\frac{\zeta(t)}{\eta(t)}\int_0^\infty \mathrm{d}t\, \mathrm{e}^{-zt} = \frac{1}{12z}.$$

Damit verschwindet $w(z)$ im Limes $|z| \to \infty$. □

Aus dem letzten Ergebnis folgt, dass $|w(z)| < 1/12|z|$. Aus der Stirling-Formel folgt für die Darstellung der Gammafunktion:

$$\Gamma(z+1) = \sqrt{2\pi}z^{z+1/2}\mathrm{e}^{-z}\mathrm{e}^{w(z)}.$$

In der nächsten Aufgabe soll die Asymptotik genauer ausgerechnet werden.

Bestimme das asymptotische Verhalten der Gammafunktion $\Gamma(z+1)$ für $\Re z \to \infty$ mit $|\arg z| < \pi$, bis einschließlich Terme der Ordnung $\mathcal{O}(1/z^2)$ und betrachte explizit, die in der *Statistischen Mechanik* oft vorkommende Größe $\ln N!$ für große N bis einschließlich Terme der Ordnung $\mathcal{O}(N^{-1})$.

Lösung: Eine wiederholte partielle Integration in $w(z)$ ergibt:

$$w(z) = \frac{1}{z}\lim_{t\to 0}\frac{\zeta(t)}{\eta(t)} + \frac{1}{z^2}\lim_{t\to 0}\frac{\mathrm{d}}{\mathrm{d}t}\frac{\zeta(t)}{\eta(t)} + \frac{1}{z^2}\int_0^\infty \mathrm{d}t\, \mathrm{e}^{-zt}\frac{\mathrm{d}^2}{\mathrm{d}t^2}\frac{\zeta(t)}{\eta(t)}.$$

Das Integral selbst ist wiederum endlich, da im Ursprung die Ableitung $(\zeta/\eta)'(t) \to -t/360$ linear verschwindet. Wie zuvor folgt damit, dass das Integral selbst von der Ordnung $\mathcal{O}(1/z)$ ist. Insgesamt ergibt sich für $\Re z \to \infty$:

$$w(z) = \frac{1}{12z} + \mathcal{O}\left(1/z^3\right).$$

Das bedeutet

$$e^{w(z)} = 1 + w(z) + \frac{w(z)^2}{2} + \mathcal{O}(1/z^3) = 1 + \frac{1}{12z} + \frac{1}{2 \cdot 12^2 z^2} + \mathcal{O}(1/z^3),$$

und schließlich für die Gammafunktion:

$$\Gamma(z+1) = \sqrt{2\pi} z^{z+1/2} e^{-z} \left(1 + \frac{1}{12z} + \frac{1}{288z^2} + \mathcal{O}(1/z^3)\right).$$

Für große natürliche Zahlen N ergibt sich damit für den Logarithmus von $N!$:

$$\begin{aligned} \ln N! = \ln \Gamma(N+1) &= \frac{1}{2}\ln(2\pi) + (N+1/2)\ln N - N + \ln\left(1 + \frac{1}{12N} + \mathcal{O}(N^{-2})\right) \\ &= N(\ln N - 1) + \frac{\ln N}{2} + \frac{\ln(2\pi)}{2} + \frac{1}{12N} + \mathcal{O}(N^{-2}) \end{aligned}$$

In der Statistischen Mechanik hat man es typischerweise mit der Größenordnung $N \sim 10^{20}$ zu tun und schon die erste Ordnung $\mathcal{O}(10^{-21})$ ist für alle praktischen Rechnungen vernachlässigbar. ◇

2.4 Polylogarithmus*

Die Polylogarithmusfunktion ist eine mathematische Funktion mit vielen Anwendungen in der Physik. Sie stellt eine Verallgemeinerung der Logarithmusfunktion dar. Es gibt verschiedene Ausgangsdefinitionen, die ausführlich in *Polylogarithms and Associated Functions* von L. Lewin [29] diskutiert werden. Wir wählen hier die Definition über ein Integral.

Definition 2.5 (Integraldefinition Polylogarithmus). Der **Polylogarithmus** ist definiert durch:

$$\mathrm{Li}_s(z) := \frac{1}{\Gamma(s)} \int_0^\infty dt \, \frac{t^{s-1}}{z^{-1}e^t - 1}, \qquad \begin{cases} \Re s > 0, & z \notin [1, \infty], \\ \Re s > 1, & z = 1. \end{cases}$$ ■

Eine alternative Wahl der *geschlitzten* Ebene, die durch das Entfernen des reellen Intervalls $[1, \infty]$ aus $\mathbb{C}$ entsteht, wird oft über $-\pi < \arg(1-z) < \pi$ formuliert. Der Fall $z = 1$ reduziert sich auf die Riemann'sche Zetafunktion $\mathrm{Li}_s(1) = \zeta(s)$. Für reelle s und reelle $z < 1$ ist der Polylogarithmus selbst reell. Es gibt verschiedene analytische Fortsetzungen in s und z, die wir exemplarisch im Folgenden diskutieren werden. Wir haben die Integraldefinition als Ausgangspunkt gewählt, da es eine direkte Anwendung in der Physik unter anderem in den Bereichen der Statistischen Physik, Festkörperphysik und der Astrophysik in Form des Fermi-Dirac- und Bose-Einstein-Integraltyps gibt. Diese Integralfunktionen sind definiert durch:

$$\mathrm{F}_s(x) := -\,\mathrm{Li}_{s+1}(-\mathrm{e}^x) = \frac{1}{\Gamma(s+1)} \int_0^\infty \frac{\mathrm{d}t\, t^s}{\mathrm{e}^{t-x}+1}, \qquad s > -1,$$

$$\mathrm{G}_s(x) := \mathrm{Li}_{s+1}(\mathrm{e}^x) = \frac{1}{\Gamma(s+1)} \int_0^\infty \frac{\mathrm{d}t\, t^s}{\mathrm{e}^{t-x}-1}, \qquad \begin{cases} s > -1, & x < 0, \\ s > 0, & x \le 0. \end{cases}$$

In der Physik werden dabei typischerweise halb und ganzzahlige Werte für $s = n = 1/2, 1, 3/2, \ldots$ gebraucht mit reellen $\mathrm{F}_n(x)$ und $\mathrm{G}_n(x)$. Die Faktoren

$$f_\pm(t,x) := \frac{1}{\mathrm{e}^{t-x} \pm 1}$$

sind dabei die Wahrscheinlichkeitsverteilungen der Fermi-Dirac- und Bose-Einstein-Statistik, mit $t = \beta E, x = \beta\mu$ und $\beta = 1/Tk_{\mathrm{B}}$, wobei T die Temperatur, k_{B} die Boltzmann-Konstante, E die Energie und μ das chemische Potential darstellen.

ϟ In der Physik gibt es keine einheitliche Schreibweise für $\mathrm{F}_n(x)$ und $\mathrm{G}_n(x)$, manchmal wird der Vorfaktor $1/\Gamma(n+1)$ weggelassen.

Schauen wir uns eine analytische Fortsetzung von $\mathrm{Li}_s(z)$ in s in Form einer Reihendarstellung an, die häufig als Ausgangspunkt zur Diskussion verwendet wird.

Lemma 2.11 (Reihendarstellung). *Es gilt die Reihendarstellung für $s, z \in \mathbb{C}$:*

$$\mathrm{Li}_s(z) = \sum_{n=1}^{\infty} \frac{z^n}{n^s}, \qquad |z| < 1.$$

Beweis. Wir gehen von der Integraldarstellung aus und entwickeln für $|z| < 1$:

$$\begin{aligned} \mathrm{Li}_s(z) &= \frac{1}{\Gamma(s)} \int_0^\infty \mathrm{d}t\, \frac{1}{z^{-1}\mathrm{e}^t} \frac{t^{s-1}}{1 - z\mathrm{e}^{-t}} = \frac{1}{\Gamma(s)} \sum_{n=1}^{\infty} z^n \int_0^\infty \mathrm{d}t\, t^{s-1} \mathrm{e}^{-nt} \\ &= \frac{1}{\Gamma(s)} \sum_{n=1}^{\infty} \frac{z^n}{n^s} \int_0^\infty \mathrm{d}t\, x^{s-1} \mathrm{e}^{-x} = \sum_{n=1}^{\infty} \frac{z^n}{n^s}. \end{aligned}$$

□

Diese Darstellung gilt für alle $s \in \mathbb{C}$ und stellt damit eine analytische Fortsetzung der Integraldefinition dar. Falls $\Re s > 1$ gilt die Reihendarstellung auch für $|z| = 1$ und ergibt, wie zuvor erwähnt, die Riemann'sche Zetafunktion. Für den Spezialfall $s = 2$ nennt man Li_2 auch den **Dilogarithmus**. Dieser ist zusammen mit $\mathrm{Li}_{1/2}$ in Abbildung 2.11 als Phasenplot dargestellt.

Aus der Reihendarstellung folgt unmittelbar die Differentialgleichung:

$$\frac{\partial}{\partial z} \mathrm{Li}_s(z) = \frac{1}{z} \mathrm{Li}_{s-1}(z),$$

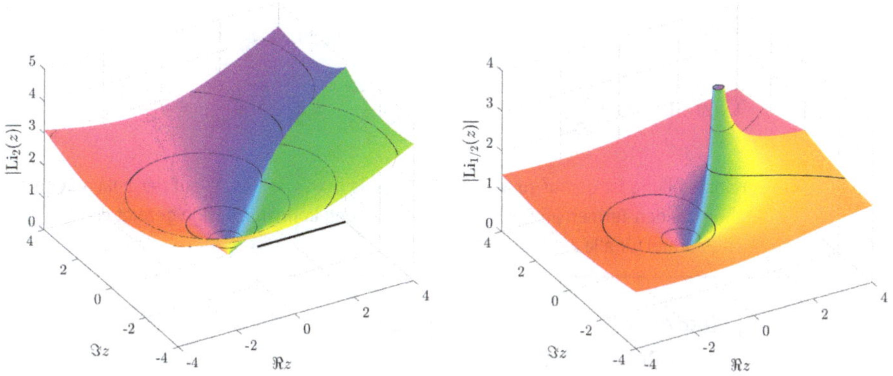

Abb. 2.11: Phasenplot des Dilogarithmus $\mathrm{Li}_2(z)$ und $\mathrm{Li}_{1/2}(z)$ zusammen mit den Niveaulinien bei $|\mathrm{Li}_s(z)| = 0.5, 1, 2, 3, 4$. Die schwarze Linie in der $x-y$-Ebene ist Teil des Intervalls $[1, \infty]$.

und daraus für die Ableitungen der Fermi-Dirac- und Bose-Einstein-Integrale:

$$\mathrm{F}_n'(x) = \mathrm{F}_{n-1}(x), \quad \mathrm{G}_n'(x) = \mathrm{G}_{n-1}(x).$$

Durch eine formale Integration bezüglich des Argumentes z, erhält man aus der Differentialgleichung die Rekursion:

$$\mathrm{Li}_{s+1}(z) = \int_0^z \mathrm{d}t \, \frac{\mathrm{Li}_s(t)}{t},$$

aus der die Namensgebung Polylogarithmus resultiert. Betrachten wir noch eine Aufgabe, die verschiedene Argumente miteinander in Beziehung setzt.

Zeige die Verdopplungsformel

$$\mathrm{Ln}_s(z) + \mathrm{Ln}_s(-z) = \frac{\mathrm{Ln}_s(z^2)}{2^{s-1}},$$

sowohl mit der Integraldarstellung, als auch mit der Reihendarstellung. Worauf ist dabei zu achten?

Lösung:

(i) Integraldarstellung:

$$\begin{aligned}
\mathrm{Li}_n(z^2) &= \frac{1}{\Gamma(s)} \int_0^\infty \mathrm{d}t \, \frac{t^{s-1}}{z^{-2}\mathrm{e}^t - 1} = \frac{1}{\Gamma(s)} \int_0^\infty \mathrm{d}t \, \frac{t^{s-1}}{(z^{-1}\mathrm{e}^{t/2} - 1)(z^{-1}\mathrm{e}^{t/2} + 1)} \\
&= \frac{1}{\Gamma(s)} \frac{1}{2} \int_0^\infty \mathrm{d}t \, \frac{t^{s-1}}{z^{-1}\mathrm{e}^{t/2} + 1} + \frac{1}{\Gamma(s)} \frac{1}{2} \int_0^\infty \mathrm{d}t \, \frac{t^{s-1}}{-z^{-1}\mathrm{e}^{t/2} + 1} \\
&= 2^{s-1} \left(\frac{1}{\Gamma(s)} \int_0^\infty \mathrm{d}t \, \frac{t^{s-1}}{z^{-1}\mathrm{e}^t + 1} + \frac{1}{\Gamma(s)} \int_0^\infty \mathrm{d}t \, \frac{t^{s-1}}{-z^{-1}\mathrm{e}^t + 1} \right) = 2^{s-1} \big(\mathrm{Li}_s(z) + \mathrm{Li}_s(-z) \big).
\end{aligned}$$

(ii) Reihendarstellung:

$$\mathrm{Li}_s(z) + \mathrm{Li}_s(-z) = \sum_{n=1}^{\infty}\left(\frac{z^n}{n^s} + \frac{(-z)^n}{n^s}\right) = 2\sum_{n=1}^{\infty}\frac{z^{2n}}{(2n)^s} = 2^{1-s}\sum_{n=1}^{\infty}\frac{(z^2)^n}{n^s} = \frac{\mathrm{Li}_s(z^2)}{2^{s-1}}.$$

In der Integraldarstellung ist darauf zu achten, dass reelle $z = x \notin\ ]-1,1[$ auf der linken Seite der Gleichung nicht in beiden Termen im Definitionsbereich liegen können. Es kann gezeigt werden, dass die Verdopplungsformel für alle $z \in \mathbb{C}$ gilt. ◇

Für ganzzahlige Indizes $s = n \in \mathbb{Z}$ des Polylogarithmus gibt es wichtige Relationen, zunächst folgt aus der Rekursion mit der Anfangsbedingung:

$$\mathrm{Li}_0(z) = \frac{z}{1-z},$$

die ganzzahlige Rekursion

$$\mathrm{Li}_n(z) = \int_0^z \mathrm{d}t\, \frac{\mathrm{Li}_{n-1}(t)}{t}, \qquad n = 1, 2, 3, \ldots,$$

aus der explizit folgt $\mathrm{Li}_1(z) = -\ln(1-z)$. Für negative n ergibt sich zusammen mit der Differentialgleichung die einfache Darstellung:

$$\mathrm{Li}_{-n}(z) = \left(z\frac{\mathrm{d}}{\mathrm{d}z}\right)^n \frac{z}{1-z}, \qquad n = 1, 2, 3, \ldots.$$

Die ersten drei Polylogarithmen mit negativem Index lauten:

$$\mathrm{Li}_{-1}(z) = \frac{z}{(1-z)^2}, \quad \mathrm{Li}_{-2}(z) = \frac{z(1+z)}{(1-z)^3}, \quad \mathrm{Li}_{-3}(z) = \frac{z(1+4z+z^2)}{(1-z)^4}.$$

Für reelle Argumente $z = x$ sind die Polylogarithmen für $n = -3, \ldots, 3$ in Abbildung 2.12 dargestellt. Polylogarithmen mit negativem Index n können über $x > 1$ fortgesetzt werden und besitzen einen Pol $(n+1)$-ter Ordnung an der Stelle $z = x = 1$.

Die Debye-Funktion $D(x)$ ist eine in der Festkörperphysik im Rahmen des Debye-Models vorkommende Funktion, sie kann durch den Dilogarithmus ausgedrückt werden:

$$D(x) \equiv \int_0^x \mathrm{d}t\, \frac{t^n}{\mathrm{e}^t - 1} = \mathrm{Li}_2(1 - \mathrm{e}^{-x}), \qquad x > 0.$$

Siehe die dazugehörige Aufgabe 14. im nachfolgenden Aufgabenteil. Wir schließen das Kapitel mit einer Differentialgleichung für den Dilogarithmus.

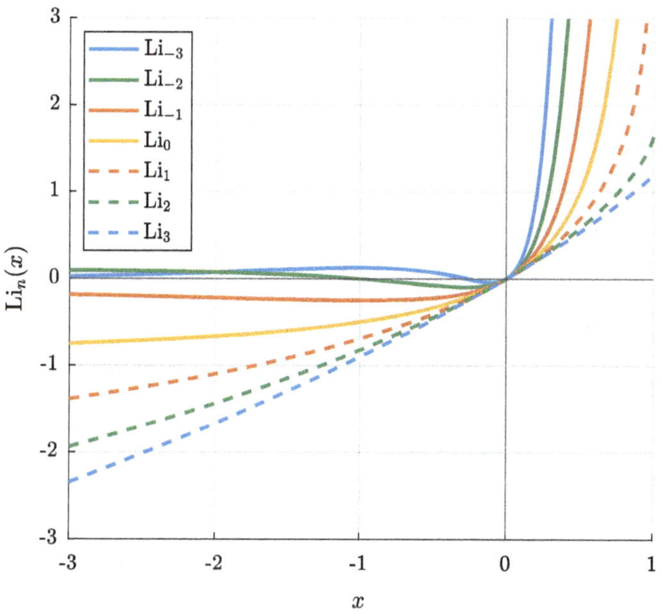

Abb. 2.12: Polylogarithmen $\mathrm{Li}_n(x)$, $n = -3, \ldots, 3$ im Intervall $[-3, 1[$.

Lemma 2.12. *Es gilt die Differentialgleichung 2. Ordnung:*

$$x(x-1)\,\mathrm{Li}_2''(x) + (x-1)\,\mathrm{Li}_2'(x) + 1 = 0.$$

Beweis. Wir nutzen die Darstellung über das Integral

$$\mathrm{Li}_2(x) = -\int_0^x \mathrm{d}t\,\frac{\ln(1-t)}{t},$$

und differenzieren zweimal:

$$\mathrm{Li}_2'(x) = -\frac{\ln(1-x)}{x}, \quad \mathrm{Li}_2''(x) = \frac{1}{x(1-x)} + \frac{\ln(1-x)}{x^2}.$$

Multiplizieren wir $\mathrm{Li}_2''(x)$ mit $x(x-1)$, ersetzen $\ln(1-x)$ im zweiten Term durch $\mathrm{Li}_2'(x)$, dann folgt durch Umordnen die Behauptung. □

Aufgaben

1. Zeige die Reihendarstellungen für die Logarithmusfunktion:

$$\ln z = \begin{cases} \sum_{n=1}^{\infty} \frac{(-1)^{n+1}}{n}(z-1)^n & : |z-1| \le 1,\ z \neq 0, \\ \sum_{n=1}^{\infty} \frac{1}{n}\left(\frac{z-1}{z}\right)^n & : \Re z \ge \frac{1}{2}, \\ \sum_{n=1}^{\infty} \frac{2}{2n-1}\left(\frac{z-1}{z+1}\right)^{2n-1} & : \Re z \ge 0,\ z \neq 0. \end{cases}$$

2. Zeige

$$\int dz\, z^n \ln z = \frac{z^{n+1}}{n+1} \ln z - \frac{z^{n+1}}{(n+1)^2}, \quad n \in \mathbb{N},\ n \neq -1,$$

$$\int dz \frac{1}{z \ln z} = \ln \ln z.$$

3. Zeige die Additionstheoreme

$$\operatorname{Arcsin} z_1 \pm \operatorname{Arcsin} z_2 = \operatorname{Arcsin}\left(z_1 \sqrt{1 - z_2^2} \pm z_2 \sqrt{1 - z_1^2}\right),$$

$$\operatorname{Arccos} z_1 \pm \operatorname{Arccos} z_2 = \operatorname{Arccos}\left(z_1 z_2 \mp \sqrt{(1 - z_1^2)(1 - z_2^2)}\right).$$

4. Zeige für $z = x + \mathrm{i}y$ die Zerlegung in Real- und Imaginärenteil von

$$\arcsin z = \arcsin u + \mathrm{i}\,\mathrm{sign}(y) \ln(v + \sqrt{v^2 - 1}),$$

$$\arccos z = \arccos u - \mathrm{i}\,\mathrm{sign}(y) \ln(v + \sqrt{v^2 - 1}),$$

mit

$$u = \frac{\sqrt{((x+1)^2 + y^2}}{2} - \frac{\sqrt{(x-1)^2 + y^2}}{2}, \quad v = \frac{\sqrt{(x+1)^2 + y^2}}{2} + \frac{\sqrt{((x-1)^2 + y^2}}{2}.$$

5. Zeige die Additionstheoreme

$$\operatorname{Arsinh} z_1 \pm \operatorname{Arsinh} z_2 = \operatorname{Arsinh}\left(z_1 \sqrt{1 + z_2^2} \pm z_2 \sqrt{1 + z_1^2}\right),$$

$$\operatorname{Arcosh} z_1 \pm \operatorname{Arcosh} z_2 = \operatorname{Arcosh}\left(z_1 z_2 \pm \sqrt{(z_1^2 - 1)(z_2^2 - 1)}\right).$$

6. Zeige die folgenden Eigenschaften der Gammafunktion:

$$\Gamma(1/2 + \mathrm{i}y)\Gamma(1/2 - \mathrm{i}y) = \frac{\pi}{\cosh(\pi y)},$$

$$|\Gamma(\mathrm{i}y)| = \sqrt{\frac{\pi}{y \sinh(\pi y)}}.$$

7. Zeige, für das Argument der Γ-Funktion gilt:

$$\arg \Gamma(1 + z) = \arg \Gamma(z) + \arctan \frac{y}{x}.$$

8. Zeige die Integraldarstellung der ψ-Funktion:

$$\psi(z + 1) = -\gamma + \int_0^\infty dt \, \frac{1 - e^{-zt}}{e^t - 1}.$$

9. Zeige das asymptotische Verhalten:

$$\ln\Gamma(z) = (z-1/2)\ln z - z + \ln\sqrt{2\pi} + \frac{1}{12z} - \frac{1}{360z^3} + \mathcal{O}(z^{-5}), \quad |\arg z| < \pi.$$

10. Die unvollständige Gammafunktion $\gamma(z, w)$ und das Komplement $\Gamma(z, w)$ sind definiert durch:

$$\gamma(z, w) := \int_0^w \mathrm{d}t\, t^{z-1}\mathrm{e}^{-t}, \quad \Re z > 0,\ |\arg w| < \pi,$$

$$\Gamma(z, w) := \int_w^\infty \mathrm{d}t\, t^{z-1}\mathrm{e}^{-t}, \quad |\arg w| < \pi.$$

Zeige, dass gilt:

$$\gamma(z+1, w) = z\gamma(z, w) - \mathrm{e}^{-w}w^z,$$
$$\Gamma(z+1, w) = z\Gamma(z, w) + \mathrm{e}^{-w}w^z.$$

11. Zeige für die Betafunktion gilt:

$$B(z, w) = 2\int_0^{\pi/2} \mathrm{d}t\,(\sin t)^{2z-1}(\cos t)^{2w-1}, \quad \Re z > 0, \Re w > 0.$$

12. Zeige die Funktionalgleichung des Dilogarithmus

$$\mathrm{Li}_2(1/z) = -\mathrm{Li}_2(z) - \frac{\pi^2}{6} - \frac{1}{2}\ln^2(-z), \quad z \notin [0, \infty[,$$

$$\mathrm{Li}_2(1-z) = -\mathrm{Li}_2(z) + \frac{\pi^2}{6} - \ln(1-z)\ln(z), \quad z \notin \{]-\infty, 0] \cup [1, \infty[\}.$$

13. Zeige die Entwicklung des Dilogarithmus in der Nähe der Singularität $z = 1$:

$$\mathrm{Li}_2(z) = \ln(1-z)\sum_{n=1}^{\infty}\frac{z^n}{n} + \frac{\pi^2}{6} - \sum_{n=1}^{\infty}\frac{(1-z)^n}{n^2}.$$

14. Die Debye-Funktion $D_n(x)$, die in der Festkörperphysik eine wichtige Rolle spielt, ist definiert durch

$$D_n(x) := \int_0^x \mathrm{d}t\,\frac{t^n}{\mathrm{e}^t - 1}, \quad n = 0, 1, 2 \ldots.$$

Zeige, dass mit $D(x) \equiv D_1(x)$ gilt:

$$D(x) = \zeta(2) + x\ln(1-\mathrm{e}^{-x}) - \mathrm{Li}_2(\mathrm{e}^{-x}).$$

15. Zeige für die Fermi-Dirac-Integrale die Darstellung für $x \geq 0$:

$$\mathrm{F}_{\frac{1}{2}}(x) = \frac{4x^{3/2}}{3\sqrt{\pi}} + \sum_{n=1}^{\infty} \frac{(-)^{n+1}}{n^{3/2}} (\mathrm{e}^{nx}\mathrm{erfc}(\sqrt{nx}) + \mathrm{e}^{-nx}\mathrm{erfi}(\sqrt{nx})),$$

$$\mathrm{G}_{\frac{1}{2}}(x) = -\frac{4x^{3/2}}{3\sqrt{\pi}} + \frac{1}{\sqrt{\pi}} \sum_{n=1}^{\infty} (\mathrm{e}^{nx}\mathrm{erfc}(\sqrt{nx}) + \mathrm{e}^{-nx}\mathrm{erfi}(\sqrt{nx})),$$

dabei sind die Fehlerfunktionen definiert durch:

$$\mathrm{erf}(x) := \frac{2}{\sqrt{\pi}} \int_0^x \mathrm{d}t\, \mathrm{e}^{-t^2}, \quad \mathrm{erfc}(x) := 1 - \mathrm{erf}(x), \quad \mathrm{erfi}(x) := \mathrm{erf}(\mathrm{i}x)/\mathrm{i}.$$

16. Zeige, die erzeugende der Bessel-Funktion 1. Art $J_n(x)$ ist gegeben durch

$$\mathrm{e}^{(z-1/z)x/2} = \sum_{n=-\infty}^{\infty} z^n J_n(x), \quad J_n(x) = \frac{1}{\pi} \int_0^{\pi} \mathrm{d}t \; \cos(x \sin t - nt).$$

Zeige weiter, dass die Bessel-Funktion die folgende Differentialgleichung erfüllt

$$x^2 g''(x) + x g'(x) + (x^2 - n^2) g(x) = 0,$$

sowie die Reihenentwicklung:

$$J_n(z) = \sum_{k=0}^{\infty} \frac{(-)^k}{k!(n+k)!} \left(\frac{z}{2}\right)^{2k+n}.$$

Der ganzzahlige Index n kann ins reelle ν fortgesetzt werden und wir erhalten aus beiden Darstellungen Bessel-Funktionen $J_\nu(z)$.

3 Grundlagen der Funktionalanalysis

In diesem Kapitel führen wir die grundlegenden Begriffe und Eigenschaften von Vektorräumen, normierten Räumen, Skalarprodukten und Hilberträumen ein. Das Kapitel bildet damit die Basis für die folgenden Kapitel. Die meisten Aspekte sollten aus der *Linearen Algebra* bekannt sein, deswegen dient die folgende Darstellung in erster Linie als eine Wiederholung und zur Einführung der verwendeten Notation und ist kein Ersatz für eine reguläre Vorlesung in *Funktionalanalysis*.[1] Eine aus physikalischer Sicht anwendungsorientierte Darstellung der Funktionalanalysis ist das Lehrbuch *Funktionalanalysis* von S. Großmann [33].

Zu einer klassischen Einführung in die Funktionalanalysis gehört auch die Diskussion von Operatoren, darauf müssen wir hier aus Platzgründen verzichten. Im Vordergrund wird die Diskussion von relevanten Räumen und deren Eigenschaften stehen, die insbesondere für die Diskussion von orthogonalen Funktionen gebraucht werden. Beim Aufbau und Konstruktion der Räume werden wir nicht grundlegend etwa bei Halbgruppen beginnen, sondern mit dem Vektorraum starten und darauf aufbauend weitere Strukturen einführen.

3.1 Vektorräume und Algebren

Vektorräume sind in der Physik von besonderer Bedeutung, da sie vielfach die zugrunde liegende mathematische Struktur des betrachteten physikalischen Problems widerspiegeln. Im Folgenden bauen wir auf Ergebnisse der *Linearen Algebra* [7] und *Analysis* [1, 3] auf und wiederholen die grundlegenden Definitionen, um eine einheitliche Ausgangsbasis für die folgenden Kapitel zu schaffen. Die Begriffe Gruppe und Körper werden dabei als bekannt vorausgesetzt.

Definition 3.1 (Vektorraum). Es sei $\mathbb{K}$ ein Körper ($\mathbb{R}$ oder $\mathbb{C}$) und eine Menge V gegeben, mit einer inneren Verknüpfung (**Addition**):

$$+ : \mathsf{V} \times \mathsf{V} \ni (v_1, v_2) \mapsto v_1 + v_2 \in \mathsf{V},$$

und einer äußeren Verknüpfung (**Multiplikation mit Skalaren**):

$$\cdot : \mathbb{K} \times \mathsf{V} \ni (\alpha, v) \mapsto \alpha \cdot v \in \mathsf{V},$$

dann heißt die Menge V **Vektorraum** über $\mathbb{K}$, wenn gilt:

1 An dieser Stelle wird verwiesen auf die Lehrbücher *Heuser, Funktionalanalysis* [30]; *Riesz, Sz.-Nagy, Vorlesungen über Funktionentheorie* [31] und *Weidmann, Lineare Operatoren in Hilberträumen* [32].

https://doi.org/10.1515/9783111059228-003

V1 V zusammen mit der Addition + ist eine abelsche Gruppe.

V2 Für die Multiplikation mit Skalaren gilt:

$$\begin{aligned}(\alpha+\beta)\cdot v_1 &= \alpha\cdot v_1+\beta\cdot v_1,\\ \alpha\cdot(v_1+v_2) &= \alpha\cdot v_1+\alpha\cdot v_2,\\ \alpha\cdot(\beta v) &= (\alpha\beta)\cdot v,\\ 1\cdot v &= v,\end{aligned}$$

für $\alpha,\beta\in\mathbb{K}$ und $v, v_{1,2}\in \mathrm{V}$. Die Elemente $v\in \mathrm{V}$ nennen wir **Vektoren**. ■

Den Multiplikationspunkt '·' werden wir im Folgenden in der Notation weglassen und schreiben $\alpha\cdot v=\alpha v$. Wir gehen an dieser Stelle nicht auf die innere Struktur von Vektorräumen ein, sowie sie sich ergibt, wenn man Vektorräume modular und systematisch durch untergeordnete Strukturen, wie Gruppen, Module etc. aufbaut. Uns kommt es an dieser Stelle nicht auf die algebraische Struktur an sich an, sondern auf die funktionalanalytischen Eigenschaften.

Im Folgenden seien ohne Beweise ein paar typische und oft verwendete Beispiele von Vektorräumen angegeben, deren Bedeutung erst im Verlauf der nächsten Kapitel klar werden wird.

Beispiel 3.1.

– Die Menge $\mathbb{K}^n$ aller n-Tupel

$$\mathbb{K}^n := \{(\alpha_1,\dots,\alpha_n), \alpha_i\in\mathbb{K}\}.$$

– Die Menge aller Folgen

$$l^p := \left\{\alpha_n\in\mathbb{K}, 1\le p<\infty \mid \sum_{n=1}^{\infty}|\alpha_n|^p<\infty\right\}.$$

– Die Menge der stetigen Funktionen

$$C(\mathbb{I}) := \{f:\mathbb{I}\to\mathbb{K}\mid f \text{ stetig auf } \mathbb{I}\},$$

mit einem offenen oder abgeschlossenen Intervall $\mathbb{I}$.

– Die Menge der stetig differenzierbarer Funktionen

$$C^{(n)}(\mathbb{I}) := \{f:\mathbb{I}\to\mathbb{K}\mid f \text{ ist } n \text{ mal stetig differenzierbar auf } \mathbb{I}\}.$$

– Die Menge der messbaren Funktionen

$$\mathrm{L}^p(\mathbb{I}) := \left\{ f : \mathbb{I} \to \mathbb{K}, 1 \leq p < \infty \;\middle|\; \int_a^b \mathrm{d}t\, |f(t)|^p < \infty \right\}. \qquad \diamond$$

Dies stellt nur eine kleine Auswahl an gängigen Vektorräumen dar. Eine wichtige Teilmenge der Vektorräume sind die Untervektorräume, definiert durch:

Definition 3.2 (Untervektorraum). Sei V ein $\mathbb{K}$-Vektorraum, dann heißt die Teilmenge $\mathrm{W} \subset \mathrm{V}$ **Untervektorraum** von V, wenn gilt:

UV1

$$\mathrm{W} \neq \emptyset.$$

UV2 Abgeschlossenheit gegenüber der Addition:

$$w_1, w_2 \in \mathrm{W} \quad \Rightarrow \quad (w_1 + w_2) \in \mathrm{W}.$$

UV3 Abgeschlossenheit gegenüber Multiplikation mit Skalaren:

$$w \in \mathrm{W}, \alpha \in \mathbb{K} \quad \Rightarrow \quad (\alpha \cdot w) \in \mathrm{W}. \qquad \blacksquare$$

Offenbar wird eine solche Vektorraumstruktur in W induziert. Die Vektorraumstruktur allein ist noch nicht ausreichend, um physikalische Sachverhalte, insbesondere in der Quantenmechanik, umfassend zu beschreiben. Wir benötigen als nächstes Operationen innerhalb oder zwischen Vektorräumen, die die Vektoren transformieren oder auf andere Vektoren abbilden.

Definition 3.3 (Lineare Abbildung). Es seien zwei $\mathbb{K}$-Vektorräume V und W gegeben. Die Abbildung $\mathbf{A} : \mathrm{V} \to \mathrm{W}$ heißt **linear**, wenn gilt:

$$\begin{aligned} \mathbf{A}(v_1 + v_2) &= \mathbf{A}v_1 + \mathbf{A}v_2, \\ \mathbf{A}(\alpha v_1) &= \alpha \mathbf{A} v_1, \end{aligned}$$

$\forall \alpha \in \mathbb{K}, v_1, v_2 \in \mathrm{V}$. Lineare Abbildungen nennen wir **lineare Transformationen**, oder **Vektorraumhomomorphismen**, und **A** den zugehörigen **Operator**. Die Menge aller Homomorphismen $\mathrm{V} \to \mathrm{W}$ bezeichnen wir mit $\mathcal{L}(\mathrm{V}, \mathrm{W})$. $\blacksquare$

Gilt stattdessen $\mathbf{A}(\alpha v_1) = \alpha^* \mathbf{A} v_1$, so spricht man auch von **antilinearen Transformationen**. Des Weiteren erkennen wir, dass $\mathcal{L}(\mathrm{V}, \mathrm{W})$ über dem gemeinsamen Körper $\mathbb{K}$ zu einem Vektorraum wird, wenn wir für alle $v \in \mathrm{V}$ *punktweise* definieren:

$$\begin{aligned} (\alpha \mathbf{A}) v &:= \alpha(\mathbf{A} v), \\ (\mathbf{A} + \mathbf{B}) v &:= \mathbf{A} v + \mathbf{B} v, \end{aligned}$$

$$\mathbf{0}v := 0,$$
$$\mathbf{1}v := v.$$

Als letzte algebraische Struktur in diesem Abschnitt führen wir den Begriff der Algebra ein.

Definition 3.4 (Algebra). Gegeben sei der Vektorraum $\mathrm{V}_{\mathcal{L}} := \mathcal{L}(\mathrm{V},\mathrm{V}) \equiv \mathcal{L}(\mathrm{V})$ und Operatoren $\mathbf{A}_i \in \mathrm{V}_{\mathcal{L}}$ mit einer **Verknüpfung**:

$$\circ : \mathrm{V}_{\mathcal{L}} \times \mathrm{V}_{\mathcal{L}} \ni (\mathbf{A}_1, \mathbf{A}_2) \mapsto \mathbf{A}_1 \circ \mathbf{A}_2 \in \mathrm{V}_{\mathcal{L}},$$

dann heißt $\mathrm{V}_{\mathcal{L}}$ eine **Algebra** über $\mathbb{K}$, wenn gilt:

A1

$$\mathbf{A}_1 \circ (\mathbf{A}_2 + \mathbf{A}_3) = \mathbf{A}_1 \circ \mathbf{A}_2 + \mathbf{A}_1 \circ \mathbf{A}_3,$$

A2

$$(\mathbf{A}_2 + \mathbf{A}_3) \circ \mathbf{A}_1 = \mathbf{A}_2 \circ \mathbf{A}_1 + \mathbf{A}_3 \circ \mathbf{A}_1,$$

A3

$$(\alpha \mathbf{A}_1) \circ (\beta \mathbf{A}_2) = \alpha\beta(\mathbf{A}_1 \circ \mathbf{A}_2),$$

für $\alpha, \beta \in \mathbb{K}$ und $\mathbf{A}_1, \mathbf{A}_2$ und $\mathbf{A}_3 \in \mathrm{V}_{\mathcal{L}}$.

Gilt zusätzlich noch das **Kommutativgesetz**:

$$\mathbf{A}_1 \circ \mathbf{A}_2 = \mathbf{A}_2 \circ \mathbf{A}_1, \quad \forall \mathbf{A}_1, \mathbf{A}_2 \in \mathrm{V}_{\mathcal{L}},$$

so ist dies eine **kommutative Algebra**. Wir sprechen von einer **assoziativen Algebra**, wenn das **Assoziativgesetz** gilt. Eine Algebra mit einem neutralen Element ist eine **Algebra mit Identität**. ■

Die Verknüpfung ist eine binäre Operation zwischen zwei Elementen $\mathbf{A}_1$ und $\mathbf{A}_2$, etwa eine Matrixmultiplikation.

Zeige, dass das Kreuzprodukt in $\mathbb{R}^3$, die Grundstruktur einer nicht assoziativen *Algebra* bildet.
Lösung: Die *Algebra* des Kreuzproduktes ist definiert durch:

$$\times : \left(\mathbb{K}^3, \mathbb{K}^3\right) \ni (v, w) \mapsto v \times w := \begin{pmatrix} v^2w^3 - v^3w^2 \\ v^3w^1 - v^1w^3 \\ v^1w^2 - v^2w^1 \end{pmatrix} \in \mathbb{K}^3.$$

Die Bedingungen **A1–A3** sind unmittelbar durch die Definition klar. Die nicht Assoziativität sieht man durch Ausmultiplizieren an einem einfachen Beispiel. Mit e_i, $i = 1, 2, 3$ seien die kanonischen Einheitsvektoren bezeichnet, dann gilt z. B.

$$(e_1 \times e_2) \times e_2 = e_3 \times e_2 = -e_1 \neq e_1 \times (e_2 \times e_2) = 0$$ ◇

Beispiel 3.2. Die Menge der Matrizen $\mathbf{A}_i \in \mathsf{GL}_n(\mathbb{C})$, die auf einem Vektorraum $V = \mathbb{K}^n$ wirken, bilden eine assoziative und nicht kommutative Algebra mit Identität **1**, der n-dimensionalen Einheitsmatrix. ◇

Wir werden für all diese Algebren in späteren Kapiteln noch explizit Beispiele kennenlernen. Eine spezielle, auch in der Physik bedeutungsvolle Algebra ist die **Lie-Algebra**, die formal definiert ist als:

Definition 3.5 (Lie-Algebra). Eine abstrakte **Lie-Algebra** $\mathcal{G}$ über $\mathbb{K}$ ist ein Vektorraum über $\mathbb{K}$ zusammen mit einer Verknüpfung:

$$\star : \mathcal{G} \times \mathcal{G} \ni (\mathbf{A}_1, \mathbf{A}_2) \mapsto \mathbf{A}_1 \star \mathbf{A}_2 \in \mathcal{G},$$

so dass gilt:

LA1 (Anti-Vertauschung)

$$\mathbf{A}_1 \star \mathbf{A}_2 = -\mathbf{A}_2 \star \mathbf{A}_1,$$

LA2 (Linearität)

$$(\alpha \mathbf{A}_1 + \beta \mathbf{A}_2) \star \mathbf{A}_3 = \alpha \mathbf{A}_1 \star \mathbf{A}_3 + \beta \mathbf{A}_2 \star \mathbf{A}_3,$$

LA3 (Jakobi-Identität)

$$0 = \mathbf{A}_1 \star (\mathbf{A}_2 \star \mathbf{A}_3) + \mathbf{A}_2 \star (\mathbf{A}_3 \star \mathbf{A}_1) + \mathbf{A}_3 \star (\mathbf{A}_1 \star \mathbf{A}_2),$$

$\forall\, \alpha, \beta \in \mathbb{K}$ und $\mathbf{A}_1, \mathbf{A}_2$ und $\mathbf{A}_3 \in \mathcal{G}$. ■

Beispiel 3.3. Das Kreuzprodukt in $\mathbb{R}^3$ aus der vorherigen Aufgabe bildet eine Lie-Algebra. Die Bedingungen **LA1, LA2** sind klar, betrachten wir die Jakobi-Identität und nutzen die Darstellung des doppelten Kreuzproduktes

$$u \times (v \times w) = v(u \cdot w) - (u \cdot v)w,$$

wobei $u \cdot w = w \cdot u$ das Skalarprodukt aus $\mathbb{R}^3$ ist, dann folgt:

$$\begin{aligned} u \times (v \times w) + w \times (u \times v) &= v(u \cdot w) - (u \cdot v)w + u(w \cdot v) - (w \cdot u)v, \\ &= -\big(w(v \cdot u) - (v \cdot w)u\big) = -v \times (w \times u). \end{aligned}$$ ◇

Definiert man die Verknüpfung $\star$ für eine Algebra $\mathcal{G}$ durch einen **Kommutator**:

$$\mathbf{A} \star \mathbf{B} := [\mathbf{A}, \mathbf{B}] \equiv \mathbf{A} \circ \mathbf{B} - \mathbf{B} \circ \mathbf{A},$$

so gilt **LA1** und **LA2**. Die Gültigkeit der Jakobi-Identität findet man durch Ausmultiplizieren aller Kommutatoren. Als Beispiel einer geschlossenen Lie-Algebra mit Identität betrachten wir Spin-Matrizen.

Beispiel 3.4 (Spin-1/2-Algebra). Die **Pauli-Matrizen** sind definiert durch

$$\sigma_1 := \begin{pmatrix} 0 & 1 \\ 1 & 0 \end{pmatrix}, \quad \sigma_2 := \begin{pmatrix} 0 & -\mathrm{i} \\ \mathrm{i} & 0 \end{pmatrix}, \quad \sigma_3 := \begin{pmatrix} 1 & 0 \\ 0 & -1 \end{pmatrix}.$$

Sie bilden zusammen mit der Einheitsmatrix $\mathbf{1}$ eine geschlossene Algebra über $\mathbb{C}$ und es gilt:

$$\sigma_i^2 = \mathbf{1}, \quad \sigma_1\sigma_2 = \mathrm{i}\sigma_3, \quad \sigma_2\sigma_3 = \mathrm{i}\sigma_1, \quad \sigma_3\sigma_1 = \mathrm{i}\sigma_2.$$

Die **Spin-1/2-Matrizen** sind definiert durch $\mathbf{S}_i := \hbar\sigma_i/2$, wobei $\hbar$ das Planck'sche Wirkungsquantum ist.[2] Diese Matrizen erfüllen die Kommutator-Relationen

$$[\mathbf{S}_i, \mathbf{S}_j] = \mathrm{i}\hbar\epsilon_{ijk}\mathbf{S}_k, \quad i, j, k \in \{1, 2, 3\},$$

und bilden somit eine Lie-Algebra. Betrachten wir dazu exemplarisch:

$$[\mathbf{S}_1, \mathbf{S}_2] = \frac{\hbar^2}{4}(\sigma_1\sigma_2 - \sigma_2\sigma_1) = \frac{\hbar^2}{2}\mathrm{i}\sigma_3 = \mathrm{i}\hbar\mathbf{S}_3.$$

Die anderen Fälle werden analog nachgerechnet. Die Spin-1/2-Matrizen wirken in einem 2-dimensionalen komplexen Vektorraum. In der Quantenmechanik repräsentieren sie etwa den Spin eines Elektrons. ◇

Aus der linearen Algebra übertragen und wiederholen wir noch die Begriffe Bildraum, Kern und Definitionsbereich.

Definition 3.6 (Bildraum und Kern). Wir bezeichnen den **Bildraum**, bzw. **Kern** eines Operators **A** mit:

$$\mathsf{B}(\mathbf{A}) := \{\mathbf{A}v : v \in \mathsf{V}\}, \quad \mathsf{K}(\mathbf{A}) := \{v \in \mathsf{V} : \mathbf{A}v = 0\}.$$ ■

Der Definitionsbereich $\mathsf{D}(\mathbf{A})$ eines Operators ist ein Teilraum von V, also gilt $\mathsf{D}(\mathbf{A}) \subset \mathsf{V}$. An dieser Stelle schließen wir die Wiederholung über Vektorräume und Algebren ab und verweisen für eine ausführliche Diskussion über Gruppen und Algebren mit Bezug zur Physik auf die Lehrbücher *Symmetry Groups and Their Applications* von W. Miller [34] und *Group Theory and Physics* von S. Sternberg [35]. Wir wenden uns im nächsten Abschnitt den **metrischen** und **normierten** Räumen zu. Von besonderer Wichtigkeit werden die **Innenproduktträume** sein.

2 Das Planck'sche Wirkungsquantum wurde 1899 von M. Planck entdeckt und hat in SI-Einheiten den Wert $\hbar = 6.62607015\mathrm{e}^{-34}$ Js.

3.2 Metrische und normierte Räume

In der Physik ist es wichtig, Abstände in Räumen zu quantifizieren. Ohne eine Vektorraum Struktur kann dies durch eine Metrik erreicht werden. In Vektorräumen durch Normen, die eine Metrik induzieren. In den nächsten Abschnitten werden wir Metriken und Normen definieren und deren Zusammenhang diskutieren.

3.2.1 Metrische Räume

Die einfachste Abstandsstruktur in einer Menge X ist eine Abbildung aus X nach $\mathbb{R}^+$, die bestimmte anschauliche Eigenschaften besitzt, die uns beim Umgang mit Abständen vertraut sind.

Definition 3.7 (Metrik). Auf einer Menge X sei eine Abbildung:

$$d(\cdot,\cdot) : \mathrm{X} \times \mathrm{X} \ni (x,y) \mapsto d(x,y) \in \mathbb{R}$$

definiert. Wir nennen diese Abbildung eine **Metrik**, wenn für alle $x, y, z \in \mathrm{X}$ gilt:
M1 (positive Definitheit)

$$d(x,y) \geq 0, \quad \text{wobei } d(x,y) = 0 \Leftrightarrow x = y,$$

M2 (Symmetrie):

$$d(x,y) = d(y,x),$$

M3 (Dreiecksungleichung):

$$d(x,y) \leq d(x,z) + d(z,y).$$

Eine Menge X mit einer Metrik $d(\cdot,\cdot)$ nennen wir einen **metrischen Raum**, und bezeichnen ihn mit $(\mathrm{X}, d(\cdot,\cdot))$. ■

Es sei bemerkt, dass die Bedingung $d(x,y) \geq 0$ nicht gebraucht wird, diese folgt aus den anderen Bedingungen. Betrachte dazu die Dreiecksungleichung mit $x = y$ und dem zweiten Teil **M1**, dann folgt:

$$0 = d(x,x) \leq d(x,z) + d(z,x) = 2d(x,z).$$

Also ist $d(x,z) \geq 0, \forall x,z \in \mathrm{X}$.

Schauen wir uns einfache Beispiele an.

Beispiel 3.5. Sei $\mathrm{X} = \mathbb{C}$, dann sind die folgenden Abbildungen Metriken:

(i)

$$d(z_1, z_2) := |z_1 - z_2|.$$

Hier braucht nichts gezeigt werden, die Eigenschaften sind klar.

(ii)

$$d_1(z_1, z_2) := \frac{|z_1 - z_2|}{1 + |z_1 - z_2|}. \tag{3.1}$$

Axiom **M1** und **M2** sind unmittelbar aus den Eigenschaften $d(z_1, z_2)$ klar. Um **M3** zu zeigen, betrachten wir die Funktion $\mathbb{R}^+ \ni x \mapsto f(x) := x/(1 + x)$. Dies ist eine strikt monoton steigende und konvexe Funktion, für die gilt: $f(x+y) \leq f(x)+f(y)$. Daraus folgt:

$$d_1(z_1, z_2) = f(|z_1 - z_2|) \leq f(|z_1 - z_3|) + f(|z_2 - z_3|) = d_1(z_1, z_3) + d_1(z_3, z_2).$$

Aus der Definition von $f(x)$ folgt: $0 \leq d_1(z_1, z_2) \leq 1$. Damit haben wir eine Metrik, die beschränkt ist. ◇

3.2.2 Normierte Räume

Betrachten wir Abstände in Vektorräumen, die sich durch **Normen** realisieren lassen. Wir werden sehen, dass es eine Vielzahl von Realisierungen von Normen gibt. Je nach Situation kann die ein oder andere Form günstig sein. Auf die Eigenschaften von Äquivalenzen von Normen unter bestimmten Voraussetzungen gehen wir hier nicht ein und verweisen auf die Ausführungen in [30]. Für die Betrachtungen hier ist es wichtig, dass wir durch Normen den Begriff der Abstände von Vektoren untereinander quantifizieren.

Definition 3.8 (Norm). Auf einem $\mathbb{K}$-Vektorraum V sei eine Abbildung:

$$\|\cdot\| : V \ni v \mapsto \|v\| \in \mathbb{R}$$

definiert. Wir nennen diese Abbildung eine **Norm**, wenn folgende Axiome gelten:

N1 (positive Definitheit):

$$\|v\| \geq 0, \quad \text{wobei} \quad \|v\| = 0 \Leftrightarrow v = 0,$$

N2 (Homogenität):

$$\|\alpha v\| = |\alpha| \|v\|,$$

N3 (Dreiecksungleichung):

$$\|v_1 + v_2\| \leq \|v_1\| + \|v_2\|.$$

Einen Vektorraum mit einer Norm nennen wir einen **normierten Raum**, und bezeichnen ihn mit $(V, \|\cdot\|)$. Ist der zweite Teil aus **N1** nicht gegeben, so sprechen wir von einer **Halbnorm**. ■

Aus jeder Norm $\|\cdot\|$ auf V definiert sich durch

$$d(v_1, v_2) := \|v_1 - v_2\|, \qquad v_1, v_2 \in V,$$

eine Metrik auf V, die man auch die **kanonische Metrik** nennt. Umgekehrt ist dies aber nicht richtig, wie das Beispiel der d_1-Metrik aus (3.1) zeigt, denn es gilt dann im Allgemeinen nicht die Homogenitätseigenschaft $d_1(az, 0) \neq |a|d_1(z, 0)$. Eine vielfach verwendete Eigenschaft der Norm ist die *inverse Dreiecksungleichung*:

Lemma 3.1. *Sei $\|\cdot\|$ eine Norm auf V, dann gilt für alle $v_1, v_2 \in V$:*

$$\|v_1 \pm v_2\| \geq \big|\|v_1\| - \|v_2\|\big|. \tag{3.2}$$

Beweis. Betrachten wir zunächst den '-'-Fall. Mithilfe der Dreiecksungleichung **N3** folgt:

$$\|v_1\| = \|v_1 - v_2 + v_2\| \leq \|v_1 - v_2\| + \|v_2\|,$$

und damit folgt:

$$\|v_1\| - \|v_2\| \leq \|v_1 - v_2\|.$$

Vertauschen wir die Indizes 1 und 2 und erhalten:

$$\|v_2\| - \|v_1\| = -(\|v_1\| - \|v_2\|) \leq \|v_2 - v_1\| = \|v_1 - v_2\|.$$

Aus beiden Ungleichungen folgt (3.2) für den Fall des '-'-Zeichens. Ersetzt man $v_2 \mapsto -v_2$, so folgt der '+'-Fall. □

Sehen wir uns Konvergenzeigenschaften von Vektorfolgen an und definieren aufbauend daraus eine zusätzliche Struktur von normierten Räumen. Zunächst erklären wir, was Konvergenz in Vektorräumen bedeuten soll.

Definition 3.9 (konvergent). Eine Folge $v_n \in V$ heißt **konvergent** in V, wenn ein $v \in V$ existiert, sodass gilt:

$$\|v_n - v\| \overset{n\to\infty}{\longrightarrow} 0.$$

Wir schreiben dann dafür auch äquivalent und abkürzend:

$$v_n \longrightarrow v \quad \Leftrightarrow \quad v = \lim_{n\to\infty} v_n.$$ ■

Der Grenzwert einer Folge ist damit ebenfalls ein Element des Vektorraums, wenn die Folge konvergiert. Die Frage, ob die Addition von Folgen und Vielfache von Folgen konvergieren, klärt der folgende Satz.

Satz 3.1. *Es sei ein normierter Raum* $(\mathrm{V}, \|\cdot\|)$ *gegeben mit den Folgen* $v_n, \tilde{v}_m \in \mathrm{V}$ *und der Folge* $\alpha_n \in \mathbb{K}$, *sowie den Konvergenzeigenschaften:*

$$v_n \longrightarrow v, \quad \tilde{v}_m \longrightarrow \tilde{v}, \quad \alpha_n \longrightarrow \alpha,$$

dann gilt:

$$\begin{aligned} &\text{(i)} \quad v_n + \tilde{v}_m \longrightarrow v + \tilde{v}, \\ &\text{(ii)} \quad \alpha_n v_n \longrightarrow \alpha v, \\ &\text{(iii)} \quad \|v_n\| \longrightarrow \|v\|. \end{aligned}$$

Beweis. Zum Beweis benutzen wir die Normeigenschaften **N1–N3**:

(i)

$$\|v_n + \tilde{v}_m - (v + \tilde{v})\| = \|v_n - v + \tilde{v}_m - \tilde{v}\| \le \|v_n - v\| + \|\tilde{v}_m - \tilde{v}\| \longrightarrow 0,$$

(ii)

$$\begin{aligned} \|\alpha_n v_n - \alpha v\| = \|\alpha_n(v_n - v) + (\alpha_n - \alpha)v\| &\le \|\alpha_n(v_n - v)\| + \|(\alpha_n - \alpha)v\| \\ &\le |\alpha_n|\|v_n - v\| + |\alpha_n - \alpha|\|v\| \longrightarrow 0, \end{aligned}$$

(iii)

$$0 \longleftarrow \|v_n - v\| \ge |\|v_n\| - \|v\|| \ge 0.$$

□

Betrachten wir einige Beispiele ohne im Einzelfall die Normaxiome zu zeigen.

Beispiel 3.6 (Normen).
Euklidische Norm $(\|\cdot\|_2)$

$$(\mathbb{K}^n, \|\cdot\|_2): \quad \|a\|_2 := \sqrt{\sum_{l=1}^{n} |a_l|^2}, \quad (a_1, \dots, a_n) \in \mathbb{K}^n,$$

$$(\mathcal{C}([a,b]), \|\cdot\|_2): \quad \|f\|_2 := \sqrt{\int_a^b \mathrm{d}t\, |f(t)|^2}, \quad f \in \mathcal{C}([a,b]).$$

p-**Norm** $(\|\cdot\|_p, 1 < p < \infty)$

$$(\ell^p, \|\cdot\|_p): \quad \|a\|_p := \left(\sum_{l=1}^{\infty} |a_l|^p\right)^{1/p}, \quad (a_1, \dots, a_n, \dots) \in \ell^p,$$

$$(L^p([a,b]), \|\cdot\|_p): \quad \|f\|_p := \left(\int_a^b \mathrm{d}t\, |f(t)|^p\right)^{1/p}, \quad f \in L^p([a,b]).$$

Betragsnorm ($\|\cdot\|_1$)

$$(\ell^1, \|\cdot\|_1): \quad \|a\|_1 := \sum_{l=1}^{\infty} |a_l|, \quad (a_1, \ldots, a_n, \ldots) \in \ell^1,$$

$$(L^1([a,b]), \|\cdot\|_1): \quad \|f\|_1 := \int_a^b \mathrm{d}t\, |f(t)|, \quad f \in L^1([a,b]).$$

Supremumsnorm ($\|\cdot\|_\infty$)

$$(C^{(n)}([a,b]), \|\cdot\|_\infty): \quad \|f\|_\infty := \sup_{t\in[a,b]} |f(t)|, \quad f \in C^{(n)}([a,b]),$$

$$(\ell^\infty, \|\cdot\|_\infty): \quad \|a\|_\infty := \sup_i |a_i|, \quad (a_1, a_2, \ldots) \in \ell^\infty.$$ ◇

Die Räume ℓ^p sowie L^p spielen eine wichtige Rolle in der Physik. Es sei an dieser Stelle bemerkt, dass Räume mit $0 < p < 1$ keine normierten Räume definieren. Der Grund hierfür ist, dass die Minkowski-Ungleichung (A.2a) für diese Räume nicht erfüllt ist, z. B. gilt für ℓ^p:

$$\left(\sum_n |a_n + a'_n|^p\right)^{1/p} \le \left(\sum_n |a_n|^p\right)^{1/p} + \left(\sum_n |a'_n|^p\right)^{1/p}, \quad (1 \le p),$$

und für $0 < p < 1$ gilt:

$$\sum_n |a_n + a'_n|^p \le \sum_n |a_n|^p + \sum_n |a'_n|^p, \quad (0 < p < 1).$$

Würde man nun die Definition der Norm in den l^p-Räumen abändern, indem man die $1/p$-Wurzel entfernt, so würde man die Homogenitätseigenschaft **N2** der Norm verlieren.

3.2.3 Matrixnormen

Matrixnormen sind ein essentieller Teil der linearen Algebra, der es ermöglicht, *Größen* von Matrizen zu messen und zu vergleichen. Sie sind ein wichtiges Werkzeug für die Analyse von linearen Gleichungssystemen, Differentialgleichungen und Optimierungsproblemen. Eine **Matrixnorm** $\|\cdot\| : \mathbb{K}^{m\times n} \ni \mathbf{A} \mapsto \|\mathbf{A}\| \in \mathbb{R}_0^+$, ist eine Abbildung, die die entsprechenden Bedingungen **N1**–**N3** für Matrizen **A** erfüllt. Eine zusätzliche Charakterisierung von Matrixnormen ist die Submultiplikativität.

Definition 3.10. Eine Matrixnorm $\|\cdot\|$ nennen wir **submultiplikativ**, wenn für Matrizen $\mathbf{A} \in \mathbb{K}^{n\times m}, \mathbf{B} \in \mathbb{K}^{m\times k}$ gilt

$$\textbf{N4} \quad \|\mathbf{AB}\| \le \|\mathbf{A}\|\|\mathbf{B}\|.$$ ■

Es handelt sich aufgrund der Dimensionen der Matrizen im Allgemeinen um drei verschiedene Normen. Wir bezeichnen die Elemente der Matrix mit $a_{ij} = (\mathbf{A})_{ij}$ und bezeichnen mit $\mathbf{A}^\dagger = \bar{\mathbf{A}}^t$ die transponiert und komplex konjugierte Matrix, also die adjungierte Matrix.

---

i Die gebräuchliche Notation in der Mathematik lautet $\mathbf{A}^\dagger \equiv \mathbf{A}^H = \bar{\mathbf{A}}^T$.

Aus den Vektornormen können Matrixnormen abgeleitet werden, indem die Elemente der Matrix als Vektoren aus dem $\mathbb{K}^{m\cdot n}$ aufgefasst werden. Eine durch die Vektorraum-Abbildung $\mathbb{K}^{m\times n} \ni \mathbf{A} : \mathbb{K}^n \ni v \mapsto \mathbf{A}v \in \mathbb{K}^m$ induzierte Matrixnorm, nennt man **natürlich**, falls gilt:

$$\|\mathbf{A}\| = \max_{v\neq 0} \frac{\|\mathbf{A}v\|_{K^m}}{\|v\|_{K^n}} = \max_{\|v\|_{\mathbb{K}^n}=1} \|\mathbf{A}v\|_{K^m},$$

dabei bezeichnet $\|\cdot\|_{K^n}$ eine Matrixnorm im Vektorraum $V = \mathbb{K}^n$. Eine Norm, die aus einer Vektornorm abgeleitet wurde, ist **verträglich**, das heißt es gilt:

$$\|\mathbf{A}v\| \leq \|\mathbf{A}\| \cdot \|v\|.$$

Eine natürliche Norm ist damit auch submultiplikativ, denn es gilt:

$$\|\mathbf{AB}\| = \max_{\|v\|=1}\|\mathbf{AB}v\| \leq \max_{\|v\|=1}\|\mathbf{A}\|\|\mathbf{B}v\| = \|\mathbf{A}\|\|\mathbf{B}\|.$$

Im folgenden Beispiel sind gebräuchliche Matrixnormen angegeben und diskutiert.

Beispiel 3.7 (Matrixnormen). Beispiele für Matrixnormen sind:

$$\textbf{Maximumsnorm:} \quad \|\mathbf{A}\|_M := \max_{\substack{i=1,\dots,m\\ j=1,\dots,n}} |a_{ij}|.$$

Die Maximumsnorm ist abgeleitet aus der Vektorraumnorm $\|w\|_{K^{mn}}$, in der w der Vektor aller Matrixelemente der Matrix $\mathbf{A} \in \mathbb{K}^{m\times n}$ repräsentiert. Sie ist nicht submultiplikativ, kann aber durch die sogenannte Gesamtnorm $\|\mathbf{A}\|_G := \sqrt{mn}\|\mathbf{A}\|_M$ submultiplikativ gemacht werden. Siehe dazu die Aufgabe am Ende des Kapitels.

$$\textbf{Frobeniusnorm:} \quad \|\mathbf{A}\|_F := \sqrt{\sum_{i=1}^{m}\sum_{j=1}^{n} |a_{ij}|^2} = \sqrt{\mathrm{Sp}(\mathbf{A}^\dagger\mathbf{A})}.$$

Die Frobeniusnorm ist die Euklidische Norm im $\mathbb{K}^{mn}$ und ist submultiplikativ, dies zeigt man mit Hilfe der Cauchy-Schwarz'chen Ungleichung. Unmittelbar folgt $\|\mathbf{A}\|_F = \sqrt{\mathrm{Sp}(\mathbf{A}^\dagger\mathbf{A})} = \sqrt{\mathrm{Sp}(\mathbf{A}\mathbf{A}^\dagger)} = \|\mathbf{A}^\dagger\|_F$.

$$\textbf{Spektralnorm:} \quad \|\mathbf{A}\|_2 := \max_{\|v\|_2=1} \|\mathbf{A}v\|_2 = \sqrt{\lambda_{\max}(\mathbf{A}^\dagger \mathbf{A})}.$$

Die Spektralnorm ist eine natürliche Norm, die durch die Euklidische Norm induziert wird. In der zweiten Darstellung ist $\lambda_{\max}(\mathbf{A}^\dagger\mathbf{A})$ der größte Eigenwert von $\mathbf{A}^\dagger\mathbf{A}$. Ist $\mathbf{A}$ selbst hermitesch, so sind die Eigenwerte $\sigma_1, \ldots, \sigma_n$ von $\mathbf{A}$ reel und es gilt $\|\mathbf{A}\|_2^2 = \max_l |\sigma_l|^2$. Siehe hierzu die Aufgabe am Ende des Kapitels.

$$\textbf{Zeilensummennorm:} \quad \|\mathbf{A}\|_\infty := \max_{\|v\|_\infty=1} \|\mathbf{A}v\|_\infty = \max_{i=1,\ldots,m} \sum_{j=1}^{n} |a_{ij}|.$$

Die Zeilensummennorm ist durch die Maximumsnorm je Zeile induziert.

$$\textbf{Spaltensummennorm:} \quad \|\mathbf{A}\|_1 := \max_{\|v\|_1=1} \|\mathbf{A}v\|_1 \max_{j=1,\ldots,n} = \sum_{i=1}^{m} |a_{ij}|.$$

Die Spaltensummennorm ist durch die Maximumsnorm je Spalte induziert. ◇

Wie aus den Definitionen zu erkennen ist, kann je nach Situation die Berechnung unterschiedlich komplex oder aufwendig sein. Alle diese Normen sind aber äquivalent in dem Sinne, dass für je zwei Matrixnormen $\|\cdot\|_a$ und $\|\cdot\|_b$ positive Konstante α_1, α_2 existieren, sodass gilt (siehe [36]):

$$\alpha_1 \|\cdot\|_a \leq \|\cdot\|_b \leq \alpha_2 \|\cdot\|_a.$$

Dies kann man auch schreiben als

$$\|\cdot\|_a \leq \alpha_{ab} \|\cdot\|_b. \tag{3.3}$$

Alle Konstanten α_{ab}, der oben betrachteten Matrixnormen, sind in Tabelle 3.1 zusammengefasst:

Tab. 3.1: Die Konstanten α_{ab} aus der Ungleichung (3.3) für die über eine Vektornorm definierten Normen $\|\cdot\|_{M,F}$ und die natürlichen Normen $\|\cdot\|_{1,2,\infty}$.

$a \setminus b$	M	F	1	2	∞
M	1	1	1	1	1
F	$\sqrt{mn}$	1	$\sqrt{n}$	$\sqrt{\text{rang}(\mathbf{A})}$	$\sqrt{m}$
1	m	$\sqrt{m}$	1	$\sqrt{m}$	m
2	$\sqrt{mn}$	1	$\sqrt{n}$	1	$\sqrt{m}$
∞	n	$\sqrt{n}$	n	$\sqrt{n}$	1

Zu einer quadratischen Matrix $\mathbf{A} \in \mathbb{K}^{n\times n}$ mit Eigenwert λ, gehört ein nicht verschwindender Eigenvektor v_λ, sodass gilt $\mathbf{A}v_\lambda = \lambda v_\lambda$. Für eine submultiplikative Norm folgt:

$$|\lambda|\|v_\lambda\| = \|\mathbf{A}v_\lambda\| \le \|\mathbf{A}\|\|v_\lambda\|,$$

und daraus für alle Eigenwerte:

$$|\lambda| \le \|\mathbf{A}\|.$$

Damit ist jede submultiplikative Matrixnorm größer als der betragsmäßig größte Eigenwert. In der Praxis wird die Norm einer Inversen Matrix benötigt. Wie diese durch eine natürliche Normen ausgedrückt wird, zeigt das folgende Lemma.

Lemma 3.2. *Für eine reguläre Matrix* $\mathbf{A} \in \mathbb{K}^{n\times n}$ *gilt:*

$$\|\mathbf{A}^{-1}\| = \Big(\min_{\|v\|=1}\|\mathbf{A}v\|\Big)^{-1}.$$

Beweis. Da es eine reguläre Matrix ist, existiert die Inverse $\mathbf{A}^{-1}$, und damit:

$$\|\mathbf{A}^{-1}\| = \max_{\|v\|=1}\|\mathbf{A}^{-1}v\| \overset{v=\mathbf{A}w}{=} \max_{\|\mathbf{A}w\|=1}\|w\| = \Big(\min_{\|\mathbf{A}w\|=1}\|w\|^{-1}\Big)^{-1}.$$

Nun führen wir die Transformation $w = x/\|\mathbf{A}x\|$ mit $x \neq 0$ durch:

$$\|\mathbf{A}^{-1}\| = \left(\min_{x\neq 0}\frac{\|\mathbf{A}x\|}{\|x\|}\right)^{-1} = \Big(\min_{\|x\|=1}\|\mathbf{A}x\|\Big)^{-1}. \qquad \square$$

Ein nützliches Werkzeug, um die Genauigkeit von numerischen Berechnungen zu beurteilen, ist die Kondition einer Matrix:

$$\kappa(\mathbf{A}) := \|\mathbf{A}\|\|\mathbf{A}^{-1}\|.$$

Die Kondition gibt zum Beispiel an, wie empfindlich eine Lösung x des Gleichungssystemen $\mathbf{A}x = w$ von einer *fehlerbehafteten* rechten Seite w abhängt. Schauen wir uns dies explizit als Aufgabe an.

Gegeben sei das ungestörte Gleichungssystemen $\mathbf{A}x = w$. Betrachte eine Störung der rechten Seite durch $w \to w + \delta w$ und drücke den dadurch induzierten relativen Fehler $\|\delta x\|/\|x\|$ durch $\kappa(\mathbf{A})$ aus.

Beweis. Sei die gestörte Lösung mit $x + \delta x$ bezeichnet, dann lautet das gesamte gestörte Gleichungssystem: $\mathbf{A}(x + \delta x) = (w + \delta w)$. Damit folgt durch Einsetzen der Lösung des ungestörten Gleichungssystems: $\delta x = \mathbf{A}^{-1}\delta w$ und daraus für eine submultiplikative Norm:

$$\|\delta x\| = \|\mathbf{A}^{-1}\delta w\| \le \|\mathbf{A}^{-1}\|\|\delta w\|.$$

Es gilt $\|w\| = \|\mathbf{A}x\| \le \|\mathbf{A}\|\|x\|$, damit folgt für den relativen Fehler der Lösung

$$\frac{\|\delta x\|}{\|x\|} \le \|\mathbf{A}^{-1}\|\frac{\|\delta w\|}{\|x\|} \le \|\mathbf{A}^{-1}\|\|\mathbf{A}\|\frac{\|\delta w\|}{\|w\|} = \kappa(\mathbf{A})\frac{\|\delta w\|}{\|w\|}. \qquad \diamond$$

3.2.4 Innenproduktraum

Metriken und Normen repräsentieren Abstände in den Räumen. Wir benötigen außer den Abständen aber auch Winkel zwischen Vektoren in Vektorräumen. Aus der linearen Algebra ist der Begriffe des Winkels zwischen Vektoren klar. Der Winkel lässt sich durch ein Skalarprodukt darstellen. Deswegen definieren wir zunächst formal das Skalarprodukt.

Definition 3.11 (Skalarprodukt). Auf einem $\mathbb{K}$-Vektorraum V sei eine Abbildung:

$$\langle \cdot \mid \cdot \rangle : \mathrm{V} \times \mathrm{V} \ni (v_1, v_2) \mapsto \langle v_1 \mid v_2 \rangle \in (\mathbb{R} \text{ oder } \mathbb{C})$$

definiert. Wir nennen diese Abbildung ein **Skalarprodukt**, wenn folgende Axiome für alle $v, v_{1,2} \in \mathrm{V}$ und $\alpha \in \mathbb{K}$ gelten:

S1

$$\langle v \mid v \rangle \geq 0, \quad \text{wobei } \langle v \mid v \rangle = 0 \Leftrightarrow v = 0,$$

S2

$$\langle v_1 \mid \alpha v_2 \rangle = \alpha \langle v_1 \mid v_2 \rangle,$$

S3

$$\langle v \mid v_1 + v_2 \rangle = \langle v \mid v_1 \rangle + \langle v \mid v_2 \rangle,$$

S4

$$\langle v_1 \mid v_2 \rangle = \overline{\langle v_2 \mid v_1 \rangle}.$$

Einen Vektorraum V zusammen mit einem Skalarprodukt $\langle \cdot \mid \cdot \rangle$ nennen wir einen **Prähilbertraum** oder **Innenproduktraum**. ■

Für den Fall $\mathbb{K} = \mathbb{R}$ bezeichnet man den Prähilbertraum auch als **Euklidischen Raum**, für $\mathbb{K} = \mathbb{C}$ als **unitären Raum**. Letzterer Begriff wird häufig in der Physik verwendet. Aus diesen Definitionen folgt sofort, dass mit

$$\|v\|_2 := \sqrt{\langle v \mid v \rangle}, \quad v \in \mathrm{V},$$

eine Norm auf V erklärt wird, die wir die **kanonische Norm** auf V nennen. Die Normaxiome **N1–N3** folgen in diesem Fall unmittelbar aus den Definitionen **S1–S3**. Betrachten wir hierzu relevante Beispiele:

Beispiel 3.8 (Skalarprodukte).
(i) $(\ell^2, \|\cdot\|_2)$:

$$\langle \alpha \mid \beta \rangle := \sum_n \bar{\alpha}_n \beta_n, \quad (\alpha_1, \alpha_2, \ldots), (\beta_1, \beta_2, \ldots) \in \ell^2. \tag{3.4}$$

Dieses Skalarprodukt erzeugt die Euklidische Norm $\|\cdot\|_2$ als kanonische Norm.

(ii) $(\mathcal{C}([a,b]), \|\cdot\|_2)$:

$$\langle f \mid g \rangle := \int_a^b \mathrm{d}t \bar{f}(t) g(t), \quad f, g \in \mathcal{C}([a,b]). \tag{3.5}$$

Auch in diesem Fall erzeugt die Norm $\|\cdot\|_2$ die kanonische Norm.

(iii) $(\mathcal{C}([a,b]), \|\cdot\|_2^w)$:

$$\langle f \mid g \rangle := \int_a^b \mathrm{d}t w(t) \bar{f}(t) g(t), \quad f, g \in \mathcal{C}([a,b]),$$

mit einer Gewichtsfunktion $w(t) \in \mathcal{C}([a,b])$, für die gilt $w(t) > 0$. Aufgrund der Positivität der Gewichtsfunktion $w(t)$ prüft man schnell nach, dass dies ein Skalarprodukt ist. ◇

Eine Norm, die durch ein Skalarprodukt erzeugt wird, hat folgende zusammengefasste Eigenschaften:

Satz 3.2. *Sei ein $\mathbb{K}$-Vektorraum mit einer kanonischen Norm $\|\cdot\| = \sqrt{\langle \cdot \mid \cdot \rangle}$ gegeben, dann gilt für alle $v_1, v_2 \in V, \alpha \in \mathbb{K}$:*

(i) ***Schwarz'sche Ungleichung:***

$$|\langle v_1 \mid v_2 \rangle| \leq \|v_1\| \, \|v_2\|,$$

dabei gilt speziell für das Gleichheitszeichen: $\langle v_1 \mid v_2 \rangle = \|v_1\| \|v_2\|$, genau dann wenn $v_1 = \alpha v_2$ oder $v_2 = \alpha v_1$ mit $\alpha \geq 0$ gilt,

(ii) ***Kolinearität:***

$$\|v_1 + v_2\| = \|v_1\| + \|v_2\| \quad \Leftrightarrow \quad \exists \alpha \geq 0 \quad \textit{mit } v_1 = \alpha v_2 \textit{ oder } v_2 = \alpha v_1,$$

(iii) ***Parallelogrammidentität:***

$$\|v_1 + v_2\|^2 + \|v_1 - v_2\|^2 = 2(\|v_1\|^2 + \|v_2\|^2), \tag{3.6}$$

(iv) ***Polarisierungsidentität*** $(\mathbb{K} = \mathbb{R})$*:*

$$\langle v_1 \mid v_2 \rangle = \frac{1}{4}(\|v_1 + v_2\|^2 - \|v_1 - v_2\|^2), \tag{3.7}$$

(v) ***Polarisierungsidentität*** $(\mathbb{K} = \mathbb{C})$*:*

$$\langle v_1 \mid v_2 \rangle = \frac{1}{4}(\|v_1 + v_2\|^2 - \|v_1 - v_2\|^2 + \mathrm{i}\|v_1 - \mathrm{i}v_2\|^2 - \mathrm{i}\|v_1 + \mathrm{i}v_2\|^2). \tag{3.8}$$

Beweis.

(i) Wir betrachten

$$0 \leq \langle v_1 + \alpha v_2 \mid v_1 + \alpha v_2 \rangle = \langle v_1 \mid v_1 \rangle + |\alpha|^2 \langle v_2 \mid v_2 \rangle + \alpha \langle v_1 \mid v_2 \rangle + \bar{\alpha} \langle v_2 \mid v_1 \rangle.$$

Dies gilt für alle $v_1, v_2 \in V$ und $\alpha \in \mathbb{K}$. Wählen wir speziell $\alpha = -\langle v_2 \mid v_1 \rangle / \|v_2\|^2$, wobei wir annehmen $\|v_2\| \neq 0$, andernfalls ist die Behauptung klar. Setzen wir dies ein, so folgt:

$$0 \leq \|v_1\|^2 + \frac{|\langle v_1 \mid v_2 \rangle|^2}{\|v_2\|^2} - 2\frac{\langle v_1 \mid v_2 \rangle \langle v_2 \mid v_1 \rangle}{\|v_2\|^2} = \|v_1\|^2 - \frac{|\langle v_1 \mid v_2 \rangle|^2}{\|v_2\|^2}.$$

Umstellen dieser Ungleichung und ein Wurzelziehen ergibt die Schwarz'sche Ungleichung. Gilt $v_1 = \alpha v_2$ oder $v_2 = \alpha v_1$ mit $\alpha \geq 0$, so ist unmittelbar klar, dass $\langle v_1 \mid v_2 \rangle = \|v_1\| \|v_2\|$ gilt. Den umgekehrten Fall erhält man durch Betrachtung von $0 = \|v_1 - \alpha v_2\|^2, \alpha \in \mathbb{R}$ und der Verwendung der Voraussetzung $\langle v_1 \mid v_2 \rangle = \|v_1\| \|v_2\|$, für $v_1, v_2 \in V$.

(ii) Dies kann durch Quadrieren auf (i) zurückgeführt werden.

(iii) Dies ergibt sich durch einfaches Ausmultiplizieren:

$$\begin{aligned} \|v_1 + v_2\|^2 + \|v_1 - v_2\|^2 &= \langle v_1 + v_2 \mid v_1 + v_2 \rangle + \langle v_1 - v_2 \mid v_1 - v_2 \rangle \\ &= 2(\langle v_1 \mid v_1 \rangle + \langle v_2 \mid v_2 \rangle). \end{aligned}$$

(iv) Für $\mathbb{K} = \mathbb{R}$ gilt mit $\langle v_1 \mid v_2 \rangle = \langle v_2 \mid v_1 \rangle$:

$$\|v_1 + v_2\|^2 - \|v_1 - v_2\|^2 = \langle v_1 + v_2 \mid v_1 + v_2 \rangle - \langle v_1 - v_2 \mid v_1 - v_2 \rangle = 4\langle v_1 \mid v_2 \rangle.$$

(v) Analog durch Ausmultiplizieren der rechten Seite. □

Da auf jedem Prähilbertraum die kanonische Norm existiert, ist ein Prähilbertraum immer auch als normierter Raum aufzufassen, wobei die Norm die induzierte kanonische Norm ist. Dies werden wir dann, wenn nicht anders erwähnt annehmen. Aus diesem Grund nennt man sie auch kanonische Norm.

Satz 3.3 (Jordan und von Neumann). *Eine Norm* $\|\cdot\|$ *auf einem* $\mathbb{K}$*-Vektorraum* V *lässt sich genau dann durch ein Skalarprodukt* $\langle \cdot \mid \cdot \rangle$ *erzeugen, wenn die Parallelogrammidentität* (3.6) *erfüllt ist. Das Skalarprodukt ist dann durch die Polarisierungsidentität* (3.7) *bzw.* (3.8) *gegeben.*

Beweis. Wir zeigen hier nur den Fall $\mathbb{K} = \mathbb{R}$. Der Fall $\mathbb{K} = \mathbb{C}$ findet sich beispielsweise in [32].

(i) Sei zunächst ein Skalarprodukt gegeben und die Norm durch $\|v\|_2 := \sqrt{\langle v \mid v \rangle}$ definiert. Die Parallelogrammidentität folgt durch die Skalaprodukteigenschaften:

$$\begin{aligned}\|v_1+v_2\|^2+\|v_1-v_2\|^2 &= \langle v_1+v_2 \mid v_1+v_2\rangle + \langle v_1-v_2 \mid v_1-v_2\rangle \\ &= 2(\langle v_1 \mid v_1\rangle + \langle v_2 \mid v_2\rangle + 2\langle v_1 \mid v_2\rangle - 2\langle v_1 \mid v_2\rangle) \\ &= 2(\|v_1\|^2+\|v_2\|^2).\end{aligned}$$

Das Skalaprodukt kann nun durch (3.7) aus der Norm wieder gewonnen werden.

(ii) Sei nun eine Norm gegeben, die die Parallelogrammidentität erfüllt. Dann definieren wir das Skalarprodukt via (3.7) und zeigen, dass dieses die geforderten Eigenschaften **S1–S4** besitzt.

S1

$$\langle v \mid v\rangle = \frac{1}{4}(\|v+v\|^2 - \|v-v\|^2) = \|v\|^2.$$

S4

$$\langle v_1 \mid v_2\rangle = \frac{1}{4}(\|v_1+v_2\|^2 - \|v_1-v_2\|^2) = \frac{1}{4}(\|v_2+v_1\|^2 - \|v_2-v_1\|^2) = \langle v_2 \mid v_1\rangle.$$

S3

$$\begin{aligned}\langle v \mid v_1\rangle + \langle v \mid v_2\rangle &= \frac{1}{4}(\|v+v_1\|^2 - \|v-v_1\|^2 + \|v+v_2\|^2 - \|v-v_2\|^2) \\ &= \frac{1}{4}\left(\left\|v+\frac{v_1+v_2}{2}+\frac{v_1-v_2}{2}\right\|^2 + \left\|v+\frac{v_2+v_1}{2}+\frac{v_2-v_1}{2}\right\|^2\right. \\ &\quad \left. - (v_{1,2} \leftrightarrow -v_{1,2})\right) \\ &\overset{(3.6)}{=} \frac{1}{2}\left(\left\|v+\frac{v_1+v_2}{2}\right\|^2 + \left\|\frac{v_1-v_2}{2}\right\|^2 - \left\|v-\frac{v_1+v_2}{2}\right\|^2 - \left\|-\frac{v_1-v_2}{2}\right\|^2\right) \\ &= \frac{1}{2}\left(\left\|v+\frac{v_1+v_2}{2}\right\|^2 - \left\|v-\frac{v_1+v_2}{2}\right\|^2\right) \equiv 2\left\langle v \,\middle|\, \frac{v_1+v_2}{2}\right\rangle.\end{aligned}$$

Wählt man $v_2 = 0$, so gilt $\langle v \mid v_1\rangle = 2\langle v \mid v_1/2\rangle$ und damit folgt insgesamt durch Ersetzen von $v_1 \mapsto v_1 + v_2$:

$$\langle v \mid v_1\rangle + \langle v \mid v_2\rangle = 2\left\langle v \,\middle|\, \frac{v_1+v_2}{2}\right\rangle = \langle v \mid v_1+v_2\rangle.$$

S2 Induktiv folgt:

$$\frac{m}{2^n}\langle v_1 \mid v_2\rangle = \left\langle v_1 \,\middle|\, \frac{m}{2^n}v_2\right\rangle, \quad \forall n, m \in \mathbb{N}.$$

Zu jedem $\alpha \in \mathbb{R}^+$ kann man nun eine Folge $\alpha_k = m_k/2^{n_k}$ konstruieren, die für $k \to \infty$ gegen α konvergiert. Nun gilt unter Verwendung von (3.2) die Abschätzung:

$$0 \le |\|v_1 \pm \alpha_k v_2\| - \|v_1 \pm \alpha v_2\|| \le \|v_1 \pm \alpha_k v_2 - (v_1 \pm \alpha v_2)\| \le |\alpha_k - \alpha|\|v_2\|.$$

Die rechte Seite geht gegen Null für $k \to \infty$, also folgt

$$\langle v_1 \mid a_k v_2 \rangle \longrightarrow \langle v_1 \mid a v_2 \rangle,$$

und hieraus folgt

$$a \langle v_1 \mid v_2 \rangle = \lim_{k \to \infty} a_k \langle v_1 \mid v_2 \rangle = \lim_{k \to \infty} \langle v_1 \mid a_k v_2 \rangle = \langle v_1 \mid a v_2 \rangle.$$

Es bleibt noch zu zeigen, dass dies auch für $a < 0$ gilt. Hierzu benutzen wir:

$$\langle v_1 \mid -v_2 \rangle = \frac{1}{4}(\|v_1 - v_2\|^2 - \|v_1 + v_2\|) = -\langle v_1 \mid v_2 \rangle.$$

Insgesamt ist damit der Satz gezeigt. □

Beispiel 3.9. Wir betrachten den normierten Raum $(C([-1,1]), \|\cdot\|_1)$ mit den Funktionen $f(t) = 1$ und $g(t) = t$, dann gilt:

$$\|f + g\|_1^2 + \|f - g\|_1^2 = \left(\int_{-1}^{1} \mathrm{d}t |f(t) + g(t)| \right)^2 + \left(\int_{-1}^{1} \mathrm{d}t |f(t) - g(t)| \right)^2$$

$$= \left(\int_{-1}^{1} \mathrm{d}t |1 + t| \right)^2 + \left(\int_{-1}^{1} \mathrm{d}t |1 - t| \right)^2 = 8,$$

$$2(\|f\|_1^2 + \|g\|_1^2) = 2\left(\int_{-1}^{1} \mathrm{d}t 1 \right)^2 + 2\left(\int_{-1}^{1} \mathrm{d}t |t| \right)^2 = 10.$$

Die Parallelogrammidentität ist nicht erfüllt, sodass im Vektorraum $C([a,b])$ die Norm $\|\cdot\|_1$ nicht durch ein Skalarprodukt erzeugt werden kann. ◇

Es kann gezeigt werden, dass auch die allgemeinere Norm $\|\cdot\|_p, p \neq 2$ nicht die Parallelogrammidentität erfüllt. Weiterführende Diskussionen hierzu und zu Innenprodukträumen findet sich in [30]. Für unsere Zwecke reichen die dargelegten Eigenschaften, um im nächsten Abschnitt zu Banach- und Hilberträumen zu gelangen.

3.3 Banach- und Hilberträume

Hilberträume sind von zentraler Bedeutung in der Quantenmechanik. In diesem Kapitel diskutieren wir die wesentlichen Züge des Hilbertraums und beschränken uns zunächst auf die rein mathematischen Aspekte, bevor wir in späteren Abschnitten zu den physikalischen Anwendungen gelangen. Als Erstes benötigen wir den Begriff der **Cauchyfolge**, der uns aus der Analysis vertraut ist. Wiederholen wir kurz die Terminologie und fassen zusammen.

Definition 3.12 (Cauchyfolge). Es sei ein normierter Raum $(\mathrm{V}, \|\cdot\|)$ mit einer Folge $v_n \in \mathrm{V}$, $n \in \mathbb{N}$ gegeben. Diese Folge heißt **Cauchyfolge** (CF), wenn zu jedem $\epsilon > 0$ ein $N_0 \in \mathbb{N}$ existiert, sodass für alle $n, m > N_0$ gilt: $\|v_n - v_m\| \leq \epsilon$. Wir schreiben dafür dann verkürzend: $\|v_n - v_m\| \overset{n,m\to\infty}{\longrightarrow} 0$. ■

Wir sagen $v_n \in \mathrm{V}$ **konvergiert**, wenn gilt: $\|v_n - v\| \to 0$ und $v \in \mathrm{V}$. Es gibt höchstens ein solches Element in V, denn falls es ein weiteres Element $v' \in \mathrm{V}$ gäbe, würde nach **N3** gelten: $\|v - v'\| \leq \|v - v_n\| + \|v_n - v'\| \to 0$ und zusammen mit **N1** dann folgen: $v = v'$.

Lemma 3.3. *Jede konvergente Folge ist eine Cauchyfolge.*

Beweis. Es konvergiere v_n gegen v, dann folgt mit der Dreiecksungleichung:

$$\|v_n - v_{n'}\| \leq \|v_n - v\| + \|v - v_{n'}\| \overset{n,n'\to\infty}{\longrightarrow} 0. \qquad \square$$

Die Umkehrung gilt jedoch nicht, denn nicht jede Cauchyfolge konvergiert. Ein bekanntes Beispiel ist die Cauchyfolge $\mathbb{Q} \ni x_n \mapsto x_{n+1} := (x_n + 2/x_n)/2 \in \mathbb{Q}$, für die gilt $\lim_{n\to\infty} x_n = \sqrt{2} \notin \mathbb{Q}$. Dies führt uns auf den Begriff der **Vollständigkeit**.

Definition 3.13 (Vollständigkeit). Wir nennen einen Raum **vollständig**, wenn in ihm jede Cauchyfolge konvergiert. Einen normierten vollständigen Raum nennen wir **Banachraum** und schreiben $[\mathrm{V}, \|\cdot\|]$. ■

Ohne Beweise stellen wir hier eine Liste von wichtigen Banachraum zusammen. Eine ausführlichere Liste und Beweise der Vollständigkeit findet sich in [30].

– $[\mathbb{K}^n, \|\cdot\|_2]$

$$\|x\|_2 := \left(\sum_{l=1}^{n} |x_l|^2\right)^{1/2}, \quad (x_1, \ldots, x_n) \in \mathbb{K}^n,$$

– $[\ell^p, \|\cdot\|_p] \quad (1 \leq p < \infty)$

$$\|a\|_p := \left(\sum_{l=1}^{\infty} |a_l|^p\right)^{1/p}, \quad (a_1, a_2, \ldots) \in \ell^p,$$

– $[\ell^\infty, \|\cdot\|_\infty]$

$$\|a\|_\infty := \sup_l |a_l|, \quad (a_1, a_2, \ldots) \in \ell^\infty,$$

– $[L^p([a,b]), \|\cdot\|_p] \quad (1 \leq p < \infty)$

$$\|f\|_p := \left(\int_a^b \mathrm{d}t\, |f(t)|^p\right)^{1/p}, \quad f \in L^p([a,b]),$$

- $[L^\infty([a,b]), \|\cdot\|_\infty]$

$$\|f\|_\infty := \sup_{t\in[a,b]} |f(t)|, \quad f \in L^\infty([a,b]),$$

- $[C^{(n)}([a,b]), \|\cdot\|_\infty]$

$$\|f\|_\infty := \sum_{\nu=0}^{n} \max_{t\in[a,b]} |f^{(\nu)}(t)|, \quad f \in C^{(n)}([a,b]).$$

Nun definieren wir den Hilbertraum über Cauchyfolgen und der Vollständigkeit.

Definition 3.14 (Hilbertraum). Ein vollständiger Prähilbertraum, heißt **Hilbertraum** und wir bezeichnen ihn mit $\mathrm{H} \equiv \langle \mathrm{V}, \langle \cdot \mid \cdot \rangle \rangle$. ■

Betrachten wir einige prominente Beispiele.

Beispiel 3.10. Der Prähilbertraum $\langle \ell^2, \langle \cdot | \cdot \rangle \rangle$ mit Skalarprodukt (3.4) ist ein Hilbertraum.

Um dies zu zeigen, müssen wir die Norm- und Skalarprodukteigenschaften, sowie die Vollständigkeit zeigen, dabei sind die Norm- und Skalarprodukteigenschaften unmittelbar klar und folgen mithilfe der Minkowski'schen Ungleichung. Betrachten wir also die Vollständigkeit und hierzu die Cauchyfolge $a^{(n)} := (a_1^{(n)}, \dots, a_k^{(n)}, \dots) \in \ell^2, n \in \mathbb{N}$ im Limes $n \to \infty$. Aufgrund der Cauchyfolgeneigenschaft folgt: Für jedes $\epsilon > 0$ existiert ein $N_0(\epsilon) \in \mathbb{N}$, sodass für alle $n, m > N_0(\epsilon)$ gilt:

$$\|a^{(m)} - a^{(n)}\|_2 = \left(\sum_{k=1}^{\infty} |a_k^{(m)} - a_k^{(n)}|^2 \right)^{1/2} \leq \frac{\epsilon}{2}. \tag{3.9}$$

Hieraus folgt, dass $|a_k^{(m)} - a_k^{(n)}| \leq \epsilon/2, \forall m, n \geq N_0(\epsilon), k \in \mathbb{N}$ und somit $a_k^{(n)}$ eine Cauchyfolge ist, etwa mit dem Limes $\lim_{n\to\infty} a_k^{(n)} = \hat{a}_k$. Nun zeigen wir, dass der Vektor $\hat{a} := (\hat{a}_1, \hat{a}_2, \dots)$ in ℓ^2 liegt und $\lim_{n\to\infty} a^{(n)} = \hat{a}$ gilt. Hierzu betrachten wir den j-dimensionalen Unterraum von ℓ^2, für den die Abschätzung (Minkowski-Ungleichung (A.2a) mit $p = 2$) gilt:

$$\left(\sum_{k=1}^{j} |\hat{a}_k - a_k^{(n)}|^2 \right)^{1/2} \leq \left(\sum_{k=1}^{j} |\hat{a}_k - a_k^{(m)}|^2 \right)^{1/2} + \left(\sum_{k=1}^{j} |a_k^{(m)} - a_k^{(n)}|^2 \right)^{1/2}, \tag{3.10}$$

für $m \in \mathbb{N}$. Der zweite Term auf der rechten Seite ist für $m, n > N_0(\epsilon)$ wegen (3.9) kleiner als $\epsilon/2$. Da die $a^{(1)}, a^{(2)}, \dots$ eine Cauchyfolge bilden, können wir für jedes $k = 1, \dots, j$ das

$m > N_j(\epsilon)$ so wählen, dass gilt: $|\hat{\alpha}_k - \alpha_k^{(m)}| < \epsilon/2\, 2^{-k/2}$, damit folgt:

$$\left(\sum_{k=1}^{j} |\hat{\alpha}_k - \alpha_k^{(m)}|^2\right)^{1/2} < \frac{\epsilon}{2}\left(\sum_{k=1}^{j} \frac{1}{2^k}\right)^{1/2} < \frac{\epsilon}{2}\left(\sum_{k=1}^{\infty} \frac{1}{2^k}\right)^{1/2} = \frac{\epsilon}{2}.$$

Insgesamt ist also die linke Seite von (3.10) kleiner als ϵ und zudem ist das Ergebnis unabhängig von j, womit wir auch den Limes $j \to \infty$ durchführen können:

$$\left(\sum_{k=1}^{\infty} |\hat{\alpha}_k - \alpha_k^{(n)}|^2\right)^{1/2} \leq \epsilon, \quad \forall n > N_0(\epsilon).$$

Zusammen mit der Abschätzung:

$$\begin{aligned}
\|\hat{\alpha}\|_2 &= \lim_{j\to\infty}\left(\sum_{k=1}^{j} |\hat{\alpha}_k|^2\right)^{1/2} \\
&\leq \lim_{j\to\infty}\lim_{n\to\infty}\left\{\left(\sum_{k=1}^{j} |\hat{\alpha}_k - \alpha_k^{(n)}|^2\right)^{1/2} + \left(\sum_{k=1}^{j} |\alpha_k^{(n)}|^2\right)^{1/2}\right\} \\
&\leq \epsilon + \lim_{n\to\infty}\left(\sum_{k=1}^{\infty} |\alpha_k^{(n)}|^2\right)^{1/2} < \infty,
\end{aligned}$$

folgt damit $\lim_{n\to\infty} \alpha^{(n)} = \hat{\alpha} \in \ell^2$; also ist ℓ^2 vollständig und somit ein Hilbertraum. ◇

Betrachten wir ein sehr anschauliches und wichtiges Beispiel eines nicht vollständigen Raumes.

Zeige, der Prähilbertraum $\langle C([-1,1]), \langle\cdot|\cdot\rangle\rangle$ mit Skalarprodukt (3.5) ist **kein** Hilbertraum.
Lösung:

Wir zeigen dies durch eine explizite Konstruktion einer Beispielfunktionenfolge:

$$f_n(t) := \begin{cases} -1 & : -1 \leq t \leq -1/n, \\ tn & : -1/n < t < 1/n, \\ +1 & : +1/n \leq t \leq +1, \end{cases}$$

$\forall n \in \mathbb{N} \setminus \{0\}$, die rechts skizziert ist.

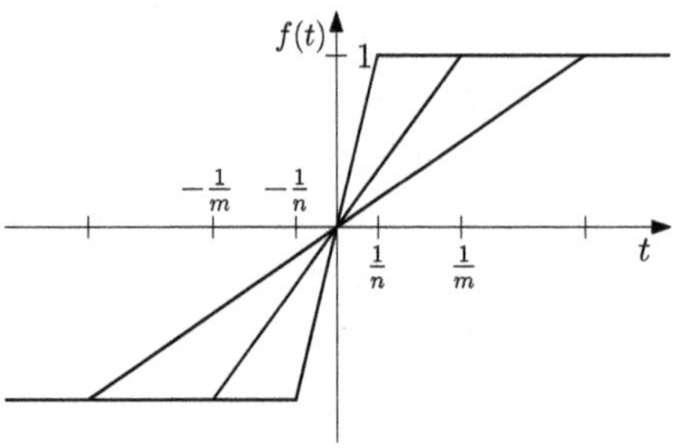

Es handelt sich um eine Cauchyfolge, denn sei o. E. d. A. $n > m$, dann folgt:

$$\|f_n - f_m\|^2 = \int_{-1}^{+1} \mathrm{d}t |f_n(t) - f_m(t)|^2$$

$$= 2\int_0^{1/n} dt|nt - mt|^2 + 2\int_{1/n}^{1/m} dt|1 - mt|^2$$

$$= \frac{2}{3n}\left(1 - \frac{m}{n}\right)^2 + 2\int_{1/n}^{1/m} dt|1 - mt|^2 \leq \frac{2}{3n} + \frac{2}{m} \overset{n,m\to\infty}{\longrightarrow} 0.$$

Nehmen wir an, es existiert ein $f \in C([-1,1])$, mit $\|f - f_n\| \to 0$, dann gilt:

$$\|f - f_n\|^2 = \int_{-1}^{-1/n} dt|f + 1|^2 + \int_{-1/n}^{+1/n} dt|f - tn|^2 + \int_{1/n}^{1} dt|f - 1|^2$$

$$\geq \int_{-1}^{-1/n} dt|f + 1|^2 + \int_{1/n}^{1} dt|f - 1|^2.$$

Für $n \to \infty$ geht die linke Seite nach Voraussetzung gegen Null und damit muss die positive rechte Seite ebenfalls gegen Null gehen, so dass für die Funktion $f(t)$ gilt:

$$f(t) := \begin{cases} -1 & : -1 \leq t < 0, \\ +1 & : +0 < t \leq +1. \end{cases}$$

Die Grenzfunktion ist eine Stufenfunktion, die im Punkt $t = 0$ nicht stetig ist. Die Folge f_n konvergiert nicht in $C([-1,1])$. Es sei bemerkt, dass wie schon oben erwähnt, $[C([-1,1]), \|\cdot\|_\infty]$ hingegen ein Banachraum ist. Die hier betrachtete Funktionenfolge bildet aber keine Cauchyfolge in der Supremumsnorm $\|f\|_\infty$, denn

$$\sup_{t\in[-1,1]} |f_n(t) - f_m(t)| = 1 - \frac{m}{n}, \quad n > m.$$

Diese Größe kann nicht für alle $m, n \geq N_0$ beliebig klein gemacht werden. ◇

Zum Abschluss dieses Abschnittes fassen wir die bisher betrachtete Raumstruktur schematisch in einem Diagramm zusammen.

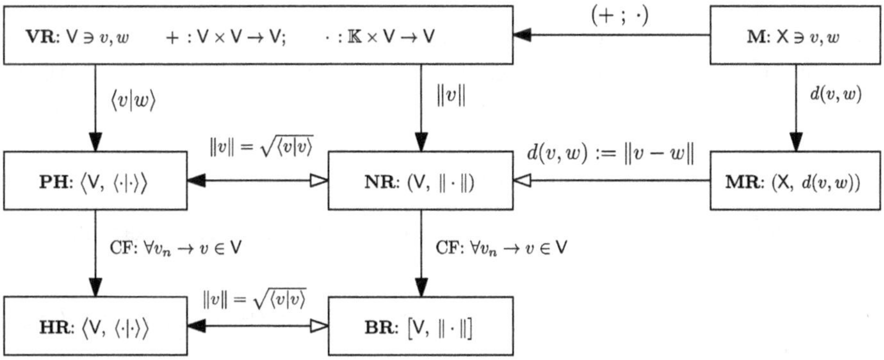

Jedes Kästchen zeigt eine Raumstruktur. Seine Beziehung zu einer im Diagramm benachbarten Struktur wird mit einem Pfeil gekennzeichnet. Pfeile mit geschlossenen Spitzen bedeuten, dass die Eigenschaft *hinzugefügt* wird und Pfeile mit offener Spitze bedeuten, mit spezieller Wahl wird dies *kanonisch impliziert*. Ausgangspunkt für die gesamte Struktur ist eine Menge X mit Elementen v, w. Fügt man einerseits eine Metrik $d(v, w)$ der Menge X hinzu, so gelangt man zu einem metrischen Raum $(X, d(v, w))$. Andererseits können die Elemente der Menge X über Hinzufügen einer binären Addition der Elemente und einer skalaren Multiplikation $(+; \cdot)$ zu einem Vektorraum V erweitert werden. Der Vektorraum kann wiederum auf zwei Arten erweitert werden. Fügt man die Axiome eines *Skalarproduktes* hinzu, so gelangt man zu einem Prähilbertraum bzw. Innenproduktraum $\langle V, \langle \cdot \mid \cdot \rangle \rangle$, fügt man eine Norm $\|\cdot\|$ hinzu, so erhält man einen Normierten Raum $(V, \|\cdot\|)$. Zwischen dem Normierten Raum und dem Prähilbertraum vermittelt die kanonische Beziehung $\|v\| = \sqrt{\langle v \mid v \rangle}$. Beide Räume bilden mit einer *Vervollständigung* den Hilbert- oder Banachraum.

3.4 Orthogonale Funktionensysteme

Für die meisten der folgenden Aussagen benötigen wir nur einen Prähilbertraum. Wir formulieren die Aussagen einfachheitshalber für Hilberträume. Aus dem Kontext sollte klar sein, wann die Voraussetzung des Hilbertraums zugunsten des Prähilbertraums fallen gelassen werden kann. Wir beginnen zunächst mit einer Zusammenfassung verschiedener Begriffe im Kontext der Orthogonalität.

3.4.1 Orthogonalität

Den Begriff der **Orthogonalität** übertragen wir aus dem Anschauungsraum über das Skalarprodukt in Vektorräumen. Wir fassen zunächst alle Begriffe zur Orthogonalität in ihren Definitionen zusammen. Als Basisraumstruktur betrachten wir Hilberträume, obwohl dies, wie erwähnt, nicht für alle Aussagen nötig ist.

Definition 3.15 (Orthogonalität). Sei H ein Hilbertraum und $W, W' \subset H$ Unterräume. Die Vektoren $v, v' \in H$ heißen **orthogonal** ($v \perp v'$), wenn gilt: $\langle v|v' \rangle = 0$. Wir schreiben $v \perp W$, wenn $\langle v|w \rangle = 0,\ \forall w \in W$. Zwei Unterräume $W, W' \subset H$ heißen orthogonal ($W \perp W'$), wenn: $\langle w|w' \rangle = 0,\ \forall w \in W, w' \in W'$. Den Unterraum $W^{\perp} := \{v \in H \mid v \perp W\}$ nennen wir den **Orthogonalraum** von W. ∎

Aus Teilräumen, bzw. Untervektorräumen können neue Untervektorräume konstruiert werden. Dazu definieren wir:

Definition 3.16 (Direkte und orthogonale Summe). Sind W und W' Teilräume von V, dann nennen wir

$$W \oplus W' := \{w + w' \mid w \in W, w' \in W', W \cap W' = \{\mathbf{0}\}\},$$

die **direkte Summe** und nennen sie **orthogonale Summe**, falls $W \perp W'$ gilt und schreiben dann $W \oplus W'$. Für den durch eine direkte Summe von Unterräumen $W_{i=1,2,\ldots} \subset H$ aufgespannten Unterraum, schreiben wir verallgemeinernd:

$$\langle w_1, w_2, \ldots \rangle := \bigoplus_i W_i, \quad w_i \in W_i. \qquad ■$$

Definition 3.17 (Orthogonal- und Orthonormalsystem). Die abzählbare Teilmenge $\{v_i\}_{i=1,2,\ldots} \subset H$ nennen wir ein **Orthogonalsystem**, wenn paarweise gilt: $v_i \perp v_j$, $i \neq j$. Gilt zusätzlich $\langle v_i \mid v_j \rangle = \delta_{ij}$, so nennen wir dies ein **Orthonormalsystem (ONS)**. ■

Es folgt unmittelbar der aus der linearen Algebra bekannte Satz über die lineare Unabhängigkeit eines Basissystems.

Lemma 3.4. *Jede Teilmenge eines Orthonormalsystems ist linear unabhängig.*

Beweis. Sei eine beliebige Teilmenge $\{v_{i_1}, v_{i_2}, \ldots, v_{i_n}\}$ eines Orthonormalsystems gegeben, dann folgt aus $0 = \sum_{l=1}^n \alpha_l v_{i_l}$, $\alpha_l \in \mathbb{C}$:

$$0 = \left\langle v_{i_k} \,\middle|\, \sum_{l=1}^n \alpha_l v_{i_l} \right\rangle = \sum_{l=1}^n \alpha_l \langle v_{i_k} \mid v_{i_l} \rangle = \sum_{l=1}^n \alpha_l \delta_{kl} = \alpha_k. \qquad □$$

Ebenso folgt die Verallgemeinerung des Satzes von Pythagoras:

Lemma 3.5 (Pythagoras). *Für ein Orthogonalsystem $\{v_i\}_{i=1,\ldots,n} \subset H$ gilt:*

$$\left\| \sum_{i=1}^n v_i \right\|^2 = \sum_{i=1}^n \|v_i\|^2.$$

Beweis.

$$\left\| \sum_i v_i \right\|^2 = \left\langle \sum_i v_i \,\middle|\, \sum_j v_j \right\rangle = \sum_{i,j} \langle v_i \mid v_j \rangle = \sum_{i,j} \delta_{ij} \|v_i\|^2 = \sum_i \|v_i\|^2. \qquad □$$

3.4.2 Spezielle orthonormale Funktionensysteme

Betrachten wir wichtige Beispiele aus der Physik, die im Folgenden noch von Bedeutung sind. Die hier betrachteten Funktionensysteme[3] bilden Orthogonal- oder Orthonormalsysteme und stellen nur eine kleine Auswahl dar, die jedoch wichtig sind in den einführenden Vorlesungen der Elektrodynamik und Quantenmechanik.

3 Wir verwenden die Standardnotation aus [27].

Wir werden die Orthogonalitätseigenschaften der Funktionensysteme alle explizit nachrechnen, da die Rechnungen oft instruktiv sind und wir den Umgang mit den Funktionen üben. Wir beginnen mit den trigonometrischen Funktionen.

3.4.2.1 Trigonometrische Funktionen

Lemma 3.6. *Sei* $\mathsf{H} = \langle \mathsf{L}([a,b]), \langle\cdot\,|\,\cdot\rangle\rangle$ *dann ist*

$$e_n(t) := \frac{1}{\sqrt{b-a}} \exp\left(\mathrm{i}\frac{2\pi n}{b-a}t\right), \quad n \in \mathbb{Z}, \tag{3.11}$$

ein ONS mit Skalarprodukt

$$\langle f \mid g\rangle := \int_a^b \mathrm{d}t \bar{f}(t)g(t).$$

Beweis. Für $m = n$ gilt offenbar $\|e_n\|^2 = \langle e_n \mid e_n\rangle = 1$, betrachten wir $m \neq n$:

$$\begin{aligned}\langle e_m \mid e_n\rangle &= \frac{1}{b-a}\int_a^b \mathrm{d}t\ \exp\left(\mathrm{i}\frac{2\pi(n-m)}{b-a}t\right)\\ &= \frac{\mathrm{i}}{2\pi(m-n)}\exp\left(\mathrm{i}\frac{2\pi(n-m)}{b-a}t\right)\Bigg|_a^b\\ &= \frac{\mathrm{i}\mathrm{e}^{\mathrm{i}2\pi(n-m)a/(b-a)}}{2\pi(m-n)}(\mathrm{e}^{\mathrm{i}2\pi(n-m)} - 1) = 0.\end{aligned}$$

□

Ein häufig vorkommender Fall ist gegeben durch $b = -a = \pi$, dann gilt:

$$e_n(t) = \frac{\mathrm{e}^{\mathrm{i}nt}}{\sqrt{2\pi}}.$$

Aus den komplexen Funktionen $e_n(t)$ lassen sich auch reelle Orthonormalsysteme der cos- und sin-Funktionen bilden. Diese werden wir später im Abschnitt 4.1 noch ausführlich diskutieren.

3.4.2.2 Legendre-Polynome und -Funktionen

Lemma 3.7. *Sei* $\mathsf{H} = \langle \mathsf{L}([-1,+1]), \langle\cdot\,|\,\cdot\rangle\rangle$, *dann führen die* ***Legendre-Polynome***

$$P_n(t) := \frac{1}{2^n n!}\frac{\mathrm{d}^n}{\mathrm{d}t^n}(t^2-1)^n, \quad n \in \mathbb{N}_0,$$

auf das ONS der ***Legendre-Funktionen***

$$\eta_n(t) := \sqrt{n + \frac{1}{2}}P_n(t),$$

wobei das Skalarprodukt definiert ist als

$$\langle f \mid g \rangle := \int_{-1}^{+1} \mathrm{d}t\, f(t) g(t).$$

Beweis. Wir betrachten zunächst allgemein:

$$\begin{aligned}\langle f \mid P_n \rangle = \int_{-1}^{+1} \mathrm{d}t\, f(t) P_n(t) &= \frac{1}{2^n n!} \int_{-1}^{+1} \mathrm{d}t f(t) \left(\frac{\mathrm{d}}{\mathrm{d}t}\right)^n (t^2-1)^n \\ &= \frac{(-1)^n}{2^n n!} \int_{-1}^{+1} \mathrm{d}t (t^2-1)^n \left(\frac{\mathrm{d}}{\mathrm{d}t}\right)^n f(t).\end{aligned}$$

Setzen wir für $f(t) = P_n(t)$ ein, dann erhalten wir

$$\begin{aligned}\|P_n\|^2 = \int_{-1}^{+1} \mathrm{d}t P_n^2(t) &= \frac{(-1)^n}{(2^n n!)^2} \int_{-1}^{+1} \mathrm{d}t (t^2-1)^n \left(\frac{\mathrm{d}}{\mathrm{d}t}\right)^{2n} (t^2-1)^n \\ &= \frac{(-1)^n (2n)!}{(2^n n!)^2} \int_{-1}^{+1} \mathrm{d}t (t^2-1)^n \\ &= \frac{(2n)!}{(2^n n!)^2} \int_0^{\pi} \mathrm{d}\tau \sin^{2n+1}\tau \\ &= \frac{(2n)!}{(2^n n!)^2} \frac{2n}{2n+1} \frac{2n-2}{2n-1} \cdots \frac{2}{3} \int_0^{\pi} \mathrm{d}\tau \sin\tau \\ &= \frac{2}{2n+1}.\end{aligned}$$

Das bedeutet, die Legendre'schen Funktionen $\eta_n(t)$ sind normiert: $\|\eta_n\|^2 = 1$. Es bleibt noch die Orthogonalität zu zeigen. Hierzu betrachten wir ohne Einschränkung der Allgemeinheit $m < n$, und setzen $f(t) = t^m$:

$$\langle t^m \mid P_n \rangle = \int_{-1}^{+1} \mathrm{d}t t^m P_n(t) = \int_{-1}^{+1} \mathrm{d}t (t^2-1)^n \left(\frac{\mathrm{d}}{\mathrm{d}t}\right)^n t^m = 0.$$

Da P_n ein Polynom der Ordnung n ist, folgt die Orthonormalität $\langle \eta_m \mid \eta_n \rangle = \delta_{mn}$, da P_m nur Monome t^m mit $m < n$ enthält. □

Die Legendre'schen Polynome sind wichtig bei der Entwicklung von Kugelwellen und treten vielfach im Bereich der Quantenmechanik und Elektrodynamik auf. In Abschnitt 4.2.1 werden diese Funktionen eingehend weiter diskutieren.

3.4.2.3 Hermite-Polynome und -Funktionen

Lemma 3.8. *Sei* $\mathsf{H} = \langle \mathsf{L}(\mathbb{R}), \langle \cdot \mid \cdot \rangle \rangle$, *dann führen die* ***Hermite-Polynome***

$$H_n(t) := (-1)^n e^{t^2} \frac{\mathrm{d}^n}{\mathrm{d}t^n} e^{-t^2}, \quad n \in \mathbb{N}_0,$$

auf das ONS der ***Hermite-Funktionen***

$$\psi_n(t) := \frac{e^{-\frac{t^2}{2}}}{\sqrt{2^n n! \sqrt{\pi}}} H_n(t), \tag{3.12}$$

wobei das Skalarprodukt definiert ist als:

$$\langle f \mid g \rangle := \int_{-\infty}^{+\infty} \mathrm{d}t\, f(t) g(t).$$

Beweis. Aus der Definition ist klar, dass $H_n(t)$ ein Polynom n-ter Ordnung ist. Wir nehmen ohne Einschränkung $n \geq m$ an und schreiben mit $c_n := \sqrt{2^n n! \sqrt{\pi}}$:

$$\begin{aligned}
\langle \psi_m \mid \psi_n \rangle &= \frac{1}{c_m c_n} \int_{-\infty}^{+\infty} \mathrm{d}t\, \mathrm{e}^{-t^2} H_m(t) H_n(t) \\
&= \frac{(-)^n}{c_m c_n} \int_{-\infty}^{+\infty} \mathrm{d}t\, H_m(t) \left(\frac{\mathrm{d}}{\mathrm{d}t} \right)^n \mathrm{e}^{-t^2} \\
&= \frac{1}{c_m c_n} \int_{-\infty}^{+\infty} \mathrm{d}t\, \mathrm{e}^{-t^2} \left(\frac{\mathrm{d}}{\mathrm{d}t} \right)^n H_m(t).
\end{aligned}$$

Im letzten Schritt haben wir eine n-fache partielle Integration durchgeführt und beachtet, dass an den Grenzen die Terme aufgrund der Exponentialfunktion verschwinden. Des Weiteren ist $n \geq m$ und H_m ein Polynom der Ordnung m. Deswegen verschwindet das Skalarprodukt für $n > m$. Betrachten wir $n = m$, so folgt:

$$\langle \psi_m \mid \psi_n \rangle = \frac{1}{c_n^2} \int_{-\infty}^{+\infty} \mathrm{d}t\, \mathrm{e}^{-t^2} \left(\frac{\mathrm{d}}{\mathrm{d}t} \right)^n H_n(t) = \frac{2^n n!}{c_n^2} \int_{-\infty}^{\infty} \mathrm{d}t\, \mathrm{e}^{-t^2} = 1. \qquad \square$$

Hermite-Polynome treten in der Quantenmechanik als Eigenfunktionen des harmonischen Oszillators auf. Ebenso Anwendung finden sie in der numerischen Mathematik im Bereich der *Finiten-Elemente-Methode* als sogenannte Formfaktoren. In Abschnitt 4.2.2 werden wir diese Funktionen eingehend weiter diskutieren.

3.4.2.4 Laguerre-Polynome und -Funktionen

Lemma 3.9. *Sei* $\mathsf{H} = \langle \mathsf{L}([0,\infty]), \langle\cdot\,|\,\cdot\rangle\rangle$*, dann führen die* ***Laguerre-Polynome***

$$L_n(t) := e^t \frac{\mathrm{d}^n}{\mathrm{d}t^n}(t^n \mathrm{e}^{-t}), \quad n \in \mathbb{N}_0, \tag{3.13}$$

auf das ONS der ***Laguerre-Funktionen:***

$$\varphi_n(t) := \frac{e^{-\frac{t}{2}}}{n!} L_n(t),$$

wobei das Skalarprodukt definiert ist als:

$$\langle f \mid g\rangle := \int_0^{+\infty} \mathrm{d}t\, f(t) g(t).$$

Beweis. Aus der Definition ist wiederum klar, dass $L_n(t)$ ein Polynom n-ter Ordnung ist. Wir nehmen ohne Einschränkung $n \geq m$ an, dann folgt analog dem bisherigen Vorgehen:

$$\begin{aligned}
\langle \varphi_m \mid \varphi_n\rangle &= \frac{1}{m!n!} \int_0^{\infty} \mathrm{d}t\, \mathrm{e}^{-t} L_m(t) L_n(t) \\
&= \frac{1}{m!n!} \int_0^{\infty} \mathrm{d}t\, L_m(t) \left(\frac{\mathrm{d}}{\mathrm{d}t}\right)^n (t^n \mathrm{e}^{-t}) \\
&= \frac{(-)^n}{m!n!} \int_0^{\infty} \mathrm{d}t\, t^n \mathrm{e}^{-t} \left(\frac{\mathrm{d}}{\mathrm{d}t}\right)^n L_m(t).
\end{aligned}$$

Für $n > m$ verschwindet dies, da $L_m(t)$ ein Polynom m-ter Ordnung, betrachten wir also $m = n$:

$$\langle \varphi_n \mid \varphi_n\rangle = \frac{(-)^n}{(n!)^2} \int_0^{\infty} \mathrm{d}t\, t^n \mathrm{e}^{-t} (-)^n n! = \frac{1}{n!} \int_0^{\infty} \mathrm{d}t\, t^n \mathrm{e}^{-t} = 1. \qquad \square$$

Die Laguerre'schen Funktionen gehen ein in die Eigenfunktionen der Schrödingergleichung des Wasserstoffatoms. In Abschnitt 3.4.2.4 werden diese Funktionen eingehend weiter diskutieren. Die Laguerre-Polynome können noch weiter zu verallgemeinerten Laguerre-Polynomen erweitert werden, die dann wiederum in Beziehung zu den Hermite-Polynomen stehen. Siehe hierzu die Ausführungen und Darstellungen in [25].

3.4.2.5 Tschebyscheff-Polynome

Lemma 3.10. *Sei* $\mathsf{H} = \langle L^2([-1,1]), \langle\cdot\,|\,\cdot\rangle\rangle$, *dann führen die* ***Tschebyscheff-Polynome***

$$T_n(t) := \cos(n \arccos t), \qquad n \in \mathbb{N},$$

auf das ONS der ***Tschebyscheff-Funktionen:***

$$\tau_n(t) := \sqrt{\frac{2}{\pi}}\, T_n(t).$$

wobei das Skalarprodukt definiert ist als:

$$\langle f \mid g\rangle_w := \int_{-1}^{+1} \mathrm{d}t\, w(t) f(t) g(t), \qquad w(t) := \frac{1}{\sqrt{1-t^2}}.$$

Beweis. Es gilt für $n, m > 0$:

$$\begin{aligned}\langle \tau_n \mid \tau_m\rangle &= \frac{2}{\pi}\int_{-1}^{+1} dt w(t)\, T_n(t) T_m(t)\\ &= \frac{2}{\pi}\int_{-1}^{+1} dt \frac{1}{\sqrt{1-t^2}} \cos(n \arccos t)\cos(m \arccos t)\\ &= \frac{2}{\pi}\int_{0}^{\pi} dt \cos(nt)\cos(mt) = \delta_{nm}.\end{aligned}$$

□

Die Tschebyscheff-Funktionen spielen an verschiedener Stelle in der numerischen Physik bei der Berechnung von Integralen eine bedeutende Rolle.

Es gibt noch eine Vielzahl von weiteren orthogonalen Polynomen, die an verschiedener Stelle in der Physik vorkommen. Eine erweiterte Übersicht über die wichtigsten Eigenschaften findet sich im *Handbook of Mathematical Functions* [25]. Es stellt sich die Frage, wie man für einen gegebenen Hilbertraum ein Orthonormalsystem konstruiert? Diese Frage beantwortet der nachfolgende Satz.

Satz 3.4 (Gram-Schmidt Orthonormalisierungsverfahren). *Es sei ein linear unabhängiges System von Vektoren* $\{v_1, \dots, v_n\} \subset \mathsf{H}$ *gegeben. Dann bilden die Vektoren*

$$\tilde{e}_1 := v_1, \quad \tilde{e}_{l+1} := v_{l+1} - \sum_{i=1}^{l} e_i \langle e_i \mid v_{l+1}\rangle, \qquad l = 1, \dots, n-1,$$

ein Orthogonalsystem und die Vektoren $e_i := \tilde{e}_i / \|e_i\|$, $i = 1, \dots, n$ *ein Orthonormalsystem mit* $\langle v_1, \dots, v_n\rangle = \langle e_1, \dots, e_n\rangle$.

Beweis. Sei $e_1 := v_1/\|v_1\|$ und ein ONS $\{e_i\}_{i=1,\dots,l<n}$, welches schon bestimmt wurde, sodass gilt: $\langle v_1,\dots,v_l\rangle = \langle e_1,\dots,e_l\rangle$. Dann zeigen wir, $\tilde{e}_{l+1}$ ist orthogonal zu $\langle e_1,\dots,e_l\rangle$. Dazu bilde das Skalarprodukt $\langle e_j \mid \tilde{e}_{l+1}\rangle, j = 1,\dots,l$:

$$\langle e_j \mid \tilde{e}_{l+1}\rangle = \langle e_j \mid v_{l+1}\rangle - \sum_{i=1}^{l}\langle e_j \mid e_i\rangle\langle e_i \mid v_{l+1}\rangle = \langle e_j \mid v_{l+1}\rangle - \sum_{i=1}^{l}\delta_{ij}\langle e_i \mid v_{l+1}\rangle = 0.$$

Der Vektor $\tilde{e}_{l+1}$ ist ungleich Null, da ansonsten v_{l+1} nicht linear unabhängig sein könnte. Setzen wir $e_{l+1} := \tilde{e}_{l+1}/\|e_{l+1}\|$, dann ist $\{e_1,\dots,e_{l+1}\}$ ein ONS. Die restlichen Dinge, die zu zeigen sind, sind klar. □

Dieses Verfahren verdeutliche wir an einem Beispiel der schon bekannten Legendre-Polynomen.

Beispiel 3.11. Wir betrachten den Hilbertraum $\mathsf{H} = \langle \mathsf{L}([-1,1]), \langle\cdot\mid\cdot\rangle\rangle$ und den Unterraum der linear unabhängigen elementaren Polynome $\{v_n := t^n\}_{n=0,1,\dots}$. Dann erhält man durch Anwendung des Gram-Schmidt'schen Orthonormalisierungsverfahren das ONS der Legendre'schen Funktionen. Betrachten wir die ersten orthonormierten Funktionen:

$$v_0 = P_0 = 1, \quad \|v_0\|^2 = \langle 1 \mid 1\rangle = \int_{-1}^{+1} \mathrm{d}t = 2 \quad \Rightarrow \quad \eta_0 = \frac{1}{\|v_0\|} = \frac{1}{\sqrt{2}},$$

sowie

$$\tilde{\eta}_1 = t - \eta_0\langle\eta_0 \mid t\rangle = t - \frac{1}{2}\int_{-1}^{+1}\mathrm{d}t\, t = t, \quad \|\tilde{\eta}_1\|^2 = \int_{-1}^{1}\mathrm{d}t\, t^2 = \frac{2}{3},$$

und damit $\eta_1(t) = \sqrt{3/2}t$, und weiter

$$\begin{aligned}\tilde{\eta}_2 &= t^2 - \eta_0\langle\eta_0 \mid t^2\rangle - \eta_1\langle\eta_1 \mid t^2\rangle = t^2 - \frac{1}{2}\int_{-1}^{+1}\mathrm{d}t\, t^2 - \frac{3}{2}t\int_{-1}^{+1}\mathrm{d}t\, t^3 \\ &= t^2 - \frac{1}{3}.\end{aligned}$$

Aus der Normierung folgt: $\|\tilde{\eta}_2\|^2 = 8/45$ und $\eta_2(t) = \sqrt{5/2}(3t^2 - 1)/2$. Auf einen allgemeinen Beweis für alle η_n sei hier verzichtet. ◇

Im nächsten Schritt untersuchen wir, wie sich beliebige Vektoren aus einem Hilbertraum mit einer abzählbaren System von Vektoren approximieren lassen und gegebenenfalls vollständig ausdrücken lassen. Dazu müssen wir die Begriffe von Basen in unendlichdimensionalen Räumen definieren und diskutieren.

3.4.3 Orthonormalbasen

Mit den bisher aufgebauten Methoden sind wir jetzt in der Lage, die Minimaleigenschaften der Fourierkoeffizienten zu zeigen:

Lemma 3.11 (Gauß-Approximation). *Sei $\{e_1, \ldots, e_n\}$ ein Orthonormalsystem in* H, *dann gilt* $\forall v \in \mathsf{H}$:

$$\left\| v - \sum_{i=1}^{n} \alpha_i e_i \right\|^2 \geq \|v\|^2 - \sum_{i=1}^{n} |\langle e_i \mid v\rangle|^2, \quad \forall \alpha_i \in \mathbb{C}.$$

Das Gleichheitszeichen gilt genau dann, wenn $\alpha_i = \langle e_i \mid v\rangle$, $\forall i = 1, \ldots, n$ gilt. Diese Koeffizienten nennt man dann auch die ***Fourierkoeffizienten****.*

Beweis. Betrachten wir zunächst:

$$\begin{aligned}
\left\| v - \sum_{i=1}^{n} \alpha_i e_i \right\|^2 &= \left\| v - \sum_{i=1}^{n} e_i\langle e_i \mid v\rangle + \sum_{i=1}^{n} e_i\langle e_i \mid v\rangle - \sum_{i=1}^{n} \alpha_i e_i \right\|^2 \\
&= \left\| v - \sum_{i=1}^{n} e_i\langle e_i \mid v\rangle \right\|^2 + \left\| \sum_{i=1}^{n} e_i\langle e_i \mid v\rangle - \sum_{i=1}^{n} \alpha_i e_i \right\|^2 \\
&= \left\| v - \sum_{i=1}^{n} e_i\langle e_i \mid v\rangle \right\|^2 + \sum_{i=1}^{n} |\langle e_i \mid v\rangle - \alpha_i|^2 \\
&= \|v\|^2 - \sum_{i=1}^{n} |\langle e_i \mid v\rangle|^2 + \sum_{i=1}^{n} |\langle e_i \mid v\rangle - \alpha_i|^2 \geq \|v\|^2 - \sum_{i=1}^{n} |\langle e_i \mid v\rangle|^2.
\end{aligned}$$

Von der ersten zur zweiten Zeile achte man darauf, dass die Summe der ersten beiden Terme orthogonal zu allen e_i, $i = 1, \ldots, n$ ist. Des Weiteren erkennen wir, das Gleichheitszeichen gilt genau dann, wenn: $\alpha_i = \langle e_i \mid v\rangle$. □

Lemma 3.12 (Bessel-Ungleichung). *Sei $\{e_1, \ldots, e_n\}$ ein ONS in* H, *dann gilt:*

$$\|v\|^2 \geq \sum_{i} |\langle e_i \mid v\rangle|^2, \quad v \in \mathsf{H}.$$

Das Gleichheitszeichen gilt genau dann, wenn

$$\lim_{n\to\infty} \left\| v - \sum_{i=1}^{n} \langle e_i \mid v\rangle e_i \right\|^2 = 0.$$

Beweis. Analog zur Gauß-Approximation betrachten wir:

$$\|v\|^2 = \left\| v - \sum_{i=1}^{n} e_i\langle e_i \mid v\rangle + \sum_{i=1}^{n} e_i\langle e_i \mid v\rangle \right\|^2$$

$$= \left\| v - \sum_{i=1}^{n} e_i \langle e_i \mid v \rangle \right\|^2 + \sum_{i=1}^{n} |\langle e_i \mid v \rangle|^2 \geq \sum_{i=1}^{n} |\langle e_i \mid v \rangle|^2,$$

womit unmittelbar die Aussage des Satzes folgt. □

Definition 3.18 (Orthonormalbasis (ONB)). Ein gegebenes Orthonormalsystem, gegeben durch $\{e_1, e_2, \ldots\}$ heißt **vollständig** oder eine **Orthonormalbasis**, wenn $\forall v \in \mathrm{H}$ die **Parseval'sche Gleichung** gilt:

$$\|v\|^2 = \sum_i |\langle e_i \mid v \rangle|^2. \tag{3.14}$$

■

Die Parseval'sche Gleichung repräsentiert die Bessel-Ungleichung für das Gleichheitszeichen. Ein Kriterium für die Vollständigkeit ist durch das folgende Lemma gegeben.

Lemma 3.13 (vollständiges ONS). *Ein ONS $\{e_1, e_2, \ldots, e_n, \ldots\} \subset \mathrm{H}$ ist genau dann vollständig, wenn aus $\langle e_i \mid v \rangle = 0, \forall i$ folgt, dass $v = 0$ ist.*

Beweis. Zunächst sei bemerkt, dass wir mit der Schreibweise $\{e_1, e_2, \ldots, e_n, \ldots\}$ andeuten wollen, dass es sich um endlich oder abzählbar unendlich viele Elemente handeln soll. Jede Summe im Folgenden soll über alle Elemente gehen.

(i) Sei $\langle e_i \mid v \rangle = 0, \forall i$ und $\{e_1, e_2, \ldots\}$ eine ONB, dann folgt:

$$\sum_i |\langle e_i \mid v \rangle|^2 = \|v\|^2 = 0.$$

Da $\|v\|^2 = 0$ gilt und es sich um einen Hilbertraum handelt folgt $v = 0$.

(ii) Sei $\{e_1, e_2, \ldots\}$ ein ONS und aus $\langle e_i \mid v \rangle = 0, \forall i$ folge $v = 0$, dann bleibt zu zeigen, $\{e_1, e_2, \ldots\}$ bildet eine ONB. Sei also $w \in \mathrm{H}$ und

$$v' := w - \sum_i e_i \langle e_i \mid w \rangle.$$

Für diesen Vektor v' ergibt sich für das Skalaprodukt mit allen e_j:

$$\langle e_j \mid v' \rangle = \langle e_j \mid w \rangle - \sum_i \langle e_j \mid e_i \rangle \langle e_i \mid w \rangle = \langle e_j \mid w \rangle - \langle e_j \mid w \rangle = 0.$$

Aus der Voraussetzung folgt, $v' = 0$ und deswegen gilt für die Norm von w:

$$\|w\|^2 = \sum_i |\langle e_i \mid w \rangle|^2.$$

Hiermit folgt aus der Definition (3.18), dass $\{e_1, e_2, \ldots\}$ eine ONB ist. □

Das folgende Beispiel dient an dieser Stelle mehr als Fingerzeig auf das, was wir zu zeigen haben, wenn wir die Vollständigkeit eines Orthonormalsystems zeigen wollen. Genauer werden wir dies im Kapitel 4 diskutieren.

Beispiel 3.12. Diskutieren wir die Vollständigkeit der **Fourierreihen** aus (3.11). Wie schon angedeutet, an dieser Stelle sei nur ein *heuristischer Beweis* skizziert.[4] Sei hierzu $f \in \mathsf{H} = \langle \mathsf{L}([-\pi, +\pi]), \langle\cdot\,|\,\cdot\rangle\rangle$, dann verwenden wir (3.14) und müssten zeigen:

$$\|f\|^2 \overset{!}{=} \sum_{n=-\infty}^{+\infty} \langle f \mid f_n\rangle\langle f_n \mid f\rangle = \lim_{N\to\infty} \sum_{n=-N}^{+N} \frac{1}{2\pi} \int_{-\pi}^{+\pi} \mathrm{d}t \int_{-\pi}^{+\pi} \mathrm{d}t' e^{-\mathrm{i}nt} \bar{f}(t) e^{+\mathrm{i}nt'} f(t').$$

Ziehen wir die Summe zur Exponentialfunktion und schreiben:

$$\begin{aligned}\sum_{n=-\infty}^{+\infty} \langle f \mid f_n\rangle\langle f_n \mid f\rangle &= \lim_{N\to\infty} \int_{-\pi}^{+\pi} \mathrm{d}t \int_{-\pi}^{+\pi} \mathrm{d}t' \frac{1}{2\pi} \sum_{n=-N}^{+N} e^{\mathrm{i}n(t'-t)} \bar{f}(t) f(t') \\ &\overset{!}{=:} \int_{-\pi}^{+\pi} \mathrm{d}t \int_{-\pi}^{+\pi} \mathrm{d}t' \delta(t'-t) \bar{f}(t) f(t') = \int_{-\pi}^{+\pi} \mathrm{d}t |f(t)|^2.\end{aligned}$$

Im Abschnitt 6.1 werden wir die *Dirac-Delta-Funktion* $\delta(t)$ eingehend diskutieren und auch praktikabel definieren. An dieser Stelle kann die letzte Zeile als Definition des *Objektes* δ aufgefasst werden, die auf der einen Seite eine Darstellung über Summen von **Fouriermoden** $e^{\mathrm{i}n(t'-t)}$ besitzt und auf der anderen Seite die Norm von f ergibt. ◇

Lemma 3.14. *Sei* $\{e_1, e_2, \ldots\}$ *eine ONB im Hilbertraum* H, *dann gilt* $\forall v, v' \in \mathsf{H}$ *die* ***Parseval Gleichung*** *für das Skalarprodukt:*

$$\langle v \mid v'\rangle = \sum_n \langle v \mid e_n\rangle\langle e_n \mid v'\rangle.$$

Beweis. Der Beweis folgt aus der Stetigkeit des Skalarproduktes, zusammen mit $v = \sum_n e_n\langle e_n \mid v\rangle$ und $v' = \sum_i e_i\langle e_i|v'\rangle$, denn:

$$\langle v \mid v'\rangle = \lim_{N\to\infty} \left\langle \sum_{n=1}^{N} e_n\langle e_n \mid v\rangle \;\middle|\; \sum_{m=1}^{N} e_m\langle e_m \mid v'\rangle \right\rangle = \sum_{n=1}^{\infty} \langle v \mid e_n\rangle\langle e_n|v'\rangle. \qquad \square$$

Wir haben schon ein Beispiel für ein ONS mit dem Fouriersystem kennengelernt und werden im nächsten Kapitel weitere kennenlernen. Um auch einmal zu sehen wie ein ONS aussieht, welches keine ONB ist, betrachten wir das folgende Beispiel.

4 Der vollständige Beweis findet sich im Abschnitt 4.1.

Beispiel 3.13. Gegeben seien die **Rademacher-Funktionen**, definiert durch:

$$r_0(t) := 1, \quad r_n(t) := \operatorname{sign}(\sin(2^n \pi t)), \quad t \in [0,1], \quad n \in \mathbb{N}_0.$$

Zur Veranschaulichung sind in der Abbildung 3.1 die ersten drei Rademacher-Funktionen skizziert. Diese Funktionen bilden ein ONS auf $L^2([0,1])$ mit Skalarprodukt:

$$\langle r_m \mid r_n \rangle := \int_0^1 dt\, r_m(t) r_n(t) = \delta_{mn}.$$

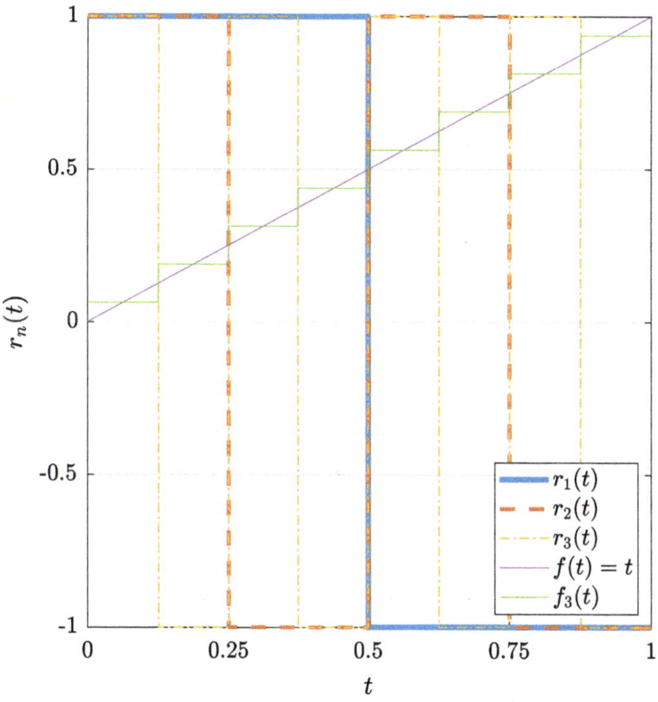

Abb. 3.1: Die ersten Rademacher-Funktionen $r_n(t)$, wobei $r_0(t) = 1$ der Übersichtlichkeitshalber nicht eingezeichnet ist. Die einzelnen Linien sind unterschiedlich dick gezeichnet, damit man die Überlappung besser auseinanderhalten kann. Zusätzlich sind die vertikalen Linien mit eingezeichnet, um den Verlauf der Funktionen grafisch voneinander abzuheben. Die Funktion $f(t) = t$ und deren Approximation durch die ersten 4 Fourierterme $f_3(t)$ sind ebenfalls eingezeichnet.

Zunächst zeigen wir, dass es sich um ein ONS handelt. Beachten wir, dass bis auf eine abzählbare diskrete Menge (durch die vertikalen Linien markiert) auch die Darstellung gilt:

$$r_n(t) = (-)^k, \quad \frac{k}{2^n} \le t < \frac{k+1}{2^n}, \quad k \in \{0, 1, 2, \ldots, 2^n - 1\}.$$

Damit folgt für $n > m$:

$$\begin{aligned}\langle r_m \mid r_n \rangle &= \int_0^1 \mathrm{d}t\, r_m(t) r_n(t) = \sum_{k=0}^{2^m-1} \int_{k/2^m}^{(k+1)/2^m} \mathrm{d}t\, r_n(t)(-)^k \\ &= \sum_{k=0}^{2^m-1} (-)^k \underbrace{\int_{k/2^m}^{(k+1)/2^m} \mathrm{d}t\, r_n(t)}_{=0} = 0.\end{aligned}$$

Mit $r_n^2(t) = 1$, $\forall t$, folgt $\langle r_m \mid r_n \rangle = \delta_{mn}$. Damit bilden die r_n ein ONS aber keine ONB. Um dies zu zeigen, beachten wir die Antisymmetrie bzgl. $t = 1/2$:

$$r_n(1-t) = \operatorname{sign}(\sin(2^n \pi(1-t))) = \operatorname{sign}(-\sin(2^n \pi t)) = -r_n(t).$$

Damit folgt für eine bzgl. $t = 1/2$ geraden Funktion $f(t)$ für alle Skalarprodukte:

$$\begin{aligned}\langle f \mid r_n \rangle &= \int_0^{1/2} \mathrm{d}t f(t) r_n(t) + \int_{1/2}^1 \mathrm{d}t f(t) r_n(t) \\ &= \int_0^{1/2} \mathrm{d}t\, (f(t) r_n(t) + f(1-t) r_n(1-t)) = 0.\end{aligned}$$

Das bedeutet, die Summe (3.14) ist gleich null. Schauen wir uns als Beispiel die Funktion $f(t) = t$ an und entwickeln diese Funktion nach den Rademacher-Funktionen $r_n(t)$. Dazu benötigen wir die Fourierkoeffizienten:

$$\langle t \mid r_n \rangle = \int_0^1 \mathrm{d}t\, t r_n(t) = \sum_{k=0}^{2^n-1} (-)^k \int_{k/2^n}^{(k+1)/2^n} \mathrm{d}t\, t = \sum_{k=0}^{2^n-1} (-)^k \frac{2k+1}{2^{2n+1}} = \frac{(-)^{1+\delta_{0n}}}{2^{n+1}}.$$

Daraus folgt für die Entwicklung von $f(t) = t$:

$$t = \frac{1}{2} - \sum_{n=1}^{\infty} \frac{r_n(t)}{2^{n+1}} = 1 - \sum_{n=0}^{\infty} \frac{\operatorname{sign}(\sin(2^n \pi t))}{2^{n+1}}.$$

Des Weiteren gilt $\|t\|^2 = 1/3$, aber ebenso:

$$\sum_{n=0}^{\infty} |\langle t \mid r_n \rangle|^2 = \sum_{n=0}^{\infty} \frac{1}{4^{n+1}} = \frac{1}{4} \frac{1}{1-1/4} = \frac{1}{3}.$$

Damit kann die Funktion $f(t) = t$ durch die Rademacher-Funktionen ausgedrückt werden. In der Abbildung ist die Approximation mit den ersten 4 Rademacher-Funktionen $r_0, \ldots, r_3$ als $f_3(t)$ dargestellt. Wie aus der Analogie zu den trigonometrischen

Funktionen zu vermuten ist, lassen sich die Rademacher-Funktionen auf $L^2([0,1])$ durch Hinzufügen von Funktionen $\operatorname{sign}(\cos(2^n \pi t))$ vervollständigen. Die Rademacher-Funktionen werden in verschiedenen Bereichen der Informatik und Informationsverarbeitung gebraucht. ◇

Die hier vorgestellten und diskutierten Orthonormalbasen sind gekennzeichnet durch ein abzählbar und gegebenenfalls unendlich dimensionales System von Funktionen. Diese Eigenschaft erlaubt es einem, jedes Element des Raumes durch eine Linearkombination von Elementen darzustellen. Hier stellt sich die Frage, ist das in jedem Hilbertraum (Banachraum) möglich? Es stellt sich heraus, dass es dazu eine zusätzliche Eigenschaft benötigt, die Separabilität. Diese Eigenschaft werden wir im folgenden Kapitel kurz diskutieren, ohne dabei zu sehr ins Detail zu gehen.

3.4.4 Separabilität*

Kommen wir zur letzten hier vorgestellten Eigenschaft von normierten Räumen, der **Separabilität.** Wir werden diese Eigenschaft nicht ausführlich diskutieren, da von ihr in den uns interessierenden Fälle nicht viel abhängt. Für eine eingehende Diskussion und Beweise schaue man in den Lehrbüchern [30, 32] nach.

Definition 3.19. Ein normierter Raum $(V, \|\cdot\|)$ heißt **separabel**, wenn es in V eine abzählbare dichte Teilmenge W gibt, d. h. $\forall \epsilon > 0, v \in V$ existiert ein $v_\epsilon \in W$ mit $\|v - v_\epsilon\| < \epsilon$.

In der Quantenmechanik haben wir es fast ausschließlich mit separablen Hilberträumen zu tun und oftmals wird der Hilbertraum in der Quantenmechanik automatisch als separabler Hilbertraum aufgefasst, genauer gesagt besitzt diese Eigenschaft. Die wichtigste Eigenschaft für die Quantenmechanik von separablen Hilberträumen ist die Existenz von Orthonormalbasen. Bevor wir dies zeigen, betrachten wir Beispiele für separable und nicht separable normierte Räume, ohne in allen Fällen im Detail auf die Beweise einzugehen.

Beispiel 3.14.

(i) $(\mathbb{K}^n, \|\cdot\|_2)(\mathbb{K}^n = \mathbb{R}^n, \mathbb{C}^n)$ ist separabel, da die Menge $\mathbb{Q}$ abzählbar dicht in $\mathbb{R}$ liegt.

(ii) $(\ell^2, \|\cdot\|_2)$ ist separabel.
Um dies zu zeigen, betrachten wir einen beliebigen Vektor $a \in \ell^2$ und konstruieren eine abzählbar dichte Teilmenge wie folgt: Sei $\hat{a}_n = (\hat{a}_1, \hat{a}_2, \ldots, \hat{a}_n, 0, 0, \ldots)$ mit $\hat{a}_k = p_k + iq_k, p_k, q_k \in \mathbb{Q}$. Dies ist eine abzählbare Teilmenge aus ℓ^2, um zu zeigen, dass sie dicht ist, betrachten wir

$$\|a - \hat{a}\|_2 = \left(\sum_{k=1}^{n} |a_k - \hat{a}_k|^2 + \sum_{k=n+1}^{\infty} |a_k|^2 \right)^{1/2},$$

und zeigen, dass diese Größe beliebig kleiner als ein vorgegebenes $\epsilon > 0$ gemacht werden kann. Die $\hat{a}_k$ sind dicht in $\mathbb{C}$ und können immer so gewählt werden, dass für

$\epsilon > 0$ und $|a_k - \hat{a}_k| < \epsilon/\sqrt{2n}$ für alle $k = 1, \dots, n$ gilt. Des Weiteren kann die zweite Summe durch ein hinreichend großes n immer kleiner als $\epsilon^2/2$ gemacht werden, so dass insgesamt folgt:

$$\|a - \hat{a}\|_2 < \left(\sum_{k=1}^{n} \epsilon^2/2n + \epsilon^2/2 \right)^{1/2} = \epsilon.$$

(iii) Der Raum der beschränkten Folgen $(l^\infty, \|\cdot\|_\infty)$ ist nicht separabel.
Die Norm ist in diesem Fall gegeben durch:

$$\|a\|_\infty := \sup_{n=1}^{\infty} |a_n|, \quad a = (a_1, a_2, \dots),\ a_i < \infty.$$

Gehen wir genauso vor wie zuvor, dann müssten wir $\|a - \hat{a}\|_\infty$, kleiner als ein vorgegebenes $\epsilon > 0$ machen. Betrachten wir dazu $a = (a_1, a_2, \dots)$, $a_i \in \{0, 1\}$, also: $\|a\|_\infty = \sup_k |a_k| = 1$ und damit $a \in l^\infty$. Nun sei eine irrationale Zahl $x \in [0, 1]$ gegeben, diese Zahl kann geschrieben werden als:

$$x = \sum_{k=1}^{\infty} \frac{a_k}{2^k},$$

mit eindeutig bestimmten a. Damit gibt es eine Zuordnung $[0, 1[\ni x \mapsto a \in l^\infty$ und es gilt analog zum vorherigen Beispiel:

$$\|a - \hat{a}\|_\infty = \sup_{k=1}^{\infty} |a_k - \hat{a}_k| = \sup_{n=k+1}^{\infty} |a_n| = 1.$$

Die Größe $\|a - \hat{a}\|_\infty$ kann demnach nicht klein gemacht werden, wie im Fall l^p. Es sei noch bemerkt, dass aufgrund der Zuordnung $\mathbb{R} \ni x \mapsto l^\infty$ der Raum l^∞ nicht abzählbar ist.

(iv) $\mathsf{L}(\mathbb{R})$ ist separabel. Dies kann mit Hilfe des Weierstraß'schen Approximationssatzes gezeigt werden.

(v) $(\mathsf{L}^p([a, b]), \|\cdot\|_p)$, $1 \le p < \infty$ ist separabel, nicht aber $(\mathsf{L}^\infty([a, b]), \|\cdot\|_\infty)$.

(vi) $(C([a, b]), \|\cdot\|_p)$ ist separabel, als dichte Teilmenge von $\mathsf{L}([a, b])$. ◇

Das Besondere an separablen Hilberträumen gibt das folgende Lemma wieder.

Lemma 3.15. *In jedem separablen Hilbertraum* H *existiert eine ONB.*

Beweis. Wir skizzieren den Beweis[5] hier nur. Sei H separabel, dann existiert eine abzählbar dichte Teilmenge $\{v_1, v_2, \dots\}$. Induktiv wähle man die Elemente $\{v_{i_1}, v_{i_2}, \dots\}$ mit kleinstem Index aus, sodass das entstehende System linear unabhängig ist. Jeder der

5 Für den detaillierten Beweis verweisen wir auf [32].

Vektoren v_i lässt sich dann als Linearkombination der v_{j_i} darstellen, das heißt die Linearkombinationen liegen selbst dicht in H. Mit dem Gram-Schmidt'schen Orthogonalisierungsverfahren, angewendet auf das System $\{v_{i_1}, v_{i_2}, \dots\}$, erhalten wir ein ONS. Linearkombinationen dieser Vektoren liegen dann selbst wieder dicht in H.

Bleibt noch zu zeigen, dass es eine ONB ist. Die Vollständigkeit folgt daraus, dass in separablen Hilberträumen für abzählbar dichte Teilmengen immer n so gewählt werden kann, dass gilt:

$$\left\| v - \sum_{i=1}^{n} e_i \langle e_i \mid v \rangle \right\| < \epsilon. \qquad \square$$

An dieser Stelle sei bemerkt, dass es zu jedem Prähilbertraum H' eine Vervollständigung H gibt, sodass H' isomorph zu einem dichten Teilraum von H ist.[6] Im Folgenden werden wir nur separable Hilberträume betrachten, so dass wir immer eine ONB haben.

Oft tritt der Fall auf, wie bei den Fourierreihen, dass der zugrunde liegende Raum nur dicht bezüglich eines bestimmten normierten Raumes ist. Dies reicht aber aus, um auch auf diesen Räumen die Separabilität zu erhalten, wie der folgende Satz zusammenfasst:

Satz 3.5. *Sei* $(\mathsf{V}, \|\cdot\|)$ *ein normierter Raum und ein Teilraum* W *von* V. *Dann ist* W *separabel, genau dann wenn es eine abzählbare Teilmenge* $\mathsf{W}_\epsilon \subset \mathsf{V}$ *gibt, deren lineare Hülle* $L(\mathsf{W}_\epsilon)$ *dicht in* W *ist, wobei die lineare Hülle* $L(\mathsf{W}_\epsilon)$ *von* W_ϵ *die endliche Linearkombination ist, die* W_ϵ *enthält.*

Für den Beweis siehe [32].

Zusammengefasst können wir vereinfachend sagen, ein Hilbertraum ist separabel, wenn er eine endliche oder abzählbar unendliche *Basis* besitzt und nicht separabel wenn sie überabzählbar ist.

Aufgaben

1. Zeige, dass für $z_1, z_2 \in \mathbb{C}$ eine Metrik definiert ist durch

$$d(z_1, z_2) := \frac{|z_1 - z_2|}{\sqrt{(1 + |z_1|^2)(1 + |z_2|^2)}}.$$

Diese Metrik nennt man **chordaler Abstand** auf der Riemann'schen Zahlenkugel.

6 Vergleiche hierzu [30], Kapitel 24.

2. Zeige die Normaxiome der Matrixnormen ($\mathbf{A} \in \mathbb{K}^{m\times n}$):

$$\|\mathbf{A}\|_M := \max_{\substack{i=1,\dots,m\\ j=1,\dots,n}} |a_{ij}|,$$

$$\|\mathbf{A}\|_F := \sqrt{\sum_{i=1}^{m}\sum_{j=1}^{n} |a_{ij}|^2},$$

$$\|\mathbf{A}\|_2 := \max_{\|v\|_2=1} \|\mathbf{A}v\|_2,$$

$$\|\mathbf{A}\|_\infty := \max_{\|v\|_\infty=1} \|\mathbf{A}v\|_\infty = \max_{i=1,\dots,m} \sum_{j=1}^{n} |a_{ij}|,$$

$$\|\mathbf{A}\|_1 := \max_{\|v\|_1=1} \|\mathbf{A}v\|_1 \max_{j=1,\dots,n} = \sum_{i=1}^{m} |a_{ij}|.$$

3. Welche der folgenden Banachräume sind auch Hilberträume:

$$[\mathbb{K}^n, \|\cdot\|_2] : \quad \|x\|_2 := \left(\sum_{l=1}^{n} |x_l|^2\right)^{1/2}, \quad (x_1,\dots,x_n) \in \mathbb{K}^n,$$

$$[\ell^p, \|\cdot\|_p] \quad (1 \le p < \infty) : \quad \|a\|_p := \left(\sum_{l=1}^{\infty} |a_l|^p\right)^{1/p}, \quad (a_1, a_2, \dots) \in \ell^p,$$

$$[L^p([a,b]), \|\cdot\|_p] \quad (1 \le p < \infty) : \quad \|f\|_p := \left(\int_a^b \mathrm{d}t\, |f(t)|^p\right)^{1/p}, \quad f \in L^p([a,b]),$$

$$[L^\infty([a,b]), \|\cdot\|_\infty] : \quad \|f\|_\infty := \sup_{t\in[a,b]} |f(t)|, \quad f \in L^\infty([a,b]),$$

$$[C^{(n)}([a,b]), \|\cdot\|_\infty] : \quad \|f\|_\infty := \sum_{\nu=0}^{n} \max_{t\in[a,b]} |f^{(\nu)}(t)|, \quad f \in C^{(n)}([a,b]).$$

4. Betrachte die Matrix Maximumsnorm $\|\cdot\|_M$ auf $\mathbb{K}^{m\times n} \ni \mathbf{A}$ und zeige, dass diese nicht submultiplikativ ist, aber durch die Gesamtnorm $\|\mathbf{A}\|_G := \sqrt{nm}\|\mathbf{A}\|_M$ submultiplikativ wird.
5. Zeige, dass die Matrix Frobeniusnorm $\|\cdot\|_F$ submultiplikativ ist.
6. Zeige für eine Hermite'sche Matrix $\mathbf{A}$ gilt:

$$\|\mathbf{A}\|_2^2 = \max_{\|v\|=1} \langle \mathbf{A}^\dagger \mathbf{A} v \mid v\rangle = \lambda_{\max}(\mathbf{A}^\dagger \mathbf{A}),$$

dabei ist $\lambda_{\max}(\mathbf{A}^\dagger\mathbf{A})$ der maximale Eigenwert von $\mathbf{A}^\dagger\mathbf{A}$.
7. Zeige den Satz: Sei $\mathbf{A} \in \mathbb{K}^{n\times n}$ mit Norm $\|\mathbf{A}\| < 1$, dann ist $\mathbf{1} - \mathbf{A}$ nicht singulär und die Inverse ist gegeben durch

$$(\mathbf{1} - \mathbf{A})^{-1} = \sum_{n=0}^{\infty} \mathbf{A}^n,$$

mit Norm

$$\|(\mathbf{1} - \mathbf{A})^{-1}\| = \frac{1}{1 - \|\mathbf{A}\|}.$$

8. Zeige den Satz: Sei $\mathbf{A} \in \mathbb{K}^{n \times n}$ nichtsingulär und eine Matrix $\mathbf{B} = \mathbf{A}(\mathbf{1} + \mathbf{F})$ mit $\|\mathbf{F}\| < 1$ und Gleichungssysteme

$$\mathbf{A}x = a, \quad \mathbf{B}(x + \delta x) = b,$$

für $x, x + \delta x$ gegeben, dann gilt:

$$\frac{\|\delta x\|}{\|x\|} \leq \frac{\|\mathbf{F}\|}{1 - \|\mathbf{F}\|}.$$

Gilt zusätzlich $\operatorname{cond}(\mathbf{A})\|\mathbf{B} - \mathbf{A}\| < \|\mathbf{A}\|$, dann gilt

$$\frac{\|\delta x\|}{\|x\|} \leq \frac{\operatorname{cond}(\mathbf{A})\|\mathbf{B} - \mathbf{A}\|}{\|\mathbf{A}\| - \operatorname{cond}(\mathbf{A})\|\mathbf{B} - \mathbf{A}\|}.$$

9. Zeige die Skalarprodukteigenschaften aus dem Beispiel:

$$(\ell^2, \|\cdot\|_2): \quad \langle \alpha \mid \beta \rangle := \sum_n \bar{\alpha}_n \beta_n, \quad (\alpha_1, \alpha_2, \ldots), (\beta_1, \beta_2, \ldots) \in \ell^2,$$

$$(\mathcal{C}([a,b]), \|\cdot\|_2^w): \quad \langle f \mid g \rangle := \int_a^b \mathrm{d}t w(t) \bar{f}(t) g(t), \quad f, g \in \mathcal{C}([a,b]).$$

10. Wir betrachten eine spezielle Schreibweise in der Physik in Hilberträumen mit einer ONB $\{e_i\}_{i \in \mathbb{I}}$. Dort werden insbesondere in der Quantenmechanik diese Elemente durch *Ket*-Vektoren $|e_j\rangle$ benannt. Die Elemente aus dem Dualraum mit *Bra*-Vektoren $\langle e_i| = |e_i\rangle^\dagger$. Dann gilt für das Skalarprodukt $\langle e_i \mid e_j \rangle = \delta_{ij}$, $i, j \in \mathbb{I}$, mit einer endlichen oder unendlichen Indexmenge $\mathbb{I}$. Insbesondere werden **Projektionsoperatoren** definiert als:

$$\mathbf{P}_{\mathbb{I}'} := \sum_{i \in \mathbb{I}'} |e_i\rangle\langle e_i|, \quad \mathbb{I}' \subset \mathbb{I}.$$

Zeige mithilfe dieser Schreibweise die folgenden Eigenschaften:

(i) $\mathbf{P}_{\mathbb{I}'}^\dagger = \mathbf{P}_{\mathbb{I}'}, \quad \mathbf{P}_{\mathbb{I}'}^2 = \mathbf{P}_{\mathbb{I}'}$

(ii) $[\mathbf{P}_{\mathbb{I}_1}, \mathbf{P}_{\mathbb{I}_2}] = 0, \quad \mathbb{I}_1 \cap \mathbb{I}_2 = \emptyset, \quad \mathbb{I}_1, \mathbb{I}_2 \subset \mathbb{I},$

(iii) $\mathbf{1} = \mathbf{P}_{\mathbb{I}}$.

11. Zeige, dass das System

$$c_n(t) := \frac{1}{\sqrt{b-a}} \cos\left(\frac{2\pi n}{b-a} t\right), \quad s_n(t) := \frac{1}{\sqrt{b-a}} \sin\left(\frac{2\pi n}{b-a} t\right), \quad n = 0, 1, 2, \ldots$$

auf $\langle \mathsf{L}([a,b]), \langle \cdot \mid \cdot \rangle \rangle$ ein ONS bildet.

4 Orthogonale Funktionen

In diesem Kapitel betrachten wir verschiedene orthogonale Funktionensysteme. Dabei liegt der Schwerpunkt der Betrachtungen, nicht wie in Abschnitt 3.4 auf den theoretischen Aspekten orthogonaler Funktionensysteme, sondern mehr auf anwendungsorientiert Aussagen, so wie sie in der Praxis gebraucht werden. Deswegen werden die Sätze auch nicht in ihrer größtmöglichen Allgemeinheit formuliert und die geführten Beweise auch nicht die Rigorosität besitzen, die möglich wäre. Die Auswahl der betrachteten diskutierten Funktionensysteme orientiert sich am Bedarf der Inhalte der Physik in den einführenden Veranstaltungen.

Zunächst werden wir das System der Fourierfunktionen diskutieren und dabei den Schwerpunkt auf den Fourierreihen legen und aufbauend darauf zum Fourier-Integraltheorem und der Fourier-Transformation zu gelangen. Die praxisrelevanten Eigenschaften der zuvor diskutieren orthogonalen Polynome werden im Anschluss diskutiert. Zum Ende des Kapitels werden wir Kugelflächenfunktionen auf Basis der Legendre-Funktionen einführen. In den Lehrbüchern *Fourier series and orthogonal functions* von H. F. Davis [37] und *Fourier Series* von G. P. Tolstov [38] finden sich weiterführende Diskussionen und Anwendungen.

4.1 Fourierreihen und Fourier-Integrale

Fourierreihen bilden ein besonders wichtiges Werkzeug in der Physik, deswegen werden wir diese ausführlich diskutieren und viele Beweise, die zum Teil rechenintensiv sind explizit durchführen. Als Erstes benötigen wir den Begriff und die Eigenschaften stückweiser stetiger Funktionen.

4.1.1 Stückweise stetige Funktionen

Wir betrachten im Folgenden den Funktionenraum $\mathrm{L}([a,b])$ oder gegebenenfalls den Raum der stückweise stetigen Funktionen, den wir in der folgenden Form benötigen.

Definition 4.1 (stückweise stetig). Der Raum der **stückweise stetigen Funktionen** $\mathrm{C}([a,b])$ auf einem Intervall $[a,b]$ ist der Raum der Funktionen, die stetig in den Intervallen $]t_k, t_{k+1}[, k = 1, \dots, n-1$ sind, mit $a = t_1 < t_2 < \cdots < t_n = b$ und deren **links- und rechtsseitige Grenzwerte** $f(t^{\pm}) := \lim_{0<\epsilon\to 0} f(t \pm \epsilon)$, in jedem Punkt $t \in [a,b]$ existieren. ∎

An den Intervallgrenzen sind $f(t_k^-)$ und $f(t_k^+)$ nicht notwendig gleich und für $t = a$ bzw. b brauchen nur die jeweiligen rechts- bzw. linksseitigen Grenzwerte zu existieren. Wir vereinbaren, dass in jedem Punkt gilt:

$$f(t) = \frac{f(t^-) + f(t^+)}{2}. \tag{4.1}$$

https://doi.org/10.1515/9783111059228-004

Hiermit definieren wir die Werte an den Intervallgrenzen eindeutig und innerhalb der Intervalle bleibt die Funktion unverändert, da sie dort stetig ist. Die Abänderung der Funktion auf einer Menge vom Maß Null ändert die auftretenden Integrale nicht. Der Raum $\mathsf{C}([a,b])$ ist dicht bezüglich des separablen Hilbertraums $\mathsf{L}([a,b])$ und somit nach Satz 3.5 selbst wieder separabel und besitzt deswegen Orthonormalbasen.

In diesem Abschnitt sind wir daran interessiert, Funktionen auf einem Intervall $[a,b]$, mit **periodischen** Funktionen zu approximieren. Die trigonometrischen Funktionen sind periodisch, mit der Periode $L = b - a$ [vergleiche hierzu (3.11)]. Deswegen vereinbaren wir des Weiteren, dass die auf dem Intervall $[a,b]$ nicht notwendig periodischen Funktionen außerhalb des Intervalls periodisch fortgesetzt werden: $f(t + Lk) = f(t)$, $k \in \mathbb{Z}$. An den Grenzen der Intervalle verfahren wir nach Regel (4.1).

Lemma 4.1 (Riemann). *Sei $f \in \mathsf{C}([a,b])$, dann gilt für $\nu, \mu \in \mathbb{R}$:*

$$\lim_{\nu\to\infty} \int_a^b \mathrm{d}t\, f(t)\mathrm{e}^{\mathrm{i}\nu t} = 0, \tag{4.2a}$$

$$\lim_{\nu\to\infty} \int_a^b \mathrm{d}t\, f(t)\cos(\nu t + \mu) = 0, \tag{4.2b}$$

$$\lim_{\nu\to\infty} \int_a^b \mathrm{d}t\, f(t)\sin(\nu t + \mu) = 0. \tag{4.2c}$$

Beweis. Betrachten wir das Integral (4.2a) zunächst für eine stetig differenzierbare Funktion und integrieren partiell, dann folgt:

$$\int_a^b \mathrm{d}t\, f(t)\mathrm{e}^{\mathrm{i}\nu t} = f(t)\frac{\mathrm{e}^{\mathrm{i}\nu t}}{\mathrm{i}\nu}\bigg|_a^b - \frac{1}{\mathrm{i}\nu}\int_a^b \mathrm{d}t\, f'(t)\mathrm{e}^{\mathrm{i}\nu t}.$$

Das Integral auf der rechten Seite ist beschränkt und somit verschwindet die gesamte rechte Seite im Grenzübergang $\nu \to \infty$. Ist $f(t)$ nicht differenzierbar, sondern nur stetig, aber durch eine stetig differenzierbare Funktion $f_\epsilon(t)$ derart darstellbar, dass gilt: $\int_a^b \mathrm{d}t\, |f(t) - f_\epsilon(t)| < \epsilon$, mit einem beliebig kleinen $\epsilon > 0$, dann folgt:

$$\left|\int_a^b \mathrm{d}t\, [f(t) - f_\epsilon(t)]\mathrm{e}^{\mathrm{i}\nu t}\right| \le \int_a^b \mathrm{d}t\, |f(t) - f_\epsilon(t)|\, |\mathrm{e}^{\mathrm{i}\nu t}| < \epsilon.$$

Die rechte Seite ist unabhängig von ν, die linke Seite kann beliebig klein gemacht werden. Die Existenz der Funktion f_ϵ kann mithilfe des Weierstraß'schen Approximationssatzes gezeigt werden, indem die Funktion f_ϵ etwa über eine Folge von Polynomen gebildet wird.

Die Fälle (4.2b) und (4.2c) erhält man aus (4.2a) für $\mu = 0$ durch Betrachtung von Real- und Imaginärteil. Den Fall $\mu \neq 0$ erhält man anschließend mit Hilfe der Additionstheoreme für cos und sin. □

In der Definition (3.11) haben wir das orthogonale trigonometrische Funktionensystem mit einer Periode $L = b-a$ eingeführt. Dieses System verwenden wir, wenn wir periodische oder periodisch fortgesetzte Funktionen mit der Periode L durch Fourierreihen approximieren wollen. Im Folgenden werden wir uns auf das Intervall $[a, b] = [-\pi, +\pi]$ beschränken. Die Übertragung auf den allgemeinen Fall ist klar, ebenso die mögliche Verschiebung der Intervallgrenzen. So wird oftmals das Intervall $[0, 2\pi]$ als Definitionsbereich verwendet.

Bevor wir eingehend die Fourierreihen diskutieren, benötigen wir noch einige vorbereitende Hilfssätze. An verschiedenen Stellen werden wir Eigenschaften des Dirichlet-Kerns benötigen, deswegen fassen wir die Definition und Eigenschaften zusammen:

Lemma 4.2 (Dirichlet-Kern). *Der* ***Dirichlet-Kern*** *ist definiert durch:*

$$D_N(t) := \frac{1}{2\pi}\frac{\sin[t(N+1/2)]}{\sin(t/2)}, \quad t \in \mathbb{R}, \quad N \in \mathbb{N}, \tag{4.3}$$

und besitzt die Eigenschaften:

$$D_N(t) = \frac{1}{2\pi}\sum_{n=-N}^{+N} \mathrm{e}^{int}, \tag{4.4a}$$

$$\int_{-\pi}^{+\pi} \mathrm{d}t\, D_N(t) = 1, \tag{4.4b}$$

$$D_N(t) = D_N(-t), \tag{4.4c}$$

$$D_N(0) = (2N+1)/2\pi. \tag{4.4d}$$

Beweis. Alle Eigenschaften folgen durch Nachrechnen.

(a)

$$\begin{aligned}\sum_{n=-N}^{+N} \mathrm{e}^{int} &= \frac{1-\mathrm{e}^{\mathrm{i}(N+1)t}}{1-\mathrm{e}^{\mathrm{i}t}} + \frac{1-\mathrm{e}^{-\mathrm{i}(N+1)t}}{1-\mathrm{e}^{-\mathrm{i}t}} - 1 = \frac{2\cos(Nt) - 2\cos[(N+1)t]}{2-2\cos t}\\ &= \frac{2\sin(t/2)[\cos(Nt)\sin(t/2) + \sin(Nt)\cos(t/2)]}{2\sin^2(t/2)} = D_N(t)\, 2\pi.\end{aligned}$$

(b)

$$\int_{-\pi}^{+\pi} \mathrm{d}t\, D_N(t) = \sum_{n=-N}^{+N} \frac{1}{2\pi}\int_{-\pi}^{+\pi} \mathrm{d}t\, \mathrm{e}^{int} = \sum_{n=-N}^{+N} \frac{1}{2\pi} 2\pi\delta_{0n} = 1.$$

Die letzten beiden Eigenschaften (c) und (d) sind klar. □

In der Abbildung 4.1 ist der Dirichlet-Kern für $N = 2, 4, 8$ dargestellt.

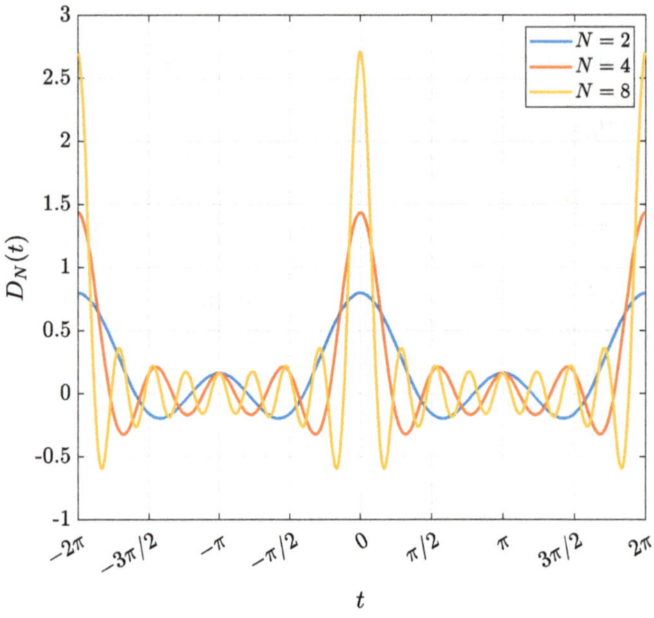

Abb. 4.1: Dirichlet-Kern $D_N(t)$. Die Funktion tritt auch bei Interferenz-Problemen von ebenen Wellen auf. Abweichend von der hier verwendeten Definition findet man auch die Definition (4.4a) ohne den Faktor $1/2\pi$.

Für die folgenden Rechnungen benötigen wir noch ein Zwischenresultat. Dazu verwenden wir das Riemann-Lemma und Eigenschaften des Dirichlet-Kerns. Für die auf dem Intervall $[a, b] = [0, \pi]$ stetige Funktion $f(t) = 2/t - 1/\sin(t/2)$, gilt:

$$\begin{aligned}
0 &= \lim_{N\to\infty} \int_0^{\pi} \mathrm{d}t\, \sin(\nu t) f(t)|_{\nu=N+1/2} \\
&= \lim_{N\to\infty} 2 \int_0^{\pi} \mathrm{d}t\, \frac{\sin[t(N+1/2)]}{t} - \lim_{N\to\infty} \int_0^{\pi} \mathrm{d}t\, \frac{\sin[t(N+1/2)]}{\sin(t/2)} \\
&= 2 \lim_{N\to\infty} \int_0^{\pi(N+1/2)} \mathrm{d}t\, \frac{\sin t}{t} - \pi .
\end{aligned}$$

Daraus folgt insgesamt:

$$\int_0^{\infty} \mathrm{d}t\, \frac{\sin t}{t} = \frac{\pi}{2}. \tag{4.5}$$

Des Weiteren benötigen wir die Aussage des folgenden Lemmas, dessen Aussage aber auch für sich stehend nützlich ist.

Lemma 4.3. *Sei $f \in \mathrm{C}([0, \pm b])$, $b > 0$, dann gilt:*

$$\lim_{\nu\to\infty} \frac{2}{\pi} \int_0^{\pm b} \mathrm{d}t\, f(t) \frac{\sin \nu t}{t} = f(0^\pm). \tag{4.6}$$

Beweis. Wir zeigen den '+'-Fall:

$$\begin{aligned}
\int_0^b \mathrm{d}t\, f(t) \frac{\sin(\nu t)}{t} &= \int_0^b \mathrm{d}t\, f(0^+) \frac{\sin(\nu t)}{t} + \int_0^b \mathrm{d}t\, \frac{f(t) - f(0^+)}{t} \sin(\nu t) \\
&= f(0^+) \int_0^{b\nu} \mathrm{d}t\, \frac{\sin t}{t} + \int_0^b \mathrm{d}t\, \frac{f(t) - f(0^+)}{t} \sin(\nu t).
\end{aligned}$$

Die Funktion $h(t) := [f(t) - f(0^+)]/t$ ist stückweise stetig, da $\lim_{t\to 0^+} h(t) = \mathrm{d}f(t)/\mathrm{d}t|_{t=0^+}$ gilt. Deswegen folgt mithilfe der Gl. (4.2c) und Gl. (4.5):

$$\begin{aligned}
\lim_{\nu\to\infty} \int_0^b \mathrm{d}t\, f(t) \frac{\sin(\nu t)}{t} &= f(0^+) \lim_{\nu\to\infty} \int_0^{b\nu} \mathrm{d}t\, \frac{\sin t}{t} + \lim_{\nu\to\infty} \int_0^b \mathrm{d}t\, \frac{f(t) - f(0^+)}{t} \sin(\nu t) \\
&= f(0^+) \frac{\pi}{2}.
\end{aligned}$$

Der '−'-Fall wird ganz analog gezeigt. □

Dieses Ergebnis verwenden wir, um eine wichtige Aussage für den Dirichlet-Kern abzuleiten.

Lemma 4.4. *Sei $f \in \mathrm{C}([-\pi, \pi])$, dann gilt:*

$$\lim_{N\to\infty} \int_{-\pi}^{+\pi} \mathrm{d}t\, f(t) D_N(t) = \frac{f(0^+) + f(0^-)}{2} \equiv f(0). \tag{4.7}$$

Beweis. Sei zunächst N endlich, dann gilt:

$$\begin{aligned}
\int_{-\pi}^{+\pi} \mathrm{d}t\, f(t) D_N(t) &= \int_0^{+\pi} \mathrm{d}t\, [f(t) + f(-t)] D_N(t) \\
&= \frac{f(0^+) + f(0^-)}{2} + \int_0^{+\pi} \mathrm{d}t\, [f(t) - f(0^+) + f(-t) - f(0^-)] D_N(t) \\
&= f(0) + \frac{1}{2\pi} \int_0^{+\pi} \mathrm{d}t\, [g_+(t) + g_-(t)] \frac{\sin[t(N+1/2)]}{t},
\end{aligned}$$

mit $g_\pm(t) \equiv [f(\pm t) - f(0^\pm)]t/\sin(t/2)$. Wenden wir nun (4.6) auf die beiden Funktionen $g_\pm(t)$ an und beachten, dass diese Funktionen wiederum stückweise stetig sind, so gilt: $\lim_{t\to 0^\pm} g_\pm(t) = 0$. Zusammen ergibt sich dann:

$$\lim_{N\to\infty} \int_{-\pi}^{+\pi} \mathrm{d}t f(t) D_N(t) = f(0) + \sum_{\sigma=\pm} \lim_{N\to\infty} \frac{1}{2\pi} \int_0^{+\pi} \mathrm{d}t\, g_\sigma(t) \frac{\sin[t(N+1/2)]}{t} = f(0). \qquad \square$$

Aus der Gl. (4.7) folgt für das Beispiel 3.12

$$\begin{aligned} &\lim_{N\to\infty} \int_{-\pi}^{+\pi} \mathrm{d}t \int_{-\pi}^{+\pi} \mathrm{d}t' \frac{1}{2\pi} \sum_{n=-N}^{+N} e^{\mathrm{i}n(t'-t)} \bar{f}(t) f(t') \\ &= \lim_{N\to\infty} \int_{-\pi}^{+\pi} \mathrm{d}t \int_{-\pi}^{+\pi} \mathrm{d}t'\, D_N(t'-t) \bar{f}(t) f(t') \\ &= \int_{-\pi}^{+\pi} \mathrm{d}t\, \bar{f}(t) f(t) = \|f\|^2. \end{aligned}$$

Damit ist die Aussage des Beispiels bewiesen und wir schreiben rein formal

$$\lim_{N\to\infty} D_N(t-t') = \delta(t-t'),$$

und verstehen dies als Gleichung unter dem Integral. Diesen Prozess werden wir im Kapitel 6 als Distribution identifizieren.

4.1.2 Fouriersummen

In diesem Abschnitt diskutieren wir Konvergenzeigenschaften von Fourierreihen und führen hierzu Partialsummen ein.

Definition 4.2 (Fourierpartialsumme). Sei $f \in \mathrm{C}([-\pi,\pi])$ und $e_n(t) = \mathrm{e}^{\mathrm{i}nt}/\sqrt{2\pi}$, $n \in \mathbb{Z}$ das Fourier-ONS aus (3.11), dann ist die **Fourierpartialsumme** von f definiert durch:

$$S_N^f(t) := \sum_{n=-N}^{N} e_n(t) \langle e_n \mid f \rangle. \qquad \blacksquare$$

Lemma 4.5. *Das Fourier-ONS $\{e_n\}$ bildet in $\mathrm{C}([-\pi,\pi])$ eine Orthonormalbasis.*

Beweis. Wir zeigen die Parseval'sche Gleichung: $\lim_{N\to\infty} \|S_N^f\|^2 = \|f\|^2$. Hierzu betrachten wir zunächst für ein endliches N die Norm der Fourierpartialsumme:

$$\|S_N^f\|^2 = \sum_{n=-N}^{+N} \sum_{n'=-N}^{+N} \langle f \mid e_n \rangle \langle e_n \mid e_{n'} \rangle \langle e_{n'} \mid f \rangle$$

$$= \sum_{n=-N}^{N} \frac{1}{2\pi} \int_{-\pi}^{+\pi} dt \bar{f}(t) \int_{-\pi}^{+\pi} dt' f(t') e^{in(t-t')}$$

$$= \int_{-\pi}^{+\pi} dt \bar{f}(t) \int_{-\pi}^{+\pi} dt' f(t') D_N(t-t')$$

$$= \int_{-\pi}^{+\pi} dt \bar{f}(t) \int_{-\pi-t}^{+\pi-t} dt' f(t+t') D_N(t').$$

Die Funktion $f(t)$ ist periodisch, bzw. periodisch fortgesetzt, deswegen kann (4.7) angewendet werden und wir erhalten:

$$\lim_{N\to\infty} \|S_N^f\|^2 = \lim_{N\to\infty} \int_{-\pi}^{+\pi} dt \bar{f}(t) \int_{-\pi-t}^{+\pi-t} dt' f(t+t') D_N(t')$$

$$= \int_{-\pi}^{+\pi} dt \bar{f}(t) f(t) = \int_{-\pi}^{+\pi} dt\, |f(t)|^2 = \|f\|^2.$$

□

Im Limes $N \to \infty$ erhält man aus der Fourierpartialsumme S_N^f die Fourierreihe, die dann formal definiert ist durch:

Definition 4.3 (Komplexe Fourierreihe). Sei $f \in \mathrm{C}$, dann nennen wir die Reihe

$$S_\infty^f(t) := \sum_{n=-\infty}^{+\infty} e_n(t) \langle e_n \mid f \rangle,$$

die **komplexe Fourierreihe** der Funktion $f(t)$. ■

Aus der komplexen Fourierreihe bilden wir die **reellen Fourierreihen**, die wir oft verwenden, wenn die darzustellende Funktion eine ungerade oder gerade Funktion ist. Dies fassen wir zusammen:

Lemma 4.6 (Reelle Fourierreihe). *Sei $f(t)$ eine ungerade Funktion $[f(t) = -f(-t)]$ aus C, dann gilt:*

$$S_\infty^f(t) = \sum_{n=1}^{\infty} s_n(t) \langle s_n \mid f \rangle, \quad \textit{mit } s_n(t) := \frac{1}{\sqrt{\pi}} \sin(nt),$$

und für eine gerade Funktion $[f(t) = f(-t)]$ aus C gilt:

$$S_\infty^f(t) = \frac{1}{2} c_0 \langle c_0 \mid f \rangle + \sum_{n=1}^{\infty} c_n(t) \langle c_n \mid f \rangle, \quad \textit{mit } c_n(t) := \frac{1}{\sqrt{\pi}} \cos(nt).$$

Beweis. Sei zunächst $f(t) = -f(-t)$, dann gilt mit $s_n(t) = \sin(nt)/\sqrt{\pi}$:

$$\begin{aligned}
S_\infty^f(t') &= \frac{1}{2\pi}\sum_{n=-\infty}^{\infty} \mathrm{e}^{\mathrm{i}nt'} \int_{-\pi}^{+\pi} \mathrm{d}t\, \mathrm{e}^{-\mathrm{i}nt} f(t) \\
&= \frac{-\mathrm{i}}{\pi}\sum_{n=-\infty}^{\infty} \mathrm{e}^{\mathrm{i}nt'} \int_{0}^{\pi} \mathrm{d}t\, \sin(nt) f(t) \\
&= \frac{-\mathrm{i}^2 2}{\pi}\sum_{n=1}^{\infty} \sin(nt') \int_{0}^{\pi} \mathrm{d}t\, \sin(nt) f(t) \\
&= \sum_{n=1}^{\infty} s_n(t') \int_{-\pi}^{+\pi} \mathrm{d}t\, s_n(t) f(t).
\end{aligned}$$

Entsprechend verfahren wir für den Fall $f(t) = f(-t)$:

$$\begin{aligned}
S_\infty^f(t') &= \frac{1}{\pi}\sum_{n=-\infty}^{\infty} \mathrm{e}^{\mathrm{i}nt'} \int_{0}^{\pi} \mathrm{d}t\, \cos(nt) f(t) \\
&= \frac{1}{\pi}\int_{0}^{+\pi} \mathrm{d}t\, f(t) + \frac{2}{\pi}\sum_{n=1}^{\infty} \cos(nt') \int_{0}^{\pi} \mathrm{d}t\, \cos(nt) f(t) \\
&= \frac{c_0}{2}\int_{-\pi}^{+\pi} \mathrm{d}t\, c_0 f(t) + \sum_{n=1}^{\infty} c_n(t') \int_{-\pi}^{+\pi} \mathrm{d}t\, c_n(t) f(t).
\end{aligned}$$

□

Diese Reihen konvergieren punktweise gegen die Funktion $f(t)$ in den offenen Teilintervallen in der die Funktion f stetig ist.[1] Sie konvergieren aber nicht notwendig gleichmäßig gegen $f(t)$, wie das **Gibb'sche Phänomen** zeigt, welches wir an einer Beispielfunktion illustrieren.

Lemma 4.7 (Gibb'sches Phänomen). *Sei die periodisch fortgesetzte Funktion:*

$$h(t) := \frac{\alpha}{2}\begin{cases} +(\pi - t) & : t > 0, \\ -(\pi + t) & : t < 0, \end{cases} \qquad \alpha > 0, \tag{4.8}$$

gegeben und besitze an der Stelle $t = 0$ eine Sprungstelle der Weite $d = \alpha\pi$, dann gilt im Limes:

$$\lim_{N\to\infty} S_N^h(t_N) = \alpha \mathrm{Si}\,(\pi), \qquad t_N = 2\pi/(2N+1),$$

1 Ein umfangreiches Tabellenwerk der verschiedenen Fourier-Transformationen ist die Referenz: [39].

wobei

$$\mathrm{Si}(x) := \int_0^x \mathrm{d}t\, \frac{\sin t}{t}$$

*der **Integralsinus** ist, mit dem speziellen Wert:*

$$\mathrm{Si}(\pi) = 1.8519370\ldots = \frac{\pi}{2} \cdot 1.17897\ldots$$

Beweis. Zunächst drücken wir die Partialsumme $S_N^h(t)$ durch den Dirichlet-Kern aus und beachten, dass gilt $h(t) = -h(-t)$, dann folgt:

$$\begin{aligned} S_N^h(t') &= \frac{2}{\pi} \sum_{n=1}^N \sin(nt') \int_0^\pi \mathrm{d}t\, \sin(nt) h(t) = \frac{\alpha}{\pi} \sum_{n=1}^N \sin(nt') \int_0^\pi \mathrm{d}t\, \sin(nt)(\pi - t) \\ &= \frac{\alpha\pi}{\pi} \sum_{n=1}^N \frac{\sin(nt')}{n} = \alpha \sum_{n=1}^N \int_0^{t'} \mathrm{d}t\, \cos(nt) = \alpha \int_0^{t'} \mathrm{d}t\, \frac{2\pi D_N(t) - 1}{2}. \end{aligned}$$

Im nächsten Schritt setzen wir explizit die Darstellung des Dirichlet-Kerns ein und separieren das Verhalten bei $t' = 0$:

$$\begin{aligned} S_N^h(t') &= \frac{\alpha}{2} \int_0^{t'} \mathrm{d}t\, \frac{\sin[t(N+1/2)]}{\sin(t/2)} - \alpha\frac{t'}{2} \\ &= \alpha \int_0^{t'} \mathrm{d}t\, \frac{\sin[t(N+1/2)]}{t} + \frac{\alpha}{2} \int_0^{t'} \mathrm{d}t\, \sin[t(N+1/2)] \left[\frac{1}{\sin(t/2)} - \frac{2}{t}\right] - \alpha\frac{t'}{2} \\ &= \alpha \mathrm{Si}(t'(N+1/2)) + \frac{\alpha}{2} \int_0^{t'} \mathrm{d}t\, \sin[t(N+1/2)] \left[\frac{1}{\sin(t/2)} - \frac{2}{t}\right] - \alpha\frac{t'}{2}. \end{aligned}$$

Für $0 < t \le \pi$ ergibt sich hiermit durch Einsetzen von $h(t)$:

$$\begin{aligned} S_N^h(t) - h(t) &= \alpha\left(\mathrm{Si}(t(N+1/2)) - \frac{\pi}{2}\right) \\ &\quad + \frac{\alpha}{2} \int_0^t \mathrm{d}t'\, \sin[t'(N+1/2)] \left[\frac{1}{\sin(t'/2)} - \frac{2}{t'}\right]. \end{aligned}$$

Wir bestimmen zunächst das Maximum, welches am nächsten bei $t = 0$ liegt. Hierzu sind die Nullstellen t_0 der Funktion $\mathrm{d}S_N^h(t)/\mathrm{d}t$ zu bestimmen:

$$0 = \left.\frac{dS_N^h(t)}{dt}\right|_{t_0} = \alpha\frac{2\pi D_N(t_0) - 1}{2} = \alpha\frac{\sin(Nt_0/2)\cos((N+1)t_0/2)}{\sin(t_0/2)}.$$

Das gesuchte Maximum liegt an der Stelle $t_0 = t_N \equiv \pi/(N+1)$. Setzen wir diesen Wert in $S_N^h(t)$ ein, so folgt:

$$\frac{S_N^h(t_N) - h(t_N)}{a} = \mathrm{Si}(\pi(N+1/2)/(N+1)) - \frac{\pi}{2} + \frac{1}{2}\int_0^{t_N} dt\ \sin[t(N+1/2)]\left[\frac{1}{\sin(t/2)} - \frac{2}{t}\right].$$

Im Limes $N \to \infty$ verschwindet das Integral, da $\lim_{N\to\infty} t_N = 0$ und der Klammerterm bei $t = 0^+$ verschwindet. Somit ergibt sich insgesamt:

$$\lim_{N\to\infty} \frac{S_N^h(t_N) - h(t_N)}{a} = \mathrm{Si}(\pi) - \frac{\pi}{2}. \qquad \square$$

In Abbildung 4.2 ist das Verhalten der Fourierpartialsummen $S_N^h(t)$ für verschiedene Werte von N dargestellt.

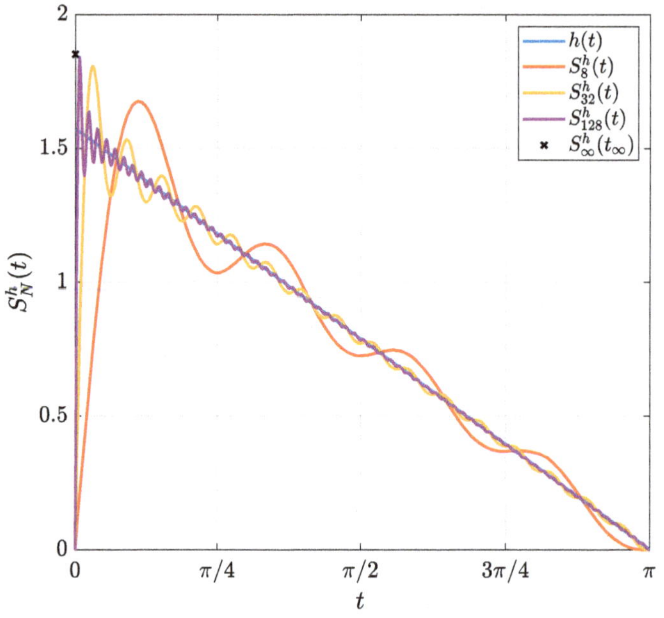

Abb. 4.2: Fourierpartialsumme $S_N^h(t)$ für $N = 8, 32, 128$ und $h(t) = (\pi - t)/2$. Der Punkt × markiert den Wert $\lim_{N\to\infty} S_N^h(t_N)$.

Die Fourierreihe der Funktion $h(t)$ *überschießt* damit in der Nähe des Ursprungs und nimmt einen Wert bei 0^+ an, der um einen Faktor 1.17... höher liegt als der Funktionswert der Funktion $h(0^+)$. Es wird allerdings der vereinbarte Wert (4.1) an der Stelle $t = 0$ nicht verändert, denn hier gilt: $S_N^h(0) = h(0) = 0$. Dieses Verhalten der Fouriersumme ist ein allgemeines Verhalten, welches an Sprungstellen von stückweise stetigen Funktionen immer auftaucht. Im nächsten Abschnitt konstruieren wir eine Reihe, die verbesserte Konvergenzeigenschaften besitzt.

4.1.3 Der Satz von Fejér

Bevor wir zur Konstruktion einer verbesserten *Fourrierreihe* kommen, diskutieren wir zunächst wichtige Eigenschaften des **Fejér-Kerns.** Diese Funktion ist ein Beispiel einer Darstellung der δ-Distribution, die wir im nächsten Abschnitt dann genauer studieren.

Lemma 4.8 (Fejér-Kern). *Der* ***Fejér-Kern*** *ist definiert durch*

$$F_N(t) := \frac{1}{2\pi}\frac{1}{N}\left(\frac{\sin(tN/2)}{\sin(t/2)}\right)^2, \quad t \in \mathbb{R}, \quad N \in \mathbb{N}. \tag{4.9}$$

Der Fejér-Kern hat die folgenden Eigenschaften für alle $N \in \mathbb{N}$:

$$F_N(t) = \frac{1}{N}\sum_{n=0}^{N-1} D_n(t), \tag{4.10a}$$

$$\int_{-\pi}^{+\pi} \mathrm{d}t\, F_N(t) = 1, \tag{4.10b}$$

$$F_N(t) = F_N(-t), \tag{4.10c}$$

$$F_N(0) = \frac{N}{2\pi}, \tag{4.10d}$$

$$\lim_{N\to\infty} \int_{-\pi}^{+\pi} \mathrm{d}t' F_N(t-t')f(t') = f(t), \quad f \in \mathrm{C}([-\pi,\pi]). \tag{4.10e}$$

Beweis. Betrachten wir die Eigenschaften im Einzelnen: (a)

$$\begin{aligned}\sum_{n=0}^{N-1} D_n(t) &= \sum_{n=0}^{N-1} \frac{1}{2\pi}\frac{\sin[t(n+1/2)]}{\sin(t/2)} = \frac{1}{2\pi\sin^2(t/2)}\sum_{n=0}^{N-1}\sin[t(n+1/2)]\sin(t/2)\\ &= \frac{1}{4\pi\sin^2(t/2)}\sum_{n=0}^{N-1}(\cos(nt)-\cos[(n+1)t]) = \frac{1-\cos(Nt)}{4\pi\sin^2(t/2)} = NF_N(t).\end{aligned}$$

(b) Dies folgt unmittelbar aus der Eigenschaft (4.4b) für $D_N(t)$. Gleichungen (c) und (d) sind klar und für Gleichung (e) sei $f(t)$ stückweise stetig und nehmen wir ohne Einschränkungen an, es sei $t' = 0$, dann schreiben wir:

$$\int_{-\pi}^{+\pi} \mathrm{d}t\, F_N(t)f(t) - f(0) = \underbrace{\int_{0}^{+\pi} \mathrm{d}t\, F_N(t)[f(t)-f(0^+)]}_{:=I_N^+} + \underbrace{\int_{0}^{+\pi} \mathrm{d}t\, F_N(t)[f(-t)-f(0^-)]}_{:=I_N^-}.$$

Betrachten wir exemplarisch das erste Integral und wählen ein hinreichend kleines δ, sodass gilt $|f(t) - f(0^+)| < \epsilon, \forall t \in]0,\delta]$, was aufgrund der stückweisen Stetigkeit von f immer möglich ist. So schätzen wir ab:

$$
\begin{aligned}
|I_N^+| &= \frac{1}{2\pi N}\left|\int_0^{+\pi} \mathrm{d}t\, \frac{\sin^2(tN/2)}{\sin^2(t/2)}[f(t)-f(0^+)]\right| \\
&\le \int_0^{+\delta} \frac{\mathrm{d}t}{2\pi N}\frac{\sin^2(tN/2)}{\sin^2(t/2)}|f(t)-f(0^+)| + \int_\delta^{+\pi} \frac{\mathrm{d}t}{2\pi N}\frac{\sin^2(tN/2)}{\sin^2(t/2)}|f(t)-f(0^+)| \\
&< \epsilon \underbrace{\int_0^{+\delta} \frac{\mathrm{d}t}{2\pi N}\frac{\sin^2(tN/2)}{\sin^2(t/2)}}_{<1} + \frac{1}{2\pi N}\int_\delta^{+\pi} \mathrm{d}t\, \underbrace{\frac{\sin^2(tN/2)}{\sin^2(t/2)}}_{<1/\sin^2(\delta/2)}|f(t)-f(0^+)| \\
&< \epsilon + \frac{1}{2\pi N}\frac{1}{\sin^2(\delta/2)}\int_\delta^{+\pi} \mathrm{d}t\, |f(t)-f(0^+)|.
\end{aligned}
$$

Durch ein hinreichend großes N und kleines δ kann das Integral I_N^+ beliebig klein gemacht werden. Entsprechendes gilt für das Integral I_N^-. Insgesamt folgt damit die letzte Gleichung. □

In Abbildung 4.3 ist der Fejér-Kern für $N = 8, 16, 24$ dargestellt. Wie wir später sehen werden, ist der Fejér-Kern eine Darstellung der δ-Distribution. Aus diesem Grund kann der Beweis der letzten Aussage (e) auch mittels der Theorie der Distributionen geführt werden, so wie es in Kapitel 6 gezeigt wird.

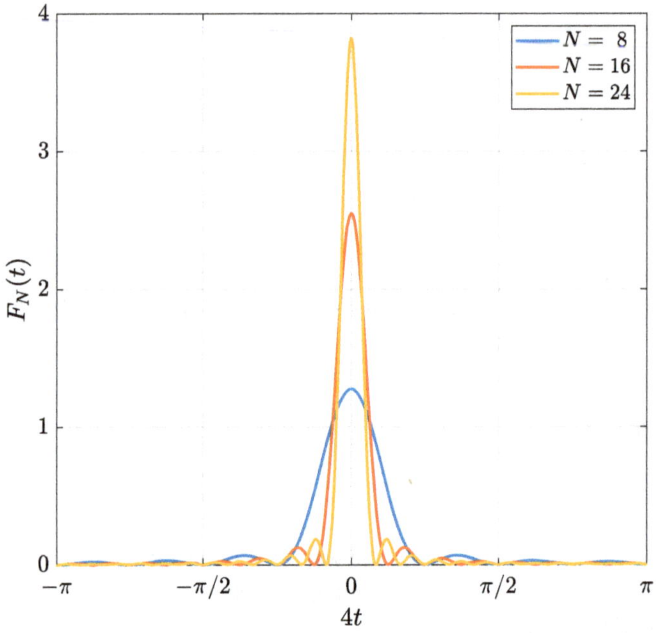

Abb. 4.3: Die Abbildung zeigt den Fejér-Kern $F_N(t)$ für $N = 8, 16$ und 24.

Den Fejér-Kern nutzen wir zur Konstruktion von *verbesserten* Fourierreihen. Hierzu benötigen wir die Cesaro-Summen, als Mittelwertbildung über Partialsummen.

Satz 4.1 (Fejér). *Sei $f \in C([-\pi, +\pi])$ eine stückweise stetige Funktion mit der Fourierpartialsumme $S_N^f(t)$, dann konvergiert die* ***Cesaro-Summe***

$$C_N^f(t) := \frac{1}{N}\sum_{n=0}^{N-1} S_n^f(t)$$

punktweise gegen $f(t)$.

Beweis. Wir drücken die Cesaro-Summe durch den Fejér-Kern aus:

$$\begin{aligned} C_N^f(t) &= \frac{1}{N}\sum_{n=0}^{N-1}\sum_{l=-n}^{+n} \mathrm{e}^{\mathrm{i}lt}\frac{1}{2\pi}\int_{-\pi}^{+\pi} \mathrm{d}t'\mathrm{e}^{-\mathrm{i}lt'} f(t') \\ &= \sum_{n=0}^{N-1}\frac{1}{N}\int_{-\pi}^{+\pi} \mathrm{d}t' D_n(t-t') f(t') = \int_{-\pi}^{+\pi} \mathrm{d}t' F_N(t-t') f(t'). \end{aligned}$$

Im Limes $N \to \infty$ folgt mit (4.10e) die Konvergenz. □

---

i

Eine Cesaro-Summe kann allgemeiner für jede Form von Partialsummen S_N definiert werden:

$$C_N := \frac{1}{N}\sum_{n=1}^{N} S_N.$$

Für stetige Funktionen konvergiert die Cesaro-Summe gleichmäßig. Des Weiteren sei bemerkt, dass die Aussagen des Fejér-Satzes sogar noch weiter gehen. Es ist im Allgemeinen nicht nötig, dass die allgemeine *Fouriersumme*:

$$S_N(t) := \sum_{n=-N}^{N} \mathrm{e}^{\mathrm{i}nt} a_n, \quad a_n \in \mathbb{R},$$

überhaupt konvergiert um eine Konvergenz der Cesaro-Summe zu erhalten. Schauen wir uns Beispiele für solche Reihen an.

Beispiel 4.1. Betrachte die nicht konvergenten Partialsummen und deren Cesaro-Summen:

$$\text{(i)} \quad S_N^f = \sum_{n=0}^{N} (-)^n = 1 - 1 + 1 - 1 + \cdots$$

Die Cesaro-Summe ist gegeben durch:

$$C_N^f = \frac{1}{N}\sum_{n=0}^{N-1} S_n^f = \frac{1}{N}\sum_{n=0}^{N-1}\sum_{l=0}^{n}(-)^l = \frac{1}{N}\sum_{n=0}^{N-1}\frac{1+(-)^n}{2} = \frac{1}{2} + \frac{1-(-)^N}{4N},$$

woraus im Limes $N \to \infty$ folgt:

$$\lim_{N\to\infty} C_N^f = \frac{1}{2}.$$

(ii) $$S_N^f(t) = \frac{1}{2} + \sum_{n=1}^{N}\cos(nt)$$

Die Cesaro-Summe ist gegeben durch:

$$C_N^f(t) = \frac{1}{N}\sum_{n=0}^{N-1} S_n^f(t) = \frac{1}{N}\sum_{n=0}^{N-1}\frac{1}{2}\frac{\sin(t(n+1/2))}{\sin(t/2)} = \frac{\pi}{N}\sum_{n=0}^{N-1} D_n(t) = \pi F_N(t),$$

woraus im Limes $N \to \infty$ folgt:

$$C_N^f(t) \overset{N\to\infty}{\longrightarrow} \frac{N}{2}\delta_{0t}.$$

---

i Verwandt mit der Cesaro-Summe ist die **Abel-Summe**. Für eine formale Summe $a_1 + a_2 + a_3 + \cdots$ ist die Abel-Summe, sofern diese existiert, definiert durch

$$A := \lim_{r\to 1}\sum_n a_n r^n, \quad 0 \leq r < 1.$$

Für das Beispiel (i) von oben im Limes $N \to \infty$ folgt:

$$A = \lim_{r\to 1}\sum_{n=0}^{\infty}(-r)^n = \lim_{r\to 1}\frac{1}{1+r} = \frac{1}{2}.$$

Dies ist derselbe Wert wie für die Cesaro-Summe.

Betrachten wir zum Abschluss noch die Funktion $h(t)$ aus (4.8) und deren Cesaro-Summe in einer Aufgabe.

Berechne für $0 < t \leq \pi$ die Cesaro-Summe der Funktion:

$$h(t) = \frac{a}{2}(\pi - t), \quad a > 0.$$

Lösung: Wir verwenden die Ergebnisse des Gibb'schen Lemmas und erhalten:

$$C_N^h(t) = \frac{1}{N}\sum_{n=0}^{N-1} a\int_0^t dt'\frac{2\pi D_n(t') - 1}{2} = \pi a\int_0^t dt'\frac{1}{N}\sum_{n=0}^{N-1} D_n(t') - \frac{at}{2}$$

$$= \pi a \underbrace{\int_0^{\pi} dt' F_N(t')}_{=1/2} - \pi a \int_t^{\pi} dt' F_N(t') - \frac{at}{2} = h(t) - \frac{a}{2N} \int_t^{\pi} dt' \frac{\sin^2(t'N/2)}{\sin^2(t'/2)}.$$

Damit folgt:

$$C_N^h(t) - h(t) = -\frac{a}{2N} \int_t^{\pi} dt' \frac{\sin^2(t'N/2)}{\sin^2(t'/2)}.$$

Die rechte Seite kann betragsmäßig für $t > 0$ durch ein hinreichend großes N beliebig klein gemacht werden, also gilt: $\lim_{N\to\infty} C_N^h(t) = h(t)$. Zu beachten ist auch, dass die rechte Seite für alle $0 \le t < \pi$ kleiner als Null ist, für die Cesaro-Summe gilt deswegen $C_N^h(t) < h(t)$. Dies ist in der Abbildung zu erkennen, in der auch die Fourierpartialsumme $C_N^h(t)$ zum Vergleich dargestellt ist (siehe Abbildung 4.4). ◇

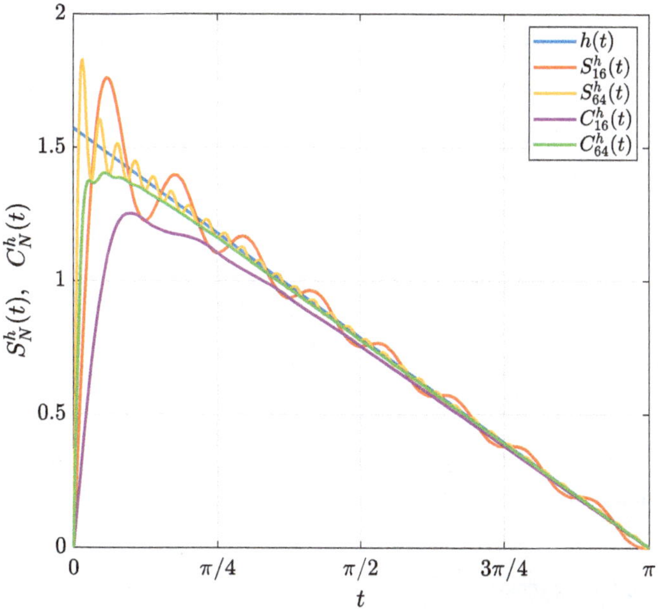

Abb. 4.4: Fourierpartialsumme $S_N^h(t)$ und Cesaro-Summe $C_N^h(t)$ für $h(t) = (\pi - t)/2$.

Eng verwandt mit den Fourierreihen sind Fourier-Integrale, diese sehen wir uns im nächsten Abschnitt an.

4.1.4 Fourier-Integraltheorem

Die Fourierreihen sind auf einem endlichen Intervall $[a, b]$ definiert. Funktionen, die über Fourrierreihen dargestellt werden sollen, müssen periodisch fortgesetzt werden. Im Folgenden stellen wir nichtperiodische Funktionen, die auf ganz $\mathbb{R}$ definiert sind, durch Fourier-Integrale dar.

Satz 4.2 (Fourier-Integralsatz). *Für eine stückweise stetige Funktion $f(t)$, für die zusätzlich gilt: $\|f\|_1 < \infty$, folgt:*

$$f(t) = \frac{1}{2\pi}\int_{-\infty}^{+\infty} \mathrm{d}u \int_{-\infty}^{+\infty} \mathrm{d}x\, f(x) \mathrm{e}^{\mathrm{i}u(x-t)}, \tag{4.11}$$

oder

$$f(t) = \frac{1}{\pi}\int_{0}^{+\infty} \mathrm{d}u \int_{-\infty}^{+\infty} \mathrm{d}x\, f(x) \cos[u(x-t)], \tag{4.12}$$

dabei gilt auf der linken Seite immer $f(t) = [f(t^+) + f(t^-)]/2$.

Beweis. Aus Gl. (4.6) folgt zunächst:

$$\lim_{\nu\to\infty} \frac{1}{\pi}\int_{-b}^{+b} \mathrm{d}x\, f(t+x)\frac{\sin(\nu x)}{x} = \frac{f(t^+) + f(t^-)}{2}. \tag{4.13}$$

Verwenden wir die Schreibweise (4.1) und ersetzen $\sin(\nu x)/x$ durch ein Integral, dann können wir schreiben:

$$f(t) = \lim_{\nu\to\infty} \frac{1}{\pi}\int_{-b}^{+b} \mathrm{d}x\, f(t+x) \int_{0}^{\nu} \mathrm{d}u\, \cos(ux) = \lim_{\nu\to\infty} \frac{1}{\pi}\int_{0}^{\nu} \mathrm{d}u \int_{-b}^{+b} \mathrm{d}x\, f(t+x)\cos(ux).$$

Nun zeigen wir, dass man im inneren Integral den Limes $b \to \infty$ bilden darf. Wir nehmen an $B > b$ und bilden die Differenz:

$$\begin{aligned}
\left|\left(\int_0^{\nu}\int_{-B}^{+B} - \int_0^{\nu}\int_{-b}^{+b}\right)\mathrm{d}u\mathrm{d}x f(t+x)\cos(ux)\right| &= \left|\left(\int_0^{\nu}\int_{-B}^{-b} + \int_0^{\nu}\int_{+b}^{+B}\right)\mathrm{d}u\mathrm{d}x f(t+x)\cos(ux)\right| \\
&= \left|\left(\int_{-B}^{-b} + \int_{+b}^{+B}\right)\mathrm{d}x\, f(t+x)\frac{\sin(\nu x)}{x}\right| \\
&\le \frac{1}{b}\left(\int_{-B}^{-b} \mathrm{d}x\, |f(t+x)| + \int_{+B}^{+b} \mathrm{d}x\, |f(t+x)|\right) \\
&\le \frac{1}{b}\int_{-\infty}^{+\infty} \mathrm{d}x\, |f(t+x)| = \frac{\|f\|_1}{b}.
\end{aligned}$$

Die rechte Seite ist also unabhängig von B und somit folgt im Limes $B \to \infty$:

$$\left|\left(\int_0^{\nu}\int_{-\infty}^{+\infty} - \int_0^{\nu}\int_{-b}^{+b}\right) \mathrm{d}u\,\mathrm{d}x\, f(t+x)\cos(ux)\right| \le \frac{\|f\|_1}{b}.$$

Bilden wir den Limes $\nu \to \infty$ und setzen (4.13) ein, so erhalten wir:

$$\lim_{\nu\to\infty}\left|\left(\int_0^{\nu}\int_{-\infty}^{+\infty} - \int_0^{\nu}\int_{-b}^{+b}\right) \mathrm{d}u\mathrm{d}x f(t+x)\cos(ux)\right|$$
$$= \left|\lim_{\nu\to\infty}\int_0^{\nu}\int_{-\infty}^{+\infty} \mathrm{d}u\mathrm{d}x f(t+x)\cos(ux) - f(t)\right|.$$

Diese Größe kann nach oben durch $\|f\|_1/b$ abgeschätzt werden, was durch ein hinreichend großes b immer beliebig klein gemacht werden kann. Damit ist (4.12) gezeigt. Gelte also umgekehrt Gl. (4.12), dann folgt:

$$f(t) = \frac{1}{\pi}\int_0^{+\infty}\mathrm{d}u\int_{-\infty}^{+\infty}\mathrm{d}x\, f(x)\cos[u(x-t)] = \frac{1}{2\pi}\int_{-\infty}^{+\infty}\mathrm{d}u\int_{-\infty}^{+\infty}\mathrm{d}x\, f(x)\cos[u(x-t)].$$

Betrachten wir den analogen $\sin[u(x-t)]$-Term, dann folgt mit einer Vertauschung im Argument $u \to -u$:

$$\int_{-\infty}^{+\infty}\mathrm{d}u\int_{-\infty}^{+\infty}\mathrm{d}x\, f(x)\sin[u(x-t)] = -\int_{-\infty}^{+\infty}\mathrm{d}u\int_{-\infty}^{+\infty}\mathrm{d}x\, f(x)\sin[u(x-t)] = 0,$$

und mit $\exp[u(x-t)] = \cos[u(x-t)] + \mathrm{i}\sin[u(x-t)]$ ergibt sich insgesamt die Gl. (4.11). □

Spezialisiert man den Fourier-Integralsatz auf ungerade und gerade Funktionen, so erhält man den folgenden kleinen Hilfsatz.

Lemma 4.9. *Für eine stückweise stetige Funktion $f(t)$ mit $\|f\|_1 < \infty$, gilt für ungerade Funktionen $[f(-t) = -f(t)]$:*

$$f(t) = \frac{2}{\pi}\int_0^{\infty}\mathrm{d}u\,\sin(tu)\int_0^{\infty}\mathrm{d}x\, f(x)\sin(xu),$$

und für gerade Funktionen $[f(-t) = f(t)]$:

$$f(t) = \frac{2}{\pi}\int_0^{\infty}\mathrm{d}u\,\cos(tu)\int_0^{\infty}\mathrm{d}x\, f(x)\cos(xu).$$

Beweis. Aus Gl. (4.12) folgt:

$$\begin{aligned} f(t) &= \frac{1}{\pi}\int_0^{+\infty} \mathrm{d}u \int_{-\infty}^{+\infty} \mathrm{d}x\, f(x)\cos[u(x-t)] \\ &= \frac{1}{\pi}\int_0^{+\infty} \mathrm{d}u \int_{-\infty}^{+\infty} \mathrm{d}x\, f(x)[\cos(ux)\cos(ut)+\sin(ux)\sin(ut)] \\ &= \frac{1}{\pi}\int_0^{+\infty} \mathrm{d}u\, \cos(ut) \int_{-\infty}^{+\infty} \mathrm{d}x\, f(x)\cos(ux) + \frac{1}{\pi}\int_0^{+\infty} \mathrm{d}u\, \sin(ut) \int_{-\infty}^{+\infty} \mathrm{d}x\, f(x)\sin(ux). \end{aligned}$$

Ist f ungerade oder gerade, ist entweder das erste oder das zweite Integral identisch 0 und es folgen die Aussagen. □

Betrachten wir ein explizites Beispiel zum Fourier-Integraltheorem zur Berechnung eines Integrals.

Beispiel 4.2. Wir zeigen das folgende Integral:

$$\frac{2}{\pi}\int_0^{\infty} \mathrm{d}t\, \frac{\cos(tx)}{b^2+t^2} = \frac{\mathrm{e}^{-bx}}{b}, \qquad b>0,\ x>0.$$

Das Integral hat nicht die Form des benötigten Doppelintegrals, jedoch können wir dies mit Hilfe des folgenden Integrals auf die benötigte Form bringen:

$$\begin{aligned} \int_0^{\infty} \mathrm{d}x\, \mathrm{e}^{-bx}\cos(tx) &= \frac{1}{b} - \frac{t}{b}\int_0^{\infty} \mathrm{d}x\, \mathrm{e}^{-bx}\sin(tx) = \frac{1}{b} - \frac{t^2}{b^2}\int_0^{\infty} \mathrm{d}t\, \mathrm{e}^{-bx}\cos(tx) \\ &= \frac{b}{b^2+t^2}. \end{aligned}$$

Die rechte Seite setzen wir im zu berechnenden Integral ein und erhalten:

$$\frac{2}{\pi}\int_0^{\infty} \mathrm{d}t\, \frac{\cos(tx)}{b^2+t^2} = \frac{2}{\pi}\int_0^{\infty} \mathrm{d}t\, \cos(tx)\int_0^{\infty} \mathrm{d}x\, \frac{\mathrm{e}^{-bx}}{b}\cos(xu) = \frac{\mathrm{e}^{-bx}}{b}.$$

Schneller wäre es gewesen dies mit Hilfe des Residuensatzes und der Gl. (1.55a) zu berechnen. Die Fälle mit $b<0$ oder $x<0$ können ganz analog berechnet werden. ◇

Den Fourier-Integralsatz nutzen wir im nächsten Abschnitt, um die allgemeine Fourier-Transformation zu definieren.

4.1.5 Fourier-Transformation

Kommen wir nun zu einem der wichtigsten Werkzeuge der Mathematik und Physik zur **Fourier-Transformation**. Sie zerlegt eine aperiodische Funktion in ein Spektrum von *Frequenzen*, deswegen nennt man sie auch oft **Spektralfunktion**. Wir führen diese über die Gl. (4.11) des Fourier-Integralsatzes ein, es ist somit eine Integraltransformation. Dies ist ein praxisorientierter Zugang.

Lemma 4.10 (Reziprozitätsformel). *Sei $f \in \mathrm{L}[\mathbb{R}]$, dann ist die Fourier-Transformation der Funktion $f(t)$ definiert durch:*

$$\hat{f}(x) \equiv \mathcal{F}[f(t)](x) := \frac{1}{\sqrt{2\pi}} \int_{-\infty}^{+\infty} \mathrm{d}t\, f(t) \mathrm{e}^{\mathrm{i}xt}, \tag{4.14a}$$

und es folgt:

$$f(t) = \frac{1}{\sqrt{2\pi}} \int_{-\infty}^{+\infty} \mathrm{d}u\, \hat{f}(u) \mathrm{e}^{-\mathrm{i}ut} \equiv \mathcal{F}^{-1}[\hat{f}(u)](t). \tag{4.14b}$$

Beweis. Wir gehen von Gl. (4.11) aus und separieren die Exponentialfunktion:

$$f(t) = \frac{1}{\sqrt{2\pi}} \int_{-\infty}^{+\infty} \mathrm{d}u\, \mathrm{e}^{-\mathrm{i}ut} \underbrace{\frac{1}{\sqrt{2\pi}} \int_{-\infty}^{+\infty} \mathrm{d}x\, f(x) \mathrm{e}^{\mathrm{i}ux}}_{=\hat{f}(u)}. \qquad \square$$

Wir nennen $\hat{f}(x) = \mathcal{F}[f(t)](x)$ und $\mathcal{F}^{-1}[\hat{f}(x)](t)$ die **Fourier-Transformation** der Funktion $f(t)$ bzw. die **inverse Fourier-Transformation** der Funktion $\hat{f}(x)$.

In der Physik wird die Fourier-Transformation oft mit einem ^ gekennzeichnet. Das Argument t in $\mathcal{F}[f(t)](x)$ wird meist weggelassen, hier wird damit lediglich ausgedrückt über welche Variable integriert wird. Dies ist selbstverständlich mathematisch nicht nötig, da die Integrationsvariable völlig frei ist, es erleichtert aber in manchen Fällen das Verständnis der kompakt geschriebenen Gleichungen.

In der Praxis ergeben sich Fourier-Transformationen oft aus dem konkreten physikalischen Problem heraus für eine gegebene Funktion. Dann muss überprüft werden, ob im gegebenen Fall die Fourier-Transformation existiert.

Wir gehen hier nicht auf Existenzfragen einer Inversen in verschiedenen Räumen ein.[2] Aus der Gl. (4.14b) mit $\hat{f}$ aus Gl. (4.14a), folgt $\mathcal{F}^{-1}[\mathcal{F}[f]] = f$. Ohne Beweis merken wir an, dass ebenso unter bestimmten Voraussetzungen $\mathcal{F}[\mathcal{F}^{-1}[\hat{f}]] = \hat{f}$ gilt.

2 Siehe z. B. [21], Kapitel 12.; [32], Kapitel 10.

Bevor wir zu den elementaren Eigenschaften der Fourier-Transformation kommen führen wir noch den Begriff der Faltung zweier Funktionen ein:

Definition 4.4 (Faltung). Seien zwei Funktionen $f(t)$ und $g(t)$ gegeben, dann nennen wir die Funktion:

$$(f \star g)(t) := \int_{-\infty}^{+\infty} \mathrm{d}t' f(t-t')g(t'),$$

die **Faltung** der Funktionen f und g, sofern das Integral existiert. ■

Aus der Definition folgt unmittelbar $f \star g = g \star f$. Wir fassen nun die Eigenschaften der Fourier-Transformation $\mathcal{F}$ aus (4.14a) im folgenden Lemma zusammen:

Lemma 4.11. *Sei $f, g \in \mathrm{L}[\mathbb{R}]$ und $\mathcal{F}[f(t)](x)$ bzw. $\mathcal{F}[g(t)](x)$ deren Fourier-Transformation, dann gilt:*

$$\left|\mathcal{F}[f(t)](x)\right| \leq \frac{1}{\sqrt{2\pi}} \|f\|_1, \tag{4.15a}$$

$$\mathcal{F}[f(t-a)](x) = \mathcal{F}[f(t)](x)\mathrm{e}^{\mathrm{i}ax}, \tag{4.15b}$$

$$\mathcal{F}[f(at)](x) = \frac{1}{|a|}\mathcal{F}[f(t)](x/a), \tag{4.15c}$$

$$\mathcal{F}[(f \star g)(t)](x) = \sqrt{2\pi}\, \mathcal{F}[f(t)](x)\, \mathcal{F}[g(t)](x), \tag{4.15d}$$

$$\mathcal{F}[tf(t)](x) = \frac{\mathrm{d}}{\mathrm{i}\mathrm{d}x}\mathcal{F}[f(t)](x), \tag{4.15e}$$

$$\mathcal{F}\left[\frac{\mathrm{d}}{\mathrm{d}t}f(t)\right](x) = \frac{x}{\mathrm{i}}\mathcal{F}[f(t)](x). \tag{4.15f}$$

In der letzten Gleichung muss f zusätzlich noch einmal stetig differenzierbar sein.

Beweis.

(a)

$$\left|\mathcal{F}[f(t)](x)\right| = \left|\frac{1}{\sqrt{2\pi}}\int_{\mathbb{R}} \mathrm{d}t\, f(t)\mathrm{e}^{\mathrm{i}xt}\right| \leq \frac{1}{\sqrt{2\pi}}\int_{\mathbb{R}} \mathrm{d}t \left|f(t)\mathrm{e}^{\mathrm{i}xt}\right| \leq \frac{1}{\sqrt{2\pi}}\|f\|_1.$$

(b)

$$\mathcal{F}[f(t-a)](x) = \frac{1}{\sqrt{2\pi}}\int_{\mathbb{R}} \mathrm{d}t\, f(t)\mathrm{e}^{\mathrm{i}x(t+a)} = \mathcal{F}[f(t)](x)\mathrm{e}^{\mathrm{i}ax}.$$

(c) Für $a > 0$ gilt:

$$\mathcal{F}[f(at)](x) = \frac{1}{\sqrt{2\pi}}\int_{\mathbb{R}} \mathrm{d}t\, f(at)\mathrm{e}^{\mathrm{i}xt} = \frac{1}{a}\frac{1}{\sqrt{2\pi}}\int_{\mathbb{R}} \mathrm{d}t' f(t')\mathrm{e}^{\mathrm{i}x/a\, t'} = \frac{1}{a}\mathcal{F}[f(t)](x/a).$$

Analog folgt der Fall $a < 0$; in diesem Fall vertauschen die Integrationsgrenzen.

(d) Benutzt man im zweiten Schritt den *Satz von Fubini*,[3] so gilt:

$$\begin{aligned}\mathcal{F}[(f \star g)(t)](x) &= \frac{1}{\sqrt{2\pi}} \int_{\mathbb{R}} \mathrm{d}t\, \mathrm{e}^{\mathrm{i}xt} \int_{\mathbb{R}} \mathrm{d}t' f(t-t') g(t') \\ &= \frac{1}{\sqrt{2\pi}} \int_{\mathbb{R}} \mathrm{d}t'\, \mathrm{e}^{\mathrm{i}xt'} g(t') \int_{\mathbb{R}} \mathrm{d}t\, \mathrm{e}^{\mathrm{i}x(t-t')} f(t-t') \\ &= \sqrt{2\pi}\, \underbrace{\frac{1}{\sqrt{2\pi}} \int_{\mathbb{R}} \mathrm{d}t'\, \mathrm{e}^{\mathrm{i}xt'} g(t')}_{=\mathcal{F}[g(t')](x)}\, \underbrace{\frac{1}{\sqrt{2\pi}} \int_{\mathbb{R}} \mathrm{d}t\, \mathrm{e}^{\mathrm{i}xt} f(t)}_{=\mathcal{F}[f(t)](x)}\,.\end{aligned}$$

(e)

$$\mathcal{F}[tf(t)](x) = \frac{1}{\sqrt{2\pi}} \int_{\mathbb{R}} \mathrm{d}t f(t) \underbrace{t\mathrm{e}^{\mathrm{i}xt}}_{=\frac{\mathrm{d}}{\mathrm{i}\mathrm{d}x}\mathrm{e}^{\mathrm{i}xt}} = \frac{\mathrm{d}}{\mathrm{i}\mathrm{d}x} \mathcal{F}[f(t)](x).$$

(f)

$$\begin{aligned}\mathcal{F}\left[\frac{\mathrm{d}}{\mathrm{d}t} f(t)\right](x) &= \frac{1}{\sqrt{2\pi}} \int_{\mathbb{R}} \mathrm{d}t\, \mathrm{e}^{\mathrm{i}xt} \frac{\mathrm{d}}{\mathrm{d}t} f(t) = -\frac{1}{\sqrt{2\pi}} \int_{\mathbb{R}} \mathrm{d}t \left(\frac{\mathrm{d}}{\mathrm{d}t} \mathrm{e}^{\mathrm{i}xt}\right) f(t) \\ &= \frac{x}{\mathrm{i}} \mathcal{F}[f(t)](x).\end{aligned}$$

□

Die Fourier-Transformation ist hier in einer Dimension eingeführt worden. Mit elementaren Mitteln aus dem Grundkurs Analysis I-II ist klar, wie sich obige Eigenschaften sofort auf eine *mehrdimensionale* Fourier-Transformation:

$$\mathcal{F}[f(y)](x) := \frac{1}{(2\pi)^{n/2}} \int_{\mathbb{R}^n} \mathrm{d}^n y\, f(y) \mathrm{e}^{\mathrm{i}\langle y|x\rangle}, \quad x = (x_1, \ldots, x_n) \in \mathbb{R}^n,$$

mit einer Funktion $f : \mathbb{R}^n \ni y = (y_1, \ldots, y_n) \to \mathbb{C}$, verallgemeinern lassen. Für den Spezialfall eines vollständig separierten Produktes in der Form $f(y) = \prod_{i=1}^n f_i(y_i)$, folgt für die Fourier-Transformation:

$$\mathcal{F}[f(y)](x) = \frac{1}{(2\pi)^{n/2}} \int_{\mathbb{R}^n} \prod_{i=1}^n \mathrm{d}y_i f_i(y_i) \mathrm{e}^{\mathrm{i}y_i x_i} = \prod_{i=1}^n \mathcal{F}[f_i(y)](x_i).$$

Die Eigenschaften aus dem vorherigen Lemma für die *eindimensionale* Fourier-Transformation lassen sich entsprechend verallgemeinern. Dies führen wir hier nicht durch. Betrachten wir noch einige wichtige Beispiele und Anwendungen der Fourier-Transformation und führen dabei gleichzeitig zwei wichtige Funktionen der Physik ein.

---

3 Siehe [21], Kapitel 7.

Beispiel 4.3 (Gauß-Funktion). Die **Gauß-Funktion** ist definiert als:

$$\mathbb{R} \ni t \mapsto g_\sigma(t) := \frac{1}{\sqrt{2\pi}\sigma} \exp\left(-\frac{t^2}{2\sigma^2}\right), \quad \sigma > 0. \tag{4.16}$$

Die Gauß-Funktion ist normiert, es gilt für alle σ:

$$\int_{-\infty}^{+\infty} \mathrm{d}t\, g_\sigma(t) = \frac{1}{\sqrt{2\pi}\sigma} \int_{-\infty}^{+\infty} \mathrm{d}t\, \mathrm{e}^{-t^2/2\sigma^2} = \frac{\sqrt{2}\sigma}{\sqrt{2\pi}\sigma} \int_{-\infty}^{+\infty} \mathrm{d}t\, \mathrm{e}^{-t^2} = 1.$$

Die Fouriertransformierte ist wiederum eine Gauß-Funktion, denn es gilt mit den Ergebnissen aus Beispiel 1.25:

$$\mathcal{F}[g_\sigma](x) = \frac{1}{2\pi\sigma} \int_{-\infty}^{\infty} \mathrm{d}t\, \mathrm{e}^{-t^2/2\sigma^2} \mathrm{e}^{\mathrm{i}xt} = \frac{\mathrm{e}^{-\sigma^2 x^2/2}}{2\pi\sigma} \int_{-\infty}^{\infty} \mathrm{d}t\, \mathrm{e}^{-(t-\mathrm{i}\sigma^2 x)^2/2\sigma^2} = \frac{\mathrm{e}^{-\sigma^2 x^2/2}}{\sqrt{2\pi}}.$$

Die Breite der Gauß-Funktion, die durch σ parametrisiert wird, ist invers zur Breite ihrer Fourier-Transformation. Dies Gauß-Funktion und deren Fourier-Transformation ist in der Abbildung 4.5 für $\sigma = 0.4, 1, 4$ dargestellt. Das reziproke Verhalten beider Breiten ist dabei deutlich zu erkennen. ◇

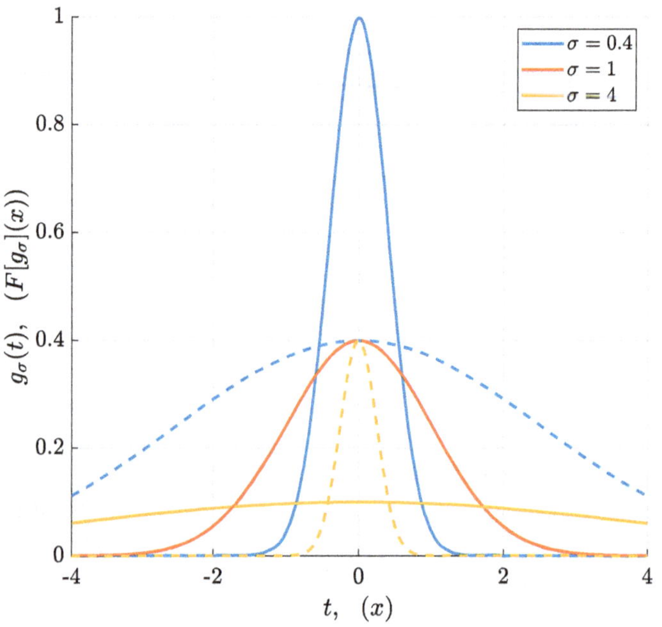

Abb. 4.5: Die Gauß-Funktion $g_\sigma(t)$ und deren Fouriertransformierte $\mathcal{F}[g_\sigma](x)$ für $\sigma = 0.4, 1$ und 4. Die durchgezogenen Linien gehören zu $g_\sigma(t)$, die gestrichelten zu $\mathcal{F}[g_\sigma](x)$. Für $\sigma = 1$ sind beide Kurven identisch.

i Die Gauß-Funktion spielt eine wichtige Rolle in der Stochastik, dort bildet sie die Wahrscheinlichkeitsdichte der **Gauß'schen Normalverteilung**. Das Integral über $|t| \leq \sigma$ gibt die Wahrscheinlichkeit an einen Messwert in diesem Bereich zu finden, es gilt:

$$\int_{-\sigma}^{+\sigma} dt g_\sigma(t) = \frac{1}{\sqrt{2\pi}\sigma} \int_{-\sigma}^{+\sigma} dt e^{-t^2/2\sigma^2} = \frac{1}{\sqrt{2\pi}} \int_{-1}^{+1} dt e^{-t^2/2} = 0.6826894920\ldots$$

Das heißt, 68,3 % aller Messwerte liegen im Bereich $-\sigma \leq t \leq \sigma$.

Beispiel 4.4 (Glockenkurve). Die **Glockenkurve** ist definiert als:

$$\mathbb{R} \ni t \mapsto f_\alpha(t) := \frac{1}{\pi} \frac{\alpha}{\alpha^2 + t^2}, \qquad \alpha > 0. \tag{4.17}$$

Sie ist ebenso normiert wie die Gauß-Funktion, denn:

$$\int_{-\infty}^{+\infty} dt f_\alpha(t) = \frac{\alpha}{\pi} \int_{-\infty}^{+\infty} dt \frac{1}{(t + i\alpha)(t - i\alpha)} = \alpha 2i \operatorname{Res}_{t=i\alpha} \frac{1}{(t + i\alpha)(t - i\alpha)} = 1.$$

Die Fouriertransformierte lautet:

$$\mathcal{F}[f_\alpha(t)](x) = \frac{1}{\sqrt{2\pi}} e^{-\alpha|x|},$$

denn für $x > 0$ erhält man:

$$\begin{aligned}\mathcal{F}[f_\alpha(t)](x) &= \frac{1}{\sqrt{2\pi}} \int_{-\infty}^{+\infty} dt\, e^{ixt} f^\alpha(t) = \frac{\alpha}{\pi} \frac{2\pi i}{\sqrt{2\pi}} \operatorname{Res}_{t=i\alpha} \frac{e^{ixt}}{t^2 + \alpha^2} \\ &= \frac{e^{-\alpha x}}{\sqrt{2\pi}}.\end{aligned}$$

Entsprechend rechnet man für $x < 0$. Die Glockenkurve $f_\alpha(t)$, sowie ihre Fourier-Transformation für verschiedene Parameter α sind in Abbildung 4.6 dargestellt. Ebenso wie bei der Gauß-Funktion ist zu erkennen, dass die *Breiten* der Kurven sich reziprok zueinander verhalten. Je schmaler die Funktion, desto breiter die Fouriertransformierte und umgekehrt. ◇

Kommen wir zu einer Anwendung der Fourier-Transformation, die sich mit der Lösung von Integralgleichungen eines bestimmten Typs beschäftigt. Dabei werden viele der elementaren Eigenschaften der Fourier-Transformation ausgenutzt, die wir zuvor abgeleitet haben.

Beispiel 4.5. Seien zwei Funktion $K(t)$ und $h(t)$ gegeben und gesucht sei die Funktion $y(t)$, die über die folgende Fredholm'sche Integralgleichung zweiter Art vom Faltungstyp bestimmt sei:

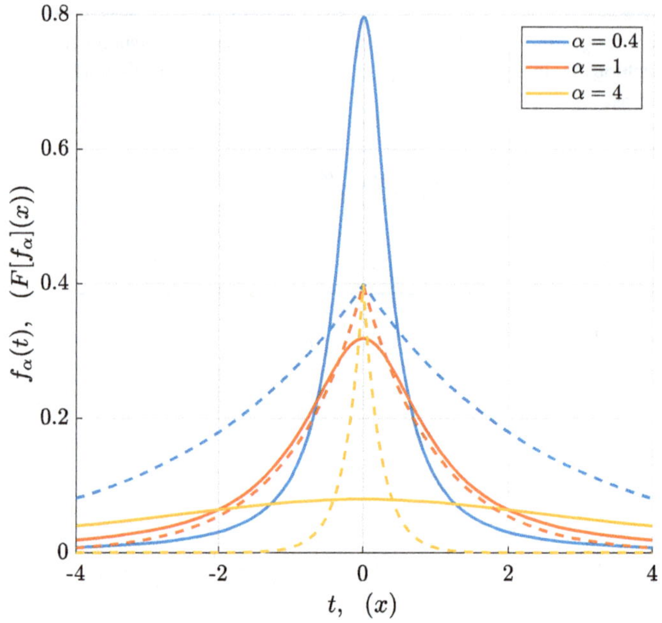

Abb. 4.6: Die Glockenkurve $f_a(t)$ und deren Fouriertransformierte $\mathcal{F}[f_a](x)$ für $a = 0.4, 1$ und 4. Die durchgezogenen Linien gehören zu $f_a(t)$, die gestrichelten zu $\mathcal{F}[f_a](x)$.

$$y(t) = h(t) - \int_{-\infty}^{+\infty} \mathrm{d}t' K(t - t') y(t').$$

Die gesuchte die Lösung $y(t)$, kann durch Fourier-Transformation und Rücktransformation gewonnen werden. Betrachten wir zunächst die Fourier-Transformation der Integralgleichung und wenden unter anderem die Faltungseigenschaft der Fourier-Transformation an:

$$\begin{aligned}\mathcal{F}[y(t)](x) &= \mathcal{F}[h(t)](x) - \mathcal{F}\left[\int_{-\infty}^{+\infty} \mathrm{d}t' K(t - t') y(t')\right](x) \\ &= \mathcal{F}[h(t)](x) - \mathcal{F}[(y \star K)(t)](x) \\ &= \mathcal{F}[h(t)](x) - \sqrt{2\pi}\mathcal{F}[y(t)](x)\ \mathcal{F}[K(t)](x).\end{aligned}$$

Dies lösen wir nach $\mathcal{F}[y]$ auf:

$$\mathcal{F}[y(t)](x) = \frac{\mathcal{F}[h(t)](x)}{1 + \sqrt{2\pi}\ \mathcal{F}[K(t)](x)},$$

und bilden die inverse Fourier-Transformation und erhalten so letztlich die gesuchte Funktion:

$$y(t) = \mathcal{F}^{-1}[\mathcal{F}[h]/(1 + \sqrt{2\pi}\ \mathcal{F}[K])](t). \qquad \diamond$$

Zum Abschluss betrachten wir ein reales Problem aus der Physik, ohne auf die Details des Ursprungs der Gleichungen einzugehen.

Berechne die Grundzustandsenergie e der antiferromagnetischen Heisenberg-Spinkette, die gegeben ist durch:

$$e = -\int_{\infty}^{+\infty} \mathrm{d}x \, \frac{2}{1+x^2} \rho(x),$$

wobei die Dichtefunktion $\rho(x)$ durch die folgende Integralgleichung bestimmt ist:

$$\rho(x) = \frac{1}{\pi}\frac{1}{1+x^2} - \frac{2}{\pi}\int_{-\infty}^{+\infty} \mathrm{d}y \, \frac{1}{4+(x-y)} \rho(y).$$

Lösung: Die Fourier-Transformation der Integralgleichung ergibt unter Beachtung der Ergebnisse zur Glockenkurve f_a:

$$\hat{\rho}(t) = \mathcal{F}\big[f_1(x)\big](t) - \mathcal{F}\big[(f_2 \star \rho)(x)\big](t) = \frac{1}{\sqrt{2\pi}} \mathrm{e}^{-|t|} - \mathrm{e}^{-2|t|}\hat{\rho}(t).$$

Lösen wir dies nach $\hat{\rho}$ auf und führen die inverse Fourier-Transformation durch, so ergibt sich:

$$\rho(x) = \mathcal{F}^{-1}\big[\hat{\rho}(t)\big](x) = \frac{1}{2\sqrt{2\pi}} \mathcal{F}^{-1}[1/\cosh t](x) = \frac{1}{4\pi}\int_{-\infty}^{+\infty} \mathrm{d}t \, \frac{\mathrm{e}^{-\mathrm{i}tx}}{\cosh t}.$$

Zur Berechnung des Integrals verwenden wir den Residuensatz und das Lemma 1.28. Nehmen wir an $x < 0$, dann gilt

$$\frac{1}{4\pi}\int_{-\infty}^{+\infty} \mathrm{d}t \, \frac{\mathrm{e}^{-\mathrm{i}tx}}{\cosh t} = \frac{\mathrm{i}2\pi}{4\pi} \sum_{\Im z_\ell > 0} \mathrm{res}_{z_\ell} \frac{\mathrm{e}^{-\mathrm{i}zx}}{\cosh z} = \frac{\mathrm{i}}{2}\sum_{\ell=0}^{\infty} \lim_{z\to z_\ell} \frac{(z-z_\ell)\mathrm{e}^{-\mathrm{i}zx}}{\cosh z}.$$

Die Residuen in der oberen Halbebene sind gegeben durch $z_\ell = \mathrm{i}(1+2\ell)\pi/2$, damit folgt:

$$\begin{aligned}
\rho(x) &= \frac{\mathrm{i}}{2}\sum_{\ell=0}^{\infty} \mathrm{e}^{-\mathrm{i}z_\ell x} \lim_{z\to z_\ell} \frac{z - z_\ell}{\cosh(z - z_\ell + z_\ell)} \\
&= \frac{\mathrm{i}}{2}\sum_{\ell=0}^{\infty} \mathrm{e}^{(1+2\ell)\pi/2x} \lim_{z\to z_\ell} \frac{z - z_\ell}{\sinh(z - z_\ell)\sinh(z_\ell)} \\
&= \frac{\mathrm{e}^{\pi x/2}}{2}\sum_{\ell=0}^{\infty} \frac{\mathrm{e}^{\ell\pi x}}{\sin(\pi(1+2\ell)/2)} = \frac{\mathrm{e}^{\pi x/2}}{2}\sum_{\ell=0}^{\infty}(-)^{\ell}\mathrm{e}^{\ell\pi x} = \frac{1}{2}\frac{\mathrm{e}^{\pi x/2}}{1+\mathrm{e}^{\pi x}} \\
&= \frac{1}{4}\frac{1}{\cosh(\pi x/2)}.
\end{aligned}$$

Analog folgt der Fall $x > 0$. Daraus folgt für die Energie

$$e = -\frac{1}{2}\int_{-\infty}^{\infty} \mathrm{d}x \, \frac{1}{1+x^2}\frac{1}{\cosh(\pi x/2)}.$$

Auch hier wird wieder der obige Residuensatz angewendet. Die Residuen befinden sich an den Stellen $z_\ell = \mathrm{i}(1+2\ell)$, dabei ist zu beachten, dass es für $z_0 = \mathrm{i}$ ein Pol zweiter Ordnung gibt. Die anderen Pole sind erster Ordnung, damit folgt:

$$\begin{aligned}
e &= -\frac{\mathrm{i}2\pi}{2}\sum_{\ell=0}^{\infty}\mathrm{res}_{z_\ell}\frac{1}{1+z^2}\frac{1}{\cosh(\pi z/2)} \\
&= -\mathrm{i}\pi\,\mathrm{res}_{\mathrm{i}}\frac{1}{1+z^2}\frac{1}{\cosh(\pi z/2)} - \mathrm{i}\pi\sum_{\ell=1}^{\infty}\mathrm{res}_{z_\ell}\frac{1}{1+z^2}\frac{1}{\cosh(\pi z/2)} \\
&= -\mathrm{i}\pi\lim_{z\to\mathrm{i}}\partial_z\left(\frac{(z-\mathrm{i})^2}{1+z^2}\frac{1}{\cosh(\pi z/2)}\right) - \mathrm{i}\pi\sum_{\ell=1}^{\infty}\frac{\mathrm{i}(-)^\ell}{2\pi\ell(\ell+1)} \\
&= -\mathrm{i}\pi\frac{-\mathrm{i}}{2\pi} + \frac{1}{2}\sum_{\ell=1}^{\infty}\frac{(-)^\ell}{\ell(\ell+1)} \\
&= -\frac{1}{2} + \frac{1}{2}\left(\sum_{\ell=1}^{\infty}\frac{(-)^\ell}{\ell} - \sum_{\ell=1}^{\infty}\frac{(-)^\ell}{\ell+1}\right) = \sum_{\ell=1}^{\infty}\frac{(-)^\ell}{\ell} \\
&= -\ln 2.
\end{aligned}$$

Damit ist die gesuchte Grundzustandsenergie $e = -\ln 2$. ◇

Eng verwandt mit der Fourier-Transformation ist die Laplace-Transformation, eine für die Physik und Technik ebenso wichtige Integraltransformation.

4.1.6 Laplace-Transformation

Wir führen die Laplace-Transformation hier nicht in ihrer allgemeinsten Form ein und beschränken uns auf die wesentlichen Eigenschaften. Für eine ausführliche und weitergehende Diskussion schaue man in die Lehrbücher [13, 24]. Auch werden wir nicht im Detail auf Existenzfragen eingehen und nehmen typischerweise an, dass die auftretenden Integrale existieren.

Definition 4.5 (Laplace-Transformation). Es sei eine Funktion $f : [0,\infty[\to \mathbb{C}$ und $f(t) = 0, t < 0$ gegeben, sodass $f(t)\mathrm{e}^{-ct}$ in $\mathbb{R}^+$ absolut integrierbar ist, dann nennen wir

$$\mathcal{L}[f(t)](z) := \int_0^\infty \mathrm{d}t f(t)\mathrm{e}^{-zt} =: \hat{f}(z), \quad z = \sigma + \mathrm{i}\omega, \sigma > c, \omega \in \mathbb{R},$$

die **Laplace-Transformation** von f.

Mit dieser Definition und $|f(t)\mathrm{e}^{-zt}| = |f(t)\mathrm{e}^{-\sigma t}| < |f(t)\mathrm{e}^{-ct}|$ konvergiert das Integral in der oberen Halbebene $\Re z > c$.

i

Die allgemeinere Laplace-Transformation lässt eine untere Grenze $T > 0$ zu. In der Physik wird oft angenommen $\sigma > 0$, mit entsprechenden Einschränkungen für die Funktion f. Die Integrationsvariable t ist dabei die Zeit und σ und ω haben die physikalische Einheit einer $[\text{Zeit}]^{-1}$. Dies erklärt die spezielle Benennung der komplexen Zahl z in der Definition.

Die Beziehung zur Fourier-Transformation ist gegeben durch

$$\mathcal{L}[f(t)](\mathrm{i}\omega) = \int_0^\infty \mathrm{d}t f(t) \mathrm{e}^{-\mathrm{i}\omega t} = \sqrt{2\pi}\mathcal{F}[f(t)](-\omega).$$

Dies ist eine einseitige Fourier-Transformation mit der Konvention, dass der Faktor $1/\sqrt{2\pi}$ fehlt. Dieser Faktor wird bei der Laplace-Transformation dann in der inversen Laplace-Transformation kompensiert. Eine analoge Konvention gibt es auch bei der Fourier-Transformation, insbesondere bei Anwendungen in der Physik. Viele der Eigenschaften der Fourier-Transformation lassen sich auf die Laplace-Transformation übertragen, insbesondere gilt:

$$\mathcal{L}[(f \star g)(t)](z) = \mathcal{L}[f(t)](z)\, \mathcal{L}[g(t)](z),$$

$$\frac{\mathrm{d}^n}{\mathrm{d}z^n}\mathcal{L}[f(t)](z) = \mathcal{L}[(-t)^n f(t)](z).$$

Hierbei ist zu beachten, dass gilt $f(t) = g(t) = 0, t < 0$ und deswegen gilt:

$$h(t) = (f \star g)(t) = \int_{-\infty}^{\infty} \mathrm{d}t' f(t-t') g(t') = \int_0^t \mathrm{d}t' f(t-t') g(t'),$$

und $h(t) = 0, t \leq 0$.

Komplizierter sieht es bei der inversen Laplace-Transformation aus. Die hier genutzten Voraussetzungen zur Existenz der Inversen sind stärker als tatsächlich nötig.

Satz 4.3 (Inverse Laplace-Transformation). *Es sei $\hat{f}(z) = \mathcal{L}[f(t)](z)$ die Laplace-Transformation von f. Zusätzlich zur Voraussetzung in der Definition sei $f'(t)$ stetig in einem Intervall $]a,b[$, dann gilt für jedes $\gamma > c$ und $t \in]a,b[$*

$$f(t) = \mathcal{L}^{-1}[\hat{f}(z)](t) = \frac{1}{\mathrm{i}2\pi} \int_{\gamma-\mathrm{i}\infty}^{\gamma+\mathrm{i}\infty} \mathrm{d}z \hat{f}(z) \mathrm{e}^{zt},$$

der Integrationsweg geht dabei entlang der vertikalen Linie $z = \gamma + \mathrm{i}\omega$.

Beweis. Betrachten wir die rechte Seite und beachten $f(t) = 0, t < 0$, dann gilt:

$$\begin{aligned}
\frac{1}{\mathrm{i}2\pi}\int\limits_{\gamma-\mathrm{i}\infty}^{\gamma+\mathrm{i}\infty} \mathrm{d}z\hat{f}(z)\mathrm{e}^{zt} &= \frac{1}{2\pi}\int\limits_{-\infty}^{+\infty} \mathrm{d}\omega\mathcal{L}[f(t)](\gamma+\mathrm{i}\omega)\mathrm{e}^{(\gamma+\mathrm{i}\omega)t} \\
&= \frac{1}{\sqrt{2\pi}}\int\limits_{-\infty}^{+\infty} \mathrm{d}\omega\frac{1}{\sqrt{2\pi}}\int\limits_{0}^{\infty} \mathrm{d}t' f(t')\mathrm{e}^{-(\gamma+\mathrm{i}\omega)t'}\mathrm{e}^{(\gamma+\mathrm{i}\omega)t} \\
&= \frac{1}{\sqrt{2\pi}}\int\limits_{-\infty}^{+\infty} \mathrm{d}\omega\mathrm{e}^{\mathrm{i}\omega t}\frac{1}{\sqrt{2\pi}}\int\limits_{-\infty}^{\infty} \mathrm{d}t'\mathrm{e}^{-\mathrm{i}\omega t'} f(t')\mathrm{e}^{\gamma(t-t')} \\
&= \mathrm{e}^{\gamma t}\mathcal{F}[\mathcal{F}^{-1}[f(t')\mathrm{e}^{-\gamma t'}](\omega)](t) \\
&= \mathrm{e}^{\gamma t} f(t)\mathrm{e}^{-\gamma t} = f(t).
\end{aligned}$$

□

Mithilfe der Laplace-Transformation lassen sich unter anderem Integralgleichungen lösen, wie das folgende Beispiel zeigt.

Beispiel 4.6. Es sei die **Volterra-Integralgleichung erster Art** gegeben

$$f(t) = \int\limits_{0}^{t} \mathrm{d}t' K(t-t')y(t'),$$

wobei $f(t), K(t) = 0, t < 0$ vorgegebene Funktionen sind, die eine Laplace-Transformation $\hat{f}(z)$ und $\hat{K}(z)$ besitzen. Die unbekannte Funktion $y(t)$ bestimmt sich dann über:

$$\mathcal{L}[f(t)](z) = \mathcal{L}[(K \star y)(t)](z) = \mathcal{L}[K(t)](z)\mathcal{L}[y(t)](z),$$

und damit

$$y(t) = \mathcal{L}^{-1}[\mathcal{L}[y(t)](z)](t) = \mathcal{L}^{-1}\left[\frac{\mathcal{L}[f(t)](z)}{\mathcal{L}[K(t)](z)}\right](t).$$

In der kompletten Rechnungen ist vorausgesetzt, dass alle Funktionen so beschaffen sind, dass die auftretenden Integrale existieren. ◇

Damit schließen wir den Abschnitt über Fourrierreihen und Fourier-Integrale und wenden uns im nächsten den allgemeinen orthogonalen Polynomen zu.

4.2 Orthogonale Polynome

In diesem Abschnitt diskutieren wir orthogonale Polynome und verwandte Funktionensysteme, die wir im Abschnitt 3.4.1 eingeführt haben. Bevor wir auf die einzelnen

Polynome im Detail eingehen, werden wir zunächst eine Zusammenfassung der typischen Eigenschaften von allgemeinen orthogonalen Funktionen geben. Im Anschluss daran schauen wir uns die Legendre-, Hermite-, Tschebyscheff- und Laguerre-Polynome im Einzelnen an. Beginnen wir mit der allgemeinen Terminologie[4] und definieren, was wir unter einem **orthogonalen Polynom** verstehen.

Definition 4.6 (Orthogonale Polynome). Es sei $p_n(x)$ ein Polynome n-ter Ordnung. Existiert das Integral

$$\int_a^b \mathrm{d}x\, w(x)p_n(x)p_m(x) = \delta_{nm}h_n, \quad n,m \in \mathbb{N}^0, \quad w(x) \geq 0, \tag{4.18}$$

so nennen wir $p_n(x)$ **orthogonales Polynome** mit Gewichtsfunktion $w(x)$. ■

Es gibt eine Vielzahl von Polynomen, die diese Bedingung erfüllen. Einen vollständigeren Überblick findet man in [25]. Eine ausführliche Diskussion der Eigenschaften wird in *A Course of Modern Analysis* von Whittaker & Watson [40] geführt. Eine tabellarische Übersicht der definierenden Größen, der hier betrachteten Polynome ist in der nachfolgenden Tabelle zusammengestellt.

p_n	Name	$[a,b]$	$w(x)$	h_n	$p_n(0)$
P_n	Legendre	$[-1,1]$	1	$\frac{2}{2n+1}$	$\begin{cases} \frac{(-)^m(2m)!}{2^{2m}(m!)^2} & : n=2m \\ 0 & : n=2m+1 \end{cases}$
H_n	Hermite	$[-\infty,\infty]$	e^{-x^2}	$\sqrt{\pi}2^n n!$	$\begin{cases} (-)^m \frac{(2m)!}{m!} & : n=2m \\ 0 & : n=2m+1 \end{cases}$
L_n^a	Laguerre	$[0,\infty]$	$x^a e^{-x}$	$\frac{\Gamma(a+n+1)}{n!}$	$\binom{n+a}{n}$
T_n	Tschebyscheff	$[-1,1]$	$\frac{1}{\sqrt{1-x^2}}$	$\begin{cases} \pi/2 & : n>0 \\ \pi & : n=0 \end{cases}$	$\begin{cases} (-)^m & : n=2m \\ 0 & : n=2m+1 \end{cases}$

Orthogonalen Polynome stellen Lösungen von linearen homogenen Differentialgleichung zweiter Ordnung dar, die in der folgenden allgemeinen Form dargestellt werden kann.

Definition 4.7 (Differentialgleichung). Die orthogonalen Polynome $p_n(x)$ erfüllen die Differentialgleichung

$$g_2(x)p_n''(x) + g_1(x)p_n'(x) + a_n p_n(x) = 0,$$

4 Wir halten uns weitesgehend an die Standardnotation aus [25].

mit Funktionen $g_1(x)$ und $g_2(x)$, die nicht vom Index n abhängen und einer Konstanten a_n, die nicht von x abhängt. Für die hier betrachteten Polynome sind die Größen in der nachfolgenden Tabelle angegeben.

$p_n(x)$	$g_1(x)$	$g_2(x)$	a_n
$P_n(x)$	$-2x$	$1-x^2$	$n(n+1)$
$H_n(x)$	$-2x$	1	$2n$
$L_n^a(x)$	$1-x+a$	x	n
$T_n(x)$	$-x$	$1-x^2$	n^2

■

In den Abschnitten zu den einzelnen orthogonalen Polynomen werden wir hierauf zurückkommen und die Funktionen $g_1(x), g_2(x)$, sowie die Konstante a_n für verschiedene Polynome explizit bestimmen.

Orthogonale Polynome erfüllen Rekursionsgleichungen bezüglich ihres Indexes n. Diese Rekursionsgleichungen lassen sich in der folgenden allgemeinen Form ausdrücken.

Definition 4.8 (Rekursionsformel). Es seien orthogonale Polynome $p_n(x)$ gegeben, dann sind die Koeffizienten b_n, c_n und d_n über die Rekursion definiert durch:

$$p_{n+1}(x) = (b_n + c_n x)p_n(x) - d_n p_{n-1}(x).$$

$p_n(x)$	b_n	c_n	d_n
$P_n(x)$	0	$(2n+1)/(n+1)$	$n/(n+1)$
$H_n(x)$	0	2	$2n$
$L_n^a(x)$	$(2n+1+a)/(n+1)$	$-1/(n+1)$	$(n+a)/(n+1)$
$T_n(x)$	0	2	1

■

Als letzte zentrale Eigenschaft sei die Rodrigues-Formel genannt, die die Polynome $p_n(x)$ über eine n-fache Differentiation des Produktes der Gewichtsfunktion $w(x)$ mit einem elementaren Polynom $p(x)$ in Beziehung setzen.

Definition 4.9 (Rodrigues-Formel). Die orthogonalen Polynome $p_n(x)$ lassen sich durch eine n-fache Differentiation, über die **Rodrigues-Formel** gewinnen:

$$p_n(x) = \frac{1}{c_n w(x)} \frac{\mathrm{d}^n}{\mathrm{d}x^n}[w(x)p(x)^n], \quad c_n \in \mathbb{R}. \tag{4.19}$$

Dabei ist $w(x)$ die Gewichtsfunktion, $p(x)$ ein elementares Polynom und c_n eine reelle Konstanten.

$p_n(x)$	$w(x)$	$p(x)$	e_n
$P_n(x)$	1	$1 - x^2$	$(-)^n 2^n n!$
$H_n(x)$	e^{-x^2}	1	$(-)^n$
$L_n^a(x)$	$x^a e^{-x}$	x	$n!$
$T_n(x)$	$(1 - x^2)^{-1/2}$	$1 - x^2$	$(-1)^n (2n-1)!!$

■

Alle Eigenschaften (4.18)–(4.19) allein können zur Definition der Polynome herangezogen werden. Welche Form als Ausgangsbasis verwendet wird, hängt von der Problemstellung ab. Wie diese Koeffizienten und Funktionen im Detail aussehen und wie sie bestimmt werden, sehen wir in den folgenden Abschnitten. Als kleine Referenz stellen wir jeweils die ersten vier Polynome zusammen, wobei für alle gilt $p_0(x) = 1$.

$p_n(x)$	p_1	p_2	p_3	p_4
$P_n(x)$	x	$(3x^2 - 1)/2$	$(5x^3 - 3)/2$	$(35x^4 - 30x^2 + 3)/8$
$H_n(x)$	$2x$	$4x^2 - 2$	$8x^3 - 12x$	$16x^4 - 48x^2 + 12$
$L_n(x)$	$-x + 1$	$(x^2 - 4x + 2)/2$	$(-x^3 + 9x^2 - 18x + 6)/6$	$(x^4 - 16x^3 + 72x^2 - 96x + 24)/24$
$T_n(x)$	x	$2x^2 - 1$	$4x^3 - 3x$	$8x^4 - 8x^2 + 1$

Nun schauen wir uns die bisher betrachteten orthogonalen Polynome P_n,H_n, L_n und T_n im Einzelnen an und stellen diese auch grafisch dar. Ferner diskutieren wir verschiedene Anwendungen aus der Physik als Beispiele jeweils zum Ende des Abschnittes. Wir beginnen mit den Legendre-Polynomen.

4.2.1 Legendre-Polynome

Die Legendre-Polynome sind uns zuerst als ein Orthogonalsystem auf dem Intervall $[-1, 1]$ in Abschnitt 3.4.1 begegnet. In der Physik werden die Legendre-Polynome in der Elektrodynamik und Quantenmechanik gebraucht.

4.2.1.1 Rodrigues-Formel

Aus der Rodrigues-Formel mit $w(x) = 1$, $p(x) = 1 - x^2$ und $c_n = (-1)^n 2^n n!$ erhalten wir die schon bekannte Darstellung der Legendre-Polynome:

$$P_n(x) = (-1)^n \frac{1}{2^n n!} \frac{d^n}{dx^n} (1 - x^2)^n. \tag{4.20}$$

Dies ist ein Polynom n-ten Grades und es lässt sich die explizite Darstellung ableiten.

Lemma 4.12 (Explizite Darstellung).

$$P_n(x) = \sum_{m=0}^{[n/2]} \frac{(-1)^m}{2^n} \frac{[2(n-m)]!}{m!(n-m)!(n-2m)!} x^{n-2m}, \quad n \in \mathbb{N}. \tag{4.21}$$

Beweis. Wir benutzen die Rodrigues-Formel und führen die Differentiation aus:

$$P_n(x) = \frac{1}{2^n n!} \frac{\mathrm{d}^n}{\mathrm{d}x^n} (x^2-1)^n = \frac{1}{2^n n!} \sum_{m=0}^{n} \binom{n}{m} (-)^m \frac{\mathrm{d}^n}{\mathrm{d}x^n} x^{2(n-m)}$$

$$= \sum_{m=0}^{[n/2]} \frac{(-)^m}{2^n} \frac{[2(n-m)]!}{m!(n-m)!(n-2m)!} x^{n-2m}.$$

□

Die ersten 4 Legendre-Polynome sind in der Abbildung 4.7 für $0 \le x \le 1$ dargestellt.

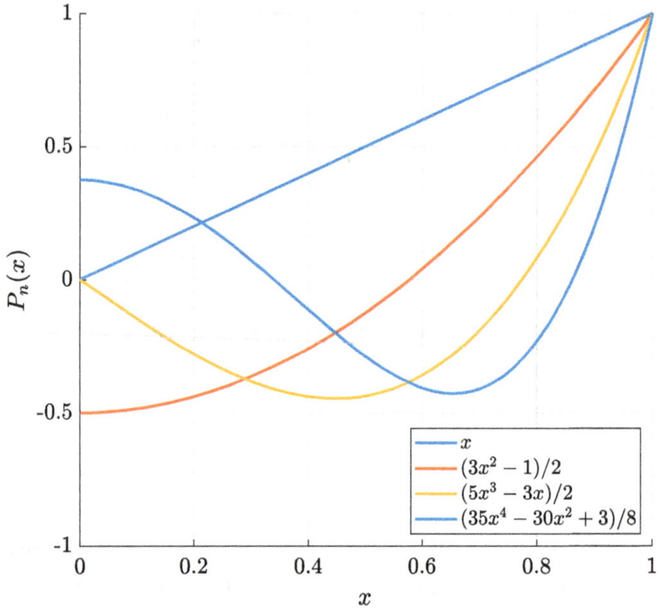

Abb. 4.7: Legendre-Polynome $P_n(x)$ (4.21), für $n = 1, 2, 3, 4$. Aufgrund der Eigenschaft $P_n(-x) = (-)^n P_n(x)$ genügt es nur den Bereich $[0, 1]$ zu betrachten.

Eine wichtige Eigenschaft orthogonaler Polynome ist die Konstruktion und deren Bezug zu den sogenannten **erzeugenden Funktionen**, die wir im nächsten Abschnitt definieren und ansehen.

4.2.1.2 Erzeugende Funktion

Lemma 4.13. *Sei $|u| < 1$, dann ist die erzeugende Funktion der Legendre-Polynome gegeben durch:*

$$w_P(x,u) := \frac{1}{\sqrt{1-2ux+u^2}} = \sum_{n=0}^{\infty} P_n(x)u^n, \quad x \in [-1,+1]. \tag{4.22}$$

Beweis. Wir zeigen diese Eigenschaft indirekt, indem wir zunächst annehmen, dass für eine Funktion $Q_n(x)$ die Gl. (4.22) gelte und folgern dann daraus die Übereinstimmung mit $P_n(x)$. Betrachten wir das Produkt:

$$w_P(x,u)\; w_P(x,v) = \sum_{n=0}^{\infty}\sum_{m=0}^{\infty} Q_n(x)Q_m(x)u^n v^m.$$

Ohne Einschränkung der Allgemeinheit können wir annehmen, es gilt $0 < u, v < 1$. Beide Seiten integrieren wir über x, für die linke Seite erhalten wir:

$$\begin{aligned}
\int_{-1}^{+1} \mathrm{d}x\, w_P(x,u)w_P(x,v) &= \frac{1}{\sqrt{4uv}} \int_{-1}^{+1} \mathrm{d}x \left([\underbrace{(1+u^2)/2u}_{=:\alpha>1} - x][\underbrace{(1+v^2)/2v}_{=:\beta>1} - x]\right)^{-1/2} \\
&= \frac{1}{\sqrt{4uv}} \ln\left(-\frac{1}{2}(\alpha+\beta) + x + \sqrt{x^2 - x(\alpha+\beta) + \alpha\beta}\right)\Bigg|_{-1}^{+1} \\
&= \frac{1}{\sqrt{4uv}} \ln\left(\frac{\alpha+\beta-2-2\sqrt{1-(\alpha+\beta)+\alpha\beta}}{\alpha+\beta+2-2\sqrt{1+(\alpha+\beta)+\alpha\beta}}\right) \\
&= \frac{1}{2\sqrt{uv}} \ln\left(\frac{\sqrt{\alpha-1}-\sqrt{\beta-1}}{\sqrt{\alpha+1}-\sqrt{\beta+1}}\right)^2.
\end{aligned}$$

Nehmen wir ohne Einschränkung der Allgemeinheit $\alpha > \beta$ an und setzen deren Bezug zu u, bzw. v wieder ein, dann folgt:

$$\begin{aligned}
\int_{-1}^{+1} \mathrm{d}x\, w_P(x,u)w_P(x,v) &= \frac{1}{\sqrt{uv}} \ln \frac{1+\sqrt{uv}}{1-\sqrt{uv}} \\
&= \frac{1}{\sqrt{uv}} \sum_{n=1}^{\infty} \frac{1}{n}\left[(-)^{n-1}(\sqrt{uv})^n + (\sqrt{uv})^n\right] \\
&= \frac{1}{\sqrt{uv}} \sum_{n=0}^{\infty} \frac{2}{2n+1}(\sqrt{uv})^{2n+1} = \sum_{n=1}^{\infty} \frac{2}{2n+1}(uv)^n.
\end{aligned}$$

Für die rechte Seite ergibt sich:

$$\int_{-1}^{+1} \mathrm{d}x \sum_{n=0}^{\infty}\sum_{m=0}^{\infty} Q_n(x)Q_m(x)u^n v^m = \sum_{n=0}^{\infty}\sum_{m=0}^{\infty} \int_{-1}^{+1} \mathrm{d}x\, Q_n(x)Q_m(x)u^n v^m.$$

Fügen wir beide Seiten zusammen, so erhalten wir:

$$\sum_{n=1}^{\infty} \frac{2}{2n+1}(uv)^n = \sum_{n=0}^{\infty}\sum_{m=0}^{\infty} \int_{-1}^{+1} \mathrm{d}x\, Q_n(x)Q_m(x)u^n v^m.$$

Die Variablen u und v bilden ein linear unabhängiges System, deswegen gelangen wir über einen Koeffizientenvergleich zu:

$$\int_{-1}^{+1} \mathrm{d}x\, Q_n(x) Q_m(x) u^n v^m = \begin{cases} 0 & : n \neq m, \\ 2/(2n+1) & : n = m. \end{cases}$$

Die gliedweise Integration ist möglich, da $|P_n(x)u^n| \leq P_n(1)$. Die Funktionen $Q_n(x)$ erfüllen dieselben Orthogonalitätsrelationen wie die Legendre-Polynome. Des Weiteren kann gezeigt werden, dass gilt:

$$w_P(1, u) = \frac{1}{1-u} = \sum_{n=0}^{\infty} u^n = \sum_{n=0}^{\infty} Q_n(1) u^n,$$

womit folgt $Q_n(1) = 1, \forall n$. Damit ergibt sich letztendlich $Q_n(x) = P_n(x)$. □

Ein Anwedungsbeispiel werden wir am Ende des Abschnittes betrachten. Kommen wir als nächstes zu den Differential- und Rekursionsgleichungen.

4.2.1.3 Differential- und Rekursionsgleichungen

Lemma 4.14 (Differentialgleichung). *Die Legendre'schen Polynome $P_n(x)$ sind Lösungen der Differentialgleichung:*

$$(1 - x^2)\xi''(x) - 2x\xi'(x) + n(n+1)\xi(x) = 0. \tag{4.23}$$

Beweis. Sei $\xi := (x^2 - 1)^n$ und schreiben wir abkürzend $(\mathrm{d}/\mathrm{d}x)^n \xi = \xi^{(n)}$, dann ergibt die Differentiation: $(x^2 - 1)\xi^{(1)} = 2nx\xi$. Differenzieren wir diese Gleichung auf beiden Seiten weitere $(n+1)$ mal und verwenden dabei die Leibniz'sche Formel:

$$(x^2 - 1)\xi^{(n+1+1)} + 2x(n+1)\xi^{(n+1)} + 2(n+1)n/2\xi^{(n)} = 2nx\xi^{(n+1)} + 2n(n+1)\xi^{(n)}.$$

Fassen wir die Terme zusammen, so ergibt sich:

$$0 = (x^2 - 1)\frac{\mathrm{d}^2}{\mathrm{d}x^2}\xi^{(n)} + 2x\frac{\mathrm{d}}{\mathrm{d}x}\xi^{(n)} - n(n+1)\xi^{(n)}.$$

Unter Beachtung, dass $P_n(x)$ bis auf einen Faktor $2^n n!$ gleich ξ ist, folgt die Behauptung. Es sei bemerkt, dass die gliedweise Differentiation erlaubt ist, da man leicht eine konvergente Majorante der Summe in (4.22) angeben kann. □

Lemma 4.15 (Rekursionsgleichung). *Die Legendre-Polynome $P_n(x)$ erfüllen die Rekursionsgleichung:*

$$(n+1)P_{n+1}(x) - x(2n+1)P_n(x) + nP_{n-1}(x) = 0, \quad \forall n \in \mathbb{N}, \tag{4.24}$$

wobei $P_{-1}(x) = 0$ und $P_0(x) = 1$ gilt.

Beweis. Wir zeigen dies, indem wir die erzeugende Funktion (4.22) nach u partiell differenzieren:

$$\frac{\partial}{\partial u} w_P(x,u) = \frac{1}{\sqrt{1-2xu+u^2}} \frac{x-u}{1-2xu+u^2} = w_P(x,u)\frac{x-u}{1-2xu+u^2},$$

und anschließend die rechte Seite der erzeugenden Funktion einsetzen:

$$(1-2xu+u^2)\sum_{n=1}^{\infty} nP_n u^{n-1} = (x-u)\sum_{n=0}^{\infty} P_n u^n.$$

Das Ausmultiplizieren und Sortieren der Terme ergibt:

$$\begin{aligned} 0 &= \sum_{n=1}^{\infty}(nP_n u^{n-1} - 2xnP_n u^n + nP_n u^{n+1} + P_n u^{n+1} - xP_n u^n) + (u-x) \\ &= \sum_{n=0}^{\infty} u^n\left[(n+1)P_{n+1} - x(2n+1)P_{n-1} + nP_{n-1}\right] + P_0 x - P_0 u + u - x. \end{aligned}$$

Aufgrund der linearen Unabhängigkeit der u folgt durch Koeffizientenvergleich die Aussage (4.24). □

Oft ist es nützlich, gemischte Differential-Rekursionsgleichungen zu haben. Diese formulieren wir als Aufgabe. Beide Ergebnisse werden im Folgenden noch öfter gebraucht.

Zeige die kombinierten Differential- und Rekursionsgleichungen für die Legendre-Polynome:

(i)

$$(2n+1)P_n(x) = P'_{n+1}(x) - P'_{n-1}(x), \tag{4.25a}$$

(ii)

$$\left(1-x^2\right)P'_n(x) = n\left(P_{n-1}(x) - xP_n(x)\right). \tag{4.25b}$$

Lösung: Um die erste Aussage zu zeigen, verwenden wir die Rodrigues-Formel aus der nach einmaligem Differenzieren folgt:

$$P'_n(x) = xP'_{n-1}(x) + nP_{n-1}(x).$$

Aus der Rekursionsgleichung nach einmaligem Differenzieren folgt:

$$(2n+1)P_n(x) = (n+1)P'_{n+1}(x) - x(2n+1)P'_n(x) + nP'_{n-1}(x).$$

Hier ersetzen wir mit der ersten Gleichung nach Verschieben des Indexes $n \to n+1$ den Term $xP'_n(x)$ und nach Umsortieren folgt (4.25a). Diese Gleichung nutzen wir, um die zweite Relation zu zeigen. Hierzu differenzieren wir (4.25a) erneut, multiplizieren mit $(1-x^2)$, verwenden die Differentialgleichung (4.23) und wiederum (4.25a) und erhalten so:

$$(2n+1)\big(1-x^2\big)P_n'(x) = 2x(2n+1)P_n(x) - (n+1)(n+2)P_{n+1}(x) + (n-1)nP_{n-1}(x).$$

Mit Hilfe der Rekursionsgleichung (4.24) eliminieren wir $(n+1)P_{n+1}(x)$ und erhalten:

$$\begin{aligned}(2n+1)\big(1-x^2\big)P_n'(x) &= (2n+1)x\big(2-(n+2)\big)P_n(x) + n(n-1+n+2)P_{n-1}(x)\\ &= (2n+1)n\big(-xP_n(x)+P_{n-1}(x)\big).\end{aligned}$$ ◇

Kommen wir nun zu konkreten Anwendungen der Legendre-Polynome.

4.2.1.4 Anwendungen

Beispiel 4.7 (Multipolentwicklung). In einem physikalischen Problem, wie beispielsweise der Multipolentwicklung in der Elektrodynamik kommt es häufig vor, dass man für große Abstände $R := |\vec{R}| \gg r := |\vec{r}|$ die Größe $1/|\vec{r}-\vec{R}|$ entwickeln muss. Deswegen betrachten wir:

$$\begin{aligned}\frac{1}{|\vec{r}-\vec{R}|} &= \frac{1}{\sqrt{r^2-2\vec{r}\cdot\vec{R}+R^2}} = \frac{1}{R}\frac{1}{\sqrt{1-2\vec{r}\cdot\vec{R}/R^2+r^2/R^2}}\\ &\overset{(4.22)}{=} \frac{1}{R}\sum_{n=0}^{\infty} P_n(\cos\varphi)\left(\frac{r}{R}\right)^n,\end{aligned}$$

wobei $u := \cos\varphi = \vec{r}\cdot\vec{R}/rR$ und φ der Winkel zwischen $\vec{r}$ und $\vec{R}$ ist. ◇

Beispiel 4.8. Die Lösung der Differentialgleichung[5]

$$\frac{1}{\sin\theta}\frac{\mathrm{d}}{\mathrm{d}\theta}\left(\sin\theta\frac{\mathrm{d}\xi(\theta)}{\mathrm{d}\theta}\right) + n(n+1)\xi(\theta) = 0$$

ist gegeben durch $\xi(\theta) = P_n(\cos\theta)$. Um dies zu sehen, schreiben wir Gl. (4.23) als:

$$\frac{\mathrm{d}}{\mathrm{d}x}\left((x^2-1)\frac{\mathrm{d}P_n(x)}{\mathrm{d}x}\right) - n(n+1)P_n(x) = 0$$

um, und setzten $x = \cos\theta$. Dann folgt mit $\mathrm{d}/\mathrm{d}x = -1/\sin\theta\,\mathrm{d}/\mathrm{d}\theta$ die Behauptung. Beachten wir, dass auf der Einheitskugel der Laplace-Operator gegeben ist durch:

$$\Delta_\Omega = \frac{1}{\sin\theta}\frac{\partial}{\partial\theta}\left(\sin\theta\frac{\partial}{\partial\theta}\right) + \frac{1}{\sin^2\theta}\frac{\partial^2}{\partial\phi^2}.$$

Damit folgt

$$\Delta_\Omega P_n(\theta) = -n(n+1)P_n(\theta).$$

5 Dies ist ein Spezialfall der Legendre-Differentialgleichung.

Diesem Ergebnis werden wir später bei der Diskussion der Kugelflächenfunktionen wiederbegegnen. ◇

Weitere Anwendungen der Legendre-Polynome werden wir bei der Diskussion der Kugelflächenfunktionen in Abschnitt 4.3 kennenlernen.

4.2.2 Hermite-Polynome

Wir verfahren analog zum Abschnitt der Legendre-Polynome. Die Orthogonalität wurde im Abschnitt 3.4.1 gezeigt. Hermite-Polynome werden in der Quantenmechanik bei der Lösung des harmonischen Oszillator gebraucht.

4.2.2.1 Rodrigues-Formel

Diskutieren wir als erstes die Rodrigues-Formel, die in Gl. (4.19) angegeben wurde und die in diesem Fall explizit lautet:

$$H_n(x) = (-1)^n e^{x^2} \frac{d^n}{dx^n} e^{-x^2}, \quad n \in \mathbb{N}^0.$$

Ein Vergleich mit (4.19) liefert $w(x) = e^{-x^2}$, $p(x) = 1$ und $c_n = (-)^n$. Die explizite und elementare Darstellung lautet:

Lemma 4.16. *Für die Hermite-Polynome gilt die explizite Darstellung:*

$$H_n(x) = \sum_{m=0}^{[n/2]} \frac{(-)^m n!}{m!(n-2m)!} (2x)^{n-2m}. \tag{4.26}$$

Beweis. Dies kann gezeigt werden, indem die *erzeugende Funktion*

$$w_H(x,u) = \exp(-u^2 + 2ux)$$

aus dem folgenden Abschnitt in eine doppelte Potenzreihe entwickelt und anschließend die *Cauchy-Produktdarstellung* verwendet wird. Wir verzichten hier darauf dies im Detail zu zeigen. In Abbildung 4.8 sind die ersten vier Hermite-Polynome dargestellt, wobei wegen der besseren Vergleichbarkeit eine Skalierung mit einem Faktor $1/2^n$ durchgeführt wurde. Aufgrund der Symmetrie $H_{2n}(x) = H_{2n}(-x)$ und $H_{2n+1}(x) = -H_{2n+1}(-x)$ ist nur der Bereich $x \geq 0$ gezeigt.

4.2.2.2 Erzeugende Funktion

Lemma 4.17. *Die erzeugende Funktion der Hermite-Polynome $H_n(x)$ (4.26) ist gegeben durch:*

$$w_H(x,u) := \exp(-u^2 + 2ux) = \sum_{n=0}^{\infty} \frac{u^n}{n!} H_n(x) \quad n \in \mathbb{N}^0, x \in \mathbb{R}.$$

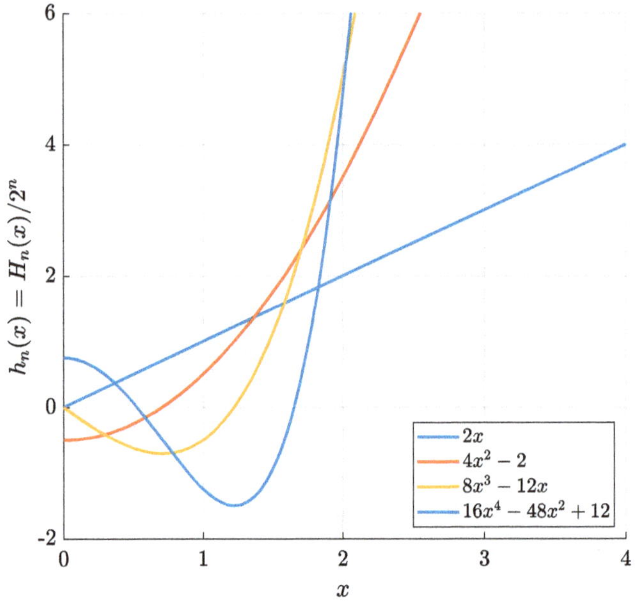

Abb. 4.8: Hermite-Polynome $h_n(x) := H_n(x)/2^n$ (4.26), für $n = 1, 2, 3, 4$.

Beweis. Die Taylorentwicklung der linken Seite bezüglich u ergibt:

$$w_H(x,u) = \sum_{n=0}^{\infty} \frac{u^n}{n!} \frac{\mathrm{d}^n}{\mathrm{d}u^n} \mathrm{e}^{-u^2+2ux}\Big|_{u=0} = \sum_{n=0}^{\infty} \frac{u^n}{n!} \mathrm{e}^{x^2} \frac{\mathrm{d}^n}{\mathrm{d}u^n} \mathrm{e}^{-(x-u)^2}\Big|_{u=0}$$

$$\overset{(4.20)}{=} \sum_{n=0}^{\infty} \frac{u^n}{n!} \underbrace{\mathrm{e}^{x^2} (-)^n \frac{\mathrm{d}^n}{\mathrm{d}x^n} \mathrm{e}^{-x^2}}_{=H_n(x)} . \qquad \square$$

Beachten wir, dass $w_H(x,u) = \mathrm{e}^{-(x-u)^2} \mathrm{e}^{x^2}$ gilt, dann folgt die Darstellung

$$\mathrm{e}^{-(x-u)^2} = \sum_{n=0}^{\infty} \frac{u^n}{n!} H_n(x) \mathrm{e}^{-x^2} .$$

4.2.2.3 Differential- und Rekursionsgleichungen

Die folgenden Relationen lassen sich direkt mit der Rodrigues-Formel ableiten.

Lemma 4.18 (Rekursionsgleichung). *Die Hermite-Polynome $H_n(x)$ erfüllen die Rekursionsgleichung:*

$$H_{n+1}(x) - 2xH_n(x) + 2nH_{n-1}(x) = 0, \quad n \in \mathbb{N}, \tag{4.27}$$

wobei $H_{-1}(x) = 0$ und $H_0(x) = 1$ gilt.

Beweis. Wir betrachten die Rodrigues-Formel für $H_{n+1}(x)$ und führen eine Differentiation aus und schreiben $\partial_x^n \equiv (\mathrm{d}/\mathrm{d}x)^n$:

$$\begin{aligned} H_{n+1}(x) &= (-)^{n+1}\mathrm{e}^{x^2}\partial_x^n\partial_x\mathrm{e}^{-x^2} = 2(-)^n\mathrm{e}^{x^2}\partial_x^n x\mathrm{e}^{-x^2} \\ &= 2xH_n(x) - 2nH_{n-1}(x). \end{aligned}$$ □

Lemma 4.19. *Die Hermite-Polynome $H_n(x)$ erfüllen die kombinierten Differential- und Rekursionsgleichungen:*

$$H_n'(x) = 2xH_n(x) - H_{n+1}(x), \tag{4.28a}$$

$$H_n'(x) = 2nH_{n-1}(x). \tag{4.28b}$$

Beweis.

(a) Dies folgt analog wie zuvor aus der Rodrigues-Formel:

$$\partial_x H_n(x) = 2xH_n(x) + (-)^{n-1}\mathrm{e}^{x^2}\partial_x^{n+1}\mathrm{e}^{-x^2} = 2xH_n(x) - H_{n+1}(x).$$

Hieraus folgt mit der Rekursion (4.27) unmittelbar (b). □

Lemma 4.20 (Differentialgleichung). *Die Hermite-Polynome $H_n(x)$ sind Lösungen der Differentialgleichung:*

$$\xi''(x) - 2x\xi'(x) + 2n\xi(x) = 0. \tag{4.29}$$

Beweis. Die folgt aus der Differentiation von (4.28a) und Einsetzen von (4.28b) für $\partial_x H_{n+1}(x)$. □

4.2.2.4 Anwendung

Beispiel 4.9. Wir betrachten die Schrödingergleichung des harmonischen Oszillator in einer Dimension mit Frequenz ω und Masse m, die auf das folgende Eigenwertproblem der Differentialgleichung führt:

$$-\frac{\hbar^2}{2m}\frac{\mathrm{d}^2}{\mathrm{d}x^2}\psi(x) + \frac{m}{2}\omega^2x^2\psi(x) = E\psi(x)$$

Setzen wir $\epsilon := 2E/\hbar\omega$ und $y := \sqrt{m\omega/\hbar}\,x$, so transformiert sich die Differentialgleichung zu:

$$\tilde{\psi}''(y) - y^2\tilde{\psi}(y) + \epsilon\tilde{\psi}(y) = 0, \quad \tilde{\psi}(y) \equiv \psi(\sqrt{\hbar/m\omega}\,y).$$

Die Eigenfunktion $\tilde{\psi}$ zum Eigenwert ϵ suchen wir mit einem Ansatz in der Form

$$\tilde{\psi}_n(y) = \mathrm{e}^{-y^2/2}\tilde{H}_n(y).$$

Dabei sei $\tilde{H}_n(y)$ ein zu bestimmenden Polynom n-ter Ordnung. Setzen wir den Ansatz ein, so führt dies auf die Gleichung:

$$e^{-y^2/2}(\tilde{H}_n''(y) - 2y\tilde{H}_n'(y) + (\epsilon - 1)\tilde{H}_n(y)) = 0.$$

Der Vorfaktor ist für endliche y von null verschieden. Ein Vergleich mit der Differentialgleichung für die Hermite-Polynome (4.29) zeigt, dass mit $\tilde{H}_n = H_n$ und $\epsilon = 2n + 1$ die Klammer verschwindet und somit die Differentialgleichung des ursprünglichen Problems gelöst ist. Setzt man alles wieder ein, so lautet die Lösung explizit:

$$E = E_n = \hbar\omega(n + 1/2),$$
$$\psi(x) = \psi_n(x) = e^{-m\omega/2\hbar\, x^2} H_n(\sqrt{mw/\hbar}\, x).$$

Eine Reihe nützlicher Beziehungen folgt aus Relationen der Hermite-Polynome zu Integralen. Als erstes schauen wir uns eine Fourier-Integraldarstellung an und formulieren dies als Aufgabe.

Zeige die Fourier-Integraldarstellung der Hermite-Polynome:

$$H_n(x) = \frac{(-i2)^n}{\sqrt{\pi}} e^{x^2} \int_{-\infty}^{+\infty} dt\, e^{-t^2} t^n e^{i2xt}.$$

Lösung: Zunächst folgt mit $\alpha > 0$ und $\beta \in \mathbb{C}$:

$$\int_{-\infty}^{+\infty} dt\, e^{-\alpha^2 t^2 + 2\beta t} = \frac{1}{\alpha} \int_{-\infty}^{+\infty} dt\, e^{-(t-\beta/\alpha)^2} e^{\beta^2/\alpha^2} = e^{\beta^2/\alpha^2} \frac{\sqrt{\pi}}{\alpha}.$$

Setzt man $\alpha = 1$ und $\beta = ix$ und differenziert n mal nach x, so folgt:

$$\left(\frac{d}{dx}\right)^n e^{-x^2} = \frac{1}{\sqrt{\pi}} \int_{-\infty}^{+\infty} dt\, \partial_x^n e^{-t^2 + i2xt} = \frac{(i2)^n}{\sqrt{\pi}} \int_{-\infty}^{+\infty} dt\, t^n e^{-t^2 + i2xt}.$$

Multipliziert man noch mit $(-)^n e^{x^2}$ so folgt aus der Rodrigues-Formel die Integraldarstellung der Hermite-Polynome. ◇

Kommen wir zu einer weiteren physikalischen Anwendung und Eigenschaft der Hermite-Polynome, die wir ebenfalls als Aufgabe formulieren.

Zeige, dass die Funktionen

$$\psi_n(x) = e^{-x^2/2} H_n(x), \quad n \in \mathbb{N},$$

Eigenfunktionen des Fourier-Integraloperators $\mathcal{F}$ zum Eigenwert i^n sind.

Lösung: Es sei bemerkt, dass es sich um die nicht normierten Hermite-Funktionen aus Gl. (3.12) handelt. Der Einfachheitshalber ist der Normierungsfaktor weggelassen. Es ist zu zeigen

$$\mathcal{F}\big[\psi_n(x)\big](k) = \mathrm{i}^n \psi_n(k).$$

Wir verwenden die Integraldarstellung und berechnen für $|r| < 1$:

$$\begin{aligned}
\sum_{n=0}^{\infty} \frac{H_n(x)H_n(y)}{2^n n!} r^n &= \sum_{n=0}^{\infty} \frac{(-4)^n}{2^n n!} \frac{\mathrm{e}^{x^2+y^2}}{\pi} \int_{-\infty}^{+\infty}\int_{-\infty}^{+\infty} \mathrm{d}s\mathrm{d}t\, \mathrm{e}^{-t^2-s^2} (rst)^n \mathrm{e}^{\mathrm{i}2(xt+ys)} \\
&= \frac{\mathrm{e}^{x^2+y^2}}{\pi} \int_{-\infty}^{+\infty}\int_{-\infty}^{+\infty} \mathrm{d}s\mathrm{d}t\, \mathrm{e}^{-t^2-s^2+\mathrm{i}2(xt+ys)} \sum_{n=0}^{\infty} \frac{(-2rst)^n}{n!} \\
&= \frac{\mathrm{e}^{x^2+y^2}}{\pi} \int_{-\infty}^{+\infty} \mathrm{d}t\, \mathrm{e}^{-t^2+\mathrm{i}2xt} \int_{-\infty}^{+\infty} \mathrm{d}s \mathrm{e}^{-s^2+2s(\mathrm{i}y-rt)} \\
&= \frac{\mathrm{e}^{\left(2xyr-(x^2+y^2)r^2\right)/(1-r^2)}}{\sqrt{1-r^2}}.
\end{aligned}$$

Multiplizieren wir mit $\mathrm{e}^{-y^2} H_m(y)$ und integrieren erneut, wobei wir die Orthogonalität der Hermite-Polynome ausnutzen, so erhalten wir für die linke Seite:

$$\sum_{n=0}^{\infty} H_n(x) r^n \int_{-\infty}^{\infty} \mathrm{d}y\, \frac{H_n(y)H_m(y)}{2^n n!} \mathrm{e}^{-y^2} = \sqrt{\pi} H_m(x) r^m.$$

Für die rechte Seite erhalten wir entsprechend im Limes $r \to \mathrm{i}$:

$$\begin{aligned}
\lim_{r\to \mathrm{i}} \int_{-\infty}^{+\infty} \mathrm{d}y\, H_m(y) \frac{\mathrm{e}^{-y^2} \mathrm{e}^{(2xyr-(x^2+y^2)r^2)/(1-r^2)}}{\sqrt{1-r^2}} &= \int_{-\infty}^{+\infty} \mathrm{d}y\, H_m(y) \frac{\mathrm{e}^{-y^2} \mathrm{e}^{(\mathrm{i}2xy+(x^2+y^2))/2}}{\sqrt{2}} \\
&= \frac{1}{\sqrt{2}} \int_{-\infty}^{+\infty} \mathrm{d}y\, H_m(y) \mathrm{e}^{-y^2/2} \mathrm{e}^{\mathrm{i}xy} \mathrm{e}^{x^2/2}.
\end{aligned}$$

Fügen wir die beiden Gleichungen zusammen, so erhalten wir:

$$\frac{1}{\sqrt{2\pi}} \int_{-\infty}^{+\infty} H_m(y) \mathrm{e}^{-y^2/2} \mathrm{e}^{\mathrm{i}xy} = \mathcal{F}\big[H_m(y)\mathrm{e}^{-y^2/2}\big](x) = \mathrm{i}^m \mathrm{e}^{-x^2/2} H_m(x).$$

Dies ist die zu zeigende Gleichung, da gilt

$$\psi_m(x) = \mathrm{e}^{-x^2/2} H_m(x).$$ ◇

Weitere Anwendungen der Hermite-Polynome und Hermite-Funktionen finden sich in der Informatik und Statistik. Im Bereich der *Finiten-Elemente-Methoden* tauchen sie als Formfaktoren auf, in der Statistik bei der Normalverteilung und bei der *nicht zentrale Studentische t-Verteilung* als Hermite-Polynome mit negativem Index n.

4.2.3 Laguerre-Polynome

In diesem Abschnitt diskutieren wir die Verallgemeinerung der in Gl. (3.13) eingeführten Laguerre-Polynome L_n. Die Laguerre-Polynome werden in der Quantenmechanik bei der Lösung der Schrödingergleichung des Wasserstoffatoms gebraucht. Wir starten mit der Definition der Polynome über die Rodrigues-Formel.

4.2.3.1 Rodrigues-Formel

Definition 4.10. Die **verallg. Laguerre-Polynome** sind definiert über:

$$L_n^\alpha(x) := \frac{1}{n!}\frac{\mathrm{e}^x}{x^\alpha}\frac{\mathrm{d}^n}{\mathrm{d}x^n}(\mathrm{e}^{-x}x^{\alpha+n}), \quad n \in \mathbb{N}^0, \quad \alpha > -1. \qquad \blacksquare$$

Die Laguerre-Polynome (3.13) ergeben sich als Spezialfall $L_n^0(x) = L_n(x)/n!$. Zunächst zeigen wir die explizite Darstellung.

Lemma 4.21. *Für die Laguerre-Polynome $L_n^\alpha(x), \alpha > -1$ gilt:*

$$L_n^\alpha(x) = \sum_{m=0}^{n} \frac{1}{m!(n-m)!}\frac{\Gamma(n+1+\alpha)}{\Gamma(m+1+\alpha)}(-x)^m, \quad n \in \mathbb{N}^0. \tag{4.30}$$

Beweis. Explizit durch Verwendung der Rodrigues-Formel in Verbindung mit der Leibniz Formel ergibt sich:

$$\begin{aligned} L_n^\alpha(x) &= \frac{1}{n!}\frac{\mathrm{e}^x}{x^\alpha}\sum_{m=0}^{n}\frac{n!\mathrm{e}^{-x}}{m!(n-m)!}(-)^m\frac{\mathrm{d}^{n-m}x^{n+\alpha}}{\mathrm{d}x^{n-m}} \\ &= x^{-\alpha}\sum_{m=0}^{n}\frac{(-)^m}{m!(n-m!)}\underbrace{(n+\alpha)(n+\alpha-1)\cdots(n+\alpha-(n-m)+1)}_{=\Gamma(n+1+\alpha)/\Gamma(m+1+\alpha)}x^{n+\alpha-(n-m)} \\ &= \sum_{m=0}^{n}\frac{1}{m!(n-m!)}\frac{\Gamma(n+1+\alpha)}{\Gamma(m+1+\alpha)}(-x)^m. \end{aligned} \qquad \square$$

An dieser Stelle sei bemerkt, dass in der Literatur die Laguerre-Polynome unterschiedlich definiert werden. In einigen physikalischen und mathematischen Lehrbüchern wird der Faktor $1/n!$ verwendet in anderen nicht. Wir verwenden die Notation, wie sie in [25] benutzt wird, um eine einheitliche Verwendung der dort aufgeführten Relationen zu gewährleisten.

In der Abbildung 4.9 sind die ersten 4 Laguerre-Polynome dargestellt. Beginnen wir die Diskussion der Eigenschaften und betrachten als erstes die erzeugende Funktion der verallgemeinerten Laguerre-Polynome.

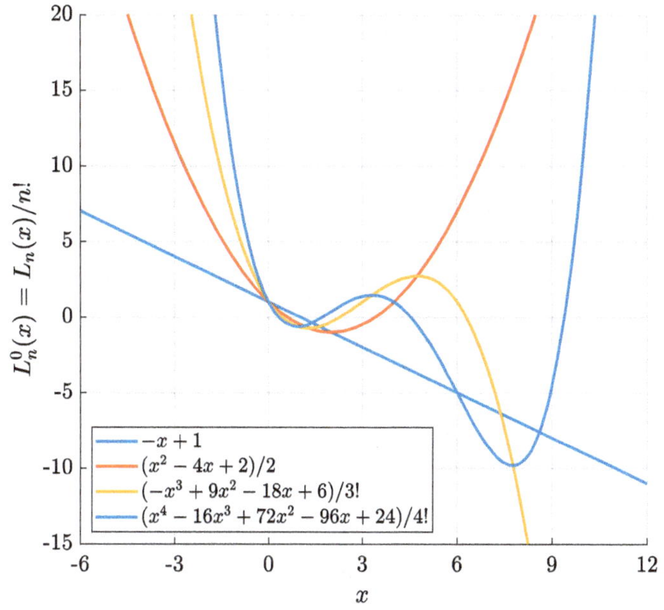

Abb. 4.9: Laguerre-Polynome $L_n(x) = L_n^0(x)$ (4.30), für $n = 1, 2, 3, 4$ aufgetragen gegen $L_n/n!$.

4.2.3.2 Erzeugende Funktion

Lemma 4.22. *Die erzeugende Funktion der verallgemeinerten Laguerre-Polynome lautet:*

$$w_L^\alpha(x,u) := \frac{\exp(ux/(u-1))}{(1-u)^{1+\alpha}} = \sum_{n=0}^{\infty} L_n^\alpha(x)u^n, \quad x \in \mathbb{R}^+, \quad |u| < 1. \tag{4.31}$$

Beweis. Wir zeigen dies, indem wir von der erzeugenden Funktion ausgehen und die Exponentialfunktion in eine Taylorreihe entwickeln:

$$\begin{aligned}
w_L^\alpha(x,u) &= \sum_{m=0}^{\infty} \frac{(-x)^m}{m!} \frac{u^m}{(1-u)^{m+1+\alpha}} \\
&= \sum_{m=0}^{\infty} \frac{(-x)^m}{m!} u^m \sum_{n=0}^{\infty} \binom{-(m+\alpha+1)}{n} (-u)^n \\
&= \sum_{m=0}^{\infty} \sum_{n=0}^{\infty} \frac{(-x)^m}{m!} u^{n+m} \frac{\Gamma(m+n+\alpha+1)}{\Gamma(m+\alpha+1)} \frac{1}{n!} \\
&\overset{CP}{=} \sum_{n=0}^{\infty} \sum_{m=0}^{n} (-x)^m u^{(n-m)+m} \frac{\Gamma(m+(n-m)+\alpha+1)}{\Gamma(m+\alpha+1)} \frac{1}{(n-m)!m!} \\
&= \sum_{n=0}^{\infty} u^n \sum_{m=0}^{n} (-x)^m \frac{\Gamma(n+\alpha+1)}{\Gamma(m+\alpha+1)} \frac{1}{(n-m)!m!} \\
&= \sum_{n=0}^{\infty} u^n L_n^\alpha(x).
\end{aligned}$$

An der Stelle (CP) haben wir die Cauchy-Produktdarstellung für absolut konvergenten Reihen verwendet:

$$\sum_{n=0}^{\infty}\sum_{m=0}^{\infty} a_{n,m} = \sum_{n=0}^{\infty}\sum_{m=0}^{n} a_{n-m,m}. \qquad \square$$

Bevor wir fortfahren, mit den allgemeinen Eigenschaften, diskutieren wir noch die spezielle Darstellung der Laguerre-Polynome mit $\alpha = k \in \mathbb{N}$, die in der Quantenmechanik eine wichtige Rolle spielen. Dort steht der Index k mit der Drehimpuls-Quantenzahl in Bezug.

Lemma 4.23. *Für die verallgemeinerten Laguerre-Polynome mit $\alpha = k \in \mathbb{N}$ gilt:*

$$L_n^k(x) = (-)^k \frac{\mathrm{d}^k}{\mathrm{d}x^k} L_{n+k}^0(x).$$

Beweis. Setzen wir explizit die Darstellung (4.30) für L_{n+k} ein, so folgt:

$$\begin{aligned}
(-)^k \frac{\mathrm{d}^k}{\mathrm{d}x^k} L_{n+k}^0(x) &= (-)^k \sum_{m=0}^{n+k} \frac{(-1)^m}{m!(n+k-m)!} \frac{\Gamma(n+k+1)}{\Gamma(m+1)} \frac{\mathrm{d}^k}{\mathrm{d}x^k} x^m \\
&= (-)^k \sum_{m=k}^{n+k} \frac{(-1)^m}{m!(n+k-m)!} \frac{\Gamma(n+k+1)}{\Gamma(m+1)} \frac{m!}{(m-k)!} x^{m-k} \\
&= \sum_{m=0}^{n} \frac{(-1)^m}{(n-m)!m!} \frac{\Gamma(n+k+1)}{\Gamma(m+k+1)} x^m \\
&= \sum_{m=0}^{n} \frac{(-1)^m}{(n-m)!m!} \frac{(n+k)!}{(m+k)!} x^m \\
&= L_n^k(x). \qquad \square
\end{aligned}$$

Gehen wir zu den Differential- und Rekursionsgleichungen über und beachten, dass wir nun zwei Indizes haben, sodass es eine größere Vielfalt von Relationen gibt. Hier stellen wir nur exemplarisch einige wichtige Beziehungen zusammen, die besonders in der Quantenmechanik gebraucht werden.

4.2.3.3 Differential- und Rekursionsgleichungen

Lemma 4.24. *Die verallgemeinerten Laguerre-Polynome $L_n^\alpha(x)$ erfüllen die Rekursionsgleichung*

$$(n+1)L_{n+1}^\alpha(x) - (2n+1+\alpha-x)L_n^\alpha(x) + (n+\alpha)L_{n-1}^\alpha(x) = 0, \tag{4.32}$$

mit $L_{-1}^\alpha(x) = 0$ und $L_1^\alpha(x) = 1$.

Beweis. Dies kann wieder durch partielle Differentiation der erzeugenden Funktion (4.31) nach u gezeigt werden. $\square$

Bei dieser Rekursion ist α in allen Termen gleich. Rekursionen mit variierendem α betrachten wir im folgenden Lemma.

Lemma 4.25. *Die verallgemeinerten Laguerre-Polynome $L_n^\alpha(x)$ erfüllen die Rekursionen:*

$$L_n^\alpha(x) = L_n^{\alpha+1}(x) - L_{n-1}^{\alpha+1}(x), \tag{4.33a}$$

$$L_n^{\alpha+1}(x) = \frac{1}{x}\big((x-n)L_n^\alpha(x) + (\alpha+n)L_{n-1}^\alpha(x)\big). \tag{4.33b}$$

Beweis.

(a) Wir verwenden die erzeugende Funktion (4.31), für die gilt:

$$(1-u)w_L^{\alpha+1}(x,u) = w_L^\alpha(x,u).$$

Setzen wir die Reihenentwicklung ein und beachten $L_{-1}^\alpha(x) \equiv 0$, so ergibt sich:

$$\begin{aligned} 0 &= \sum_{n=0}^{\infty}\big(u^n L_n^{\alpha+1}(x) - u^{n+1}L_n^{\alpha+1}(x) - u^n L_n^\alpha(x)\big) \\ &= \sum_{n=0}^{\infty}\big(L_n^{\alpha+1}(x) - L_{n-1}^{\alpha+1}(x) - L_n^\alpha(x)\big)u^n. \end{aligned}$$

Durch Koeffizientenvergleich in u^n folgt die Aussage.

(b) Wir nutzen die Gl. (4.32) für $\alpha+1$ und ersetzen dort mittels (4.33a) den Term $L_{n-1}^{\alpha+1}(x) = L_n^{\alpha+1}(x) - L_n^\alpha(x)$ und erhalten:

$$(n+1)L_{n+1}^{\alpha+1}(x) - (n+1-x)L_n^{\alpha+1}(x) - (n+1+\alpha)L_n^\alpha(x) = 0.$$

Von dieser Gleichung ziehen wir wiederum Gl. (4.32) ab und bekommen:

$$(n+1)(L_{n+1}^{\alpha+1} - L_{n+1}^\alpha) - (n+1-x)L_n^{\alpha+1} + (n-x)L_n^\alpha - (n+\alpha)L_{n-1}^\alpha = 0.$$

Im ersten Term wird (4.33a) verwendet um den Index $n+1$ nach n zu verschieben, woraus folgt:

$$xL_n^{\alpha+1}(x) + (n-x)L_n^\alpha(x) - (n+\alpha)L_{n-1}^\alpha(x) = 0.$$ □

Gehen wir über zu Differentialgleichungen und beginnen zunächst mit gemischten Differential- und Rekursionsgleichungen. In dieser Form wird sich dann die homogene Differentialgleichung zweiter Ordnung für die Laguerre-Polynome einfach ableiten lassen.

Lemma 4.26. *Die verallgemeinerten Laguerre-Polynome L_n^α erfüllen die kombinierten Differential- und Rekursionsgleichungen:*

$$L_{n-1}^{\alpha}(x) = \frac{\mathrm{d}L_{n-1}^{\alpha}(x)}{\mathrm{d}x} - \frac{\mathrm{d}L_{n}^{\alpha}(x)}{\mathrm{d}x}, \tag{4.34a}$$

$$x\frac{\mathrm{d}L_{n}^{\alpha}(x)}{\mathrm{d}x} = nL_{n}^{\alpha}(x) - (n+\alpha)L_{n-1}^{\alpha}(x), \tag{4.34b}$$

für $n \in \mathbb{N}^0$ *und* $x \in \mathbb{R}^+$.

Beweis.
(a) Wir differenzieren die erzeugende Funktion partiell nach x:

$$(1-u)\frac{\partial w_L^{\alpha}(x,u)}{\partial x} = u\, w_L^{\alpha}(x,u).$$

Setzen wir die Reihenentwicklung ein:

$$\sum_{n=0}^{\infty}\left((1-u)\frac{\mathrm{d}L_n^{\alpha}(x)}{\mathrm{d}x}u^n - L_n^{\alpha}(x)u^{n+1}\right) = 0,$$

dann folgt durch Koeffizientenvergleich die Aussage.
(b) Wir differenzieren Gl. (4.32) und erhalten:

$$(n+1)(\partial_x L_{n+1}^{\alpha} - \partial_x L_n^{\alpha}) + (n+\alpha)(\partial_x L_{n-1}^{\alpha} - \partial_x L_n^{\alpha}) + x\partial_x L_n^{\alpha} + L_n^{\alpha} = 0.$$

In beiden Klammern ersetzen wir jeweils mittels (4.34a) die Ableitungen

$$-(n+1)L_n^{\alpha}(x) + (n+\alpha)L_{n-1}^{\alpha}(x) + x\partial_x L_n^{\alpha}(x) + L_n^{\alpha}(x) = 0,$$

woraus durch eine einfache Umordnung Gl. (4.34b) folgt. □

Jetzt sind wir in der Lage, die Laguerre'sche Differentialgleichung und deren Lösung anzugeben.

Lemma 4.27 (Laguerresche DGL). *Die verallgemeinerten Laguerre-Polynome* $L_n^{\alpha}(x)$ *erfüllen die homogene Differentialgleichung zweiter Ordnung:*

$$x\xi''(x) + (1+\alpha-x)\xi'(x) + n\xi(x) = 0. \tag{4.35}$$

Beweis. Wir differenzieren Gl. (4.34b) nach x und setzen anschließend (4.34a) und (4.34b) ein, um die verschobenen Indizes zu eliminieren:

$$\begin{aligned}\partial_x L_n^{\alpha}(x) + x\partial_x^2 L_n^{\alpha}(x) &= n\partial_x L_n^{\alpha}(x) - (n+\alpha)\partial_x L_{n-1}^{\alpha}(x)\\ &= n\partial_x L_n^{\alpha}(x) - (n+\alpha)(L_{n-1}^{\alpha}(x) + \partial_x L_n^{\alpha}(x))\\ &= -\alpha\partial_x L_n^{\alpha}(x) + x\partial_x L_n^{\alpha}(x) - nL_n^{\alpha}(x).\end{aligned}$$

Nach Zusammenfassung der Terme folgt die Aussage. □

Im Abschnitt 3.4.1 haben wir nur die Orthogonalität der Laguerre-Polynome $L_n(x)$ diskutiert, es bleibt die Orthogonalität im allgemeinen Fall zu zeigen.

Lemma 4.28. *Die verallgemeinerten Laguerre-Polynome $L_n^\alpha(x)$ sind orthogonale Polynome mit Gewichtsfunktion $w(x) = \mathrm{e}^{-x}x^\alpha$ und $h_n = \Gamma(\alpha+n+1)/n!$.*

Beweis. Zunächst definieren wir die verallgemeinerten Laguerre-Funktionen:

$$\varphi_n^\alpha(x) := \mathrm{e}^{-x/2}x^{\alpha/2}L_n^\alpha(x).$$

Wir zeigen die $\varphi_n^\alpha(x)$ sind Lösungen der Differentialgleichung:

$$\frac{\mathrm{d}}{\mathrm{d}x}\left(x\frac{\mathrm{d}\xi(x)}{\mathrm{d}x}\right) + \left(n + \frac{\alpha+1}{2} - \frac{x}{4} - \frac{\alpha^2}{4x}\right)\xi(x) = 0. \tag{4.36}$$

Hierzu betrachten wir mit $L_n^\alpha = L_n^\alpha(x)$:

$$\begin{aligned}
\partial_x(x\partial_x\varphi_n^\alpha(x)) &= \partial_x\left[\mathrm{e}^{-x/2}x^{\alpha/2}\left(\frac{-x}{2}L_n^\alpha + \frac{\alpha}{2}L_n^\alpha + x\partial_x L_n^\alpha\right)\right]\\
&= \mathrm{e}^{-x/2}x^{\alpha/2}\left[\frac{(\alpha-x)^2}{4x}L_n^\alpha - \frac{L_n^\alpha}{2} + (\alpha - x + 1)\partial_x L_n^\alpha + x\partial_x^2 L_n^\alpha\right]\\
&= \mathrm{e}^{-x/2}x^{\alpha/2}\left[\frac{(\alpha-x)^2}{4x}L_n^\alpha - \frac{L_n^\alpha}{2} - nL_n^\alpha(x)\right]\\
&= \left[\frac{(\alpha-x)^2}{4x} - \frac{1}{2} - n\right]\varphi_n^\alpha(x).
\end{aligned}$$

Multipliziert man die Klammer aus und bringt die Terme auf eine Seite, so folgt (4.36), deswegen gilt:

$$\begin{aligned}
0 &= \partial_x(x\partial_x\varphi_n^\alpha(x)) + \left(n + \frac{\alpha+1}{2} - \frac{x}{4} - \frac{\alpha^2}{4x}\right)\varphi_n^\alpha(x),\\
0 &= \partial_x(x\partial_x\varphi_m^\alpha(x)) + \left(m + \frac{\alpha+1}{2} - \frac{x}{4} - \frac{\alpha^2}{4x}\right)\varphi_m^\alpha(x).
\end{aligned}$$

Nehmen wir an $n \neq m$ und multiplizieren die erste Gleichung mit $\varphi_m^\alpha(x)$. Anschließend multiplizieren wir die zweite Gleichung mit $\varphi_n^\alpha(x)$, bilden die Differenz dieser Gleichungen und integrieren die resultierende Gleichung über $\mathbb{R}^+$. Alle Terme in der zweiten Klammer, die nicht vom Index n oder m abhängen, heben sich weg, und es bleibt übrig:

$$\begin{aligned}
0 &= \int_0^\infty \mathrm{d}x\,(\varphi_m^\alpha\partial_x(x\partial_x\varphi_n^\alpha) - \varphi_n^\alpha\partial_x(x\partial_x\varphi_m^\alpha)) + (n-m)\int_0^\infty \mathrm{d}x\,\varphi_n(x)\varphi_m(x)\\
&= \int_0^\infty \mathrm{d}x\,\partial_x(x\varphi_m^\alpha\partial_x\varphi_n^\alpha - x\varphi_n^\alpha\partial_x\varphi_m^\alpha) + (n-m)\int_0^\infty \mathrm{d}x\,\varphi_n(x)\varphi_m(x)
\end{aligned}$$

$$= (x\varphi_m^\alpha \partial_x \varphi_n^\alpha - x\varphi_n^\alpha \partial_x \varphi_m^\alpha)\big|_0^\infty + (n-m)\int_0^\infty \mathrm{d}x\, \varphi_n(x)\varphi_m(x)$$
$$= (n-m)\int_0^\infty \mathrm{d}x\, \varphi_n(x)\varphi_m(x) = (n-m)\int_0^\infty \mathrm{d}x\, \mathrm{e}^{-x} x^\alpha L_n(x) L_m(x).$$

Aus dieser Gleichung folgt die Orthogonalität. Betrachten wir nun $n = m$. Hierzu benutzen wir die Rekursionsgleichung (4.32), die wir für $n-1$ mit L_n^α multiplizieren. Anschließend subtrahieren wir hiervon Gl. (4.32) multipliziert mit L_{n-1}^α:

$$0 = n(L_n^\alpha)^2 + 2L_n^\alpha L_{n-1}^\alpha - (n+1)L_{n+1}^\alpha L_{n-1}^\alpha + (n-1+\alpha)L_n^\alpha L_{n-2}^\alpha - (n+\alpha)(L_{n-1}^\alpha)^2.$$

Diese Gleichung multiplizieren wir mit $w(x) = \mathrm{e}^{-x}x^\alpha$ und integrieren über $\mathbb{R}^+$.

Benutzt man die zuvor gezeigte Orthogonalität, wodurch die Terme mit unterschiedlichen unteren Indizes verschwinden, so folgt:

$$\int_0^\infty \mathrm{d}x\, \mathrm{e}^{-x} x^\alpha L_n^\alpha(x)^2 = \frac{n+\alpha}{n}\int_0^\infty \mathrm{d}x\, \mathrm{e}^{-x} x^\alpha L_{n-1}^\alpha(x)^2$$
$$= \frac{n+\alpha}{n}\frac{n+\alpha-1}{n-1}\cdots\frac{n+\alpha-(n-1)}{1}\int_0^\infty \mathrm{d}x\, \mathrm{e}^{-x} x^\alpha \underbrace{L_0^\alpha(x)^2}_{=1}$$
$$= \frac{\Gamma(n+\alpha+1)}{n!\Gamma(\alpha+1)}\int_0^\infty \mathrm{d}x\, \mathrm{e}^{-x} x^\alpha = \frac{\Gamma(n+\alpha+1)}{n!}.$$

In der letzten Zeile haben wir eine Identität der Gammafunktion eingesetzt.[6] □

Betrachten wir eine Anwendung aus der Quantenmechanik ohne auf die Details einzugehen.

4.2.3.4 Anwendung

Beispiel 4.10. Die Schrödingergleichung des Wasserstoffatoms mit reduzierter Masse m und Ladung e ist gegeben durch:[7]

$$\left(-\frac{\hbar^2}{2m}\Delta - \frac{e^2}{r}\right)\psi(\vec{r}) = E\psi(\vec{r}).$$

Diese Gleichung separiert in einen winkelabhängigen Anteil und einen Anteil der nur vom Abstand $r = |\vec{r}|$ des Elektrons vom Ursprung (Kern) abhängt:

---

6 Vergleiche [25] Gl. (6.1.1).

7 Vergleichen [41] Kapitel 11.1.

$$f_l''(r) + \left(\epsilon + \frac{2me^2}{\hbar^2}\frac{1}{r} - \frac{l(l+1)}{r^2}\right)f_l(r) = 0, \tag{4.37}$$

mit $\epsilon = 2mE/\hbar^2$. Die Größe $l \in \mathbb{N}_0$ kennzeichnet den Wert des Bahndrehimpulses des Elektrons. Betrachten wir den Fall gebundener Lösungen, dann gilt: $E < 0$. Führen die Variablensubstitution $x := 2r\sqrt{-\epsilon}$ durch, dann gelangen wir zu:

$$0 = f_l''(x) - \left(\frac{l(l+1)}{x^2} - \frac{\nu}{x} + \frac{1}{4}\right)f_l(x),$$

mit $\nu = e^2\sqrt{m/(-2E\hbar^2)}$. Setzt man für die Lösung an: $f_l(x) = x^{l+1}\mathrm{e}^{-x/2}\xi_l(x)$, so ergibt sich die Gleichung:

$$0 = x\xi_l''(x) + (2l + 2 - x)\xi_l'(x) - (l + 1 - \nu)\xi_l(x).$$

Diese Differentialgleichung vergleichen wir mit Gl. (4.35). Setzen wir $\alpha = 2l + 1$ und $\nu = (l+1+n) \in \mathbb{N}$, so haben wir eine Lösung gefunden, die lautet: $\xi_l(x) = L_n^{2l+1}(x)$. Insgesamt folgt, dass $f_l^n(x) = x^{l+1}\mathrm{e}^{-x/2}L_n^{2l+1}(x)$ eine Lösung der Radialgleichung (4.37) mit den oben bestimmten l und ν ist. Da ν ganzzahlig ist, sind die Energieeigenwerte der gebundenen Zustände quantisiert. ◇

4.2.4 Tschebyscheff-Polynome*

Als letztes Beispiel für ein System orthogonaler Polynome betrachten wir die Tschebyscheff-Polynome. Wir beginnen mit der Rodrigues-Formel und der expliziten Darstellung.

4.2.4.1 Rodrigues-Formel

Wir definieren wie zuvor die Tschebyscheff-Polynome über die trigonometrische Funktion.

Definition 4.11 (Tschebyscheff-Polynome). Die **Tschebyscheff-Polynome erster Art** sind definiert durch:

$$T_n(x) = \cos(n \arccos x), \quad x \in [-1, +1], \quad n \in \mathbb{N}^0. \tag{4.38}$$

In der Literatur existieren verschiedene Normierungen der Tschebyscheff-Polynome. In der Physik wird oft noch ein zusätzlicher Faktor $1/2^{n-1}$ hinzugefügt. Wir verwenden wiederum die Notation aus [25].

Tschebyscheff-Polynome zweiter Art $U_n(x)$ diskutieren wir hier nicht, sie haben eine ähnliche Struktur und können durch die $T_n(x)$ ausgedrückt werden:

$$U_n(x) = \frac{1}{1-x^2}(x\,T_{n+1}(x) - T_{n+2}(x)), \quad n \in \mathbb{N}^0.$$

Wir verweisen auf die Ausführungen in [25]. Die explizite Darstellung der Tschebyscheff-Polynome erster Art gibt das folgende Lemma wieder:

Lemma 4.29. *Für die Tschebyscheff-Polynome $T_n(x)$ gilt:*

$$T_n(x) = \frac{n}{2}\sum_{k=0}^{\lfloor n/2 \rfloor}(-1)^k \frac{(n-k-1)!}{k!(n-2k)!}(2x)^{n-2k}, \quad n \in \mathbb{N}, \tag{4.39}$$

und $T_0 = 1$.

Beweis. Wir verwenden die Euler-Formel und setzen $x = \cos\theta$

$$\mathrm{e}^{in\theta} = \cos(n\theta) + \mathrm{i}\sin(n\theta) = (\cos\theta + \mathrm{i}\sin\theta)^n = \sum_{m=0}^{n}\binom{n}{m}(\cos\theta)^{n-m}(\mathrm{i}\sin\theta)^m.$$

Es sei $n > 0$ und $x \neq 0$, dann gilt für den Realteil:

$$\begin{aligned}
T_n(\cos\theta) = \cos(n\theta) &= \sum_{k=0}^{\lfloor n/2 \rfloor}\binom{n}{2k}(-)^k \cos^{n-2k}\theta \sin^{2k}\theta \\
&= \sum_{k=0}^{\lfloor n/2 \rfloor}\binom{n}{2k}x^{n-2k}(x^2-1)^k = x^n \sum_{k=0}^{\lfloor n/2 \rfloor}\binom{n}{2k}(1-x^{-2})^k \\
&= \frac{n}{2}\sum_{k=0}^{\lfloor n/2 \rfloor}(-1)^k \frac{(n+k-1)!}{k!(n-2k)!}(2x)^{n-2k}.
\end{aligned}$$

Die Fälle $n = 0$ und $x = 0$ sind klar. □

In Abbildung 4.10 sind die ersten Tschebyscheff-Polynome erster Art dargestellt.

Lemma 4.30. *Die Rodrigues-Formel der $T_n(x)$ lautet:*

$$T_n(x) = (-)^n \frac{\sqrt{1-x^2}}{(2n-1)!!}\frac{\mathrm{d}^n}{\mathrm{d}x^n}(1-x^2)^{n-1/2}, \quad n \in \mathbb{N},$$

und $T_0 = 1$.

Beweis. Zunächst gilt für die Ableitung:

$$\begin{aligned}
\frac{\mathrm{d}^n}{\mathrm{d}x^n}(1-x^2)^{n-1/2} &= \frac{(2n)!}{2^n}\sum_{k=0}^{n}\frac{(-1)^k x^{2k-n}(1-x^2)^{n-k-1/2}}{(2n-2k)!(2k-n)!} \\
&= \frac{(-)^n x^n}{\sqrt{1-x^2}}\frac{(2n)!}{2^n}\sum_{k=0}^{n}\frac{(1-x^{-2})^{n-k}}{(2n-2k)!(2k-n)!}.
\end{aligned}$$

Setzen wir dies ein, so folgt

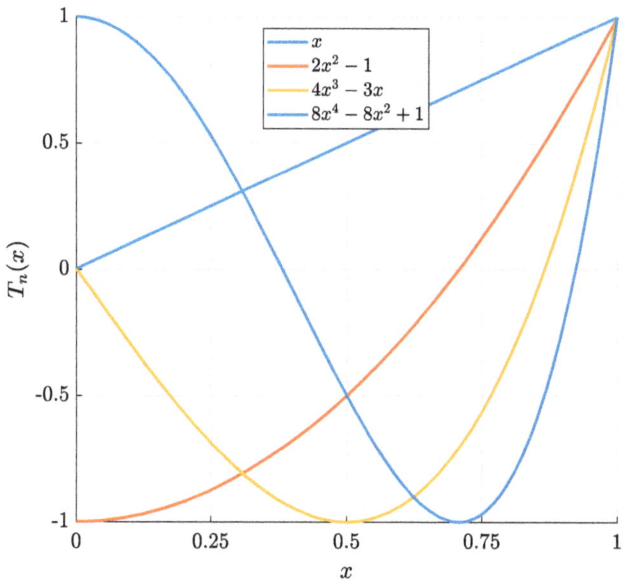

Abb. 4.10: Tschebyscheff-Polynome $T_n(x)$ (4.39), für $n = 1, 2, 3, 4$. Es ist nur der Teil $0 \leq x \leq 1$ dargestellt, da gilt $T_{2n}(-x) = T_{2n}(x)$ und $T_{2n+1}(-x) = -T_{2n+1}(x)$.

$$
\begin{aligned}
T_n(x) &= \frac{x^n}{(2n-1)!!} \frac{(2n)!}{2^n} \sum_{k=0}^{n} \frac{(1-x^{-2})^{n-k}}{(2n-2k)!(2k-n)!} \\
&= x^n \sum_{k=0}^{n} \binom{n}{2k} (1-x^{-2})^k \\
&= \underbrace{x^n \sum_{k=0}^{\lfloor n/2 \rfloor} \binom{n}{2k} (1-x^{-2})^k}_{=T_n(x)} + \underbrace{x^n \sum_{k=\lfloor n/2 \rfloor+1}^{n} \binom{n}{2k} (1-x^{-2})^k}_{=0} .
\end{aligned}
$$
□

Diskutieren wir die wichtigsten Eigenschaften, und beginnen mit der erzeugenden Funktion.

4.2.4.2 Erzeugende Funktion

Lemma 4.31. *Die erzeugende Funktion der Tschebyscheff-Polynome lautet:*

$$
w_T(x,u) := \frac{1-u^2}{1-2xu+u^2} = 1 + 2\sum_{n=1}^{\infty} T_n(x)u^n, \tag{4.40}
$$

für $|x| < 1$ *und* $|u| < 1$.

Beweis. Wir zeigen dies, indem wir zum einen $x := \cos\theta$ setzen und zum anderen die Größe $\tilde{w}(x,u) \equiv (1-2xu+u^2)w_T(x,u)$ berechnen, wobei Additionstheoreme für trigonometrische Funktionen genutzt werden. Aus Gl. (4.40) folgt mit $T_n(\cos\theta) = \cos(n\theta) =: c_n$:

$$
\begin{aligned}
\tilde{w}(\cos\theta, u) &= (1 - 2u\cos\theta + u^2) + 2\sum_{n=1}^{\infty} u^n (1 - 2u\cos\theta + u^2) T_n(\cos\theta) \\
&= 1 - 2u\cos\theta + u^2 + 2\sum_{n=1}^{\infty} u^n (1 - 2u\cos\theta + u^2)\cos(n\theta) \\
&= 1 - 2uc_1 + u^2 + 2\sum_{n=2}^{\infty} u^n \underbrace{(c_n - 2c_{n-1}c_1 + c_{n-2})}_{=0} + 2uc_1 - 2u^2 \\
&= 1 - u^2.
\end{aligned}
$$

Dabei wurden im vorletzten Schritt in der Summe die Indizes verschoben und das Additionstheorem $\cos(n\theta) + \cos((n-2)\theta) = 2\cos(\theta)\cos((n-1)\theta)$ benutzt. □

Man achte darauf, dass bei dieser Definition zwischen erzeugender Funktion und den Tschebyscheff-Polynomen die Summe in (4.40) bei $n = 1$ startet und somit der Term $T_0(x) = 1$ fehlt.

4.2.4.3 Differential- und Rekursionsgleichungen

Lemma 4.32. *Die Tschebyscheff-Polynome erfüllen die Rekursionsgleichung*

$$
T_{n+1}(x) - 2xT_n(x) + T_{n-1}(x) = 0, \quad n = 1, 2, \ldots,
$$

mit $T_{-1}(x) = 0$ und $T_0(x) = 1$, sowie $T_1(x) = x$.

Beweis. Der Beweis folgt direkt aus dem Beweis für die erzeugende Funktion. □

Lemma 4.33. *Die Tschebyscheff-Polynome erfüllen die homogene Differentialgleichung zweiter Ordnung:*

$$
(1 - x^2)\xi''(x) - x\xi'(x) + n^2\xi(x) = 0, \quad n \in \mathbb{N}.
$$

Beweis. Wir benutzen die Darstellung (4.38) $T_n(x) = \cos(n \arccos x)$ und betrachten $\partial_x^2 T_n(x)$ für $x \neq \pm 1$:

$$
\begin{aligned}
\partial_x^2 T_n(x) = \partial_x^2 \cos(n\arccos(x)) &= \partial_x \frac{n\sin(n\arccos(x))}{\sqrt{1-x^2}} \\
&= n\sin(n\arccos(x))\frac{x}{(1-x^2)^{3/2}} - \cos(n\arccos(x))\frac{n^2}{1-x^2} \\
&= (\partial_x T_n(x))\frac{x}{1-x^2} - T_n(x)\frac{n^2}{1-x^2}.
\end{aligned}
$$

Die Fälle $x = \pm 1$ folgen elementar. □

Die Tschebyscheff-Polynome finden Anwendung in der numerischen Mathematik und Physik. Um dies zu zeigen betrachten wir zunächst die folgende Orthogonalitätseigenschaft.

Lemma 4.34. *Es sei $n, m < N$ und x_k^0 die N Nulsstellen der Tschebyscheff-Polynome $T_N(x)$, dann gilt:*

$$\sum_{k=0}^{N} T_n(x_k^0)T_m(x_k^0) = \begin{cases} 0 & : n \neq m \\ N/2 & : n = m \neq 0 \\ N & : n = m = 0. \end{cases}$$

Beweis. Die Nullstellen der Tschebyscheff-Polynome sind gegeben durch:

$$T_N(x_k^0) = \cos(N \arccos x_k^0) = \cos(\pi(k + 1/2)), \quad k = 0, \ldots, N-1,$$

also: $x_k^0 = \cos(\pi(k + 1/2)/N)$. Für $n = m = 0$ folgt die Behauptung unmittelbar aus $T_0(x) = 1$. Betrachten wir die beiden anderen Fälle.

Die Summe lässt sich explizit berechnen:

$$\begin{aligned} \sum_{k=0}^{N} T_n(x_k^0)T_m(x_k^0) &= \sum_{k=0}^{N} \cos(n\pi(k+1/2)/N)\cos(m\pi(k+1/2)/N) \\ &= \frac{1}{2}\sum_{k=0}^{N}\Big(\cos((n-m)\pi(2k+1)/2N) + \cos((n+m)\pi(2k+1)/2N)\Big) \\ &= \frac{1}{4}\left(\frac{\sin(\pi(n-m))}{\sin(\pi(n-m)/2N)} + \frac{\sin(\pi(n+m))}{\sin(\pi(n+m)/2N)}\right). \end{aligned}$$

Für den Fall $n \neq m$ ist der Zähler gleich null und der Nenner ungleich null. Ist $n = m \neq 0$, so verschwindet der zweite Term und für den ersten folgt im Limes: $\lim_{x\to 0} \sin(x\pi)/\sin(x\pi/2N) = 2N$. Hieraus folgt insgesamt die Behauptung. □

4.2.4.4 Anwendung

Anwendungen der Tschebyscheff-Polynome ergeben sich größtenteils im Bereich der Numerik und der Approximation und der Polynominterpolation. Betrachten wir hierzu ein Beispiel.

Beispiel 4.11. Es sei eine stetige Funktion f auf $[-1, 1]$ gegeben, dann zeigen wir zunächst

$$f(x_k^0) = \sum_{n=0}^{N-1} a_n^N T_n(x_k^0) - \frac{a_0^N}{2}, \tag{4.41}$$

wobei $x_k^0 = \cos(\pi(k+1/2)/N)$, $k = 0, \ldots, N-1$ die N Nullstellen des Polynoms $T_N(x)$ sind und

$$a_n^N = \frac{2}{N}\sum_{l=0}^{N-1} f(x_l^0)T_n(x_l^0), \quad n = 0, \ldots, N-1.$$

Um dies zu zeigen, betrachten wir die Summe auf der rechten Seite:

$$\begin{aligned}\sum_{n=0}^{N-1} \alpha_n^N T_n(x_k^0) &= \frac{2}{N} \sum_{n=0}^{N-1} \sum_{l=0}^{N-1} f(x_l^0) T_n(x_l^0) T_n(x_k^0) \\ &= \frac{2}{N} \sum_{l=0}^{N-1} f(x_l^0) \sum_{n=0}^{N-1} \cos(\pi n(k+1/2)/N) \cos(\pi n(l+1/2)/N) \\ &= \frac{2}{N} \sum_{l=0}^{N-1} f(x_l^0) \frac{N\delta_{kl}+1}{2} \\ &= f(x_k^0) + \frac{1}{N} \sum_{l=0}^{N-1} f(x_l^0) = f(x_k^0) + \frac{\alpha_0^N}{2}.\end{aligned}$$

Das bedeutet, $f(x)$ wird an den Stellen $x = x_k^0$ exakt durch die Summe (4.41) dargestellt.

Für ein beliebiges $x \in [-1, 1]$ und ein vorgegebenes $\epsilon > 0$, kann N und k immer so gewählt werden, dass $|x - x_k^0| < \epsilon$ gilt. Durch ein immer größer werdendes N kommen immer mehr Nullstellen hinzu, die letztlich dicht in $[-1, 1]$ liegen. Das bedeutet für ein beliebiges x gilt:

$$f(x) = \sum_{n=0}^{N_0} \alpha_n^N T_n(x) - \frac{\alpha_0^N}{2} + \mathcal{O}(\epsilon).$$

Die Tschebyscheff-Polynome sind eine sehr einfache und effiziente Art eine numerische Approximation zu erhalten. ◇

Beispiel 4.12. Betrachten wir ein explizites Beispiel und drücken $f(x) = \ln(1 + x)$ durch Tschebyscheff-Polynome $T_n(x)$ aus:

$$\ln(1 + x) = \sum_{n=0}^{\infty} a_n T_n(x).$$

Multiplizieren wir beide Seiten mit $T_m(x)/\sqrt{1 - x^2}$ und integrieren, dann folgt:

$$\begin{aligned}\int_{-1}^{+1} \mathrm{d}x \frac{T_m(x) \ln(1 + x)}{\sqrt{1 - x^2}} &= \int_{-1}^{+1} \mathrm{d}x \frac{T_m(x)}{\sqrt{1 - x^2}} \sum_{n=0}^{\infty} a_n T_n(x) \\ &= \sum_{n=0}^{\infty} a_n \int_{-1}^{+1} \mathrm{d}x \frac{T_m(x) T_n(x)}{\sqrt{1 - x^2}} = \frac{\pi}{2}(1 + \delta_{m0}) a_m.\end{aligned}$$

Für die linke Seite gilt:

$$\int_{-1}^{+1} \mathrm{d}x \frac{T_0(x) \ln(1 + x)}{\sqrt{1 - x^2}} = \int_0^{\pi} \mathrm{d}\theta \ln(1 + \cos\theta) = -\pi \ln 2,$$

und für $m > 0$:

$$\int_{-1}^{+1} \mathrm{d}x \frac{T_m(x)\ln(1+x)}{\sqrt{1-x^2}} = \int_0^\pi \mathrm{d}\theta \cos(m\theta)\ln(1+\cos\theta)$$

$$\stackrel{p.I.}{=} \frac{1}{m}\int_0^\pi \mathrm{d}\theta \sin(m\theta)\tan(\theta/2)$$

$$= \frac{\pi(-)^{m+1}}{m}.$$

Damit folgt insgesamt:

$$\ln(1+x) = -\ln 2 - 2\sum_{n=1}^{\infty} \frac{(-)^n}{n} T_n(x). \qquad \diamond$$

Für umfangreichere weitere Anwendungen im Bereich der Numerik schaue man in das Lehrbuch *Einführung in die numerische Mathematik* von R. W. Hoppe [36].

4.3 Kugelflächenfunktionen

In diesem Kapitel führen wir ein Orthonormalsystem auf der Einheitskugel ein. Wir verwenden Kugelkoordinaten mit den Winkeln (θ, ϕ). Zur Konstruktion des Funktionensystems definieren wir zunächst die *assoziierten Legendre-Funktionen*, die im Allgemeinen keine Polynome sind. Diese Funktionen sind Verallgemeinerungen der in Abschnitt 4.2.1 eingeführten Legendre-Polynome. Sie sind der eine Bestandteil der Kugelflächenfunktionen, der andere Bestandteil sind die orthogonalen Funktionen $\mathrm{e}^{\mathrm{i}m\phi}$.

Die Kugelflächenfunktionen werden unter anderem in der Elektrodynamik bei der Beschreibung von elektromagnetischen Wellen gebraucht und in der Quantenmechanik bei der Darstellung der Orbitale von Atomen und Molekülen benötigt.

4.3.1 Assoziierte Legendre-Funktionen

Die allgemeinste Form der assoziierten Legendre-Funktionen P_ν^m mit $\nu \in \mathbb{R}$ werden wir hier nicht diskutieren, sondern nur solche mit ganzzahligen Index $\nu = l$. Für unsere Zwecke, im Hinblick auf die zu konstruierenden Kugelflächenfunktionen, reicht es hier aus $l \in \mathbb{N}^0$ zu betrachten.

Definition 4.12. Die **assoziierten Legendre-Funktionen erster Art** sind definiert durch:

$$P_l^m(x) := \frac{(-)^m}{2^l l!}(1-x^2)^{m/2}\frac{\mathrm{d}^{m+l}(x^2-1)^l}{\mathrm{d}x^{m+l}},$$

mit $l \in \mathbb{N}^0$, $m = -l, -l+1, \ldots, l$ und $x \in [-1,1]$. ■

Aus dem Vergleich mit der Definition (4.20) ergibt sich zum einen $P_l^0(x) = P_l(x)$ und zum anderen für $m \geq 0$:

$$P_l^m(x) = (-)^m (1-x^2)^{m/2} \frac{\mathrm{d}^m P_l(x)}{\mathrm{d}x^m}.$$

Für $m = l$ erhält man nach kurzer Rechnung: $P_l^l(x) = (-)^l (2l-1)!!(1-x^2)^{l/2}$.

Der Faktor $(-)^m$ wird in der Literatur nicht einheitlich verwendet, darauf muss bei einem Vergleich der Eigenschaften geachtet werden. Wir verwenden hier die Form, wie sie in [25] (Gl. 8.6.6) definiert ist. Die selbe Definition wird im Lehrbuch *Klassische Elektrodynamik* J. D. Jackson [42] benutzt. Hingegen wird im Lehrbuch *Quantenmechanik I* von A. Messiah [41] die Definition ohne den Faktor $(-)^m$ verwendet.

Kommen wir zunächst zu den Eigenschaften und beginnen mit der Orthogonalitätsrelation.

Lemma 4.35 (Orthogonalitätsrelationen). *Die ass. Legendre-Funktionen $P_l^m(x)$ erfüllen die Orthogonalitätsrelationen:*

$$\int_{-1}^{+1} \mathrm{d}x\, P_l^m(x) P_{l'}^m(x) = \frac{2}{2l+1} \frac{(l+m)!}{(l-m)!} \delta_{ll'}.$$

Beweis. Sei zunächst $l = l'$, dann gilt:

$$\begin{aligned}
\int_{-1}^{+1} \mathrm{d}x\, P_l^m(x) P_l^m(x) &= \frac{1}{(2^l l!)^2} \int_{-1}^{+1} \mathrm{d}x\, (1-x^2)^m \partial_x^{m+l}(x^2-1)^l \partial_x^{m+l}(x^2-1)^l \\
&= \frac{(-1)^l}{(2^l l!)^2} \int_{-1}^{+1} \mathrm{d}x\, (x^2-1)^l \partial_x^{m+l}\left((x^2-1)^m \partial_x^{m+l}(x^2-1)^l\right) \\
&= \frac{(-1)^l}{(2^l l!)^2} \frac{(2l)!(l+m)!}{(l-m)!} \int_{-1}^{+1} \mathrm{d}x\, (x^2-1)^l \\
&= \frac{(-1)^l}{(2^l l!)^2} \frac{(2l)!(l+m)!}{(l-m)!} \frac{l! 2^{l+1}}{(2l+1)!!} = \frac{2}{2l+1} \frac{(l+m)!}{(l-m)!}.
\end{aligned}$$

Wir nehmen ohne Einschränkung an $l > l'$ und integrieren partiell $l+m$ mal. Dann erkennt man aus der zweiten Zeile, dass das Integral über das Polynom vom Grad $l'+m < l+m$ verschwindet. □

Ohne Beweis notieren wir die erzeugende Funktion, die sich im Fall $m = 0$ auf den schon bekannten Fall (4.22) reduziert.

Lemma 4.36 (Erzeugende Funktion). *Die erzeugende Funktion der $P_l^m(x)$ ist gegeben durch:*

$$w_P^m(x,u) := (2m-1)!!\frac{(1-x^2)^{m/2}u^m}{(1-2xu+u^2)^{m+1/2}} = \sum_{l=m}^{\infty} u^l P_l^m(x).$$

Bezüglich des oberen Indexes erfüllen die $P_l^m(x)$ eine wichtige Symmetrierelation.

Lemma 4.37 (Symmetrierelation). *Für die ass. Legendre-Funktionen $P_l^m(x)$ gilt:*

$$P_l^{-m}(x) = (-)^m \frac{(l-m)!}{(l+m)!} P_l^m(x), \quad l \in \mathbb{N}^0, \quad m = -l, -l+1, \ldots, l. \tag{4.42}$$

Beweis. Es genügt zu zeigen, dass gilt:

$$\partial_x^{l-m}(x^2-1)^l = \frac{(l-m)!}{(l+m)!}(x^2-1)^m \partial_x^{l+m}(x^2-1)^l,$$

wobei $0 < m \le l$. Führen wir zu diesem Zweck die neuen Variablen $\xi(x) := x^2 - 1$ ein, dann schreibt sich $(x+y)^2 - 1 = \xi(x) + 2xy + y^2$. Betrachten wir die Taylorentwicklung dieser Größe zur Potenz l um $y = 0$:

$$[(x+y)^2-1]^l = \sum_{m=0}^{\infty} \frac{y^m}{m!}\frac{\mathrm{d}^m}{\mathrm{d}y^m}[(x+y)^2-1]^l\big|_{y=0} = \xi^l(x) + \sum_{m=1}^{2m}\frac{y^m}{m!}\frac{\mathrm{d}^m}{\mathrm{d}x^m}\xi^l(x).$$

Als nächstes dividieren wir diese Gleichung durch y^l und erhalten.

$$\begin{aligned}\left(\frac{\xi(x)+2xy+y^2}{y}\right)^l &= \frac{\xi^l(x)}{y^l} + \sum_{m=1}^{2l}\frac{y^{m-l}}{m!}\partial_x^m \xi^l(x)\\ &= \frac{\partial_x^l \xi^l(x)}{l!} + \sum_{m=0}^{l-1}\frac{y^{m-l}}{m!}\partial_x^m\xi^l(x) + \sum_{m=l+1}^{2l}\frac{y^{m-l}}{m!}\partial_x^m\xi^l(x)\\ &= \frac{\partial_x^l \xi^l(x)}{l!} + \sum_{m=1}^{l}\frac{y^{-m}}{(l-m)!}\partial_x^{l-m}\xi^l(x) + \sum_{m=1}^{l}\frac{y^m}{(l+m)!}\partial_x^{l+m}\xi^l(x).\end{aligned}$$

Betrachtet man die Transformation der Variablen: $y \mapsto \xi(x)/y$, so gilt:

$$\frac{\xi(x)+2xy+y^2}{y} \overset{y\mapsto\xi(x)/y}{\mapsto} \frac{\xi(x)+2x\xi(x)/y+(\xi(x)/y)^2}{\xi(x)/y} = \frac{\xi(x)+2xy+y^2}{y}.$$

Die Transformation lässt den Ausdruck invariant, und damit folgt:

$$\left(\frac{\xi(x)+2xy+y^2}{y}\right)^l \overset{y\mapsto\xi/y}{=} \frac{\partial_x^l\xi^l(x)}{l!} + \sum_{m=1}^{l}\frac{y^m\xi^{-m}}{(l-m)!}\partial_x^{l-m}\xi^l(x) + \sum_{m=1}^{l}\frac{y^{-m}\xi^m}{(l+m)!}\partial_x^{l+m}\xi^l(x).$$

Aus der linearen Unabhängigkeit der y^m folgt durch Koeffizientenvergleich:

$$\frac{\xi(x)^m}{(l+m)!}\partial_x^{l+m}\xi^l(x) = \frac{1}{(l-m)!}\partial_x^{l-m}\xi^l(x).$$

Damit ist die Aussage gezeigt und daraus folgernd (4.42). □

An dieser Stelle sei bemerkt, dass die Aussage auch aus der Beobachtung folgt, dass die Legendre-Differentialgleichung (4.43) aus dem nächsten Abschnitt invariant ist gegenüber der Transformation $m \mapsto -m$. Da sowohl die $P_l^m(x)$ als auch die $P_l^{-m}(x)$ Lösungen dieser Gleichung sind, müssen beide proportional zueinander sein. Die detaillierte Begründung erfordert jedoch genauere Kenntnis der Theorie der Differentialgleichung, weswegen wir diesen Weg hier nicht gegangen sind.

Kommen wir nun zu den Differential- und Rekursionsgleichung.

4.3.1.1 Differential- und Rekursionsgleichung

Lemma 4.38 (Differentialgleichung). *Die $P_l^m(x)$ sind Lösungen der* ***allgemeinen Legendre-Differentialgleichung:***

$$(1-x^2)\xi''(x) - 2x\xi'(x) + \left(l(l+1) - \frac{m^2}{1-x^2}\right)\xi(x) = 0. \tag{4.43}$$

Beweis. Zunächst betrachten wir den Fall $m \geq 0$. Wir gehen von der Legendre-Differentialgleichung (4.23) ($n = l$) aus und differenzieren diese m-fach nach x:

$$\begin{aligned}0 &= \partial_x^m[(1-x^2)\partial_x^2\xi(x)] - 2\partial_x^m[x\partial_x\xi(x)] + l(l+1)\partial_x^m\xi(x)\\ &= (1-x^2)\partial_x^{m+2}\xi(x) - 2x(m+1)\partial_x^{m+1}\xi(x) + (l-m)(l+m+1)\partial_x^m\xi(x).\end{aligned}$$

Als Zwischenresultat erhalten wir für die Legendre-Differentialgleichung:

$$0 = (1-x^2)\partial_x^2\partial_x^m\xi(x) - 2x(m+1)\partial_x\partial_x^m\xi(x) + (l-m)(l+m+1)\partial_x^m\xi(x). \tag{4.44}$$

Setzen wir die Legendre-Polynome $P_l(x)$ ein und beachten $\partial_x^{l+m}P_l(x) \equiv 0$:

$$0 = (1-x^2)\partial_x^2\partial_x^m P_l(x) - 2x(m+1)\partial_x\partial_x^m P_l(x) + (l-m)(l+m+1)\partial_x^m P_l(x).$$

Diese Gleichung ist auch gültig für $m = l, l-1$, denn der Fall $m = l$ ist trivial erfüllt und für $m = l-1$ ergibt sich aus:

$$0 = -x\partial_x^l P_l(x) + \partial_x^{l-1}P_l(x).$$

Diese Gleichung kann direkt verifiziert werden durch Einsetzen von (4.21). Nun führen wir $\tau(x) := (1-x^2)^{m/2}\partial_x^m P_l(x)$ ein und setzen dies in die letzte Gleichung ein. Nach einfachen Umformungen gelangt man zur Differentialgleichung:

$$0 = (1-x^2)\partial_x^2\tau(x) - 2x\partial_x\tau(x) + \left(l(l+1) - \frac{m^2}{1-x^2}\right)\tau(x) = 0.$$

Da aber $\tau(x) = (-)^m P_l^m(x)$ und die konstanten Faktoren die Gültigkeit der Gleichung nicht ändert, sind die $P_l^m(x)$ für $m \geq 0$ Lösungen der Differentialgleichung (4.43). Betrachten wir den Fall $m < 0$. Dann folgt aus (4.42), dass $P_l^{-m}(x)$ ebenfalls Lösung der Differentialgleichung (4.44) ist. □

Lemma 4.39 (Rekursionsgleichungen). *Es gelten die Rekursionsgleichungen:*

$$0 = P_l^{m+1}(x) + \frac{2mx}{\sqrt{1-x^2}} P_l^m(x) + (l+m)(l-m+1)P_l^{m-1}(x), \tag{4.45a}$$

$$0 = (l-m+1)P_{l+1}^m(x) - (2l+1)xP_l^m(x) + (l+m)P_{l-1}^m(x) = 0, \tag{4.45b}$$

für $m = -l, \ldots, +l$ *mit* $P_{-1}^l(x) \equiv 0$, $P_0^l(x) = 1$ *und* $P_l^{m+n}(x) = 0$ *wenn* $|m+n| > l$.

Beweis.

(a) Dies folgt mit der Gleichung

$$\partial_x^m P_l(x) = (-)^m \left(1-x^2\right)^{-m/2} P_l^m(x), \tag{4.46}$$

durch Einsetzen in (4.44) und der Verschiebung des Indexes: $m \to m-1$. Die Fälle $m = l, l-1$ werden ebenfalls durch die Gleichung beschrieben, wenn man $P_l^{l+1}(x) = P_l^{l+2}(x) = 0$ beachtet.

(b) Wir gehen von Gl. (4.25a) aus und differenzieren diese m-fach nach x:

$$(2l+1)\partial_x^m P_l(x) = \partial_x^{m+1} P_{l+1}(x) - \partial_x^{m+1} P_{l-1}(x).$$

Mit Gl. (4.46) lässt sich dies schreiben als:

$$\sqrt{1-x^2}(2l+1)P_l^m = P_{l-1}^{m+1}(x) - P_{l+1}^{m+1}(x).$$

Analog verfahren wir mit der Rekursionsgleichung (4.24) und finden:

$$0 = (l+1)P_{l+1}^m(x) - (2l+1)xP_l^m(x) + (2l+1)m\sqrt{1-x^2}P_l^{m-1}(x) + lP_{l-1}^m(x).$$

Verschieben wir den Index in der vorletzten Gleichung: $m \to m-1$ und setzen die linke Seite in die letzte Gleichung ein, so folgt (4.45b). Den Fall $m = l$ erhält man explizit durch: $(2l+1)\partial_x^l P_l(x) = (2l+1)(2l-1)!! = (2l+1)!! = \partial_x^{l+1} P_{l+1}(x)$. Analog verfährt man für den Fall $m = l-1$. □

Die Rekursionsgleichung (4.45a) verwendet man, um für ein festes l die Serie der $P_l^m(x)$ zu bestimmen, indem man von $P_l^0(x) = P_l(x)$ ausgeht und

$$\sqrt{1-x^2}P_l^1(x) \overset{(4.25b)}{=} l\left[xP_l(x) - P_{l-1}(x)\right].$$

Die assoziierten Legendre-Polynome sind Bestandteil der Kugelflächenfunktionen.

4.3.2 Kugelflächenfunktionen

Nun bilden wir aus den orthogonalen Funktionen $\mathrm{e}^{\mathrm{i}m\phi}$ und den assoziierten Legendre-Funktionen $P_l^m(\cos\theta)$ die Kugelflächenfunktionen $Y_l^m(\theta,\phi)$. Wir verwenden die Nomenklatur der Winkel, sowie sie in Abbildung 4.11 dargestellt ist. Wir zeigen, dass diese Funktionen ein Orthonormalsystem auf der Einheitskugel bilden.

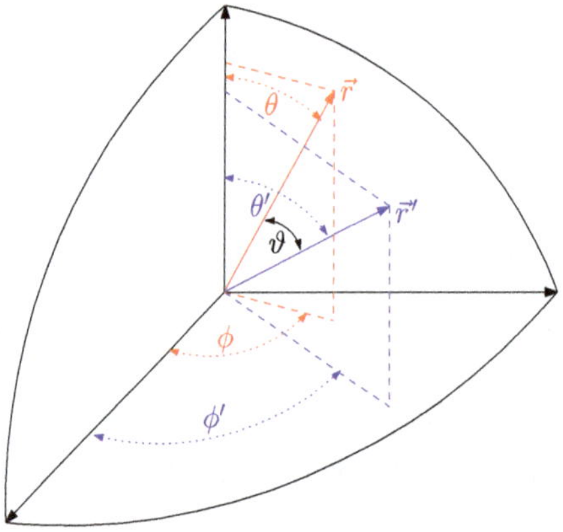

Abb. 4.11: Kugelkoordinaten mit Winkeln ($0 \le \theta < \pi, -\pi \le \phi < \pi$). Dabei ist $\vartheta = \angle(\vec{e}_r, \vec{e}_{r'})$ der Winkel zwischen den Richtungen der Vektoren $\vec{r}$ und $\vec{r}'$.

Definition 4.13. Die **Kugelflächenfunktionen** sind definiert über:

$$Y_l^m(\theta,\phi) := \sqrt{\frac{2l+1}{4\pi}\frac{(l-m)!}{(l+m)!}}P_l^m(\cos\theta)\mathrm{e}^{\mathrm{i}m\phi}, \tag{4.47}$$

mit $0 \le \theta < \pi$ und $-\pi \le \phi < +\pi$, sowie $m = -l, \ldots, +l$. ■

Es gilt im Speziellen

$$Y_l^0(\theta,\phi) = \sqrt{\frac{2l+1}{4\pi}}P_l(\cos\theta).$$

Offenbar sind die Kugelflächenfunktionen auf der Einheitskugel definiert. Als wichtigste Eigenschaft untersuchen wir zunächst die Orthogonalität.

Lemma 4.40 (Orthogonalität). *Die Kugelflächenfunktionen $Y_l^m(\theta,\phi)$ bilden ein orthonormiertes Funktionensystem auf der Einheitskugel Ω und es gilt:*

$$\langle Y_l^m(\theta,\phi) \mid Y_k^n(\theta,\phi)\rangle_\Omega = \int_\Omega \mathrm{d}\Omega(\theta,\phi)\; Y_l^m(\theta,\phi)\bar{Y}_k^n(\theta,\phi) = \delta_{lk}\delta_{mn},$$

mit dem Raumwinkelelement $\mathrm{d}\Omega(\theta,\phi) := \mathrm{d}\phi\mathrm{d}\theta\sin\theta$.

Beweis. Die Orthogonalität ergibt sich aus der Orthogonalität der $e^{im\phi}$ und den $P_l^m(\cos\theta)$, denn es gilt:

$$\begin{aligned}\langle Y_l^m(\theta,\phi) \mid Y_k^n(\theta,\phi)\rangle_\Omega &= \int_{-\pi}^{+\pi} d\phi \int_0^\pi d\theta \sin\theta \, Y_l^m(\theta,\phi)\bar{Y}_k^n(\theta,\phi) \\ &= \delta_{mn}\sqrt{\frac{2l+1}{4\pi}\frac{(l-m)!}{(l+m)!}\frac{2k+1}{4\pi}\frac{(k-m)!}{(k+m)!}} \int_{-1}^{1} dx \, P_l^m(x)P_k^m(x) \\ &= \delta_{lk}\delta_{mn}.\end{aligned}$$

□

Die Kugelflächenfunktionen bilden nicht nur ein orthonormiertes Funktionensystem, sondern auch eine Orthonormalbasis auf der Kugeloberfläche.

Lemma 4.41 (Orthonormalbasis). *Die Kugelflächenfunktionen $Y_l^m(\theta,\phi)$ bilden eine Orthonormalbasis und es gilt die Vollständigkeitsrelation:*

$$\sum_{l=0}^{\infty}\sum_{m=-l}^{+l} Y_l^m(\theta,\phi)\bar{Y}_l^m(\theta',\phi') = \delta(\Omega-\Omega') = \frac{1}{\sin\theta}\delta(\phi-\phi')\delta(\theta-\theta'). \tag{4.48}$$

Beweis. Die Aussage ist in der Kurznotation von Distributionen geschrieben, so wie es in der Physik üblich ist. Im nächsten Kapitel werden wir uns mit *Distributionen* eingehend beschäftigen und auf den Beweis der Aussage zurückkommen und deswegen verzichten wir an dieser Stelle auf einen Beweis.

Stattdessen nutzen wir die Aussage, um Funktionen auf der Einheitskugel nach einer Orthonormalbasis zu entwickeln. Die allgemeine Entwicklung von Funktionen auf der Einheitskugel ist gegeben durch den Entwicklungssatz von Laplace.

Lemma 4.42 (Entwicklungssatz – Laplace). *Es sei eine stetige Funktion $f(\theta,\phi)$ auf der Einheitskugel gegeben, dann lässt sich $f(\theta,\phi)$ nach Kugelflächenfunktionen $Y_l^m(\theta,\phi)$ entwickeln:*

$$f(\theta,\phi) = \sum_{l=0}^{\infty}\sum_{m=-l}^{+l} c_l^m Y_l^m(\theta,\phi)$$

mit

$$c_l^m = \int_\Omega d\Omega(\theta',\phi') \, \bar{Y}_l^m(\theta',\phi')f(\theta',\phi').$$

Beweis. Dies ist lediglich eine andere Formulierung der Aussage (4.48). Um dies zu sehen multiplizieren wir Gl. (4.48) auf beiden Seiten mit $f(\theta',\phi')$ und integrieren anschließend über die Einheitskugel Ω, so ergibt sich zunächst rein formal:

$$\begin{aligned}\int_\Omega d\Omega' f(\theta',\phi')\sum_{l=0}^{\infty}\sum_{m=-l}^{+l} Y_l^m(\theta,\phi)\bar{Y}_l^m(\theta',\phi') &= \int_\Omega d\Omega' \frac{f(\theta',\phi')}{\sin\theta}\delta(\phi-\phi')\delta(\theta-\theta') \\ &= \int_\Omega d\phi' d\theta' f(\theta',\phi')\delta(\phi-\phi')\delta(\theta-\theta') \\ &\overset{!}{=} f(\theta,\phi).\end{aligned}$$

Es muss aber noch gezeigt werden, dass die rechte Seite tatsächlich gleich $f(\theta,\phi)$ ist. Dazu muss die Existenz einer *Funktion* δ mit diesen Eigenschaft noch gezeigt werden. Aus der Analysis ist klar, dass δ keine stetige Funktion sein kann. Es braucht deswegen noch einiges an Arbeit, um die Zusammenhänge sauber darzustellen. Deswegen ist dies hier ebenso kein Beweis. Diesen verschieben wir auch auf das nächste Kapitel über *Distributionen.*

Betrachten wir folgenden wichtigen Spezialfall, der an das Beispiel 4.8 anschließt. Demnach gilt auf der Einheitskugel $\Delta P_l(\cos\theta) = -l(l+1)P_l(\cos\theta)$. Wenn dies allgemein für eine Funktion gilt, dann folgt:

Lemma 4.43. *Eine Funktion $f_l(\theta,\phi)$ erfülle auf der Einheitskugel die Laplace-Gleichung $\Delta f_l(\theta,\phi) = -l(l+1)f_l(\theta,\phi)$, dann folgt:*

$$f_l(\theta,\phi) = \sum_{m=-l}^{l} c^m Y_l^m(\theta,\phi), \tag{4.49}$$

mit

$$c^m = \int_\Omega d\Omega(\theta,\phi)\, \bar{Y}_l^m(\theta,\phi) f_l(\theta,\phi).$$

Beweis. Wir benutzen den allgemeinen Entwicklungssatz für $f_l(\theta,\phi)$ und wenden auf beide Seiten den Laplace-Operator an und nutzen die Voraussetzung:

$$-l(l+1)f_l(\theta,\phi) = \sum_{k=0}^{\infty}\sum_{m=-k}^{+k} c_k^m \Delta Y_k^m(\theta,\phi) = -\sum_{k=0}^{\infty} k(k+1)\sum_{m=-k}^{+k} c_k^m Y_k^m(\theta,\phi).$$

Setzen wir links wiederum für $f_l(\theta,\phi)$ die Laplace-Entwicklung ein, so folgt:

$$0 = \sum_{k=0}^{\infty}\sum_{m=-k}^{+k} (l(l+1) - k(k+1))c_k^m Y_k^m(\theta,\phi).$$

Da die Y_l^m ein ONS bilden, muss $c_k^m = 0$ für alle $k \neq l$ und $m = -k,\dots,k$ gelten. In der Laplace-Entwicklung bleibt nur der Term mit l über und die Summe reduziert sich auf Gl. (4.49). Da l fest durch die Funktion $f_l(\theta,\phi)$ vorgegebene ist, lassen wir den Index l fallen und schreiben $c^m = c_l^m$. □

Beispiel 4.13. Schauen wir uns den von zwei Vektoren $\vec{r} = \vec{r}(\theta, \phi)$ und $\vec{r}' = \vec{r}'(\theta', \phi')$ eingeschlossenen Winkel $\vartheta := \angle(\vec{e}_r, \vec{e}_{r'})$ an. Dieser ergibt sich aus

$$\frac{\vec{r} \cdot \vec{r}'}{|\vec{r}||\vec{r}'|} = \cos\vartheta = \cos\theta\cos\theta' + \sin\theta\sin\theta'\cos(\phi - \phi'). \tag{4.50}$$

Stellen wir diese Gleichung um und beachten, dass gilt $P_1(\cos\vartheta) = \cos\vartheta$ und setzen $x = \cos\theta$, so folgt:

$$\begin{aligned} P_1(\cos\vartheta) &= P_1^0(\cos\theta)P_1^0(\cos\theta') + P_1^1(\cos\theta)P_1^1(\cos\theta')\frac{1}{2}(e^{i(\phi-\phi')} + e^{-i(\phi-\phi')}) \\ &= P_1^0(x)P_1^0(x') + 2P_1^{-1}(x)P_1^{-1}(x')e^{-i(\phi-\phi')} + \frac{1}{2}P_1^1(x)P_1^1(x')e^{i(\phi-\phi')} \\ &= \frac{4\pi}{3}\sum_{m=-1}^{1} Y_1^m(\theta,\phi)\bar{Y}_1^m(\theta',\phi'). \end{aligned}$$

◇

Dieses Additionstheorem verallgemeinern wir im folgenden Lemma.

Lemma 4.44 (Additionstheorem). *Die Entwicklung der Legendre-Polynome nach Kugelflächenfunktionen lautet:*

$$P_l(\cos\vartheta) = \frac{4\pi}{2l+1}\sum_{m=-l}^{+l} Y_l^m(\theta,\phi)\bar{Y}_l^m(\theta',\phi'). \tag{4.51}$$

Beweis. Die Abhängigkeit von den Winkeln $\theta, \phi, \theta', \phi'$ in ϑ steckt in der Gleichung $\cos\vartheta = \cos\theta\cos\theta' + \sin\theta\sin\theta'\cos(\phi - \phi')$. Wir betrachten θ', ϕ' als Parameter und schreiben $\vartheta = \vartheta(\theta, \phi)$. Entwickeln wir $P_l(\cos\vartheta)$ mittels Gl. (4.49)

$$P_l(\cos\vartheta) = \sum_{m=-l}^{l} c^m(\theta',\phi')Y_l^m(\theta,\phi).$$

Die Koeffizienten c^m bestimmen sich dann über:

$$c^m(\theta',\phi') = \int_\Omega d\Omega(\theta,\phi)\bar{Y}_l^m(\theta,\phi)P_l(\cos\vartheta).$$

Das Integral ist kompliziert zu berechnen, deswegen bestimmen wir die gesuchten Koeffizienten c^m indirekt. Hierzu bemerken wir zunächst, dass $\Delta = \nabla\cdot\nabla$ ein Skalarprodukt ist und dieses deswegen invariant ist gegenüber Drehungen des Koordinatensystems und deswegen auf der Einheitskugel für alle gedrehten Koordinatensysteme gilt:

$$\Delta(\theta,\phi)P_l(\cos\vartheta) = -l(l+1)P_l(\cos\vartheta).$$

Betrachten wir ein Koordinatensystem mit Achsenausrichtung entlang des Vektors $\vec{r}'$ und bezeichnen die zugehörigen Winkel zum Vektor $\vec{r}$ mit (ϑ, φ). In diesem Koordinatensystem ist der Polarwinkel ϑ und der Azimutwinkel φ. Die Entwicklung von $\bar{Y}_l^m(\theta,\phi)$ ist gegeben durch:

$$\bar{Y}_l^m(\theta,\phi) = \sum_{n=-l}^{l} b_n^m(\theta,\phi) Y_l^n(\vartheta,\varphi), \tag{4.52}$$

mit

$$b_n^m(\theta,\phi) = \int_\Omega \mathrm{d}\Omega(\vartheta,\varphi) \bar{Y}_l^m(\theta,\phi) \bar{Y}_l^n(\vartheta,\varphi).$$

Betrachten wir $n = 0$, dann folgt für das Volumenelement:

$$\mathrm{d}\Omega(\vartheta,\varphi) = \mathrm{d}\Omega(\theta,\phi) \left| \frac{\partial(\vartheta,\varphi)}{\partial(\theta,\phi)} \right| = \mathrm{d}\Omega(\theta,\phi),$$

und

$$\begin{aligned} b_0^m = \int_\Omega \mathrm{d}\Omega(\vartheta,\varphi) \bar{Y}_l^m(\theta,\phi) \bar{Y}_l^0(\vartheta,\varphi) &= \sqrt{\frac{2l+1}{4\pi}} \int_\Omega \mathrm{d}\Omega(\vartheta,\varphi) \bar{Y}_l^m(\theta,\phi) P_l(\cos\vartheta) \\ &= \sqrt{\frac{2l+1}{4\pi}} \int_\Omega \mathrm{d}\Omega(\theta,\phi) \bar{Y}_l^m(\theta,\phi) P_l(\cos\vartheta) \\ &= \sqrt{\frac{2l+1}{4\pi}} c^m(\theta',\phi'). \end{aligned}$$

Der Koeffizient $b_0^m(\theta,\phi)$ kann aber auch direkt aus Gl. (4.52) berechnet werden, dazu betrachten wir $\vartheta \to 0$:

$$\begin{aligned} \lim_{\vartheta\to 0} \bar{Y}_l^m(\theta,\phi) &= \sum_{n=-l}^{l} b_n^m(\theta,\phi) \lim_{\vartheta\to 0} Y_l^n(\vartheta,\varphi) \\ &= \sum_{n=-l}^{l} b_n^m(\theta,\phi) \sqrt{\frac{2l+1}{4\pi}} \delta_{n0} P_l^n \mathrm{e}^{\mathrm{i}n\phi} = b_0^m(\theta,\phi) \sqrt{\frac{2l+1}{4\pi}}. \end{aligned}$$

Andererseits gilt $(\theta,\phi) \stackrel{\vartheta\to 0}{\longrightarrow} (\theta',\phi')$, woraus dann folgt:

$$b_0^m = \sqrt{\frac{4\pi}{2l+1}} \bar{Y}_l^m(\theta',\phi').$$

Damit ergibt sich letztlich das gesuchte $c^m(\theta',\phi')$ zu

$$c^m(\theta',\phi') = \frac{4\pi}{2l+1} \bar{Y}_l^m(\theta',\phi'). \qquad \square$$

Die Summenregel kann auch durch die assoziierten Legendre-Polynome ausgedrückt werden. Setzen wir $x = \cos\theta, x' = \cos\theta'$, dann folgt:

$$P_n(xx' - \sqrt{1-x^2}\sqrt{1-x'^2}\cos\vartheta) = P_n(x)P_n(x') + 2\sum_{m=1}^{n} P_n^m(x)P_n^m(x')\cos(m\vartheta).$$

Daraus folgt nach Integration über ϑ:

$$\frac{1}{\pi}\int_0^\pi \mathrm{d}\vartheta P_n(xx' - \sqrt{1-x^2}\sqrt{1-x'^2}\cos\vartheta) = P_n(x)P_n(x').$$

Aus dem Additionstheorem folgt sie Summenregel der Kugelflächenfunktionen.

Lemma 4.45 (Summenregel).

$$\sum_{m=-l}^{+l} |Y_l^m(\theta,\phi)|^2 = \frac{2l+1}{4\pi}.$$

Beweis. Setzen wir in (4.51) $\vartheta = 0 \to (\theta,\phi) = (\theta',\phi')$, so ergibt sich:

$$1 = P_l(0) = \frac{4\pi}{2l+1}\sum_{m=-l}^{+l} Y_l^m(\theta,\phi)\bar{Y}_l^m(\theta,\phi) = \frac{4\pi}{2l+1}\sum_{m=-l}^{+l} |Y_l^m(\theta,\phi)|^2. \qquad \square$$

Bevor wir zu Anwendungen kommen schauen wir uns noch wichtige Symmetrie-Eigenschaften der Kugelflächenfunktionen an.

Lemma 4.46. *Die $Y_l^m(\theta,\phi)$ erfüllen die Symmetrieeigenschaften:*

$$Y_l^{-m}(\theta,\phi) = (-)^m Y_l^m(\theta,-\phi) = (-)^m \bar{Y}_l^m(\theta,\phi), \tag{4.53a}$$

$$Y_l^m(\pi-\theta,\phi+\pi) = (-)^l Y_l^m(\theta,\phi). \tag{4.53b}$$

Beweis. Wir zeigen dies durch elementare Umformungen:
(a)

$$\begin{aligned} Y_l^{-m}(\theta,\phi) &\overset{(4.47)}{=} \sqrt{\frac{2l+1}{4\pi}\frac{(l+m)!}{(l-m)!}} P_l^{-m}(\cos\theta)\mathrm{e}^{-\mathrm{i}m\phi} \\ &\overset{(4.42)}{=} \sqrt{\frac{2l+1}{4\pi}\frac{(l+m)!}{(l-m)!}} P_l^m(\cos\theta)(-)^m\frac{(l-m)!}{(l+m)!}\mathrm{e}^{\mathrm{i}m(-\phi)} \\ &= (-)^m Y_l^m(\theta,-\phi). \end{aligned}$$

(b)

$$Y_l^m(\pi-\theta,\phi+\pi) = \sqrt{\frac{2l+1}{4\pi}\frac{(l-m)!}{(l+m)!}}\underbrace{P_l^m(-\cos\theta)}_{=(-)^{l+m}P_l^m(\cos\theta)}\mathrm{e}^{\mathrm{i}m\pi}\mathrm{e}^{\mathrm{i}m\phi} = (-)^l Y_l^m(\theta,\phi). \qquad \square$$

4.3.3 Anwendungen

Eine unmittelbare Anwendung dieser Gleichung zeigt das folgende Beispiel.

Beispiel 4.14. Wir betrachten wie im Beispiel 4.13 zwei Vektoren und verwenden dieselbe Nomenklatur $\vec{r} = \vec{r}(\theta, \phi)$ und $\vec{r}' = \vec{r}'(\theta', \phi')$ und nehmen ohne Einschränkung an $r' = |\vec{r}'| < |\vec{r}| = r$. Dann folgt zunächst aus Beispiel 4.7 die Darstellung durch Legendre-Polynome und den Winkel $\vartheta = \angle(\vec{e}_r, \vec{e}_{r'})$:

$$\frac{1}{|\vec{r} - \vec{r}'|} = \frac{1}{r} \sum_{l=0}^{\infty} \left(\frac{r'}{r}\right)^l P_l(\cos\vartheta).$$

Setzen wir die Darstellung der $P_l(\cos\vartheta)$ aus (4.51) ein, so folgt die Darstellung durch die Winkel θ, ϕ, θ' und ϕ':

$$\frac{1}{|\vec{r} - \vec{r}'|} = \frac{4\pi}{r} \sum_{l=0}^{\infty} \sum_{m=-l}^{+l} \frac{1}{2l+1} \left(\frac{r'}{r}\right)^l Y_l^m(\theta, \phi) \bar{Y}_l^m(\theta', \phi').$$

Die erstere Darstellung nutzt man in der Physik, wenn im Problem nur der Winkel ϑ zwischen den Vektoren $\vec{r}$ und $\vec{r}'$ eingeht, die letztere Darstellung, wenn die volle Abhängigkeit aller Winkel eingeht. Beispiele sind die Multipolentwicklung aus der Elektrodynamik. ◇

Zum Schluss betrachten wir noch eine Anwendungen aus der Quantenmechanik.

Aufgabe 4.1. Der Drehimpuls-Operator der Quantenmechanik ist definiert durch:

$$\vec{\mathbf{L}} := \frac{\hbar}{\mathrm{i}}(\vec{r} \times \nabla), \quad \mathbf{L}_\pm := \mathbf{L}_1 \pm \mathrm{i}\mathbf{L}_2.$$

Zeige, dass gilt ($\hbar = 1$):

$$\mathbf{L}_z Y_l^m(\theta, \phi) = m Y_l^m(\theta, \phi), \tag{4.54a}$$

$$\mathbf{L}_\pm Y_l^m(\theta, \phi) = \sqrt{l(l+1) - m(m \pm 1)}\, Y_l^{m\pm 1}(\theta, \phi), \tag{4.54b}$$

$$\vec{\mathbf{L}}^2 Y_l^m(\theta, \phi) = l(l+1) Y_l^m(\theta, \phi). \tag{4.54c}$$

Lösung: Drücken wir zunächst die Komponenten des Drehimpulsoperators in Kugelkoordinaten aus. Nach einer elementaren aber länglichen Rechnung folgt:

$$\begin{aligned}
\mathbf{L}_z &= \frac{1}{\mathrm{i}} \partial_\phi, \\
\mathbf{L}^2 &= -\left(\frac{1}{\sin\theta} \partial_\theta \sin\theta \partial_\theta + \frac{1}{\sin^2\theta} \partial_\phi^2 \right), \\
\mathbf{L}_\pm &= \mathrm{e}^{\pm \mathrm{i}\phi} (\pm\partial_\theta + \mathrm{i} \cot\theta \partial_\phi).
\end{aligned}$$

Diese Darstellung wenden wir auf die Kugelflächenfunktionen an:

(a)

$$\mathbf{L}_z Y_l^m(\theta,\phi) = \sqrt{\frac{2l+1}{4\pi}\frac{(l-m)!}{(l+m)!}} P_l^m(\cos\theta)(-\mathrm{i})\partial_\phi \mathrm{e}^{\mathrm{i}m\phi} = mY_l^m(\theta,\phi).$$

(b) Dies ist nichts anderes als die allgemeine Legendre'sche Differentialgleichung (4.43), wenn wir beachten, dass gilt $x = \cos\theta$ und deswegen:

$$\frac{1}{\sin\theta}\partial_\theta \sin\theta\partial_\theta = (1-x^2)\partial_x^2 - 2x\partial_x,$$

woraus mit $P_l^m = P_l^m(\cos\theta)$ folgt

$$\begin{aligned}\vec{\mathbf{L}}^2 P_l^m \mathrm{e}^{\mathrm{i}m\phi} &= -\left((1-x^2)\partial_x^2 - 2x\partial_x + \frac{1}{1-x^2}\partial_\phi^2\right)P_l^m \mathrm{e}^{\mathrm{i}m\phi} \\ &= -\left((1-x^2)\partial_x^2 P_l^m - 2x\partial_x P_l^m - \frac{m^2}{1-x^2}P_l^m\right)\mathrm{e}^{\mathrm{i}m\phi} = l(l+1)P_l^m \mathrm{e}^{\mathrm{i}m\phi}.\end{aligned}$$

Eine anschließende Multiplikation mit dem gemeinsamen Faktor ergibt die zweite Aussage.

(c) Auch hier gehen wir wieder über zur Variable $x = \cos\theta$:

$$\begin{aligned}\mathbf{L}_\pm Y_l^m(\theta,\phi) &= \sqrt{\frac{2l+1}{4\pi}\frac{(l-m)!}{(l+m)!}}\mathrm{e}^{\pm\mathrm{i}\phi}(\pm\partial_\theta + \mathrm{i}\cot\theta\partial_\phi)P_l^m(\cos\theta)\mathrm{e}^{\mathrm{i}m\phi} \\ &= \sqrt{\frac{2l+1}{4\pi}\frac{(l-m)!}{(l+m)!}}\left(\mp\sqrt{1-x^2}\partial_x - mx/\sqrt{1-x^2}\right)P_l^m(x)\mathrm{e}^{\mathrm{i}(m\pm1)\phi}\end{aligned}$$

Verwenden wir (siehe Aufgaben) für die beiden Fälle '±':

$$\begin{aligned}\sqrt{1-x^2}\partial_x P_l^m(x) &= -P_l^{m+1}(x) - mx/\sqrt{1-x^2}P_l^m(x), \\ \sqrt{1-x^2}\partial_x P_l^m(x) &= (l(l+1) - m(m-1))P_l^{m-1}(x) + mx/\sqrt{1-x^2}P_l^m(x),\end{aligned}$$

dann folgt die Aussage. ◇

Aufgaben

1. Zeige, dass für den Dirichlet-Kern die Faltungseigenschaft gilt:

$$D_N(t) = (D_N \star D_N)(t) = \int_{-\pi}^{+\pi} \mathrm{d}t\, D_N(t-t')D_N(t').$$

2. Bestimme die Fourierpartialsummen $S_N^f(t)$ auf dem Intervall $[-\pi, +\pi]$ für:

$$\text{(i)}\quad f(t) := \mathrm{e}^{\pm t}, \quad \text{(ii)}\quad f(t) := \Theta(t),$$

in der $\Theta(t)$ die Stufenfunktion (6.6) ist. Stelle diese zusammen mit den Funktionen $f(t)$ grafisch dar.

3. Zeige

$$\text{(i)}\quad \frac{1}{\sin t} = \frac{1}{t} + 2t\sum_{n=1}^{\infty}\frac{(-)^n}{t^2-(n\pi)^2}, \quad \text{(ii)}\quad \cot t = \frac{1}{t} + 2t\sum_{n=1}^{\infty}\frac{1}{t^2-(n\pi)^2}.$$

4. Bestimme das folgende Integral ohne die Integration explizit durchzuführen:

$$\int_0^{\pi} dt\, \cos(2(x-t))F_N(t), \quad N = 1, 2, \ldots$$

5. Mithilfe des Ergebnisses zum Gibb'schen Phänomen ($h(t)$, $\alpha = 1$) untersuche man das Konvergenzverhalten der Partialsummen in der Gleichung:

$$S_N^f(t) = \sum_{n=1}^{N}\frac{n^4}{n^5+1}\sin(nt) =: S_N^g(t) + S_N^h(t).$$

6. Diskutiere die Abel-Summe von $1/2 + \cos(x) + \cos(2x) + \cos(3x) + \cdots$ und zeige

$$\frac{1-r^2}{2(1-2r\cos(x)+r^2)} = \frac{1}{2} + \sum_{n=1}^{\infty} r^n\cos(nx).$$

7. Betrachte die Bessel-Funktionen aus dem Aufgabenbereich zu Kapitel 3 und nutze die Reihendarstellung:

$$J_n(x) = \sum_{k=0}^{\infty}\frac{(-)^k}{k!(n+k)!}\left(\frac{x}{2}\right)^{2k+n},$$

und zeige die Rekursion

$$J_{n+1}(x) = \frac{2n}{x}J_n(x) - J_{n-1}(x), \quad n = 1, 2, 3\ldots$$

Wichtig sind die ersten beiden Bessel-Funktionen $J_0(x)$ und $J_1(x)$. Stelle diese grafisch dar und untersuche die Güte der Reihendarstellung.

8. Zeige die Darstellungen:

$$\cos(r\sin x) = J_0(r) + 2\sum_{n=1}^{\infty}J_{2n}(r)\cos(2nx),$$

$$\sin(r \sin x) = 2 \sum_{n=0}^{\infty} J_{2n+1}(r) \sin((2n+1)x).$$

9. Ein Radiosignal hat die folgende Form

$$f(t) = \cos\left(\omega_1 t + \frac{A}{\omega_2} \sin(\omega_2 t)\right).$$

Drücke $f(t)$ durch periodische Funktionen $\cos(\Omega(\omega_1, \omega_2)t)$ aus und gib die Frequenzen $\Omega(\omega_1, \omega_2)$ explizit an.

10. Zeige mithilfe der Eigenschaft der Fourier-Transformation, dass die Lösung der eindimensionalen Wellengleichung

$$\frac{\partial^2 \phi(x,t)}{\partial x^2} = \frac{1}{v^2} \frac{\partial^2 \phi(x,t)}{\partial t^2}, \quad v > 0, \quad \phi(x,0) = g(x), \quad \frac{\partial \phi(x,0)}{\partial t} = 0,$$

gegeben ist durch

$$\phi(x,t) = (g(x - vt) + g(x + vt))/2, \quad g \in C^{(2)}(\mathbb{I}).$$

11. In der Signalverarbeitung gibt es die Situation, dass eine sogenannte *Impulsantwort* $K(t)$ gegeben ist und am Ausgang die Funktion $f(t)$ gemessen wird. Am Eingang liegt die Funktion $y(t)$ an, und die Größen sind durch eine Faltung miteinander verbunden:

$$f(t) = \int_0^t \mathrm{d}t\, K(t - t')y(t'). \quad t > 0.$$

Bestimme allgemein mithilfe der Laplace-Transformation für $K(t) = \Theta(t)\sin(t)$, die Funktion $x(t)$ als Funktion von $f(t)$. Berechne explizit für die Ausgangsfunktionen

$$\text{(i)} \quad f(t) = \exp(-t), \quad \text{(ii)} \quad f(t) = \sin(2t),$$

die Eingangsfunktion $y(t)$ und stelle alle Größen grafisch dar.

12. Zeige,

$$\frac{1}{\sqrt{1 - 2ux + x^2}} = \sum_{n=0}^{\infty} \frac{P_n(x)}{u^{n+1}}, \quad |u| > 1, |t| \le 1.$$

13. Auf dem Intervall $[-1, 1]$ vergleiche man die Fourierreihe der Funktion $f(t) = \Theta(t)$ und die Entwicklung dieser Funktion nach Legendre-Polynome.

14. Zeige das asymptotische Verhalten der Hermite-Polynome für große n und vergleiche dies grafisch mit der exakten Funktion für verschieden n:

$$H_n(x) \overset{n\to\infty}{\rightsquigarrow} \frac{2^n}{\sqrt{\pi}} \Gamma((n+1)/2) \cos(x\sqrt{2n} - n\pi/2) e^{x^2/2}.$$

15. Zeige, dass die Laguerre-Polynome $L_n(x)$ Eigenfunktionen des *Sturm-Liouville-Operators* $\mathcal{L} := -e^x\partial_x(xe^{-x}\partial_x)$ sind und bestimme die Eigenwerte.
16. Zeige die Relationen für Tschebyscheff-Polynome:

$$T_m(x)T_n(x) = \frac{1}{2}(T_{m+n}(x) + T_{m-n}(x)), \quad m \geq n \geq 0,$$
$$T_{mn}(x) = T_m(T_n(x)).$$

17. Zeige die TURÁN-Ungleichung für $f_n = P_n, H_n$ und T_n in deren Definitionsbereichen:

$$f_n^2 - f_{n-1}f_{n+1} > 0.$$

18. Finde eine harmonische Funktion $f = f(\theta, \phi)$, die auf der Oberfläche der Einheitskugel gegeben ist durch:

$$\text{(i)} \quad f(\theta,\phi) = 3\cos^2\theta - 1, \quad \text{(ii)} \quad f(\theta,\phi) = (3\cos^2\phi - 1)\sin^2\theta.$$

19. Visualisiere die Kugelflächenfunktionen $Y_l^m(\theta, \phi)$ für $l = 0, 1, 2, 3$ in einer dreidimensionalen Grafik.
20. Drücke den Quadrupoltensor $Q_{ij} = 3x_ix_j - r^2\delta_{ij}$ durch $r^2Y_2^m(\theta, \phi)$ aus.

5 Tensorrechnung

In diesem Kapitel betrachten wir allgemeine Grundlagen der Tensorrechnung mit dem speziellen Schwerpunkt auf der Anwendungen in der Physik, so wie sie in der Mechanik und Elektrodynamik in den einführenden Vorlesungen benötigt werden. Das Ziel dieser elementaren Darstellung wird es sein zu verstehen, warum es im Allgemeinen notwendig ist zwischen sogenannten *kontra-* und *kovarianten* Größen zu unterscheiden und wie mit diesen Größen in der Praxis umzugehen ist. Das Tensorkalkül ist ein Teilgebiet der Differentialgeometrie. Eine sehr kompakte und mathematische Darstellung der Differentialgeometrie wird in dem mittlerweile etwas älteren deutschsprachigen Lehrbuch *Differentialgeometrie* von E. Peschl [43] gegeben. Eine modernere Darstellung und deutlich umfangreicher sowie mit vielen Anwendungen und Bezügen zur Physik stellt das Lehrbuch *Modern Geometry – Methods and Applications* von B. A. Dubrovin et al. [44] dar. In diesem Lehrbuch werden praktisch alle Aspekte der Differentialgeometrie und Tensorrechnung sowohl mathematisch als auch physikalisch umfassend behandelt. Das Werk an sich ist sehr umfangreich und reicht für mehrere Vorlesungen über Differentialgeometrie sowohl in der Mathematik als auch in der Physik. Eine mehr anwendungsorientierte und umfangreiche Darstellung des Stoffes samt Beispielen findet sich im Lehrbuch *Tensors, Differential Forms, and Variational Principles* von D. Lovelock, H. Rund [45].

Im Folgenden stehen wir vor der Aufgabe einen möglichst kompakten und elementaren Zugang zum Tensorkalkül aufzubauen, der aber trotzdem in sich weitestgehend abgeschlossen ist und alle Rechentechniken bereit stellt, um den Anforderungen in den Grundvorlesungen gewachsen zu sein.

Zur Motivation und als Anknüpfungspunkte an bekannten Dingen der linearen Algebra, werden wir zunächst einige Begriffe am anschaulichen Euklidischen Vektorraum motivieren, die wir in den darauffolgenden Kapiteln entsprechen verallgemeinern.

5.1 Euklidische Räume

Wir betrachten den Euklidischen Vektorraum E^d in d Dimensionen auf dem zwei Orthonormalbasen $\{\mathbf{e}_i\} \equiv \langle \mathbf{e}_1, \ldots, \mathbf{e}_d \rangle$ und $\{\tilde{\mathbf{e}}_i\} \equiv \langle \tilde{\mathbf{e}}_1, \ldots, \tilde{\mathbf{e}}_d \rangle$ bezüglich eines gemeinsamen Ursprungs $O \in \mathsf{E}^d$ gegeben seien.

Ein Punkt $P \in \mathsf{E}^d$ sei beschrieben durch den Vektor $\mathbf{x}$.[1] Die Darstellung des Vektors in den obigen Basen schreiben wir in der Form:

$$\mathbf{x} = \sum_{i=1}^{d} x^i \mathbf{e}_i \equiv x^i \mathbf{e}_i = \tilde{x}^i \tilde{\mathbf{e}}_i. \tag{5.1}$$

1 In diesem Kapitel schreiben wir zum besseren Verständnis Vektoren und Matrizen fett gedruckt im Gegensatz zu ihren Komponenten.

https://doi.org/10.1515/9783111059228-005

Im zweiten Schritt ist die **Summenkonvention** über doppelt auftretende Indizes benutzt worden, die in diesem Kapitel meist verwendet wird und im Rahmen der Diskussion über Tensoren üblich ist. Die Anordnung in obere und untere Indizes ist von Beginn an so gewählt, dass sie später konsistent mit der Einführung von *ko- und kontravarianten* Vektoren bzw. Tensoren ist. Die d-Tupel $(x^1, \ldots, x^d)$ und $(\tilde{x}^1, \ldots, \tilde{x}^d)$ nennen wir die **Koordinaten** in den Basen $\{\mathbf{e}_i\}$ bzw. $\{\tilde{\mathbf{e}}_i\}$. Ein Basiswechsel von $\{\mathbf{e}_i\}$ zu $\{\tilde{\mathbf{e}}_i\}$ wird durch eine orthogonale Matrix $\mathbf{A} \in \mathrm{O}_d(\mathbb{R})$ vermittelt, was wir in der Index-Schreibweise über doppelt auftretende Indizes wie folgt schreiben:

$$\mathbf{e}_i = A_i^{\ j}\tilde{\mathbf{e}}_j, \quad i = 1, \ldots, d. \tag{5.2}$$

Für die Transformationsmatrix $\mathbf{A}$ gilt:

$$\mathbf{A}\mathbf{A}^t = \mathbf{A}^t\mathbf{A} = \mathbf{1} \quad \Leftrightarrow \quad A_i^{\ k}A^j_{\ k} = A^k_{\ i}A_k^{\ j} = \delta^j_{\ i}.$$

Die transponierte Matrix in Indexschreibweise lautet $(A^t)_i^{\ k} = A^k_{\ i}$, man achte dabei auf die horizontale Position der Indizes. Für die Komponentendarstellung der Identität wurde das Kronecker-Symbol δ verwendet, welches definiert ist durch:

$$(\mathbf{1})_i^{\ j} \equiv \delta_i^{\ j} = \delta^j_{\ i} =: \delta^j_i.$$

Die zu Gl. (5.2) inverse Transformation erhält man durch Multiplikation mit $A^i_{\ k}$ und Summation über i:

$$A^i_{\ k}\mathbf{e}_i = A^i_{\ k}A_i^{\ j}\tilde{\mathbf{e}}_j = \delta^j_k\tilde{\mathbf{e}}_j = \tilde{\mathbf{e}}_k \quad \Rightarrow \quad \tilde{\mathbf{e}}_i = A^j_{\ i}\mathbf{e}_j.$$

Wenn wir analog zu Gl. (5.2) eine Transformation $\tilde{\mathbf{A}}$ durch $\tilde{\mathbf{e}}_i = \tilde{A}_i^{\ j}\mathbf{e}_j$ definieren, dann identifizieren wir:

$$A^j_{\ i} = \tilde{A}_i^{\ j} \quad \Longleftrightarrow \quad \tilde{A}_i^{\ k}A_k^{\ j} = A^j_{\ k}\tilde{A}^k_{\ i} = \delta^j_i \quad \Longleftrightarrow \quad \tilde{\mathbf{A}}\mathbf{A} = \mathbf{A}\tilde{\mathbf{A}} = \mathbf{1}.$$

Die Transformationsmatrizen $\mathbf{A}$ und $\tilde{\mathbf{A}}$ sind invers zueinander und erlauben es von einem zum anderen Orthonormalsystem zu wechseln. Setzen wir dies in Gl. (5.1) ein, so folgt:

$$\mathbf{x} = x^i\mathbf{e}_i = x^iA_i^{\ j}\tilde{\mathbf{e}}_j = \tilde{x}^j\tilde{\mathbf{e}}_j = \tilde{x}^jA^i_{\ j}\mathbf{e}_i.$$

Aus einem Koeffizientenvergleich in der Basisentwicklung folgt unmittelbar für die Koordinatentransformation zwischen $x^i \leftrightarrow \tilde{x}^i$:

$$x^i = A^i_{\ j}\tilde{x}^j \quad \text{und} \quad \tilde{x}^j = A_i^{\ j}x^i. \tag{5.3}$$

In Matrixschreibweise ohne Indizes lautet dies $\mathbf{x} = \mathbf{A}\tilde{\mathbf{x}}$ bzw. $\tilde{\mathbf{x}} = \mathbf{A}^t\mathbf{x}$. An dieser Stelle ist nochmals zu bemerken, dass alle bisherigen Betrachtungen und Gleichungen linear zueinander sind und sich zunächst auf die Koordinatenvektoren beziehen. Im Allgemeinen interessieren wir uns aber auch für die allgemeinen Koordinatentransformationen von beliebigen Vektoren und Matrizen.

5.1.1 Affine Vektoren und Tensoren

Lösen wir uns von den Koordinatenvektoren, die Punkte in E^d beschreiben und betrachten allgemeine d-Tupel, die sich gemäß der Koordinatentransformation $\mathbf{A}$ transformieren. Dies führt uns auf den Begriff des affinen Vektors.

Definition 5.1 (Affiner Vektor). Ein d-dimensionales Tupel $\mathbf{a} := (a^1, \dots, a^d)^t$ bildet einen **affinen Vektor**, wenn unter der orthogonalen Transformation $\mathbf{A}$ der Koordinaten $\tilde{x}^j = x^i A_i^{\ j}$ der affine Vektor $\tilde{\mathbf{a}}$ gegeben ist durch:

$$\tilde{a}^j = a^i A_i^{\ j}. \tag{5.4}$$

■

Man spricht stattdessen auch oft von kartesischen, orthogonalen Vektoren. Der so eingeführte Vektor $\mathbf{a}$ muss konzeptionell unterschieden werden von Elementen aus E^d. In dem bisher diskutierten Fall ist eine solche Unterscheidung eigentlich nicht nötig, dies wird sich jedoch bei der Betrachtung nicht linearer Transformationen ändern. Beide Objekte, die affinen Vektoren $\mathbf{a}$, also auch die Vektoren $\mathbf{x}$, die den Punkten $P \in \mathsf{E}^d$ zugeordnet sind, unterliegen denselben Transformationseigenschaften. Zunächst definieren wir den Begriff des affinen Tensors als Verallgemeinerung des affinen Vektors.

Definition 5.2 (Affiner Tensor). Sei $r \in \mathbb{N}^0$, dann bildet die Menge: $\{T^{i_1 \dots i_r}\}_{i_k=1,\dots,d}$ einen **affinen Tensor T vom Rang** r, wenn unter der orthogonalen Transformation $\mathbf{A}$ der Koordinaten $\tilde{x}^j = x^i A_i^{\ j}$, die transformierten Größen $\{\tilde{T}^{j_1 \dots j_r}\}_{j_k=1,\dots,d}$ gegeben sind durch:

$$\tilde{T}^{j_1 \dots j_r} = T^{i_1 \dots i_r} A_{i_1}^{\ j_1} \cdots A_{i_r}^{\ j_r}, \tag{5.5}$$

für alle $i_k, j_k = 1, \dots, d,\ \forall k = 1, \dots, r.$ ■

Tensoren vom Rang 0 sind Skalare, vom Rang 1 Vektoren und vom Rang 2 Matrizen. Skalare sind damit invariant unter den Koordinatentransformationen. Betrachten wir nun einige wichtige Eigenschaften von affinen Tensoren. Hierzu definieren wir den Null-Tensor, die Multiplikation und Kontraktion von Tensoren.

Definition 5.3 (Null-Tensor). Wir sagen ein Tensor $T^{i_1 \dots i_r}$ ist Null, wenn in einem gegeben Koordinatensystem gilt:

$$T^{i_1 \dots i_r} = 0, \quad \forall i_k = 1, \dots, d,\ k = 1, \dots, r.$$ ■

Aus den Transformationseigenschaften der Tensoren ist dann unmittelbar klar, dass dieser Tensor in jedem Koordinatensystem verschwindet, welches durch eine orthogonale Transformation zum ursprünglichen Koordinatensystem in Relation steht. Affine Tensoren vom Rang r bilden einen Vektorraum der Dimension d^r. Die Multiplikation eines Tensors $T^{i_1 \dots i_r}$ vom Rang r mit einem Tensor $U^{i_1 \dots i_s}$ vom Rang s ergibt einen Tensor vom Rang $r + s$, denn:

$$\tilde{T}^{j_1 \dots j_r} \tilde{U}^{k_1 \dots k_s} = T^{i_1 \dots i_r} U^{l_1 \dots l_s} A_{i_1}^{\ j_1} \cdots A_{i_r}^{\ j_r} A_{l_1}^{\ k_1} \cdots A_{l_s}^{\ k_s},$$

welches offenbar der Definition eines Tensors vom Rang $r + s$ entspricht. Auf dem Weg hin zu einer allgemeineren Definition des Transformationsverhaltens von Tensoren differenzieren wir die linearen Gleichungen (5.3) und erhalten:

$$A^i_{\ j} = \frac{\partial x^i}{\partial \tilde{x}^j}, \quad A_i^{\ j} = \frac{\partial \tilde{x}^j}{\partial x^i}.$$

Damit lassen sich die Transformationsgleichungen (5.4) auch schreiben als:

$$\tilde{a}^j = \frac{\partial \tilde{x}^j}{\partial x^i} a^i. \tag{5.6}$$

Dies ist äquivalent zur Definition 5.1 und eine Folge des linearen Charakters der bisher betrachteten Transformationen. Die allgemeine Transformation (5.5) und deren Umkehrung kann damit auch durch $\partial x^i / \partial \tilde{x}^j$ ausgedrückt werden:

$$\tilde{T}^{j_1 \dots j_r} = T^{i_1 \dots i_r} \frac{\partial \tilde{x}^{j_1}}{\partial x^{i_1}} \cdots \frac{\partial \tilde{x}^{j_r}}{\partial x^{i_r}},$$

$$T^{i_1 \dots i_r} = \tilde{T}^{j_1 \dots j_r} \frac{\partial x^{i_1}}{\partial \tilde{x}^{j_1}} \cdots \frac{\partial x^{i_r}}{\partial \tilde{x}^{j_r}}.$$

Diese Gleichungen werden uns im allgemeinen Fall von nicht linearen Koordinatentransformationen als Ausgangspunkt dienen, um den allgemeinen Begriff des Tensors zu definieren. Beispiele zu Tensoren verschiedenen Ranges und Operationen mit Tensoren werden wir auf den nächsten Abschnitt verschieben. Bei allgemeinen Koordinatentransformationen werden wir sehen, dass es zwei Typen von Tensoren gibt, anders als im Fall der bisher betrachteten Tensoren.

5.2 Allgemeine Koordinatentransformationen

Lösen wir die Restriktion der linearen Koordinatentransformation auf und betrachten den Euklidischen Vektorraum E^d mit den **Euklidischen** Koordinaten $\mathbf{x} = (x^1, \dots, x^d)^t$ eines Punktes P und beliebige Koordinaten $(y^1, \dots, y^d)$ und $(\tilde{y}^1, \dots, \tilde{y}^d)$. Im Allgemeinen handelt es sich um **nicht lineare Koordinatentransformation** zwischen diesen Koordinaten von der Form:

$$x^i = x^i(y^1, \dots, y^d), \quad i = 1, \dots, d, \tag{5.8a}$$

$$y^i = y^i(\tilde{y}^1, \dots, \tilde{y}^d), \quad i = 1, \dots, d. \tag{5.8b}$$

Kurzerhand bezeichnen wir die links stehenden Koordinaten als die **alten** und die rechts in den Klammern stehenden als die **neuen** Koordinaten. Die im Allgemeinen nicht linearen Funktionen der Koordinatentransformationen werden im Folgenden immer als zweimal stetig differenzierbar vorausgesetzt. Die Diskussion über die Gebiete, in denen diese zweimalige Differenzierbarkeit gefordert wird, wollen wir hier nicht führen. Es geht in erster Linie um den Aufbau des Tensorkalküls. In den Beispielen werden wir dann explizit die Bereiche der Gültigkeit der betrachteten Transformation bestimmen.

Definition 5.4 (nicht singuläre Transformation). Ein Punkt $P \in \mathsf{E}^d$ nennen wir **nicht singulären Punkt** der Koordinatentransformation (KT), wenn die **Jacobi-Matrix**

$$\mathbf{J} := \frac{\partial(y^1, \dots, y^d)}{\partial(\tilde{y}^1, \dots, \tilde{y}^d)} \equiv \begin{pmatrix} \frac{\partial y^1}{\partial \tilde{y}^1} & \cdots & \frac{\partial y^1}{\partial \tilde{y}^d} \\ \vdots & \ddots & \vdots \\ \frac{\partial y^d}{\partial \tilde{y}^1} & \cdots & \frac{\partial y^d}{\partial \tilde{y}^d} \end{pmatrix},$$

in P nicht singulär ist, also $\det \mathbf{J}|_P \neq 0$ gilt. Wir nennen die **Koordinatentransformation nicht singulär**, wenn es eine offene Umgebung von P gibt mit $\det \mathbf{J} \neq 0$. ∎

Die nicht singulären Koordinatentransformationen nennen wir auch **regulär**. In der Index-Notation gilt: $(\mathbf{J})^j{}_i \equiv J^j{}_i = \partial y^j / \partial \tilde{y}^i$. Da es sich um eine nicht singuläre Transformation handelt, existiert auch die Inverse $\mathbf{J}^{-1}$. Diese wird benötigt bei der Umkehrabbildung der Koordinatentransformationen im Satz über implizite Funktionen. Umkehrabbildungen werden im Folgenden wichtig sein, deswegen wiederholen wir den Satz aus der Analysis, formuliert in der hier eingeführten Notation.

Satz 5.1 (Umkehrabbildung). *Es sei eine reguläre Koordinatentransformation*

$$y^i = y^i(\tilde{y}^1, \dots, \tilde{y}^d), \quad i = 1, \dots, d,$$

gegeben, dann kann in einer Umgebung des Punktes P die Umkehrabbildung

$$\tilde{y}^i = \tilde{y}^i(y^1, \dots, y^d), \quad i = 1, \dots, d,$$

gebildet werden und es gilt:

$$\delta^i_j = \frac{\partial y^i}{\partial \tilde{y}^l} \frac{\partial \tilde{y}^l}{\partial y^j}.$$

Beweis. Der erste Teil folgt aus dem Satz über implizite Funktionen und der Beweis soll hier nicht durchgeführt werden. Hier schaue man in *Analysis II* [21] nach. Setzen wir die y^i wieder in $\tilde{y}^j(y^1, \dots, y^d)$ ein:

$$y^i = y^i(\tilde{y}^1(y^1, \dots, y^d), \dots, \tilde{y}^d(y^1, \dots, y^d)),$$

und differenzieren nach den Koordinaten y^j, so folgt mit Hilfe der Kettenregel:

$$\frac{\partial y^i}{\partial y^j} = \frac{\partial y^i}{\partial \tilde{y}^l} \frac{\partial \tilde{y}^l}{\partial y^j}.$$

Da die Koordinaten y^i linear unabhängig sind gilt $\delta^i_j = \partial y^i / \partial y^j$. □

In Matrix-Schreibweise lautet diese Gleichung $\mathbf{1} = \mathbf{J}\tilde{\mathbf{J}}$, also $\tilde{\mathbf{J}} = \mathbf{J}^{-1}$ und daraus folgt $(\mathbf{J})^j{}_i = \partial y^j / \partial \tilde{y}^i$ bzw. $(\tilde{\mathbf{J}})^i{}_j = \partial \tilde{y}^i / \partial y^j$. Im Folgenden werden wir annehmen, dass alle Koordinatentransformationen von dieser Natur sind und nennen sie dann regulär. Analog gilt auch der umgekehrte Fall:

$$\delta^i_j = \frac{\partial \tilde{y}^i}{\partial y^l} \frac{\partial y^l}{\partial \tilde{y}^j}.$$

Betrachten wir jetzt allgemeine Koordinatentransformationen von beliebigen Vektoren und im Speziellen zunächst die Koordinatentransformationen (5.8b) eines kontravarianten Vektors $(a^1, \dots, a^d)$ in alten Koordinaten auf neue Koordinaten $(\tilde{a}^1, \dots, \tilde{a}^d)$. Als Definition eines solchen Transformationsgesetzes wird die Verallgemeinerung der Gl. (5.6) gewählt, die sich aus einer linearen Transformationen ergab:

$$\tilde{a}^j = \frac{\partial \tilde{y}^j}{\partial y^i} a^i. \tag{5.9}$$

Zur Illustration einer nicht linearen Koordinatentransformation betrachten wir als Beispiel die Koordinatentransformation von kartesischen zu Zylinderkoordinaten. Wir erinnern nochmals daran, dass wir die kartesischen Koordinaten eines Punktes mit $(x^1, \dots, x^d)$ bezeichnen.

Beispiel 5.1 (Zylinderkoordinaten). Betrachten wir eine KT von kartesischen Koordinaten (x^1, x^2, x^3) auf **Zylinderkoordinaten** $(\tilde{y}^1, \tilde{y}^2, \tilde{y}^3) = (\rho, \varphi, z)$, die definiert ist durch

$$\tilde{y}^1 := \rho \in \mathbb{R}^+, \quad \tilde{y}^2 := \varphi \in [0, 2\pi[, \quad \tilde{y}^3 := z \in \mathbb{R},$$

mit

$$\begin{pmatrix} x^1 \\ x^2 \\ x^3 \end{pmatrix} := \begin{pmatrix} \tilde{y}^1 \cos \tilde{y}^2 \\ \tilde{y}^1 \sin \tilde{y}^2 \\ \tilde{y}^3 \end{pmatrix} = \begin{pmatrix} \rho \cos \varphi \\ \rho \sin \varphi \\ z \end{pmatrix}.$$

Die Jacobi-Matrix $J^j{}_i = \partial x^j / \partial \tilde{y}^i$ lautet:

$$\left(\frac{\partial x^j}{\partial \tilde{y}^i}\right) = \begin{pmatrix} \cos\tilde{y}^2 & -\tilde{y}^1 \sin\tilde{y}^2 & 0 \\ \sin\tilde{y}^2 & \tilde{y}^1 \cos\tilde{y}^2 & 0 \\ 0 & 0 & 1 \end{pmatrix} = \begin{pmatrix} \cos\varphi & -\rho\sin\varphi & 0 \\ \sin\varphi & \rho\cos\varphi & 0 \\ 0 & 0 & 1 \end{pmatrix},$$

und für die Determinante gilt: $\det \mathbf{J} = \tilde{y}^1 = \rho > 0$. Damit handelt es sich um eine nicht singuläre Koordinatentransformation und die inverse KT lautet:

$$\mathbf{J}^{-1} = \left(\frac{\partial \tilde{y}^i}{\partial x^j}\right) = \begin{pmatrix} \frac{x^1}{\sqrt{(x^1)^2+(x^2)^2}} & \frac{x^2}{\sqrt{(x^1)^2+(x^2)^2}} & 0 \\ -\frac{x^2}{(x^1)^2+(x^2)^2} & \frac{x^1}{(x^1)^2+(x^2)^2} & 0 \\ 0 & 0 & 1 \end{pmatrix} = \begin{pmatrix} \cos\varphi & \sin\varphi & 0 \\ -\frac{\sin\varphi}{\rho} & \frac{\cos\varphi}{\rho} & 0 \\ 0 & 0 & 1 \end{pmatrix}.$$

Betrachten wir zunächst die neuen Basisvektoren $\tilde{\mathbf{e}}_i$ und verwenden die übertragene Transformation der Gl. (5.2) mit $A_i^j = \partial \tilde{y}^j / \partial x^i$. Durch Umkehrung führt dies auf $\tilde{\mathbf{e}}_i = \partial x^j / \partial \tilde{y}^i \mathbf{e}_j$ und explizit auf die Basisvektoren in Zylinderkoordinaten:

$$\tilde{\mathbf{e}}_1 = \begin{pmatrix} \cos\varphi \\ \sin\varphi \\ 0 \end{pmatrix}, \quad \tilde{\mathbf{e}}_2 = \rho \begin{pmatrix} -\sin\varphi \\ \cos\varphi \\ 0 \end{pmatrix}, \quad \tilde{\mathbf{e}}_3 = \begin{pmatrix} 0 \\ 0 \\ 1 \end{pmatrix}, \quad \mathbf{J} = (\tilde{\mathbf{e}}_1, \tilde{\mathbf{e}}_3, \tilde{\mathbf{e}}_3).$$

Wie zu erkennen ist, sind die $\tilde{\mathbf{e}}_i$ nicht alle normiert, dies ist eine allgemeine Eigenschaft. Schauen wir uns die Transformationsgleichung (5.9) eines in einem kartesischen Koordinatensystems gegebenen Vektors $\mathbf{a}$ an, so erhalten wir die Komponenten des Vektors in Zylinderkoordinaten durch $\tilde{\mathbf{a}} = \mathbf{J}^{-1}\mathbf{a}$ und explizit:

$$\begin{aligned} \tilde{a}^1 &= a^1 \cos y^2 + a^2 \sin y^2 = a^1 \cos\varphi + a^2 \sin\varphi, \\ \tilde{a}^2 &= -a^1 \frac{\sin y^2}{y^1} + a^2 \frac{\cos y^2}{y^1} = -a^1 \frac{\sin\varphi}{\rho} + a^2 \frac{\cos\varphi}{\rho}, \\ \tilde{a}^3 &= a^3. \end{aligned}$$

Man prüft nach, dass analog zum Vektor $\mathbf{x}$ in Gl. (5.1) auch gilt: $\mathbf{a} = a^i \mathbf{e}_i = \tilde{a}^i \tilde{\mathbf{e}}_i = \tilde{\mathbf{a}}$. ◇

Schauen wir uns analog die ebenso wichtigen Kugelkoordinaten an.

Betrachte die KT von (x^1, x^2, x^3) auf **Kugelkoordinaten** $(\tilde{y}^1, \tilde{y}^2, \tilde{y}^3) = (r, \theta, \phi)$, die definiert ist durch

$$\tilde{y}^1 := r \in \mathbb{R}^+, \quad \tilde{y}^2 := \theta \in [0, \pi[, \quad \tilde{y}^3 := \phi \in [0, 2\pi[,$$

mit

$$\begin{pmatrix} x^1 \\ x^2 \\ x^3 \end{pmatrix} := \tilde{y}^1 \begin{pmatrix} \sin\tilde{y}^2 \cos\tilde{y}^3 \\ \sin\tilde{y}^2 \sin\tilde{y}^3 \\ \cos\tilde{y}^2 \end{pmatrix} = r \begin{pmatrix} \sin\theta\cos\phi \\ \sin\theta\sin\phi \\ \cos\theta \end{pmatrix}.$$

Führe die analogen Rechnungen zum Beispiel der Zylinderkoordinaten durch.
Lösung: Die Jacobi-Matrix $J^i{}_j = \partial x^i/\partial \tilde{y}^j$ lautet:

$$\mathsf{J} = \left(\frac{\partial x^i}{\partial \tilde{y}^j}\right) = \begin{pmatrix} \sin\tilde{y}^2\cos\tilde{y}^3 & \tilde{y}^1\cos\tilde{y}^2\cos\tilde{y}^3 & -\tilde{y}^1\sin\tilde{y}^2\sin\tilde{y}^3 \\ \sin\tilde{y}^2\sin\tilde{y}^3 & \tilde{y}^1\cos\tilde{y}^2\sin\tilde{y}^3 & \tilde{y}^1\sin\tilde{y}^2\cos\tilde{y}^3 \\ \cos\tilde{y}^2 & -\tilde{y}^1\sin\tilde{y}^2 & 0 \end{pmatrix}.$$

Die Determinante ist gegeben durch $\det\mathsf{J} = \tilde{y}^1\sin\tilde{y}^2 = r\sin\theta$. Damit handelt es sich um eine nicht singuläre Transformation, wenn $\theta > 0$.
Die inverse Koordinatentransformation lautet:

$$\mathsf{J}^{-1} = \begin{pmatrix} \sin\tilde{y}^2\cos\tilde{y}^3 & \sin\tilde{y}^2\sin\tilde{y}^3 & \cos\tilde{y}^2 \\ \frac{\cos\tilde{y}^2\cos\tilde{y}^3}{\tilde{y}^1} & \frac{\cos\tilde{y}^2\sin\tilde{y}^3}{\tilde{y}^1} & \frac{-\sin\tilde{y}^2}{\tilde{y}^1} \\ \frac{-\sin\tilde{y}^3}{\tilde{y}^1\sin\tilde{y}^2} & \frac{\cos\tilde{y}^3}{\tilde{y}^1\sin\tilde{y}^2} & 0 \end{pmatrix} = \begin{pmatrix} \sin\theta\cos\phi & \sin\theta\sin\phi & \cos\theta \\ \frac{\cos\theta\cos\phi}{r} & \frac{\cos\theta\sin\phi}{r} & \frac{-\sin\theta}{r} \\ \frac{-\sin\phi}{r\sin\theta} & \frac{\cos\phi}{r\sin\theta} & 0 \end{pmatrix}.$$

Die Basisvektoren $\tilde{\mathbf{e}}_i = \partial x^j/\partial \tilde{y}^i\,\mathbf{e}_j$ in Kugelkoordinaten lauten:

$$\tilde{\mathbf{e}}_1 = \begin{pmatrix} \sin\theta\cos\phi \\ \sin\theta\sin\phi \\ \cos\theta \end{pmatrix}, \quad \tilde{\mathbf{e}}_2 = r\begin{pmatrix} \cos\theta\cos\phi \\ \cos\theta\sin\phi \\ -\sin\theta \end{pmatrix}, \quad \tilde{\mathbf{e}}_3 = r\sin\theta\begin{pmatrix} -\sin\phi \\ \cos\phi \\ 0 \end{pmatrix}, \quad \mathsf{J} = (\tilde{\mathbf{e}}_1, \tilde{\mathbf{e}}_3, \tilde{\mathbf{e}}_3).$$

Die Transformation eines in einem kartesischen Koordinatensystemes gegebenen Vektors **a** sind in Kugelkoordinaten gegeben durch $\tilde{a}^i = \partial\tilde{y}^i/\partial x^j\, a^j$ und explizit:

$$\begin{aligned} \tilde{a}^1 &= a^1\sin\theta\cos\phi + a^2\sin\theta\sin\phi + a^3\cos\theta, \\ \tilde{a}^2 &= a^1\frac{\cos\theta\cos\phi}{r} + a^2\frac{\cos\theta\sin\phi}{r} - a^3\frac{\sin\theta}{r}, \\ \tilde{a}^3 &= -a^1\frac{\sin\phi}{r\sin\theta} + a^2\frac{\cos\phi}{r\sin\theta}. \end{aligned}$$

Auch hier prüft man nach, dass gilt: $\mathbf{a} = a^i\mathbf{e}_i = \tilde{a}^i\tilde{\mathbf{e}}_i = \tilde{\mathbf{a}}$. ◇

Beide Resultate sind bis hierhin wohlbekannt. Damit liefert die Definition (5.9) einen geeigneten Ausgangspunkt zur Definition eines Tensors vom Rang 1. Aufbauend auf diesem Ergebnis, definieren wir im nächsten Abschnitt den allgemeinen Begriff eines Tensors.

5.3 Kontravariante und kovariante Tensoren

Um die Notwendigkeit zu erkennen, eine weitere Struktur dem Tensorkalkül hinzufügen zu müssen, betrachten wir die bekannten Skalarprodukte im Euklidischen Raum. Skalarprodukte sind unter orthogonalen Koordinatentransformationen invariant. Diese Struktur der Invarianz wollen wir auch bei beliebigen Koordinatentransformationen aufrechterhalten, deswegen schauen wir uns das Transformationsverhalten des

Produktes zweier Tensoren a^i, b^j mit Summation über doppelt auftretender Indizes an, welches einem Skalarprodukt entsprechen sollte:

$$\tilde{a}^i\tilde{b}^i = a^{j_1}a^{j_2}\frac{\partial\tilde{y}^i}{\partial y^{j_1}}\frac{\partial\tilde{y}^i}{\partial y^{j_2}}.$$

Im Allgemeinen ist dies nicht invariant, wäre jedoch eine der beiden Faktoren statt $\partial\tilde{y}^i/\partial y^j$ die Inverse $\partial y^j/\partial\tilde{y}^i$, dann wäre die rechte Seite gleich $a^j a^j$ und damit forminvariant wie ein Skalarprodukt. Um dies zu erreichen, müsste ein neuer Typ von Vektor eingeführt werden, den wir durch unten stehende Indizes kennzeichnen, der ein Transformationsverhalten der Form $\tilde{a}_i = \partial y^j/\partial\tilde{y}_i \; a_j$ besitzt. Ein invariantes Skalarprodukt könnte dann so definiert werden $\langle \mathbf{a} \mid \mathbf{b}\rangle = a_i b^i$. Dies führt uns auf die folgende Definition, deren Konsequenzen wir im Anschluss diskutieren werden.

Definition 5.5 (Kontra- und kovariante Vektoren). Ein d-Tupel $(a^1, \ldots, a^d)$ bildet einen **kontravarianten Vektor** im Punkt $P \in \mathsf{E}^d$, wenn er sich unter der nicht singulären Koordinatentransformation $y^i = y^i(\tilde{y}^1, \ldots, \tilde{y}^d)$, wie folgt transformiert:

$$\tilde{a}^i = \left.\frac{\partial\tilde{y}^i}{\partial y^j}\right|_P a^j. \tag{5.10}$$

Die $\tilde{a}^i$ sind die Komponenten des kontravarianten Vektors in den neuen Koordinaten $\tilde{y}^i$. Ein d-Tupel $(a_1, \ldots, a_d)$ bildet einen **kovarianten Vektor** im Punkt P, wenn er sich unter der Koordinatentransformation $y^i = y^i(\tilde{y}^1, \ldots, \tilde{y}^d)$, wie folgt transformiert:

$$\tilde{a}_i = \left.\frac{\partial y^j}{\partial\tilde{y}^i}\right|_P a_j. \tag{5.11}$$

Die $\tilde{a}_i$ sind die Komponenten des kovarianten Vektors in den Koordinaten $\tilde{y}^i$. ■

An dieser Stelle sei bemerkt, dass diese Definition den zuvor betrachteten Fall eines affinen Tensors als Spezialfall enthält. Bei der Definition eines Vektors (Tensors) ist immer darauf zu achten, dass dieser in einem Punkt $P \in \mathsf{E}^d$ definiert ist. Das wiederum bedeutet, dass bei der Konstruktion neuer Vektoren durch Addition oder Multiplikation, diese immer am selben Punkt definiert sein müssen.

Die ko- und kontravarianten Vektoren im Punkt P bilden einen Vektorraum der Dimension d. Aus der Addition eines kovarianten und kontravarianten Vektors kann man keinen neuen ko- oder kontravarianten Vektor erzeugen, da er sich weder kovarianten noch kontravariant transformiert. Der Vollständigkeit halber geben wir noch die Umkehrung von (5.10) und (5.11) an:

$$a^i = \left.\frac{\partial y^i}{\partial\tilde{y}^j}\right|_P \tilde{a}^j, \quad a_i = \left.\frac{\partial\tilde{y}^j}{\partial y^i}\right|_P \tilde{a}_j. \tag{5.12}$$

Hierbei ist darauf zu achten, dass in (5.10) und (5.11) jeweils auf der rechten Seite alles durch die alten Koordinaten ausgedrückt wird bzw. in (5.12) auf der rechten Seite alles durch die neuen Koordinaten. Die Multiplikation von Tensoren vom Rang 1 am selben Punkt P erzeugt Tensoren höheren Ranges, genauso wie es für die affinen Tensoren beschrieben wurde. Als erstes konkretes Beispiel eines kovarianten Vektors betrachten wir den Gradienten $\nabla = (\partial/\partial x^1, \dots, \partial/\partial x^d)^t$ in kartesischen Koordinaten.

Beispiel 5.2 (Gradient in Zylinder- und Kugelkoordinaten). Die Komponenten $\partial_i := \partial/\partial x^i$ des Gradienten ∇ bilden einen kovarianten Vektor. Um dies zu zeigen, betrachten wir das Transformationsverhalten unter einer Koordinatentransformation $x^i = x^i(\tilde{y}^1, \dots, \tilde{y}^d)$, indem wir die Kettenregel verwenden:

$$\tilde{\partial}_i := \frac{\partial}{\partial \tilde{y}^i} = \frac{\partial x^j}{\partial \tilde{y}^i}\frac{\partial}{\partial x^j} = \frac{\partial x^j}{\partial \tilde{y}^i}\partial_j.$$

Dieses Transformationsverhalten bedeutet, dass $(\partial_1, \dots, \partial_d)$ ein kovarianter Vektor ist, weswegen der Index auch unten platziert wurde und somit $\tilde{\partial}_i$ die Komponenten des Gradienten in den neuen Koordinaten darstellt. Betrachten wir dazu Ergebnisse der Zylinder- und Kugelkoordinaten.

Zylinderkoordinaten

$$\begin{aligned}
\partial_1 &= \frac{\partial \tilde{y}^j}{\partial x^1}\tilde{\partial}_j = \cos\tilde{y}^2\tilde{\partial}_1 - \frac{\sin\tilde{y}^2}{\tilde{y}^1}\tilde{\partial}_2 &&\Longrightarrow \quad \frac{\partial}{\partial x^1} = \cos\varphi\frac{\partial}{\partial\rho} - \frac{\sin\varphi}{\rho}\frac{\partial}{\partial\varphi},\\
\partial_2 &= \frac{\partial \tilde{y}^j}{\partial x^2}\tilde{\partial}_j = \sin\tilde{y}^2\tilde{\partial}_1 + \frac{\cos\tilde{y}^2}{\tilde{y}^1}\tilde{\partial}_2 &&\Longrightarrow \quad \frac{\partial}{\partial x^2} = \sin\varphi\frac{\partial}{\partial\rho} + \frac{\cos\varphi}{\rho}\frac{\partial}{\partial\varphi},\\
\partial_3 &= \tilde{\partial}_3 &&\Longrightarrow \quad \frac{\partial}{\partial x^3} = \frac{\partial}{\partial z}.
\end{aligned}$$

Dies drückt man auch durch die **normierten** Einheitsvektoren $(\mathbf{e}_\rho, \mathbf{e}_\varphi, \mathbf{e}_z)$ aus:

$$\nabla = \mathbf{e}_\rho\frac{\partial}{\partial\rho} + \frac{1}{\rho}\mathbf{e}_\varphi\frac{\partial}{\partial\varphi} + \mathbf{e}_z\frac{\partial}{\partial z}.$$

Die normierten Einheitsvektoren sind dabei gegeben durch:

$$\mathbf{e}_\rho = \begin{pmatrix}\cos\varphi\\ \sin\varphi\\ 0\end{pmatrix}, \quad \mathbf{e}_\varphi = \begin{pmatrix}-\sin\varphi\\ \cos\varphi\\ 0\end{pmatrix}, \quad \mathbf{e}_z = \begin{pmatrix}0\\ 0\\ 1\end{pmatrix}.$$

Kugelkoordinaten:

$$\partial_1 = \frac{\partial}{\partial x^1} = \sin\theta\cos\phi\frac{\partial}{\partial r} + \frac{\cos\theta\cos\phi}{r}\frac{\partial}{\partial\theta} - \frac{\sin\phi}{r\sin\theta}\frac{\partial}{\partial\phi},$$

$$\partial_2 = \frac{\partial}{\partial x^2} = \sin\theta\sin\phi\frac{\partial}{\partial r} + \frac{\cos\theta\sin\phi}{r}\frac{\partial}{\partial\theta} + \frac{\cos\phi}{r\sin\theta}\frac{\partial}{\partial\phi},$$
$$\partial_3 = \frac{\partial}{\partial x^3} = \cos\theta\frac{\partial}{\partial r} - \frac{\sin\theta}{r}\frac{\partial}{\partial\theta},$$

und entsprechend durch die **normierten** Einheitsvektoren $(\mathbf{e}_r, \mathbf{e}_\theta, \mathbf{e}_\phi)$

$$\nabla = \mathbf{e}_r\frac{\partial}{\partial r} + \frac{1}{r}\mathbf{e}_\theta\frac{\partial}{\partial\theta} + \frac{1}{r\sin\theta}\mathbf{e}_\phi\frac{\partial}{\partial\phi}.$$

Die normierten Einheitsvektoren sind dabei gegeben durch:

$$\mathbf{e}_r = \begin{pmatrix}\sin\theta\cos\phi\\ \sin\theta\sin\phi\\ \cos\theta\end{pmatrix}, \quad \mathbf{e}_\theta = \begin{pmatrix}\cos\theta\cos\phi\\ \cos\theta\sin\phi\\ -\sin\theta\end{pmatrix}, \quad \mathbf{e}_\phi = \begin{pmatrix}-\sin\phi\\ \cos\phi\\ 0\end{pmatrix}. \qquad \diamond$$

Analog zu affinen Tensoren vom Rang r definieren wir nun allgemeine Tensoren und beachten die Notwendigkeit der Unterscheidung des Tensorcharakters.

Definition 5.6 (Allgemeine Tensoren). Für $r, s \in \mathbb{N}^0$, bildet die Menge $\{T^{i_1\ldots i_r}_{j_1\ldots j_s}\}$ einen **Tensor der Stufe** (r, s), wenn unter der Koordinatentransformation $y^i = y^i(\tilde{y}^1, \ldots, \tilde{y}^d)$, die transformierten Größen $\{\tilde{T}^{k_1\ldots k_r}_{l_1\ldots l_s}\}$ gegeben sind durch:

$$\tilde{T}^{k_1\ldots k_r}_{l_1\ldots l_s} = T^{i_1\ldots i_r}_{j_1\ldots j_s}\frac{\partial\tilde{y}^{k_1}}{\partial y^{i_1}}\cdots\frac{\partial\tilde{y}^{k_r}}{\partial y^{i_r}}\frac{\partial y^{j_1}}{\partial\tilde{y}^{l_1}}\cdots\frac{\partial y^{j_s}}{\partial\tilde{y}^{l_s}},$$

für alle $k_i, l_j = 1, \ldots, d$ und $i = 1, \ldots, r,\ j = 1, \ldots, s$. Der **Rang des Tensors** ist $r + s$. ∎

Demnach sind kontravariante Vektoren Tensoren der Stufe $(1, 0)$ und kovariante Vektoren der Stufe $(0, 1)$. Ein Skalar ϕ ist ein Tensor vom Rang $(0, 0)$, wobei das Transformationsverhalten des Skalarfeldes lautet

$$\tilde{\phi}(\tilde{y}^1, \ldots, \tilde{y}^d) = \phi(y^1, \ldots, y^d).$$

Ein schon bekanntes Beispiel eines Tensors der Stufe $(1, 1)$ bildet der Kronecker-Tensor δ, für den gilt:

$$\delta^{k_1}_{l_1} = \frac{\partial y^{j_1}}{\partial\tilde{y}^{l_1}}\frac{\partial\tilde{y}^{k_1}}{\partial y^{j_1}} = \frac{\partial y^{j_1}}{\partial\tilde{y}^{l_1}}\frac{\partial\tilde{y}^{k_1}}{\partial y^{i_1}}\delta^{i_1}_{j_1} = \tilde{\delta}^{k_1}_{l_1}.$$

Damit ist der Kronecker-Tensor obendrein invariant unter der Koordinatentransformation $y^i = y^i(\tilde{y}^1, \ldots, \tilde{y}^d)$.

Kommen wir zu einer Operation mit der wir neue Tensoren konstruieren können, die den Rang von gegebenen Tensoren reduziert. Eine solche Operation haben wir im *Skalarprodukt* schon kennengelernt. Dabei wurde mit dem *Produkt* zweier Tensoren der Stufe $(0,1)$ und $(1,0)$ ein Tensor der Stufe $(1,1)$ erzeugt und anschließende über Indizes summiert um ein Skalar zu erzeugen, einen Tensor der Stufe $(0,0)$. Diese Operation nennt sich **Kontraktion** bzw. **Verjüngung** und wird im Folgenden formal allgemein definiert.

Definition 5.7 (Kontraktion). Die **Kontraktion eines Tensors T** der Stufe (r,s) bzgl. des Indexpaars (i_α, j_β) ist definiert durch:

$$T^{i_1\ldots\hat{i}_\alpha\ldots,i_r}_{j_1\ldots\hat{j}_\beta\ldots,j_s} := T^{i_1\ldots i_\alpha\ldots i_r}_{j_1\ldots j_\beta\ldots,j_s}\,\delta^{j_\beta}_{i_\alpha}. \tag{5.13}$$

■

Die Kontraktion eines Tensors $T^{k_1\ldots k_r}_{l_1\ldots l_s}$ der Stufe (r,s) mit $r,s \geq 1$ reduziert den Rang des Tensors um insgesamt zwei Stufen auf $(r-1,s-1)$. Um das zu sehen, betrachten wir das Transformationsverhalten bei der Kontraktion eines Tensors $\tilde{T}^{k_1\ldots\hat{k}_\alpha\ldots k_r}_{l_1\ldots\hat{l}_\beta\ldots l_s}$, der durch Gl. (5.13) gegeben sei. Die rechte Seite formen wir entsprechend den Rechenregeln für Tensoren um:

$$\begin{aligned}
\tilde{T}^{k_1\ldots\hat{k}_\alpha\ldots k_r}_{l_1\ldots\hat{l}_\beta\ldots l_s} &= \tilde{T}^{k_1\ldots k_\alpha\ldots k_r}_{l_1\ldots l_\beta\ldots l_s}\,\delta^{l_\beta}_{k_\alpha} = T^{i_1\ldots i_r}_{j_1\ldots j_s}\frac{\partial\tilde{y}^{k_1}}{\partial y^{i_1}}\cdots\frac{\partial\tilde{y}^{n}}{\partial y^{i_\alpha}}\cdots\frac{\partial\tilde{y}^{k_r}}{\partial y^{i_r}}\frac{\partial y^{j_1}}{\partial\tilde{y}^{l_1}}\cdots\frac{\partial y^{j_\beta}}{\partial\tilde{y}^{n}}\cdots\frac{\partial y^{j_s}}{\partial\tilde{y}^{l_s}}\\
&= T^{i_1\ldots i_r}_{j_1\ldots j_s}\frac{\partial\tilde{y}^{k_1}}{\partial y^{i_1}}\cdots\frac{\partial\tilde{y}^{k_r}}{\partial y^{i_r}}\frac{\partial y^{j_1}}{\partial\tilde{y}^{l_1}}\cdots\frac{\partial y^{j_s}}{\partial\tilde{y}^{l_s}}\delta^{j_\beta}_{i_\alpha}\\
&= T^{i_1\ldots\hat{i}_\alpha\ldots i_r}_{j_1\ldots\hat{j}_\beta\ldots j_s}\frac{\partial\tilde{y}^{k_1}}{\partial y^{i_1}}\cdots\frac{\partial\tilde{y}^{k_r}}{\partial y^{i_r}}\frac{\partial y^{j_1}}{\partial\tilde{y}^{l_1}}\cdots\frac{\partial y^{j_s}}{\partial\tilde{y}^{l_s}}.
\end{aligned}$$

In dieser Rechnung sind in der zweiten und dritten Zeile jeweils die Terme mit $\partial\tilde{y}^n/\partial y^{i_\alpha}$ und $\partial y^{j_\beta}/\partial\tilde{y}^n$ nicht vorhanden. Damit transformiert sich der Tensor $T^{i_1\ldots\hat{i}_\alpha\ldots i_r}_{j_1\ldots\hat{j}_\beta\ldots j_s}$ wie ein Tensor der Stufe $(r-1, s-1)$. Insgesamt reduziert sich dadurch der Rang des Tensors um zwei. Ein Beispiel haben wir schon erwähnt, es ist das Produkt eines kontra- und kovarianten Vektors, welches dann einen Tensor der Stufe $(1,1)$ ergibt und die anschließende Kontraktion dann einen Skalar:

$$T^{\hat{i}}_{\hat{j}} := a_j b^i \delta^j_i = a_i b^i.$$

Im nächsten Abschnitt werden wir einen wichtigen Tensor vom Rang 2 kennenlernen, den *metrischen Tensor*.

5.4 Der metrische Tensor

Kommen wir zum metrischen Tensor, ein Tensor, der im Rahmen der Differentialgeometrie auf Mannigfaltigkeit eine zentrale Rolle spielt, aber ebenso bei der Betrachtung von krummlinigen Koordinatensystemen. In der Physik wird er in der Speziellen und Allgemeinen Relativitätstheorie von besonderer Bedeutung sein. Wir werden uns hauptsächlich auf den Fall einer Euklidischen oder Riemann'schen Metrik beschränken. Es sei nochmals betont, dass wir in diesem Kapitel überwiegend die Summenkonvention doppelt auftretender Indizes verwenden.

Definition 5.8 (Metrischer Tensor). Sei E^d ein Euklidischer Vektorraum mit einem kartesischen Koordinatensystem $(x^1, \ldots, x^d)$. Für eine nicht singuläre Koordinatentransformation $x^i = x^i(y^1, \ldots, y^d)$ ist der **metrische Tensor** definiert als:

$$g_{ij} := \frac{\partial x^n}{\partial y^i}\frac{\partial x^n}{\partial y^j}.$$

Die Determinante $g := \det \mathbf{g}$ nennt man die **Gramm'sche Determinante**. ■

In Matrixschreibweise lautet dies $\mathbf{g} = \mathbf{J}^t\mathbf{J}$ mit $(\mathbf{J})^i{}_j = \partial x^i/\partial y^j$. Eine solche Metrik bezeichnet man auch als eine **Euklidische Metrik**. Der metrische Tensor g_{ij} ist definitionsgemäß ein symmetrischer Tensor $g_{ij} = g_{ji}$ und ein Tensor der Stufe $(0,2)$. Um dies zu sehen, betrachten wir die reguläre Koordinatentransformation von alten Koordinaten $y^i = y^i(\tilde{y}^1, \ldots, \tilde{y}^d)$ zu neuen Koordinaten $\tilde{y}^i$ und beginnen mit der Darstellung in den neuen Koordinaten:

$$\tilde{g}_{ij} = \frac{\partial x^n}{\partial \tilde{y}^i}\frac{\partial x^n}{\partial \tilde{y}^j} = \frac{\partial x^n}{\partial y^k}\frac{\partial y^k}{\partial \tilde{y}^i}\frac{\partial x^n}{\partial y^l}\frac{\partial y^l}{\partial \tilde{y}^j} = \frac{\partial y^k}{\partial \tilde{y}^i}\frac{\partial y^l}{\partial \tilde{y}^j}\frac{\partial x^n}{\partial y^k}\frac{\partial x^n}{\partial y^l} = g_{kl}\frac{\partial y^k}{\partial \tilde{y}^i}\frac{\partial y^l}{\partial \tilde{y}^j}.$$

Dies ist das Transformationsgesetz für einen Tensor der Stufe $(0,2)$. In Matrixschreibweise kann dies mit $(\mathbf{J})^i{}_j = \partial y^i/\partial \tilde{y}^j$ auch geschrieben werden als: $\tilde{\mathbf{g}} = \mathbf{J}^t\mathbf{g}\mathbf{J}$. Da wir nicht singuläre Transformationen betrachten, existiert auch die Inverse von $\mathbf{g}$, die gegeben ist durch:

$$g^{ij} = \frac{\partial y^i}{\partial x^m}\frac{\partial y^j}{\partial x^m}.$$

Um dies zu zeigen multiplizieren wir die beiden metrischen Tensoren der Stufe $(0,2)$ und $(2,0)$ und kontrahieren:

$$g_{il}g^{lj} = \frac{\partial x^n}{\partial y^i}\frac{\partial x^n}{\partial y^l}\frac{\partial y^l}{\partial x^m}\frac{\partial y^j}{\partial x^m} = \frac{\partial x^n}{\partial y^i}\delta^n_m\frac{\partial y^j}{\partial x^m} = \frac{\partial x^n}{\partial y^i}\frac{\partial y^j}{\partial x^n} = \delta^j_i.$$

Das Produkt der Tensoren ergibt einen Tensor der Stufe $(2,2)$, die anschließende Kontraktion ein Tensor, den Kronecker-Tensor δ, der Stufe $(1,1)$. Bevor wir mit weiteren Eigenschaften und Anwendungen des metrischen Tensors fortfahren, schauen wir explizite Beispiele an.

Beispiel 5.3 (Metrischer Tensor).

(i) Orthogonale Transformationen mit $x^i = A^i{}_j \tilde{x}^j$, $\mathbf{A} \in \mathrm{O}_d(\mathbb{R})$:

$$g_{ij} = \frac{\partial x^n}{\partial \tilde{x}^i}\frac{\partial x^n}{\partial \tilde{x}^j} = A^n{}_i A^n{}_j = \delta_{ij}.$$

(ii) Zylinderkoordinaten mit $(\tilde{y}^1, \tilde{y}^2, \tilde{y}^3) = (\rho, \varphi, z)$:

$$(\mathbf{g})_{ij} = \begin{pmatrix} 1 & 0 & 0 \\ 0 & \rho^2 & 0 \\ 0 & 0 & 1 \end{pmatrix}, \quad (\mathbf{g})^{ij} = \begin{pmatrix} 1 & 0 & 0 \\ 0 & 1/\rho^2 & 0 \\ 0 & 0 & 1 \end{pmatrix}.$$

(iii) Kugelkoordinaten mit $(\tilde{y}^1, \tilde{y}^2, \tilde{y}^3) = (r, \theta, \phi)$:

$$(\mathbf{g})_{ij} = \begin{pmatrix} 1 & 0 & 0 \\ 0 & r^2 & 0 \\ 0 & 0 & r^2 \sin^2\theta \end{pmatrix}, \quad (\mathbf{g})^{ij} = \begin{pmatrix} 1 & 0 & 0 \\ 0 & 1/r^2 & 0 \\ 0 & 0 & 1/r^2 \sin^2\theta \end{pmatrix}. \qquad \diamond$$

Mithilfe des metrischen Tensors hebt oder senkt man Indizes durch Multiplikation mit g^{ij} bzw. g_{ij} und anschließender Kontraktion. Dies führt auf eine spezielle Konstruktion neuer Vektoren.

Definition 5.9 (Kovektor). Der zu einem kontravarianten Vektor $(a^1, \ldots, a^d)$ gehörige **Kovektor** ist definiert durch die Komponenten:

$$a_i := g_{ij} a^j. \qquad \blacksquare$$

Diese Vektoren bilden den zum kontravarianten Vektorraum dualen Kovektorraum. Schauen wir uns das Transformationsverhalten eines beliebigen Kovektors $(a_1, \ldots, a_d)$ unter der regulären Koordinatentransformation $y^i = y^i(\tilde{y}^1, \ldots, \tilde{y}^d)$ an:

$$\tilde{a}_i = \tilde{g}_{ij}\tilde{a}^j = \frac{\partial y^k}{\partial \tilde{y}^i}\frac{\partial y^l}{\partial \tilde{y}^j} g_{kl} \frac{\partial \tilde{y}^j}{\partial y^n} a^n = \frac{\partial y^k}{\partial \tilde{y}^i} g_{kn} a^n = \frac{\partial y^k}{\partial \tilde{y}^i} a_k.$$

Damit handelt es sich bei $(a_1, \ldots, a_d)$ um einen kovarianten Vektor. Ein kontravarianter Vektor a^i wird durch Kontraktion mit g_{ij} zu einem kovarianten Vektor, dabei senkt man den Index. Analog hebt man den Index über die Kontraktion eines kovarianten Vektors a_i mit g^{ij}. Die nochmalige inverse Anwendung ergibt wieder den ursprünglichen Vektor:

$$g^{li} a_i = g^{li} g_{ij} a^j = \delta^l_j a^j = a^l.$$

Mithilfe des Kovektorraums lässt sich dann ein Skalarprodukt zwischen kontra- und kovarianten Vektoren definieren.

Definition 5.10 (Skalarprodukt). Bei gegebener Metrik g_{ij} in E^d ist das **Skalarprodukt** zweier kontravarianter Vektoren $(a^1, \dots, a^d)$ und $(b^1, \dots, b^d)^t$ im Punkt $P \in \mathsf{E}^d$ definiert durch:

$$\mathsf{E}^d \times \mathsf{E}^d \ni (\mathbf{a}, \mathbf{b}) \mapsto \langle \mathbf{a} \mid \mathbf{b} \rangle := g_{ij} a^i b^j \in \mathbb{R}.$$ ■

Wir werden in diesem Kapitel Skalarprodukte schreiben als

$$\mathbf{a} \cdot \mathbf{b} \equiv \langle \mathbf{a} \mid \mathbf{b} \rangle \equiv a_j b^j = g_{ij} a^i b^j.$$

Die Skalarprodukteigenschaften sind klar, wenn man beachtet, dass der metrische Tensor g_{ij} symmetrisch und positiv definit ist. Schauen wir uns die Unabhängigkeit vom Koordinatensystem an und betrachten das Skalarprodukt im Koordinatensystem $(\tilde{y}^1, \dots, \tilde{y}^d)$ unter der regulären KT $y^i = y^i(\tilde{y}^1, \dots, \tilde{y}^d)$:

$$\tilde{\mathbf{a}} \cdot \tilde{\mathbf{b}} = \tilde{g}_{ij} \tilde{a}^i \tilde{b}^j = \frac{\partial y^k}{\partial \tilde{y}^i} \frac{\partial y^l}{\partial \tilde{y}^j} g_{kl} \frac{\partial \tilde{y}^i}{\partial y^m} \frac{\partial \tilde{y}^j}{\partial y^n} a^m b^n = g_{kl} \delta^k_m \delta^l_n a^m b^n = g_{kl} a^k b^l = \mathbf{a} \cdot \mathbf{b}.$$

Aus dem Skalarprodukt definiert sich kanonisch die Norm, also die Länge von Vektoren. Geometrisch ist klar, was wir unter der Länge eines Vektors im Euklidischen Raum E^d verstehen.

Definition 5.11 (Länge eines Vektors). Die **Länge** eines Vektors $\mathbf{a} = (a^1, \dots, a^d)^t$ ist definiert als:

$$|\mathbf{a}| := \sqrt{\mathbf{a} \cdot \mathbf{a}} = \sqrt{g_{ij} a^i a^j}.$$ ■

Aus der Invarianz des Skalarproduktes folgt dann die **Invarianz der Länge** von Vektoren. Man rechnet schnell nach, dass eine äquivalente Definition über kovariante Vektoren möglich ist: $g_{ij} a^i a^j = g_{ij} g^{ki} g^{lj} a_k a_l = g^{kl} a_k a_l$. Ebenso lässt sich auch ein Winkel zwischen den Vektoren **a** und **b** im Punkt P definieren durch:

$$\cos \angle(\mathbf{a}, \mathbf{b}) := \frac{\mathbf{a} \cdot \mathbf{b}}{|\mathbf{a}||\mathbf{b}|}.$$

Man kann auch ganz allgemein eine Metrik in einem Euklidischen Raum über das Transformationsverhalten einer Schar von Funktionen g_{ij} mit bestimmten Eigenschaften definieren.

Definition 5.12 (Riemannsche Metrik). Eine **Riemann'sche Metrik** in den allgemeinen Koordinaten $\mathbf{y} = (y^1, \dots, y^d)$ ist eine Familie von stetigen Funktionen $g_{ij}(\mathbf{y}) = g_{ji}(\mathbf{y})$ mit den Eigenschaften: (i) $\mathbf{g}$ ist positiv definit. (ii) Bei einer regulären Koordinatentransformation auf neue Koordinaten $(\tilde{y}^1, \dots, \tilde{y}^d)$ ist die neue Metrik gegeben durch

$$\tilde{g}_{kl} = \frac{\partial y^i}{\partial \tilde{y}^k}\frac{\partial y^j}{\partial \tilde{y}^l} g_{ij}, \tag{5.14}$$

bzw. in Matrixschreibweise $\tilde{\mathbf{g}} = \mathbf{J}^t\mathbf{g}\mathbf{J}$. ■

Der Euklidische Raum $\mathbb{R}^d$ besitzt auf kanonische Weise eine Riemann'sche Metrik. Betrachten wir wichtige Eigenschaften des metrischen Tensors und schauen uns zunächst die Determinante an. Mithilfe des Laplace'schen Entwicklungssatz für Determinanten folgt

$$\det \mathbf{g} = g_{ij}A^{ji}, \quad A^{ji} = \frac{\partial \det \mathbf{g}}{\partial g_{ij}},$$

dabei ist A^{ji} die Adjunkte. Daraus folgt, die Inverse von g_{ij} ist gegeben durch:

$$g^{ij} = \frac{1}{\det \mathbf{g}}\frac{\partial \det \mathbf{g}}{\partial g_{ij}}.$$

Zeige, für den metrischen Tensor gilt:

$$\frac{\partial g_{ik}}{\partial y^j} + \frac{\partial g_{jk}}{\partial y^i} - \frac{\partial g_{ij}}{\partial y^k} = 2\frac{\partial^2 x^n}{\partial y^i \partial y^j}\frac{\partial x^n}{\partial y^k}. \tag{5.15}$$

Lösung: Wir setzen explizit die Darstellung von g_{ij} ein und differenzieren diesen:

$$\begin{aligned}\frac{\partial g_{ik}}{\partial y^j} + \frac{\partial g_{jk}}{\partial y^i} - \frac{\partial g_{ij}}{\partial y^k} &= \frac{\partial^2 x^n}{\partial y^j \partial y^i}\frac{\partial x^n}{\partial y^k} + \frac{\partial x^n}{\partial y^i}\frac{\partial^2 x^n}{\partial y^j \partial y^k} \\ &\quad + \frac{\partial^2 x^n}{\partial y^i \partial y^j}\frac{\partial x^n}{\partial y^k} + \frac{\partial x^n}{\partial y^j}\frac{\partial^2 x^n}{\partial y^i \partial y^k} \\ &\quad - \frac{\partial^2 x^n}{\partial y^k \partial y^i}\frac{\partial x^n}{\partial y^j} - \frac{\partial x^n}{\partial y^i}\frac{\partial^2 x^n}{\partial y^k \partial y^j} \\ &= 2\frac{\partial^2 x^n}{\partial y^i \partial y^j}\frac{\partial x^n}{\partial y^k}.\end{aligned}$$

◇

Bei der Beschreibung von physikalischen Objekten sind deren Wege im Euklidischen Raum wichtig. Die Länge des Weges oder von Teilwegen darf dabei nicht von dem gewählten Koordinatensystem abhängen. Mithilfe des metrischen Tensors definieren wir eine invariante Länge.

Definition 5.13 (Länge eines Weges). Für einen gegebenen Weg $\gamma : \mathbb{I} \to \mathrm{E}^d$, ist die **Weglänge** in den allgemeinen Koordinaten $(y^1, \dots, y^d)$ definiert durch:

$$L[\gamma] := \int_\gamma \mathrm{d}t \, \sqrt{g_{ij}(\mathbf{y}(t))\,\dot{y}^i(t)\,\dot{y}^j(t)}.$$

■

Die Länge hängt nicht vom gewählten Koordinatensystem ab. Um dies zu sehen schauen wir uns das Transformationsverhalten des Argumentes der Wurzel unter einer regulären Koordinatentransformation $y^i = y^i(\tilde{y}^1, \ldots, \tilde{y}^d)$ an:

$$\tilde{g}_{kl}\dot{\tilde{y}}^k\dot{\tilde{y}}^l = \frac{\partial y^i}{\partial \tilde{y}^k}\frac{\partial y^j}{\partial \tilde{y}^l} g_{ij} \frac{\partial \tilde{y}^k}{\partial y^m}\dot{y}^m \frac{\partial \tilde{y}^l}{\partial y^n}\dot{y}^n = \delta^i_m \delta^j_n g_{ij}\dot{y}^m\dot{y}^n = g_{ij}\dot{y}^i\dot{y}^j.$$

Damit ist die Länge $L[\gamma]$ auch invariant. Schauen wir uns die zuvor betrachteten Beispiele aus 5.3 an.

Beispiel 5.4 (Weglänge).
(i) Orthogonale Transformationen:

$$L[\gamma] = \int_\gamma \mathrm{d}t \sqrt{\delta_{ij}\dot{y}^i(t)\dot{y}^j(t)} = \int_\gamma \mathrm{d}t\, |\dot{\mathbf{y}}(t)|.$$

(ii) Zylinderkoordinaten:

$$L[\gamma] = \int_\gamma \mathrm{d}t \sqrt{\dot{\rho}^2(t) + \rho^2(t)\dot{\varphi}^2(t) + \dot{z}^2(t)}.$$

(iii) Kugelkoordinaten:

$$L[\gamma] = \int_\gamma \mathrm{d}t \sqrt{\dot{r}^2(t) + r^2(t)\dot{\theta}^2(t) + r^2(t)\sin^2\theta(t)\dot{\phi}^2(t)}.$$ ◇

Eine Metrik schreibt man in der Physik deswegen auch oft als Quadrat des Längendifferentials, definiert durch

$$\mathrm{d}l^2 = g_{ij}\mathrm{d}y^i\mathrm{d}y^j.$$

In der Relativitätstheorie haben wir es mit Räumen mit nicht Euklidischer Geometrie zu tun. Dies äußert sich in einem metrischen Tensor, der nicht positiv definit ist. Ein spezieller Raum ist der Minkowski-Raum $\mathbb{R}^4_{1,3}$. Die Punkte des Raumes sind repräsentiert durch Raum-Zeit-Tupel $\mathbf{x} = (x^0, x^1, x^2, x^3) \in \mathbb{R}^4_{1,3}$ mit $x^0 = ct$, wobei t die Zeit darstellt und c die Lichtgeschwindigkeit. In der Physik ist es üblich die zeitartigen Koordinaten mit dem Null-Index zu versehen. Die Indizes an sich werden mit griechischen Buchstaben bezeichnet. Sind nur die raumartigen Anteile gemeint, verwendet man dann oft die lateinischen Buchstaben.

Definition 5.14 (Minkowski-Metrik). Eine Metrik $g_{ij}(\mathbf{y})$ nennen wir eine **Minkowski-Metrik**, wenn es Koordinaten $\mathbf{x}$ und $\mathbf{y}$ gibt und eine reguläre Transformation $x^\nu = x^\nu(y^0, y^1, y^2, y^3)$, $\nu = 0, 1, 2, 3$ mit

$$g_{\mu\nu} = \frac{\partial x^0}{\partial y^\mu}\frac{\partial x^0}{\partial y^\nu} - \frac{\partial x^1}{\partial y^\mu}\frac{\partial x^1}{\partial y^\nu} - \frac{\partial x^2}{\partial y^\mu}\frac{\partial x^2}{\partial y^\nu} - \frac{\partial x^3}{\partial y^\mu}\frac{\partial x^3}{\partial y^\nu}.$$ ■

Diese Art der Metrik nennt man auch **Pseudo-Riemann-Metrik**. Schauen wir uns an wie der metrische Tensor bezüglich solch einem Koordinatensystem aussieht und betrachten dazu das Transformationsverhalten (5.14) mit $\tilde{y}^\mu = x^\mu$, dann folgt:

$$\tilde{g}_{\alpha\beta} = \frac{\partial y^\mu}{\partial x^\alpha}\frac{\partial y^\nu}{\partial x^\beta} g_{\mu\nu} = \frac{\partial y^\mu}{\partial x^\alpha}\frac{\partial y^\nu}{\partial x^\beta}\left(\frac{\partial x^0}{\partial y^\mu}\frac{\partial x^0}{\partial y^\nu} - \frac{\partial x^i}{\partial y^\mu}\frac{\partial x^i}{\partial y^\nu}\right) = \delta^0_\alpha\delta^0_\beta - \delta^i_\alpha\delta^i_\beta.$$

Explizit in Matrixschreibweise lautet dies:

$$(\tilde{\mathbf{g}})_{\alpha\beta} = \begin{pmatrix} 1 & 0 & 0 & 0 \\ 0 & -1 & 0 & 0 \\ 0 & 0 & -1 & 0 \\ 0 & 0 & 0 & -1 \end{pmatrix}. \tag{5.16}$$

Dies ist der wohlbekannte *metrische Tensor* der speziellen Relativitätstheorie. In dieser Form sind die neuen Koordinaten die x^α und damit ist die Darstellung (5.16) die Standarddarstellung von **g**.

5.4.1 Krummlinige Koordinaten im E^d

In diesem Abschnitt betrachten wir allgemeine krummlinige Koordinaten in einem d-dimensionalen Euklidischen Raum E^d. Insbesondere interessiert uns, wie sich Vektoren und Tensoren unter der Transformation von kartesischen Koordinaten $(x^1, \ldots, x^d)$ zu krummlinigen Koordinaten $(y^1, \ldots, y^d)$ verhalten. Es ist zu beachten, dass alle Objekte an einem festen, aber beliebigen Punkt $P \in \mathsf{E}^d$ betrachtet werden. Wir nehmen an, dass die Transformation

$$y \equiv (y^1, \ldots, y^d) \mapsto \mathbf{r} = \begin{pmatrix} x^1(y^1, \ldots, y^d) \\ \vdots \\ x^d(y^1, \ldots, y^d) \end{pmatrix},$$

regulär ist, das heißt die Jacobi-Determinante

$$\det J^{-1} = \left|\frac{\partial(y^1, \ldots, y^d)}{\partial(x^1, \ldots, x^d)}\right|_P,$$

ist nicht null oder unendlich. Die kartesische kanonische Orthonormalbasis sei mit $\{\mathbf{e}_i\}_{i=1,\ldots,d}$ bezeichnet. In diesem Abschnitt verwenden wir **nicht** die Summenkonvention. Den Grund hierfür erkennen wir schon in der nächsten Definition, bei der auf der einen Seite ein einzelner Index und auf der anderen Seite ein doppelter Index auftritt, bei dem nicht summiert wird.

Definition 5.15 (Krummlinige Basis). Basisvektoren im Punkt $P \in \mathrm{E}^d$ sind definiert durch:

$$\mathbf{e}_{y_i} := \frac{1}{h_i}\mathbf{f}_{y_i}, \quad \mathbf{f}_{y_i} := \frac{\partial \mathbf{r}}{\partial y^i}, \quad h_i := |\mathbf{f}_{y_i}|, \quad i = 1, \ldots, d.$$

Die unnormierten Vektoren $\mathbf{f}_{y_i}$ nennen wir auch die **natürliche Basis** und die Faktoren $h_i = h_i(y)$ nennen wir **Skalenfaktoren** oder **Maßstabsfaktoren**. ■

Im Allgemeinen sind die Basisvektoren $\mathbf{e}_{y_i}$ nicht orthogonal (Siehe unten duale Basis).

Definitionsgemäß sind die Basisvektoren kovariante **Tangentialvektoren** im Punkt P. Beliebige Vektoren $\mathbf{a}$ lassen sich in dieser Basis darstellen in der Form

$$\mathbf{a} = \sum_{i=1}^{d} a^{y_i}\mathbf{e}_{y_i}. \tag{5.17}$$

Die Größen $a = (a^{y_1}, \ldots, a^{y_d})$ bezeichnen wir als die Koordinate des Punktes P in der Basis $\{\mathbf{e}_{y_i}\}$; es handelt sich um kontravariante Größen. Die krummlinigen Basisvektoren lassen sich wiederum durch die kanonische Basis ausdrücken:

$$\mathbf{f}_{y_i} = \frac{\partial \mathbf{r}}{\partial y^i} = \sum_{l=1}^{d} \frac{\partial x^l}{\partial y^i}\frac{\partial \mathbf{r}}{\partial x^l} = \sum_{l=1}^{d} \frac{\partial x^l}{\partial y^i}\mathbf{e}_l.$$

Der Vektor $\mathbf{a}$ kann auch durch die Basis $\mathbf{e}_l$ dargestellt werden:

$$\mathbf{a} = \sum_{i=1}^{d} a^{y_i}\mathbf{e}_{y_i} = \sum_{i=1}^{d}\sum_{l=1}^{d} \frac{a^{y_i}}{h_i}\frac{\partial x^l}{\partial y^i}\mathbf{e}_l = \sum_{l=1}^{d} a^l\mathbf{e}_l.$$

Daraus folgt das Transformationsverhalten der Koordinaten:

$$a^l = \sum_{i=1}^{d} \frac{a^{y_i}}{h_i}\frac{\partial x^l}{\partial y^i} \quad \Leftrightarrow \quad \frac{a^{y_i}}{h_i} = \sum_{l=1}^{d} a^l \frac{\partial y^i}{\partial x^l}.$$

Betrachten wir den metrischen Tensor (5.14), dann folgt:

$$g_{ij} = \sum_{n=1}^{d} \frac{\partial x^n}{\partial y^i}\frac{\partial x^n}{\partial y^j} = \mathbf{f}_{y_i} \cdot \mathbf{f}_{y_j} = h_i h_j \mathbf{e}_{y_i} \cdot \mathbf{e}_{y_j} = g_{ji}.$$

Betrachten wir die Diagonalelemente, dann folgt

$$h_i = \sqrt{g_{ii}}.$$

Definition 5.16 (Duale Basis). Für eine gegebene Basis $\{\mathbf{e}_{y_i}\}_{i=1,\dots,d}$ bezeichnen wir die Vektoren $\{\mathbf{e}^{*y_i}\}_{i=1,\dots,d}$ als duale Basis, falls gilt

$$\mathbf{e}^{*y_i} \cdot \mathbf{e}_{y_j} = \mathbf{f}^{*y_i} \cdot \mathbf{f}_{y_j} = \delta^i_j. \qquad ■$$

Gilt $\{\mathbf{e}^{*y_i} = \mathbf{e}_{y_i}\}_{i=1,\dots,d}$, dann bezeichnen wir sie als **orthonormale krummlinige Koordinaten** und es gilt $\mathbf{e}_{y_i} \cdot \mathbf{e}_{y_j} = \delta_{ij}$.

Die Vektoren $\mathbf{e}^{*y_i}$ sind kontravariante Vektoren und die Entwicklung eines Vektors $\mathbf{a}$ ist gegeben durch:

$$\mathbf{a} = \sum_{i=1}^{d} a^*_{y_i} \mathbf{e}^{*y_i},$$

dabei sind die Komponenten $a^*_{y_i}$ kovariant. Für die natürliche duale Basis gilt:

$$\mathbf{f}^{*y_i} = \frac{1}{h_i} \mathbf{e}^{*y_i}.$$

Für einen gegeben Vektor $\mathbf{a}$ in Koordinaten

$$\tilde{a} = (\tilde{a}^{y_1}, \dots, \tilde{a}^{y_d}) := (a^{y_1}/h_1, \dots, a^{y_d}/h_d), \tag{5.18}$$

in der Basis $\{\mathbf{f}_{y_i}\}$, ergeben sich die Koordinaten $\tilde{a}^* = (\tilde{a}^*_{y_1}, \dots, \tilde{a}^*_{y_d})$ in der Basis $\{\mathbf{f}^{*y_i}\}$ aus der Projektion von $\mathbf{a}$ auf die Basis $\{\mathbf{f}_{y_j}\}$:

$$\mathbf{a} \cdot \mathbf{f}_{y_j} = \sum_{i=1}^{d} \tilde{a}^*_{y_i} \mathbf{f}^{*y_i} \cdot \mathbf{f}_{y_j} = \tilde{a}^*_{y_j}.$$

Im Folgenden verwenden wir für die natürlichen Koordinaten die Schreibweise $\tilde{a}$ und für Koordinaten in der Orthonormalbasis die Schreibweise a, wobei der Bezug (5.18) gilt. Betrachten wir die Entwicklung von $\mathbf{a}$ sowohl in der Basis $\{\mathbf{f}_{y_i}\}$ und $\{\mathbf{f}^{*y_i}\}$ und multiplizieren mit $\mathbf{f}_{y_i}$, dann folgt:

$$\tilde{a}^*_{y_j} = \sum_{i=1}^{d} \tilde{a}^{y_i} \mathbf{f}_{y_i} \cdot \mathbf{f}_{y_j} = \sum_{i=1}^{d} \tilde{a}^{y_i} \sum_{l=1}^{d} \frac{\partial x^l}{\partial y_i} \frac{\partial x^l}{\partial y_j} = \sum_{i=1}^{d} \tilde{a}^{y_i} g_{ij}.$$

und insgesamt

$$\tilde{a}^*_{y_j} = \sum_{i=1}^{d} \tilde{a}^{y_i} g_{ij} \quad \Leftrightarrow \quad \tilde{a}^{y_j} = \sum_{i=1}^{d} \tilde{a}^*_{y_i} g^{ij}.$$

Der Wechsel zwischen ko- und kontravarianten Koordinaten folgt mittels **Hebung** oder **Senkung** der Indizes mithilfe des metrischen Tensors.

Beispiel 5.5. Betrachte die lineare Lorentz-Transformation $\mathbf{x} = \mathbf{\Lambda y}$ in zwei Dimensionen mit einer Matrix

$$\mathbf{\Lambda} = \begin{pmatrix} \cosh\theta & \sinh\theta \\ \sinh\theta & \cosh\theta \end{pmatrix}, \qquad \theta \in \mathbb{R}.$$

Die natürliche Basis ist gegeben durch

$$\mathbf{f}_0 = \frac{\partial \mathbf{x}}{\partial y^0} = \begin{pmatrix} \cosh\theta \\ \sinh\theta \end{pmatrix}, \quad \mathbf{f}_1 = \frac{\partial \mathbf{x}}{\partial y^1} = \begin{pmatrix} \sinh\theta \\ \cosh\theta \end{pmatrix}.$$

Die Basis ist im Allgemeinen nicht orthogonal $\mathbf{f}_0 \cdot \mathbf{f}_1 = 2\sinh\theta\cosh\theta \neq 0, \ \theta \neq 0$. Die duale Basis ergibt sich aus der inversen Transformation $\mathbf{y} = \mathbf{\Lambda}^{-1}\mathbf{x}$ mit

$$\mathbf{\Lambda}^{-1} = \begin{pmatrix} \cosh\theta & -\sinh\theta \\ -\sinh\theta & \cosh\theta \end{pmatrix},$$

und

$$\mathbf{f}^{*0} = \frac{\partial \mathbf{y}}{\partial x^0} = \begin{pmatrix} \cosh\theta \\ -\sinh\theta \end{pmatrix}, \quad \mathbf{f}^{*1} = \frac{\partial \mathbf{x}}{\partial y^1} = \begin{pmatrix} -\sinh\theta \\ \cosh\theta \end{pmatrix}.$$

Daraus folgt $\mathbf{f}^{*\mu} \cdot \mathbf{f}_\nu = \delta^\mu_\nu$. Das invariante Skalarprodukt der speziellen Relativitätstheorie erhält man durch die Pseudo-Riemann-Metrik und der Definition $\mathbf{a} \cdot \mathbf{b} := \mathbf{a}^t \tilde{\mathbf{g}} \mathbf{b} = a^0 b^0 - a^1 b^1$.

5.4.2 Ableitungen krummliniger Basisvektoren

Anders als in kartesische Koordinaten $\mathbf{e}_i$ sind die Basisvektoren $\mathbf{e}_{y_i}(y)$ und $\mathbf{f}_{y_i}(y)$ im Allgemeinen in krummlinigen Koordinaten selbst von den krummlinigen Koordinaten y abhängig. Das bedeutet, dass deren Ableitungen nicht konstant sind. Betrachten wir hierzu den Vektor $\mathbf{a}$ aus Gl. (5.17) und differenzieren diesen:

$$\frac{\partial \mathbf{a}}{\partial y^i} = \sum_{j=1}^{d} \frac{\partial (a^{y_j} \mathbf{e}_{y_j})}{\partial y^i} = \sum_{j=1}^{d} \left(\frac{\partial a^{y_i}}{\partial y^i} \mathbf{e}_{y_j} + a^{y_i} \frac{\partial \mathbf{e}_{y_j}}{\partial y^i} \right).$$

Der zweite Term enthält Ableitungen der Basisvektoren, die sich wieder durch die Basisvektoren ausdrücken lassen. Diese Entwicklung führt man jedoch in der natürlichen Basis aus und führt darüber neue Größen ein, die Christoffel-Symbole.

Definition 5.17 (Christoffel-Symbol). Die Entwicklungskoeffizienten $\Gamma^k{}_{ij}$ der natürlichen Basis sind definiert durch:

$$\frac{\partial \mathbf{f}_{y_j}}{\partial y^i} = \sum_{k=1}^{d} \Gamma^k{}_{ij} \mathbf{f}_{y_k},$$

und nennt man **Christoffel-Symbol 2.Art**. Die Größe $\Gamma_{ijk} = g_{il}\Gamma^l{}_{jk}$ nennt man **Christoffel-Symbol 1. Art**. ■

Das Christoffel-Symbol kann explizit durch die Ableitungen $\partial x^l/\partial y^j$ ausgedrückt werden. Zunächst beachten wir, dass gilt

$$\delta^i_j = \mathbf{f}^{*y_i} \cdot \mathbf{f}_{y_j} = \sum_{l=1}^{d} \mathbf{f}^{*y_i}|_l \frac{\partial x^l}{\partial y^j} \quad \Rightarrow \quad \mathbf{f}^{*y_i}|_l = \frac{\partial y^i}{\partial x^l},$$

dann folgt aus der Definition nach Bildung des Skalarproduktes mit $\mathbf{f}^{*y_l}$:

$$\Gamma^l{}_{ij} = \mathbf{f}^{*y_l} \cdot \frac{\partial \mathbf{f}_{y_j}}{\partial y^i} = \sum_{k=1}^{d} \mathbf{f}^{*y_l}|_k \frac{\partial \mathbf{f}_{y_j}|^k}{\partial y^i} = \sum_{k=1}^{d} \frac{\partial y^l}{\partial x^k} \frac{\partial^2 x^k}{\partial y^i \partial y^j} = \Gamma^l{}_{ji}. \tag{5.19}$$

Das Christoffel-Symbol ist symmetrisch bzgl. des zweiten und dritten Indexes. Es sei an dieser Stelle ausdrücklich darauf hingewiesen, dass die Christoffel-Symbole keine Tensoren darstellen. Es gilt etwa für den Wechsel von Koordinatensystemen $y \to \tilde{y}$ das Transformationsverhalten für $\Gamma^k{}_{ij}$:

$$\tilde{\Gamma}^k_{ij} = \sum_{l,m,n} \Gamma^l{}_{mn} \frac{\partial \tilde{y}^k}{\partial y^l} \frac{\partial y^m}{\partial \tilde{y}^i} \frac{\partial y^n}{\partial \tilde{y}^j} + \sum_{l} \frac{\partial \tilde{y}^k}{\partial y^l} \frac{\partial^2 y^l}{\partial \tilde{y}^i \partial \tilde{y}^j}.$$

Der erste Term entspricht dem Transformationsverhalten eines Tensors der Stufe $(1, 2)$, es kommt jedoch ein Zusatzterm hinzu. Der Beweis der Relation ist als Aufgabe am Ende des Kapitels verschoben.

Mithilfe des Christoffel-Symbol lassen sich die Ableitungen von beliebigen Vektoren in krummlinigen Koordinaten darstellen, dazu verwenden wir die natürlichen Koordinaten $\tilde{a} = (\tilde{a}^{y_1}, \ldots, \tilde{a}^{y_d})$ der Basis $\{\mathbf{f}_{y_i}\}$:

$$\begin{aligned}
\frac{\partial \mathbf{a}}{\partial y^i} &= \sum_{j=1}^{d} \left(\frac{\partial \tilde{a}^{y_j}}{\partial y^i} \mathbf{f}_{y_j} + \tilde{a}^{y_j} \frac{\partial \mathbf{f}_{y_j}}{\partial y^i} \right) \\
&= \sum_{j=1}^{d} \left(\frac{\partial \tilde{a}^{y_j}}{\partial y^i} \mathbf{f}_{y_j} + \tilde{a}^{y_j} \sum_{k=1}^{d} \Gamma^k{}_{ij} \mathbf{f}_{y_k} \right) \\
&= \sum_{j=1}^{d} \left(\frac{\partial \tilde{a}^{y_j}}{\partial y^i} + \sum_{k=1}^{d} \Gamma^j{}_{ik} \tilde{a}^{y_k} \right) \mathbf{f}_{y_j}.
\end{aligned}$$

Hierauf basierend, definieren wir eine kovariante Ableitung.

Definition 5.18 (Kovariante Ableitung). Die **kovariante Ableitung** eines kontravarianten Vektors a^i und eines kovarianten Vektors a_j, ist definiert durch

$$\nabla_{y_i} a^j := \frac{\partial a^j}{\partial y^i} + \sum_{k=1}^{d} \Gamma^j_{\ ik} a^k,$$

$$\nabla_{y_i} a_j := \frac{\partial a_j}{\partial y^i} - \sum_{k=1}^{d} \Gamma^k_{\ ij} a_k.$$ ■

Die kovariante Ableitung stellt somit eine Verallgemeinerung des *Gradienten* dar, die aber invariant ist unter Koordinatentransformation. Kovariante Ableitungen von Tensoren höherer Stufe werden entsprechend definiert.

Unter Verwendung der Summenkonvention, zeige man die folgenden Zusammenhänge zwischen metrischen Tensor und Christoffel-Symbol:

(i) $\Gamma^k_{\ ij} = \frac{1}{2} g^{kl} \left(\frac{\partial g_{li}}{\partial y^j} + \frac{\partial g_{lj}}{\partial y^i} - \frac{\partial g_{ij}}{\partial y^l} \right),$

(ii) $\frac{\partial g_{ij}}{\partial y^k} = \Gamma_{ikj} + \Gamma_{jki},$

(iii) $\Gamma^i_{\ ji} = \frac{1}{\sqrt{\det \mathbf{g}}} \frac{\partial \sqrt{\det \mathbf{g}}}{\partial y^j}.$

Lösung: Wir verwenden hier durchweg die Summenkonvention.

(i) Gleichung (5.15) multiplizieren wir mit $\partial y^k / \partial x^l$:

$$\frac{\partial^2 x^n}{\partial y^i \partial y^j} \frac{\partial x^n}{\partial y^k} \frac{\partial y^k}{\partial x^l} = \frac{\partial^2 x^n}{\partial y^i \partial y^j} \delta^n_l = \frac{\partial^2 x^l}{\partial y^i \partial y^j} = \frac{1}{2} \frac{\partial y^k}{\partial x^l} \left(\frac{\partial g_{ik}}{\partial y^j} + \frac{\partial g_{jk}}{\partial y^i} - \frac{\partial g_{ij}}{\partial y^k} \right).$$

Nun setzen wir (5.19) für das Christoffel-Symbol ein und benutzen obige Gleichung:

$$\Gamma^k_{\ ij} = \frac{\partial y^k}{\partial x^l} \frac{\partial^2 x^l}{\partial y^i \partial y^j} = \frac{1}{2} \frac{\partial y^k}{\partial x^l} \frac{\partial y^n}{\partial x^l} \left(\frac{\partial g_{in}}{\partial y^j} + \frac{\partial g_{jn}}{\partial y^i} - \frac{\partial g_{ij}}{\partial y^n} \right) = \frac{1}{2} g^{kn} \left(\frac{\partial g_{ni}}{\partial y^j} + \frac{\partial g_{nj}}{\partial y^i} - \frac{\partial g_{ij}}{\partial y^n} \right).$$

(ii) Die Rechnung geht ähnlich, wir differenzieren g_{ij}:

$$\begin{aligned}
\frac{\partial g_{ij}}{\partial y^k} &= \frac{\partial^2 x^n}{\partial y^k \partial y^i} \frac{\partial x^n}{\partial y^j} + \frac{\partial x^n}{\partial y^i} \frac{\partial^2 x^n}{\partial y^k \partial y^j} \\
&= \frac{\partial^2 x^l}{\partial y^k \partial y^i} \delta^n_l \frac{\partial x^n}{\partial y^j} + \frac{\partial x^n}{\partial y^i} \delta^n_l \frac{\partial^2 x^l}{\partial y^k \partial y^j} \\
&= \frac{\partial^2 x^l}{\partial y^k \partial y^i} \frac{\partial y^m}{\partial x^l} \frac{\partial x^n}{\partial y^m} \frac{\partial x^n}{\partial y^j} + \frac{\partial x^n}{\partial y^i} \frac{\partial x^n}{\partial y^m} \frac{\partial y^m}{\partial x^l} \frac{\partial^2 x^l}{\partial y^k \partial y^j} \\
&= \Gamma^m_{\ ki} g_{mj} + \Gamma^m_{\ kj} g_{mi} = \Gamma_{jki} + \Gamma_{ikj}.
\end{aligned}$$

(iii) Wir benutzen (i) und kontrahieren:

$$\Gamma^i_{\ ij} = \frac{1}{2} g^{in}\left(\frac{\partial g_{ni}}{\partial y^j} + \frac{\partial g_{nj}}{\partial y^i} - \frac{\partial g_{ij}}{\partial y^n}\right) = \frac{1}{2} g^{in}\frac{\partial g_{ni}}{\partial y^j} = \frac{1}{2}\frac{1}{\det \mathbf{g}}\frac{\partial \det \mathbf{g}}{\partial g_{in}}\frac{\partial g_{in}}{\partial y^j} = \frac{1}{2}\frac{1}{\det \mathbf{g}}\frac{\partial \det \mathbf{g}}{\partial y^j}.$$

Mit der Jacobi-Formel folgt:

$$\Gamma^i_{\ ij} = \frac{1}{2}\frac{1}{\det \mathbf{g}}\frac{\partial \det \mathbf{g}}{\partial y^j} = \frac{1}{2}\frac{\partial \ln \det \mathbf{g}}{\partial y^j} = \frac{\partial \ln \sqrt{\det \mathbf{g}}}{\partial y^j} = \frac{1}{\sqrt{\det \mathbf{g}}}\frac{\partial \sqrt{\det \mathbf{g}}}{\partial y^j}.$$ ◇

Mithilfe der kovarianten Ableitung lässt sich eine Richtungsableitung definieren.

Definition 5.19 (Richtungsableitung). Für einen gegebenen Vektor $\mathbf{a} \in \mathrm{E}^d$ ist die **Richtungsableitung** in Richtung $\mathbf{v} \in \mathrm{E}^d$ mit Koordinaten $\tilde{v} = (\tilde{v}^{y_1}, \ldots, \tilde{v}^{y_d})$, definiert durch:

$$\nabla_{\mathbf{v}}\mathbf{a} = \sum_{i,j=1}^{d}\left(\tilde{v}^{y_i}\frac{\partial \tilde{a}^{y_j}}{\partial y^i} + \sum_{k=1}^{d}\tilde{v}^{y_i}\tilde{a}^{y_k}\Gamma^j_{\ ik}\right)\mathbf{f}_{y_j}.$$ ■

Beispiel 5.6. Die kovariante Ableitung eines Vektors $\mathbf{a}$ in Richtung eines Basis-Vektors $\mathbf{v} = \mathbf{e}_{y_l}$ in krummlinigen Koordinaten ist gegeben durch:

$$\nabla_{\mathbf{e}_{y_l}}\mathbf{a} = \sum_{j=1}^{d}\frac{\partial \tilde{a}^{y_j}}{\partial y^l}\mathbf{f}_{y_j} + \sum_{j,k=1}^{d}\tilde{a}^{y_k}\Gamma^j_{\ kl}\mathbf{f}_{y_j}.$$

Außer der *gewöhnlichen* Ableitung in Richtung der neuen Koordinaten kommt ein Zusatzterm hinzu, der der Änderung der Koordinaten Rechnung trägt. ◇

Eine Übersicht von über 40 verschiedenen krummlinigen Koordinatensystemen mit Anwendungen in der Physik und Mathematik findet sich im Handbuch *Field Theory Handbook – Including Coordinate Systems, Differential Equations and their Solutions* [46].

5.5 Tensoren in der Physik

Betrachten wir eine Reihe von wichtigen Tensoren, die in der Physik vorkommen. Im Folgenden sei immer angenommen, dass eine nicht singuläre Koordinatentransformation $y^i = y^i(\tilde{y}^1 \ldots \tilde{y}^d)$ zugrunde liegt, mit den zuvor beschriebenen Stetigkeitseigenschaften.

5.5.1 Verallgemeinerter Kronecker-Tensor und der ϵ-Tensor

Aus dem einfachen Kronecker-Tensor δ^i_j der Stufe $(1, 1)$ konstruieren wir über die Determinante einen verallgemeinerten Kronecker-Tensor.

Definition 5.20 (verallgemeinerter Kronecker-Tensor). Sei δ_i^j der Kronecker-Tensor und $\mathbb{N} \ni r > 1$, dann ist der **verallgemeinerten Kronecker-Tensor** definiert durch:

$$\delta_{j_1 \dots j_r}^{i_1 \dots i_r} := \begin{vmatrix} \delta_{j_1}^{i_1} & \dots & \delta_{j_r}^{i_1} \\ \vdots & \ddots & \vdots \\ \delta_{j_1}^{i_r} & \dots & \delta_{j_r}^{i_r} \end{vmatrix}.$$ ■

Es handelt sich um eine Summe von r Produkten von Tensoren der Stufe $(1,1)$, die alle im selben Punkt definiert sind. Damit ist der so konstruierte Tensor ein Tensor der Stufe (r,r) vom Rang $2r$.

Aufgrund der Determinanten-Eigenschaften bezüglich der Vertauschung von Zeilen und Spalten, ergeben sich die Relationen:

$$\begin{aligned} \delta_{j_1 \dots \dots \dots j_r}^{i_1 \dots i_k \dots i_l \dots i_r} &= -\delta_{j_1 \dots \dots \dots j_r}^{i_1 \dots i_l \dots i_k \dots i_r}, \\ \delta_{j_1 \dots j_k \dots j_l \dots j_r}^{i_1 \dots \dots \dots i_r} &= -\delta_{j_1 \dots j_l \dots j_k \dots j_r}^{i_1 \dots \dots \dots i_r}. \end{aligned}$$

Der verallgemeinerte Kronecker-Tensor ist damit ein total schiefsymmetrischer Tensor, aus dem durch Spezialisierung der Indizes der ϵ-Tensor definiert wird.

Definition 5.21 (ϵ-Tensor). Der **ϵ-Tensor** der Stufe $(r,0)$ bzw. $(0,s)$ ist definiert durch:

$$\epsilon^{i_1 \dots i_r} := \delta_{1 \dots r}^{i_1 \dots i_r}, \quad \epsilon_{j_1 \dots j_s} := \delta_{j_1 \dots j_s}^{1 \dots s}.$$ ■

Für den ϵ-Tensor gilt:

$$\epsilon^{1 \dots r} = \epsilon_{1 \dots r} = \delta_{1 \dots r}^{1 \dots r} = 1.$$

Beachten wir, dass jede ungerade Permutation der Indizes eine -1 ergibt und jede gerade Permutation eine $+1$, so folgt:

$$\epsilon_{i_1 \dots i_r} \epsilon^{j_1 \dots j_r} = \delta_{i_1 \dots i_r}^{j_1 \dots j_r}.$$

Damit lässt sich die Determinante einer Matrix $\mathbf{A} \in \mathrm{M}(r \times r, \mathbb{K})$ schreiben als:

$$\det \mathbf{A} = \epsilon^{i_1, \dots, i_r} A^1_{\ i_1} \cdots A^r_{\ i_r}.$$

Diese Eigenschaften benutzen wir, um den Tensorcharakter des ϵ-Tensors zu bestimmen. Hierzu betrachten wir das Transformationverhalten bzgl. der regulären Transformation $y^i = y^i(\tilde{y}^1, \dots, \tilde{y}^d)$:

$$\tilde{\epsilon}^{i_1 \dots i_r} = \tilde{\delta}_{1 \dots r}^{i_1 \dots i_r} = \delta_{l_1 \dots l_r}^{k_1 \dots kr} \frac{\partial \tilde{y}^{i_1}}{\partial y^{k_1}} \cdots \frac{\partial \tilde{y}^{i_r}}{\partial y^{k_r}} \frac{\partial y^{l_1}}{\partial \tilde{y}^1} \cdots \frac{\partial y^{l_r}}{\partial \tilde{y}^r}$$

$$
\begin{aligned}
&= \epsilon^{k_1\dots k_r} \frac{\partial \tilde{y}^{i_1}}{\partial y^{k_1}} \cdots \frac{\partial \tilde{y}^{i_r}}{\partial y^{k_r}} \epsilon_{l_1\dots l_r} \frac{\partial y^{l_1}}{\partial \tilde{y}^1} \cdots \frac{\partial y^{l_r}}{\partial \tilde{y}^r} \\
&= \epsilon^{k_1\dots k_r} \frac{\partial \tilde{y}^{i_1}}{\partial y^{k_1}} \cdots \frac{\partial \tilde{y}^{i_r}}{\partial y^{k_r}} \det \frac{\partial(\tilde{y}^1,\dots,\tilde{y}^r)}{\partial(y^1,\dots,y^r)} \\
&= J\epsilon^{k_1\dots k_r} \frac{\partial \tilde{y}^{i_1}}{\partial y^{k_1}} \cdots \frac{\partial \tilde{y}^{i_r}}{\partial y^{k_r}},
\end{aligned}
$$

wobei $J = \det \mathbf{J}$ die Jacobi-Determinante ist. Damit transformiert sich $\tilde{\epsilon}$, bis auf den numerischen Faktor J, wie ein Tensors der Stufe $(r, 0)$. Solche Tensoren, die bis auf einen skalaren Faktor, ein Transformationsverhalten eines Tensors besitzen, bezeichnet man als **relative Tensoren**. Analog gilt dies für $\epsilon_{j_1\dots j_r}$.

Beispiel 5.7. Wir betrachten den für die Physik wichtigen Fall von Kontraktionen in $d = 3$ Dimensionen des δ- und ϵ-Tensors. Durch einfache Fallunterscheidungen und Summation folgt:

$$
\begin{aligned}
\delta^i_i &= 3, \\
\epsilon^{ijk}\epsilon_{imn} &= \delta^j_m\delta^k_n - \delta^j_n\delta^k_m, \\
\epsilon^{ijk}\epsilon_{ijn} &= \delta^j_j\delta^k_n - \delta^j_n\delta^k_j = 2\delta^k_n, \\
\epsilon^{ijk}\epsilon_{ijk} &= 2\delta^k_k = 6.
\end{aligned}
$$

Mit dem ϵ-Tensor lassen sich effizient Vektor-Relationen vereinfachen, die Kreuzprodukte enthalten, wie die folgende Aufgabe zeigt.

Zeige mithilfe des ϵ-Tensors für von null verschiedenen Vektoren $\vec{a}, \vec{b}$ und $\vec{c}$ aus $\mathbb{R}^3$:

$$
\begin{aligned}
&\text{(i)} && \vec{a} \times \vec{b} = -\vec{b} \times \vec{a}, \\
&\text{(ii)} && \vec{a} \parallel \vec{b} \Rightarrow \vec{a} \times \vec{b} = 0, \\
&\text{(iii)} && \vec{a} \cdot (\vec{b} \times \vec{c}) = (\vec{a} \times \vec{b}) \cdot \vec{c}, \\
&\text{(iv)} && \vec{a} \times (\vec{b} \times \vec{c}) = (\vec{a} \cdot \vec{c})\,\vec{b} - (\vec{a} \cdot \vec{b})\,\vec{c}. \\
&\text{(v)} && (\vec{a} \times \vec{b}) \cdot (\vec{a} \times \vec{c}) = \vec{a}^2(\vec{b} \cdot \vec{c}) - (\vec{a} \cdot \vec{b})(\vec{a} \cdot \vec{c}).
\end{aligned}
$$

Lösung: Zunächst wird das Kreuzprodukt mit Hilfe des ϵ-Tensors dargestellt:

(i)

$$
(\vec{a} \times \vec{b})|_i = \epsilon_{ijk} a^j b^k = -\epsilon_{ikj} a^j b^k = -\epsilon_{ijk} b^j a^k = -(\vec{b} \times \vec{a})|_i \quad i = 1, 2, 3.
$$

Im zweiten Schritt wurde die Antisymmetrie des ϵ-Tensors genutzt, im dritten Schritt wurden die Summationsindizes vertauscht $i \leftrightarrow j$.

(ii)

$$
\vec{a} \parallel \vec{b} \quad \Rightarrow \quad \exists \alpha \in \mathbb{R}\, \vec{a} = \alpha\vec{b} \quad \Rightarrow \quad \vec{a} \times \vec{b}|_i = \alpha\epsilon_{ijk} a^j a^k = -\alpha\epsilon_{ijk} a^k a^j = 0.
$$

Es wurde die Antisymmetrie des ϵ-Tensors und die Symmetrie $a^k a^j = a^j a^k$ benutzt.

(iii)

$$\vec{a} \cdot (\vec{b} \times \vec{c}) = a^i \epsilon_{ijk} b^j c^k = \epsilon_{kij} a^i b^j c^k = (\vec{a} \times \vec{b}) \cdot \vec{c}.$$

Es wurde die zyklische Symmetrie $\epsilon^{ijk} = \epsilon^{kij}$ verwendet.

(iv)

$$\begin{aligned}\vec{a} \times (\vec{b} \times \vec{c})|^i &= \epsilon^{ijk} a_j \epsilon_{kmn} b^m c^n = \left(\delta^i_m \delta^j_n - \delta^i_n \delta^j_m\right) a_j b^m c^n = a_n b^i c^n - a_m b^m c^i \\ &= (\vec{a} \cdot \vec{c})\, b^i - (\vec{a} \cdot \vec{b})\, c^i.\end{aligned}$$

(v)

$$\begin{aligned}(\vec{a} \times \vec{b}) \cdot (\vec{a} \times \vec{b}) &= \epsilon^{ijk} a_j b_k \epsilon_{imn} a^m c^n = \left(\delta^j_m \delta^k_n - \delta^j_n \delta^k_m\right) a_j b_k a^m c^n \\ &= a_m b_n a^m c^n - a_n b_m a^m c^n = \vec{a}^2 (\vec{b} \cdot \vec{c}) - (\vec{a} \cdot \vec{b})(\vec{a} \cdot \vec{c}).\end{aligned}$$

Hier wurde an vielen Stellen die Vertauschbarkeit von Skalaren verwendet. Hat man es mit Operatoren zu tun, dann vertauschen diese im Allgemeinen nicht und die entsprechenden Formeln werden komplizierter. Dies werden wir im nächsten Abschnitt untersuchen. ◇

5.5.2 Duale Basis im **Euklidischen** Raum E^3

Lemma 5.1. *In drei Dimensionen ist die zu* $\{\mathbf{e}_{y_i}\}$ *gehörige duale Basis* $\{\mathbf{e}^{*y_i}\}$ *gegeben durch*

$$\sum_{k=1}^{3} \epsilon_{ijk} \mathbf{e}^{*y_k} = \frac{\mathbf{e}_{y_i} \times \mathbf{e}_{y_j}}{\det(\mathbf{e}_{y_1}, \mathbf{e}_{y_2}, \mathbf{e}_{y_3})}.$$

Beweis. Für $i = j$ verschwinden linke und rechte Seite. Nehmen wir an $i \neq j$, und bilden wir auf beiden Seiten das Skalarprodukt mit $\mathbf{e}_{y_l}$:

$$\sum_{k=1}^{3} \epsilon_{ijk} \mathbf{e}^{*y_k} \cdot \mathbf{e}_{y_l} = \sum_{k=1}^{3} \epsilon_{ijk} \delta^k_l = \epsilon_{ijl} = \frac{(\mathbf{e}_{y_i} \times \mathbf{e}_{y_j}) \cdot \mathbf{e}_{y_l}}{\det(\mathbf{e}_{y_1}, \mathbf{e}_{y_2}, \mathbf{e}_{y_3})}.$$

Eine Komponente eines Basisvektors ist gegeben durch $\mathbf{e}_{y_i}|^k = h_i^{-1} \partial x^k / \partial y^i$, damit folgt:

$$\mathbf{e}_{y_1} \cdot (\mathbf{e}_{y_2} \times \mathbf{e}_{y_3}) = \sum_{i,j,k=1}^{3} \epsilon_{ijk} \frac{1}{h_1} \frac{\partial x^i}{\partial y^1} \frac{1}{h_2} \frac{\partial x^j}{\partial y^2} \frac{1}{h_3} \frac{\partial x^k}{\partial y^3} = \det(\mathbf{e}_{y_1}, \mathbf{e}_{y_2}, \mathbf{e}_{y_3}).$$

Die Antisymmetrie des **Spatproduktes** $\mathbf{e}_{y_i} \cdot (\mathbf{e}_{y_j} \times \mathbf{e}_{y_k})$ wird durch den ϵ-Tensor sichergestellt. □

Ist das Spatprodukt $(\mathbf{e}_{y_1} \times \mathbf{e}_{y_2}) \cdot \mathbf{e}_{y_3} > 0$, so nennt man die Basis $\{\mathbf{e}_{y_1}, \mathbf{e}_{y_2}, \mathbf{e}_{y_3}\}$ ein **Rechtssystem**. i

---

Beispiel 5.8. In der Festkörperphysik sind duale Vektoren als **reziproke Basis** bekannt. Hier wird dann noch ein Faktor 2π in die Definition hinzugefügt. Für Vektoren des sogenannten **Bravais-Gitter** mit Basis $\{\mathbf{a}_1, \mathbf{a}_2, \mathbf{a}_3\}$:

$$\mathbf{r} = \sum_{i=1}^{3} n^i \mathbf{a}_i, \quad n_i \in \mathbb{Z},$$

ist die reziproke Basis $\{\mathbf{b}^1, \mathbf{b}^2, \mathbf{b}^3\}$ definiert durch

$$\mathbf{b}^1 := \frac{2\pi}{V_c}\mathbf{a}_2 \times \mathbf{a}_3, \quad \mathbf{b}^2 := \frac{2\pi}{V_c}\mathbf{a}_3 \times \mathbf{a}_1, \quad \mathbf{b}^3 := \frac{2\pi}{V_c}\mathbf{a}_1 \times \mathbf{a}_2.$$

Hierbei ist $V_c = \mathbf{a}_1 \cdot (\mathbf{a}_2 \times \mathbf{a}_3)$ das Volumen der **primitiven Einheitszelle**. Für das Skalarprodukt mit dem Bravais-Gitter gilt:

$$\mathbf{b}^i \cdot \mathbf{a}_j = 2\pi \delta^i_j.$$

Ein Vektor des reziproken Gitters wird dargestellt durch

$$\mathbf{k} = \sum_{i=1}^{3} k_i \mathbf{b}^i, \quad k^i \in \mathbb{Z}.$$

Daraus folgt:

$$\mathbf{k} \cdot \mathbf{r} = \sum_{i,j=1}^{3} k^i n_j \mathbf{b}^i \cdot \mathbf{a}_j = 2\pi \sum_{i=1}^{3} k^i n_i \in 2\pi\mathbb{Z}.$$

In der Festkörperphysik tauchen in natürlicher Weise Skalarprodukt von Gitter- und reziproken Gittervektoren im Argument der Funktion $\exp(i\mathbf{k} \cdot \mathbf{r}) = 1$ auf. Der Name reziprokes Gitter ergibt sich aus der Dimensionsbetrachtung der Gitter- und reziproken Gittervektoren mit Einheit Länge und inverse Länge.

Definition 5.22. Der Epsilon-Tensor in krummlinigen Koordinaten im E^3 ist definiert durch:

$$\begin{aligned} \mathcal{E}_{ijk} &:= \det(\mathbf{f}_{y_i}, \mathbf{f}_{y_j}, \mathbf{f}_{y_k}) = \sqrt{\det \mathbf{g}}\, \epsilon_{ijk}, \\ \mathcal{E}^{ijk} &:= \det(\mathbf{f}^{*y_i}, \mathbf{f}^{*y_j}, \mathbf{f}^{*y_k}) = \frac{1}{\sqrt{\det \mathbf{g}}}\, \epsilon^{ijk}. \end{aligned}$$ ∎

Der so definierte Tensor hat das korrekte Transformationsverhalten, denn es gilt:

$$\mathcal{E}_{ijk} = \det(\mathbf{f}_{y_i}, \mathbf{f}_{y_j}, \mathbf{f}_{y_k}) = \det\left(\sum_l \frac{\partial x^l}{\partial y^i} \frac{\partial \mathbf{r}}{\partial x^l}, \sum_m \frac{\partial x^m}{\partial y^j} \frac{\partial \mathbf{r}}{\partial x^m}, \sum_n \frac{\partial x^n}{\partial y^k} \frac{\partial \mathbf{r}}{\partial x^n} \right)$$

$$= \sum_{l,m,n} \frac{\partial x^l}{\partial y^i} \frac{\partial x^m}{\partial y^j} \frac{\partial x^n}{\partial y^k} \det(\mathbf{e}_l, \mathbf{e}_m, \mathbf{e}_n) = \sum_{l,m,n} \epsilon_{lmn} \frac{\partial x^l}{\partial y^i} \frac{\partial x^m}{\partial y^j} \frac{\partial x^n}{\partial y^k}.$$

Damit lässt sich das Kreuzprodukt zweier Vektoren **a** und **b** in drei Dimensionen und natürlichen Koordinaten $\tilde{a}$ und $\tilde{b}$ schreiben als

$$\mathbf{a} \times \mathbf{b} := \sum_{i,j,k} \varepsilon_{ijk} \tilde{a}^{y_j} \tilde{b}^{y_k} \mathbf{f}^{*y_i} = \sqrt{\det \mathbf{g}} \sum_{i,j,k} \epsilon_{ijk} \frac{a^{y_j} b^{y_k} \mathbf{e}^{*y_i}}{h_i h_j h_k}.$$

Im Falle orthogonaler Koordinaten vereinfacht sich dies zu

$$\mathbf{a} \times \mathbf{b} = \sum_{i,j,k} \epsilon_{ijk} a^{y_j} b^{y_k} \mathbf{e}^{*y_i},$$

Für eine Komponente bedeutet dies: $\mathbf{a} \times \mathbf{b}|_l = (\mathbf{a} \times \mathbf{b}) \cdot \mathbf{e}_l = \sum_{j,k} \epsilon_{ljk} a^{y_j} b^{y_k}$.

5.5.3 Differential-Operatoren in E^3

Differential-Operatoren in orthogonalen Koordinaten im E^3 sind in der Physik besonders wichtig und werden in allen Bereichen der Physik benötigt. Wir sind verschiedenen Differential-Operatoren in früheren Kapitel schon begegnet, insbesondere in Zylinder- und Kugelkoordinaten. In diesem Abschnitt betrachten wir allgemeine krummlinige Koordinaten und reguläre Koordinatentransformationen in drei Dimensionen

$$y = (y^1, y^2, y^3) \mapsto \mathbf{r} = \mathbf{r} \begin{pmatrix} x^1(y) \\ x^2(y) \\ x^3(y) \end{pmatrix}.$$

In dieser Abbildung sind x^i die kartesischen Koordinaten und y die *neuen* krummlinigen Koordinaten mit Basisvektoren:

$$\mathbf{f}_{y_i} = \frac{\partial \mathbf{r}}{\partial y^i}, \quad \mathbf{e}_{y_i} = \frac{\mathbf{f}_{y_i}}{h_i}, \quad h_i = |\mathbf{f}_{y_i}|, \quad \mathbf{f}^{*y_i} \cdot \mathbf{f}_{y_j} = \delta^i_j.$$

Der metrische Tensor ist gegeben durch $g_{ij} = \delta_{ij} h_i^2$. Der Vektor **r** ausgedrückt in den neuen Koordinaten sei gegeben durch

$$\mathbf{r} = \sum_{i=1}^{3} a^i \mathbf{e}_{y_i} = \sum_{i=1}^{3} \tilde{a}^i \mathbf{f}_{y_i}.$$

Sowohl die Koordinaten $a^i, \tilde{a}^i$ als auch die Basisvektoren $\mathbf{e}_{y_i}, \mathbf{f}_{y_i}$ hängen dabei im Allgemeinen von den neuen Koordinaten y ab. Zur Ableitung der Differential-Operatoren in krummlinigen orthogonalen Koordinaten, verwenden wir zunächst die allgemeinen

Koordinatentransformationen. Das Ziel im Folgenden ist es, die Differential-Operatoren grad, div, rot und Δ in drei Dimensionen für orthogonale krummlinige Koordinaten explizit abzuleiten und anzugeben. Ableiten werden wir diese Differential-Operatoren aber in ganz allgemeinen krummlinige Koordinaten und daraus dann auf $d = 3$ und orthogonalen Koordinaten spezialisieren.

Der Gradient einer skalaren Funktion $\Phi(y)$ ist im Allgemeinen gegeben durch die kovariante Ableitung. In diesem Fall gilt, da die Terme durch Ableitung der Basisvektoren wegfallen: $\nabla_{y_i} = \partial/\partial y^i \equiv \partial_{y_i}$ und somit $\nabla\Phi = \sum_i (\partial_{y_i}\Phi)\mathbf{f}^{*y_i}$. Daraus resultiert der Gradient.

Definition 5.23 (Gradient). Sei $\Phi(y) \in \mathbb{R}$ ein skalares Feld, dann ist der **Gradient** von Φ gegeben durch

$$\operatorname{grad}\Phi(y) \equiv \nabla\Phi(y) = \sum_{i=1}^{3} \frac{1}{h_i}\frac{\partial\Phi(y)}{\partial y^i}\mathbf{e}^{*y_i}. \qquad \blacksquare$$

Es sei nochmals daran erinnert, das für orthogonale Koordinaten gilt

$$\mathbf{f}^{*y_i}\big|_j = \frac{\partial y^i}{\partial x^j} = \frac{1}{h_i}\mathbf{e}^{*y_i}\big|_j,$$

und im Speziellen: $\mathbf{e}^{*y_i} = \mathbf{e}_{y_i}$, also $\mathbf{e}_{y_i} \cdot \mathbf{e}_{y_j} = \delta^i_j$.

Betrachten wir die Divergenz eines Vektorfeldes $\mathbf{a}$ in natürlichen Koordinaten $\tilde{a}$, so ist diese im Allgemeinen zunächst gegeben durch die kovariante Ableitung und der Spurbildung:

$$\begin{aligned}\operatorname{div}\mathbf{a} &\equiv \sum_i \nabla_{y_i}\tilde{a}^{y_i} = \sum_i \partial_{y_i}\tilde{a}^{y_i} + \sum_{i,j}\Gamma^i{}_{ij}\tilde{a}^{y_j}\\ &= \sum_j\left(\partial_{y_j}\tilde{a}^{y_j} + \frac{1}{\sqrt{\det\mathbf{g}}}(\partial_{y_j}\sqrt{\det\mathbf{g}})\tilde{a}^{y_j}\right)\\ &= \sum_j \frac{1}{\sqrt{\det\mathbf{g}}}\partial_{y_j}(\sqrt{\det\mathbf{g}}\,\tilde{a}^{y_i}).\end{aligned}$$

Daraus ergibt sich für orthogonale Koordinaten nach Übergang zu den Koordinaten $a^{y_i} = \tilde{a}^{y_i}/h_i$ und $\det\mathbf{g} = \prod h_i^2$, die Divergenz.

Definition 5.24 (Divergenz). Sei $\mathbf{a}(y) \in \mathbb{R}^3$ eine Vektorfeld, dann ist die **Divergenz** von $\mathbf{a}$ in den Koordinaten a der orthonormierten Basis $\{\mathbf{e}_{y_i}\}$ gegeben durch

$$\operatorname{div}\mathbf{a} \equiv \nabla\cdot\mathbf{a}(y) = \frac{1}{h_1h_2h_3}\sum_{i=1}^{3}\frac{\partial}{\partial y_i}\left(\frac{h_1h_2h_3}{h_i}a^{y_i}\right). \qquad \blacksquare$$

Für die Rotation verfahren wir analog und gehen wieder von natürlichen Koordinaten eines Vektors $\mathbf{a}$ aus:

$$\begin{aligned}\operatorname{rot}\mathbf{a} &\equiv \sum_{i,j,k} \varepsilon^{ijk} \nabla_{y_i} \tilde{a}_j \tilde{\mathbf{f}}_k = \frac{1}{\sqrt{\det \mathbf{g}}} \sum_{i,j,k} \epsilon^{ijk} \left(\frac{\partial \tilde{a}_j}{\partial y^i} \tilde{\mathbf{f}}_k - \sum_{k=1}^{d} \Gamma^k_{\ ij} \tilde{a}_j \tilde{\mathbf{f}}_k \right) \\ &= \frac{1}{\sqrt{\det \mathbf{g}}} \sum_{i,j,k} \epsilon^{ijk} \frac{\partial \tilde{a}_j}{\partial y^i} \tilde{\mathbf{f}}_k .\end{aligned}$$

Auch hier ergibt sich für orthogonale Koordinaten nach Übergang zu den Koordinaten $a^{y_i} = a^{\tilde{y}_i}/h_i$ und $\det \mathbf{g} = \prod h_i^2$, die Rotation.

Definition 5.25 (Rotation). Sei $\mathbf{a}(y) \in \mathbb{R}^3$ eine Vektorfeld, dann ist die **Rotation** von $\mathbf{a}$ in den Koordinaten a der orthonormierten Basis $\{\mathbf{e}_{y_i}\}$ gegeben durch

$$\operatorname{rot}\mathbf{a} \equiv \nabla \times \mathbf{a}(y) = \frac{1}{h_1 h_2 h_3} \sum_{i,j,k=1}^{3} \epsilon^{ijk} h_i \frac{\partial (h_k a_{y_k})}{\partial y^j} \mathbf{e}_{y_i} .$$ ■

Bei der Übertragung des Laplace-Operators muss man vorsichtig sein. Die korrekte Definition ist $\Delta = \operatorname{div} \operatorname{grad}$, also explizit

$$\begin{aligned}\Delta\Phi &\equiv \sum_i \nabla_{y_i} (\nabla^{y_i} \Phi) = \sum_{i,j} \nabla_{y_i} (g^{ij} \nabla_{y_j} \Phi) = \sum_{i,j} \partial_{y_i} g^{ij} \partial_{y_j} \Phi + \sum_{i,j,k} \Gamma^i_{\ ij} g^{jk} \partial_{y_k} \Phi \\ &= \sum_{i,j} \frac{1}{\sqrt{\det \mathbf{g}}} (\partial_{y_i} \sqrt{\det \mathbf{g}}\, g^{ij} \partial_{y_j} \Phi).\end{aligned}$$

Für orthogonale Koordinaten nach Übergang zu den Koordinaten $a^{y_i} = a^{\tilde{y}_i}/h_i$ und $\det \mathbf{g} = \prod h_i^2$ folgt der Laplace-Operator.

Definition 5.26 (Laplace). Sei $\Phi(y) \in \mathbb{R}$ ein skalares Feld, dann ist der **Laplace-Operator** gegeben durch

$$\Delta\Phi(y) = \frac{1}{h_1 h_2 h_3} \sum_{i=1}^{3} \frac{\partial}{\partial y^i} \left(\frac{h_1 h_2 h_3}{h_i^2} \frac{\partial \Phi}{\partial y^i} \right).$$ ■

Für die Physik sind die Zylinder- und Kugelkoordinaten besonders wichtig. Deswegen fassen wir die Differential-Operatoren in diesen Koordinaten in den beiden folgenden Beispielen zusammen und verschieben weitere orthogonale Koordinatensysteme zu den Aufgaben an das Ende des Kapitels.

Beispiel 5.9 (Zylinder- und Kugelkoordinaten). **Zylinderkoordinaten**

$$\mathbf{e}_\rho = \begin{pmatrix} \cos\varphi \\ \sin\varphi \\ 0 \end{pmatrix}, \quad \mathbf{e}_\varphi = \begin{pmatrix} -\sin\varphi \\ \cos\varphi \\ 0 \end{pmatrix}, \quad \mathbf{e}_z = \begin{pmatrix} 0 \\ 0 \\ 1 \end{pmatrix},$$

und die Skalenfaktoren lauten $h_1 = 1$, $h_2 = r$ und $h_3 = 1$, damit folgt insgesamt mit Koordinaten $a = (a^1, a^2, a^3) \equiv (a^\rho, a^\varphi, a^z)$:

$$
\begin{aligned}
\nabla\Phi &= (\partial_r\Phi)\mathbf{e}_\rho + \frac{1}{\rho}(\partial_\varphi\Phi)\mathbf{e}_\varphi + (\partial_z\Phi)\mathbf{e}_z,\\
\nabla\cdot\mathbf{a} &= \frac{1}{\rho}\partial_\rho(\rho a^\rho) + \frac{1}{\rho}\partial_\varphi a^\varphi + \partial_z a^z,\\
\nabla\times\mathbf{a} &= \left(\frac{1}{\rho}\partial_\varphi a^z - \partial_z a^\varphi\right)\mathbf{e}_\rho + (\partial_z a^\rho - \partial_\rho a^z)\mathbf{e}_\varphi + \frac{1}{\rho}(\partial_\rho(\rho a^\varphi) - \partial_\varphi a^\rho)\mathbf{e}_z,\\
\Delta\Phi &= \frac{1}{\rho}\partial_\rho(\rho\partial_\rho\Phi) + \frac{1}{\rho^2}\partial_\varphi^2\Phi + \partial_z^2\Phi.
\end{aligned}
$$

Kugelkoordinaten

$$
\mathbf{e}_r = \begin{pmatrix}\sin\theta\cos\phi\\ \sin\theta\sin\phi\\ \cos\theta\end{pmatrix},\quad \mathbf{e}_\theta = \begin{pmatrix}\cos\theta\cos\phi\\ \cos\theta\sin\phi\\ -\sin\theta\end{pmatrix},\quad \mathbf{e}_\phi = \begin{pmatrix}-\sin\phi\\ \cos\phi\\ 0\end{pmatrix},
$$

und die Skalenfaktoren lauten $h_1 = 1$, $h_2 = r$ und $h_3 = r\sin\theta$, damit folgt insgesamt mit Koordinaten $a = (a^1, a^2, a^3) \equiv (a^r, a^\theta, a^\phi)$:

$$
\begin{aligned}
\nabla\Phi &= (\partial_r\Phi)\mathbf{e}_r + \frac{1}{r}(\partial_\theta\Phi)\mathbf{e}_\theta + \frac{1}{r\sin\theta}(\partial_\phi\Phi)\mathbf{e}_\phi,\\
\nabla\cdot\mathbf{a} &= \frac{1}{r^2}\partial_r(r^2 a^r) + \frac{1}{r\sin\theta}\partial_\theta(\sin\theta a^\theta) + \frac{1}{r\sin\theta}\partial_\phi a^\phi),\\
\nabla\times\mathbf{a} &= \frac{\mathbf{e}_r}{r\sin\theta}(\partial_\theta(\sin\theta a^\phi) - \partial_\phi a^\theta) + \frac{\mathbf{e}_\theta}{r}\left(\frac{\partial_\phi a^r}{\sin\theta} - \partial_r(r a^\phi)\right) + \frac{\mathbf{e}_\phi}{r}(\partial_r(r a^\theta) - \partial_\theta a^r),\\
\Delta\Phi &= \frac{1}{r^2}\partial_r(r^2\partial_r\Phi) + \frac{1}{r^2\sin^2\theta}\partial_\theta(\sin\theta\partial_\theta\Phi) + \frac{1}{r^2\sin^2\theta}\partial_\phi^2\Phi.
\end{aligned}
$$

◇

Aufgaben

1. Betrachte elliptische Zylinderkoordinaten (ρ, ϕ, z), die definiert sind durch:

$$
\tilde{y}^1 := \rho \in \mathbb{R}^+,\quad \tilde{y}^2 := \phi \in [0, 2\pi[,\quad \tilde{y}^3 := z \in \mathbb{R},
$$

mit

$$
\begin{pmatrix}x^1\\ x^2\\ x^3\end{pmatrix} := \begin{pmatrix}a\cosh\tilde{y}^1\cos\tilde{y}^2\\ a\sinh\tilde{y}^1\sin\tilde{y}^2\\ \tilde{y}^3\end{pmatrix} = \begin{pmatrix}a\cosh\rho\cos\phi\\ a\sinh\rho\sin\phi\\ z\end{pmatrix},\quad a > 0.
$$

(i) Zeige, dass Linien mit konstantem ρ Ellipsen in der (x^1, x^2)-Ebene beschreiben, die mit konstantem ϕ Hyperbeln.

(ii) Bestimme $\mathbf{J}, \mathbf{J}^{-1}$, die Skalenfaktoren h_i, die Einheitsvektoren $\mathbf{e}_\rho, \mathbf{e}_\phi, \mathbf{e}_z$ und überprüfe die Orthogonalitätsrelationen.

(iii) Drücke einen gegebenen Vektor $\mathbf{a}$ durch elliptische Zylinderkoordinaten aus.

(iv) Bestimme den metrischen Tensor g_{ij} und die Inverse.
(v) Gib grad, div, rot und Δ in elliptischen Zylinderkoordinaten (ρ, ϕ, z) an.

2. Betrachte parabolische Koordinaten (u, v, ϕ), die definiert sind durch:

$$\tilde{y}^1 := u \in \mathbb{R}^+, \quad \tilde{y}^2 := v \in \mathbb{R}^+, \quad \tilde{y}^3 := \phi \in [0, 2\pi[,$$

mit

$$\begin{pmatrix} x^1 \\ x^2 \\ x^3 \end{pmatrix} := \begin{pmatrix} \tilde{y}^1\tilde{y}^2 \cos\tilde{y}^3 \\ \tilde{y}^1\tilde{y}^2 \sin\tilde{y}^3 \\ ((\tilde{y}^1)^2 - (\tilde{y}^2)^2)/2 \end{pmatrix} = \begin{pmatrix} uv\cos\phi \\ uv\sin\phi \\ (u^2 - v^2)/2 \end{pmatrix}.$$

(i) Zeige, dass Linien mit konstantem u und v Parabeln beschreiben.
(ii) Bestimme $\mathbf{J}, \mathbf{J}^{-1}$ die Skalenfaktoren h_i, die Einheitsvektoren $\mathbf{e}_u, \mathbf{e}_v, \mathbf{e}_\phi$ und überprüfe die Orthogonalitätsrelationen.
(iii) Drücke einen gegebenen Vektor **a** durch parabolische Koordinaten aus.
(iv) Bestimme den metrischen Tensor g_{ij} und die Inverse.
(v) Gib grad, div, rot und Δ in parabolische Koordinaten (u, v, ϕ) an.

3. Betrachte den ϵ-Tensor in 4 Dimensionen:

$$\epsilon^{ijkl} := \delta^{ijkl}_{1234}, \quad \epsilon_{ijkl} := \delta^{1234}_{ijkl},$$

und zeige

$$\epsilon^{iklm}\epsilon_{prst} = -\begin{vmatrix} \delta^i_p & \delta^i_r & \delta^i_s & \delta^i_t \\ \delta^k_p & \delta^k_r & \delta^k_s & \delta^k_t \\ \delta^l_p & \delta^l_r & \delta^l_s & \delta^l_t \\ \delta^l_p & \delta^m_r & \delta^m_s & \delta^m_t \end{vmatrix}, \quad \epsilon^{iklm}\epsilon_{prsm} = -\begin{vmatrix} \delta^i_p & \delta^i_r & \delta^i_s \\ \delta^k_p & \delta^k_r & \delta^k_s \\ \delta^l_p & \delta^l_r & \delta^l_s \end{vmatrix},$$

$$\epsilon^{iklm}\epsilon_{prlm} = -2(\delta^i_p\delta^k_r - \delta^i_r\delta^k_p), \quad \epsilon^{iklm}\epsilon_{pklm} = -6\delta^i_p, \quad \epsilon^{ilmk}\epsilon_{iklm} = 2\delta^k_k = -24.$$

4. Gib das Christoffel-Symbol in 3 Dimensionen für Zylinder- und Kugelkoordinaten an.

5. Sei A_{ij} schiefsymmetrisch und B^{ij} symmetrisch, zeige:

$$\text{(i)} \quad (\delta^i_k\delta^j_l + \delta^i_l\delta^j_k)A_{ij} = 0, \quad \text{(ii)} \quad A_{ij}B^{ij} = 0.$$

6. Sei A_{ij} ein Tensor der Stufe $(0, 2)$ und B_{ijk} definiert durch

$$B_{ijk} = \frac{\partial A_{jk}}{\partial x^i} + \frac{\partial A_{ki}}{\partial x^j} + \frac{\partial A_{ij}}{\partial x^k}.$$

Zeige, B_{ijk} ist ein Tensor der Stufe $(0, 3)$ und ist vollständig antisymmetrisch in allen Indexpaaren.

7. Betrachte ein kubisch-flächenzentriertes Gitter (fcc), definiert durch die Basisvektoren:

$$\mathbf{a}_1 := \frac{a}{2}(\mathbf{e}_2 + \mathbf{e}_3), \quad \mathbf{a}_2 := \frac{a}{2}(\mathbf{e}_1 + \mathbf{e}_3), \quad \mathbf{a}_3 := \frac{a}{2}(\mathbf{e}_1 + \mathbf{e}_2).$$

   Bestimme die duale Basis $\mathbf{b}^i$, $i = 1, 2, 3$.
8. Betrachte eine Koordinatentransformationen $y \to \tilde{y}$ und leite das Transformationsverhalten von Γ^k_{ij} ab:

$$\tilde{\Gamma}^k_{ij} = \sum_{l,m,n} \Gamma^l_{mn} \frac{\partial \tilde{y}^k}{\partial y^l} \frac{\partial y^m}{\partial \tilde{y}^i} \frac{\partial y^n}{\partial \tilde{y}^j} + \sum_l \frac{\partial \tilde{y}^k}{\partial y^l} \frac{\partial^2 y^l}{\partial \tilde{y}^i \partial \tilde{y}^j}.$$

9. Betrachte einen Vektor **a** in allgemeinen krummlinigen Koordinaten $\tilde{a} = (\tilde{a}^{y_1}, \dots, \tilde{a}^{y_d})$. Gib das Differential d**a** an und bestimme $\dot{\mathbf{a}}$, $\ddot{\mathbf{a}}$ und überprüfe, ob es sich bei deren Koordinaten um Tensoren handelt. Drücke die Ergebnisse, wenn möglich durch das Christoffel-Symbol aus. Darüber hinaus bilde die Richtungsableitung $\nabla_{\dot{\mathbf{a}}} \dot{\mathbf{a}}$.

6 Distributionen

In diesem Kapitel führen wir den Begriff der *Distribution* ein. Distributionen können als verallgemeinerte Funktionen aufgefasst werden, die im Vergleich zu normalen Funktionen besondere, erweiterte Eigenschaften besitzen. Als wichtigstes Beispiel werden wir die *Deltafunktion* kennenlernen. Wir versuchen einen kompakten aber geschlossenen Zugang zum Begriff der Distribution zu bekommen, ohne auf die größtmögliche Allgemeinheit Wert zu legen. Das Ziel der Darstellung wird zum einen sein eine anschauliche Vorstellung von Distributionen, insbesondere der *Deltafunktion*, zu bekommen und zum anderen werden die wichtigsten Rechenregeln abgeleitet. Der hier vorgestellte Zugang stellt eine Einführung in die Theorie der Distributionen dar und orientiert sich an den Darstellungen in den Lehrbüchern *Analysis 3* [21] und *Distributionen und ihre Anwendung in der Physik* [47]. Ersteres ist eine ebenso kompakte Darstellung, das letztere Lehrbuch eine sehr ausführliche Abhandlung der Theorie der Distributionen. Eine sehr praxisbezogene und umfassende Darstellung der Theorie der Distributionen mit vielen Beispielen und Anwendungen stellt das Lehrbuch *Distribution Theory and Transform Analysis* [24] dar.

Wir werden zunächst den Begriff der Testfunktionen und den Raum der Testfunktionen einführen. Die Testfunktionen sind die Funktionen, auf die wir die *Distributionen* anwenden werden, man spricht auch von Testen der Distributionen. Testfunktionen bilden einen normierten Raum, der möglichst weit gefasst sein sollte. Die komplette Diskussion über die verschiedenen Räume führen wir hier nicht, dies wird ausführlich in [47] gemacht.

6.1 Raum der Testfunktionen

Im Folgenden studieren wir lineare und stetige Abbildungen von Vektorräumen bestimmter Funktionen nach $\mathbb{R}$ oder $\mathbb{C}$. Bei den Abbildungen handelt es sich um Funktionale mit zusätzlichen Stetigkeitseigenschaften, solche Abbildungen nennen wir dann *Distributionen*. Eigenschaften der Distributionen werden mithilfe der Funktionen ausgetestet, deswegen nennen wir diese dann *Testfunktionen* und den dadurch gebildeten Vektorraum den *Testfunktionsraum*. Der zugehörige Dualraum wird der *Raum der Distributionen* sein.

Im Vordergrund der Diskussion stehen dabei nicht die Eigenschaften und Strukturen der verschiedenen Räume und deren Dualräume, sondern das praxisrelevante Rechnen mit den wichtigsten und häufig genutzten Distributionen in der Physik.

Wiederholen wir kurz einige wichtige Begriffe der Analysis. Der **Träger** einer Funktion $f : \mathbb{R}^n \to \mathbb{R}$ ist der Abschluss der Menge $\{x \in \mathbb{R} \mid f(x) \neq 0\}$, den wir mit $\mathrm{K}(f) := \mathrm{Supp}(f)$ bezeichnen. Wir diskutieren hier überwiegend **kompakte Träger**. Außerhalb des Trägers verschwinden die Funktionen dann identisch. Die Untermenge der stetigen Funktionen in $C(\mathbb{R}^n)$:

https://doi.org/10.1515/9783111059228-006

$$\mathcal{C}_c(\mathbb{R}^n) := \{f \in \mathcal{C}(\mathbb{R}^n) \mid \mathrm{Supp}(f) \text{ kompakt}\},$$

ist die Menge der stetigen Funktionen mit einem kompakten Träger. Die entsprechenden Mengen mit k mal stetig differenzierbaren Funktionen bezeichnen wir mit $\mathcal{C}^k(\mathbb{R}^n)$ und $\mathcal{C}_c^k(\mathbb{R}^n)$.

Definition 6.1 (Testfunktionsraum $\mathcal{D}$). Der Raum der **Testfunktionen** $\mathcal{D}$ sei der Vektorraum aller in $\mathbb{R}^n$ beliebig oft differenzierbarer Funktionen f mit kompakten Träger $\mathcal{D} \equiv \mathcal{D}(\mathbb{R}^n) := \mathcal{C}_c^\infty(\mathbb{R}^n)$. ■

Betrachten wir ein typisches Beispiel einer Testfunktion aus diesem Raum.

Beispiel 6.1 (Testfunktion in $\mathcal{D}$). Sei $a > 0$ und $x = (x_1, \ldots, x_n)$, dann ist

$$\mathbb{R}^n \ni x \mapsto f_a(x) := \begin{cases} \exp(\frac{-a^2}{a^2 - x^2}) & : |x| < a, \\ 0 & : |x| \geq a, \end{cases}$$

eine Testfunktion aus $\mathcal{C}_c^\infty(\mathbb{R}^n)$ mit einem kompakten Träger $\mathrm{K} = \{x \in \mathbb{R}^n \mid |x| \leq a\}$. In der Abbildung 6.1 sind Beispiele für verschiedene a dargestellt. ◇

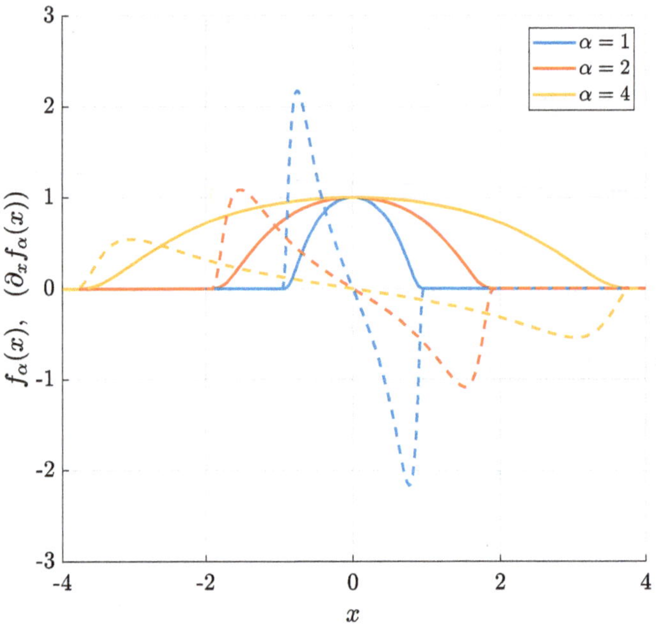

Abb. 6.1: Testfunktion $f_a(x)$ und $f_a'(x)$ (gestrichelt) für drei verschiedene a-Werte für $n = 1$. Die Testfunktion ist glockenartig, mit einem Maximum bei $x = 0$ und sie verschwindet exponentiell schnell an den Rändern $|x| = a$. Alle Ableitungen sind von der Form $p(x)f_v(x)$ mit rationalen Funktionen $p(x)$, die nur an den Rändern divergieren, aber dort mit einer exponentiell schnell fallenden Funktion multipliziert werden und somit verschwinden, ebenso alle Ableitungen an den Rändern.

Definition 6.2 (Testfunktionsraum $\mathcal{S}$). Der Raum der **Testfunktionen** $\mathcal{S}$ sei der Vektorraum aller Funktionen $f : \mathbb{R}^n \to \mathbb{R}$, die zusammen mit allen Ableitungen für $|x| \to \infty$ schneller verschwinden als beliebige Potenzen von $1/|x|$. ■

Diesen Raum nennt man auch den Raum der **schnell fallenden Funktionen**. Eine typische Klasse von Funktionen sind die Gauß-Funktionen $\mathrm{e}^{-\alpha|x|^2}$, $\alpha > 0$. In den Testfunktionsräumen sind die beiden folgenden Sequenzen von Normen ($p = 1, 2, 3, \ldots$) sinnvoll:

$$\|f\|^p := \sup_{n\le p} \sup_{x\in \mathrm{K}(f)} |\partial^n f(x)|,$$

$$\|f\|_1^p := \sup_{n\le p} \sup_{x\in \mathbb{R}^n} (1+|x|)^p |\partial^n f(x)|,$$

mit dem Differentialoperator

$$\partial^n := \frac{\partial^n}{\partial x_1^{n_1} \cdots \partial x_j^{n_j}}, \qquad n = \sum_{i=1}^{j} n_i. \tag{6.1}$$

Der Zusatzfaktor $(1+|x|)^p$ in der Norm $\|f\|_1^p$ ist für die schnell fallenden Funktionen relevant. Mit diesen Normen werden die Testfunktionsräume $\mathcal{D}$ und $\mathcal{S}$ zu vollständig abzählbar normierten Räumen, was wir an dieser Stelle nur erwähnen und nicht beweisen. Des Weiteren ist zu erwähnen, dass $\mathcal{D} \subset \mathcal{S}$ und $\mathcal{D}$ dicht in $\mathcal{S}$ liegt, weswegen wir uns bei der Diskussion der Eigenschatten der Distributionen zumeist auf $\mathcal{D}$ beschränken. Für den Beweis dieser Aussagen schaue man in [47] nach.

Unter der Konvergenz von Folgen von Testfunktionen f_ν, $\nu = 1, 2, \ldots$ verstehen wir immer, dass für jedes n die Funktionenfolge $\partial^n f_\nu$ gleichmäßig gegen eine Testfunktion $\partial^n f$ aus den entsprechenden Testfunktionsräumen konvergiert. Im Fall $\mathcal{D}$ mit kompakten Träger wird zusätzlich noch gefordert, dass es ein Kompaktum K gibt, sodass $\mathrm{K}(f_\nu) \subset \mathrm{K}, \forall \nu$ und $\mathrm{K}(f) \subset \mathrm{K}$. Abkürzend schreiben wir für diese Konvergenz:

$$f_\nu \xrightarrow{\mathcal{D}} f \quad \text{bzw.} \quad f_\nu \xrightarrow{\mathcal{S}} f.$$

6.2 Distributionen

Wie schon erwähnt, können Distributionen auf verschiedene Testfunktionsräume definiert werden. Wir beschränken uns hier auf den Raum $\mathcal{D}$. Da dieser Raum aber dicht in $\mathcal{S}$ liegt, ist diese Einschränkung in der Praxis nicht wesentlich. Uns kommt es im Folgenden in erster Linie auf die Ableitung der Rechenregeln für Distributionen an und diese unterscheiden sich, sofern existent, nicht. Führen wir also den Begriff der Distribution ein.

Definition 6.3 (Distribution). Eine **Distribution** $\mathcal{T}$ in $\mathcal{D}$ ist eine stetige lineare Abbildung:

$$\mathcal{T} : \mathcal{D} \ni f \mapsto \mathcal{T}[f] \in \mathbb{R}.$$

Die Menge aller Distributionen bildet den **dualen Vektorraum** $\mathcal{D}' \equiv \mathcal{D}'(\mathbb{R}^n)$. Dabei bedeutet Stetigkeit von $\mathcal{T}$, dass aus der Konvergenz in $\mathcal{D}$: $f_\nu \xrightarrow{\mathcal{D}} f$ die Konvergenz in $\mathcal{D}'$: $\mathcal{T}[f_\nu] \xrightarrow{\mathcal{D}'} \mathcal{T}[f]$ folgt. ∎

Eine äquivalente Formulierung der Stetigkeit von Distributionen lautet:

Lemma 6.1 (Nullfolge). *Eine Distribution $\mathcal{T} \in \mathcal{D}'$ ist genau dann stetig, wenn für jede Nullfolge $f_\nu \in \mathcal{D}$ folgt: $\mathcal{T}[f_\nu] \overset{\nu\to\infty}{\longrightarrow} 0$.*

Entsprechende Definitionen und Aussagen gelten für Abbildungen nach $\mathbb{C}$, ebenso werden Distributionen in $\mathcal{S}$ analog formuliert. Bevor wir mit Beispielen für Distributionen beginnen, schauen wir uns eine lineare Abbildung an, die im beschriebenen Sinne nicht stetig ist. Betrachte die Nullfolge $f_\nu(x) = \sin(\nu x)/\nu$ in $\mathcal{D}$, für die gilt $f_\nu(x) \longrightarrow 0$ und den Differentialoperator $\mathcal{T}[f(x)] := \mathrm{d}f(x)/\mathrm{d}x$. Dieser ist linear, aber die Folge $\mathcal{T}[f_\nu(x)] = \cos(\nu x)$ konvergiert nicht und damit ist der Differentialoperator nicht stetig. Betrachten wir wichtige Beispiele und beginnen mit einer sogenannten regulären Distribution.

Beispiel 6.2 (reguläre Distribution). Sei $f \in \mathcal{D}$ und $\Delta \in \mathcal{C}(\mathbb{R}^n)$, dann ist mit

$$\mathcal{D} \ni f \mapsto \mathcal{T}_\Delta[f(x)](x_0) := \int\limits_{\mathbb{R}^n} \mathrm{d}^n x \Delta(x - x_0) f(x) \in \mathbb{R}, \tag{6.2}$$

eine Distribution definiert, da diese Abbildung linear und stetig ist. Die Distribution $\mathcal{T}_\Delta[f]$ wird durch die reguläre Funktion Δ dargestellt. Diese Art der Distributionen bezeichnen wir als **reguläre Distributionen** und studieren wir im Folgenden im Detail. ◇

Hat man beispielsweise zwei Funktionen $\Delta_1, \Delta_2 \in \mathcal{C}(\mathbb{R}^n)$, sodass für alle $f \in \mathcal{D}$ gilt: $\mathcal{T}_{\Delta_1}[f] = \mathcal{T}_{\Delta_2}[f]$, dann folgt $\Delta_1 = \Delta_2$. Damit wird die lineare Abbildung

$$\mathcal{C}(\mathbb{R}^n) \ni \Delta \mapsto \mathcal{T}_\Delta \in \mathcal{D}',$$

zu einer injektiven Abbildung und deswegen können wir die stetige Funktion $\Delta \in \mathcal{C}(\mathbb{R}^n)$ mit der Distribution $\mathcal{T}_\Delta$ identifizieren. Würde man den Raum der Funktionen von $\mathcal{C}$ etwa zum Raum L_1 erweitern, dann würde die Injektivität verloren gehen. Da der Kern dieser Abbildung aus allen *Lebesgue-Funktionen* besteht, die fast überall null sind. Reguläre Distributionen können wir in der Form eines Skalarproduktes darstellen, wobei wir die folgende Notation verwenden wollen:

$$\mathcal{T}_\Delta[f(x)](x_0) = \langle \Delta(x - x_0) \,|\, f(x) \rangle. \tag{6.3}$$

Beispiel 6.3. Beispiele für reguläre Distributionen lassen sich mit der Gauß-Funktion (4.16) und der Lorentz-Funktion (4.17) bilden.

Gauß-Funktion Sei $\Delta_{l_\alpha}(x) \equiv l_\alpha(x) = (\alpha/\pi)/(\alpha^2 + x^2)$, dann gilt:

$$\mathcal{T}_{l_\alpha}[f(x)](x_0) = \langle \Delta_{l_\alpha}(x - x_0) \,|\, f(x) \rangle = \frac{\alpha}{\pi} \int_{-\infty}^{+\infty} \mathrm{d}x \, \frac{f(x)}{\alpha^2 + (x - x_0)^2} .$$

Lorentz-Funktion Sei $\Delta_{g_\sigma}(x) \equiv g_\sigma(x) = \mathrm{e}^{-x^2/2\sigma^2} / \sqrt{2\pi\sigma^2}$, dann gilt:

$$\mathcal{T}_{g_\sigma}[f(x)](x_0) = \langle \Delta_{g_\sigma}(x - x_0) \,|\, f(x) \rangle = \frac{1}{\sqrt{2\pi\sigma^2}} \int_{-\infty}^{+\infty} \mathrm{d}x f(x) \mathrm{e}^{-(x-x_0)^2/2\sigma^2} .$$

Wenn keine Missverständnisse zu erwarten sind verwendet man bei Distributionen – insbesondere in der Physik – die verkürzende Schreibweise $\mathcal{T}_\Delta = \Delta$. Hier wollen wir jedoch, um den Unterschied zu normalen Funktionen hervorzuheben weitestgehend die ausführliche Schreibweise für Distributionen benutzen.

Durch die Wahl der Testfunktionsräume mit kompakten Träger, bzw. durch den Raum der schnell fallenden Funktionen erreichen wir, dass eine sehr große Klasse von Funktionen, etwa Polynome p_n – die selbst etwa nicht aus L_1 sind – Distributionen entsprechen und wir die Identifizierung der Funktion selbst mit der Distributionen vornehmen können. Aufgrund dieser Identifizierung sind wir auch bestrebt Distributionen unendlich oft zu differenzieren. Auch für diese Eigenschaft wird die Eigenschaft der Testfunktionen im Unendlichen identisch zu verschwinden, oder wenigstens exponentiell schnell zu verschwinden benötigt, denn dann können wir in den regulären Distributionen partiell integrieren, wobei die Randterme dann verschwinden. Die Räume sind dann vergleichsweise *klein*, man ist aber bestrebt sie größtmöglich zu wählen. Diese Diskussion führen wir hier aber nicht und verweisen auf [47].

6.2.1 Distributionen in der Physik

In diesem Abschnitt schauen wir uns eine Reihe von wichtigen Distributionen an, die insbesondere in der Physik Anwendung finden. In erster Linie sind dies die regulären Distribution. Beginnen werden wir die Diskussion jedoch mit einer nicht regulären Distributionen, der *Dirac'schen Delta-Distribution.*

Diracsche Delta-Distribution

Die wichtigste nicht reguläre Distribution in der Physik ist die Dirac'sche Delta-Distribution. Eine solche Distribution bezeichnet man auch als **singuläre Distributionen**. Zunächst definieren wir die Distribution. Im Anschluss daran geben wir eine anschauliche Vorstellung der Distribution.

Definition 6.4 (Diracsche Delta-Distribution). Sei $x \in \mathbb{R}^n$, dann definieren wir für eine Testfunktion aus $f \in \mathcal{D}$ die **δ-Distribution**:

$$\mathcal{T}_\delta[f(x)](x_0) \equiv \delta_{x_0}[f](x) := f(x_0). \tag{6.4}$$

■

In der Physik bezeichnet man diese Distribution auch oft als **Deltafunktion** oder auch δ-Funktion. Eingeführt wurde sie durch *P. A. M. Dirac* im Rahmen der Quantenmechanik als sogenannte *uneigentliche Funktion*. Dies ist ausführlich in dem bemerkenswerten Buch *The Principles of Quantum Mechanics* [15] dargelegt.

Es handelt sich um eine Distribution, da dies definitionsgemäß ein lineares Funktional darstellt. Die Stetigkeit folgt aus dem Nullfolgen-Lemma, denn für eine Nullfolge $f_\nu(x) \in \mathcal{D}$ gilt: $\delta_{x_0}[f_\nu](x) = f_\nu(x_0) \longrightarrow 0$. Diese Distribution kann aber nicht durch eine *Funktion* $\delta(x)$ in der Form (6.2) dargestellt werden. Es gilt nämlich die aus der Analysis bekannte Aussage, dass eine Funktionenfolge $g_\nu \in C(\mathbb{R}^n)$, die auf jedem kompakten Träger gleichmäßig gegen eine Funktion $g \in C(\mathbb{R}^n)$ konvergiert, die Konvergenzeigenschaft hat:

$$\lim_{\nu\to\infty} \int_{\mathbb{R}^n} \mathrm{d}^n x g_\nu(x) f(x) = \int_{\mathbb{R}^n} \mathrm{d}^n x g(x) f(x), \quad \forall f \in \mathcal{D}.$$

Im Sinne der Konvergenz der Distributionen bedeutet dies: $\mathcal{T}_{g_\nu} \overset{\mathcal{D}'}{\rightarrow} \mathcal{T}_g$. Würde aber gelten $\lim_{\nu\to\infty} \mathcal{T}_{g_\nu}[f(x)](x_0) = f(x_0)$, müsste $\int \mathrm{d}x\, g(x - x_0) f(x) = f(x_0)$ sein, was mit einer stetigen Funktion $g(x)$ jedoch nicht möglich ist. Mithilfe des folgenden Satzes können wir jedoch diese Distribution als Grenzprozess von divergenten Funktionenfolgen bilden. Dies wird zu einer anschaulichen und praxisrelevanten Interpretation der δ-Distribution führen.

Satz 6.1. *Es sei eine Funktion*

$$\Delta_\epsilon(x - x_0) := \frac{1}{\epsilon^n} \Delta\left(\frac{x - x_0}{\epsilon}\right), \quad \epsilon > 0, \quad x, x_0 \in \mathbb{R}^n, \tag{6.5}$$

mit

$$\Delta \in \mathrm{L}_1(\mathbb{R}^n) \quad \textit{und} \quad \int_{\mathbb{R}^n} \mathrm{d}^n x \Delta(x) = 1,$$

gegeben, dann gilt für jede Testfunktion $f \in \mathcal{D}$:

$$\lim_{\epsilon\to 0^+} \int_{\mathbb{R}^n} \mathrm{d}^n x \Delta_\epsilon(x - x_0) f(x) = f(x_0).$$

Beweis. Betrachten wir zunächst für ein endliches $\epsilon > 0$ das Integral:

$$\int_{\mathbb{R}^n} d^n x \Delta_\epsilon(x - x_0) f(x) = \int_{\mathbb{R}^n} \frac{d^n x}{\epsilon^n} \Delta((x - x_0)/\epsilon) f(x) = \int_{\mathbb{R}^n} d^n x \Delta(x) f(x_0 + \epsilon x).$$

Die Testfunktion f ist auf einem kompakten Träger beliebig oft differenzierbar, somit existiert eine Konstante $C = \sup_{x \in \mathbb{R}^n} |f(x)| < \infty$. Damit schätzen wir ab:

$$|\Delta(t) f(x_0 + \epsilon x)| \leq C|\Delta(x)|, \quad \forall \epsilon > 0, \quad x \in \mathbb{R}^n,$$

des Weiteren gilt:

$$\lim_{\epsilon \to 0^+} \Delta(x) f(x_0 + \epsilon x) = \Delta(x) f(x_0).$$

Damit sind die Voraussetzungen für den Satz der Majorisierten Konvergenz[1] erfüllt und man folgert:

$$\lim_{\epsilon \to 0^+} \int_{\mathbb{R}^n} d^n x \Delta_\epsilon(x - x_0) f(x) = \int_{\mathbb{R}^n} d^n x \Delta(x) f(x_0) = f(x_0). \qquad \square$$

In diesem Sinne kann die δ-Distribution (6.4) als ein Grenzprozess verstanden werden. Die Darstellung selbst ist nicht nur für die Anschauung wichtig, sondern sie liefert explizite Darstellungen der δ-Distribution, die in der Physik an verschiedenen Stellen verwendet werden. Hierauf gehen wir im nächsten Beispiel noch ein. Verwenden wir die suggestive Schreibweise (6.3), dann folgt:

$$\begin{aligned} \langle \delta(x - x_0) \,|\, f(x) \rangle &:= \lim_{\epsilon \to 0^+} \langle \Delta_\epsilon(x - x_0) \,|\, f(x) \rangle \\ &= \lim_{\epsilon \to 0^+} \mathcal{T}_{\Delta_\epsilon}[f(x)](x_0) = \mathcal{T}_\delta[f(x)](x_0) = f(x_0). \end{aligned}$$

Drücken wir dies als Konvergenz im dualen Vektorraum $\mathcal{D}'$ der Distributionen aus, so gilt: $\mathcal{T}_{\Delta_\epsilon} \xrightarrow{\mathcal{D}'} \mathcal{T}_\delta$ oder in verkürzter Notation: $\Delta_\epsilon \xrightarrow{\mathcal{D}'} \delta$. Deswegen schreiben wir dann auch häufig für die singuläre δ-Distribution

$$\mathcal{T}_\delta[f(x)](x_0) = \delta_{x_0}[f](x) = \langle \delta(x - x_0) \,|\, f(x) \rangle.$$

Betrachten wir explizite Beispiele eines solchen Grenzprozesses.

1 Siehe zum Beispiel [21] Kapitel *Konvergenzsätze*.

Beispiel 6.4.

(i) Die Gauß-Funktion $g_\sigma(x)$ aus Gl. (4.16) und die Lorentz-Funktion $l_\alpha(x)$ aus Gl. (4.17) fallen direkt unter die Klasse der Distributionen der Form (6.5) und wir finden die unmittelbare Darstellung:

$$g_\sigma(x - x_0) \overset{\sigma\to 0}{\longrightarrow} \delta(x - x_0),$$
$$l_\alpha(x - x_0) \overset{\alpha\to 0}{\longrightarrow} \delta(x - x_0).$$

(ii) Aus der Definition des Frejér-Kerns $F_n(x)$ (4.9) und dessen Eigenschaften, insbesondere (4.10e) folgt unmittelbar:

$$F_n(x - x_0) \overset{n\to\infty}{\longrightarrow} \delta(x - x_0).$$

(iii) Die Rechteckfunktion

$$\mathrm{rect}_\epsilon(x) := \frac{1}{\epsilon}\Theta(x + \epsilon/2)\Theta(\epsilon/2 - x), \qquad \epsilon > 0,$$

die mithilfe der Stufenfunktion $\Theta(x)$ (siehe die Definition im folgenden Abschnitt) gebildet wird.

Alle vier Funktionen $g_\sigma(x)$, $l_\alpha(x)$ und $F_n(x)$, $\mathrm{rect}_\epsilon(x)$ haben ein Maximum bei $x = x_0$. In der Abbildung 6.2 sind die Funktionen beispielhaft für $x_0 = 0$ und verschiedene Parameter gezeigt.

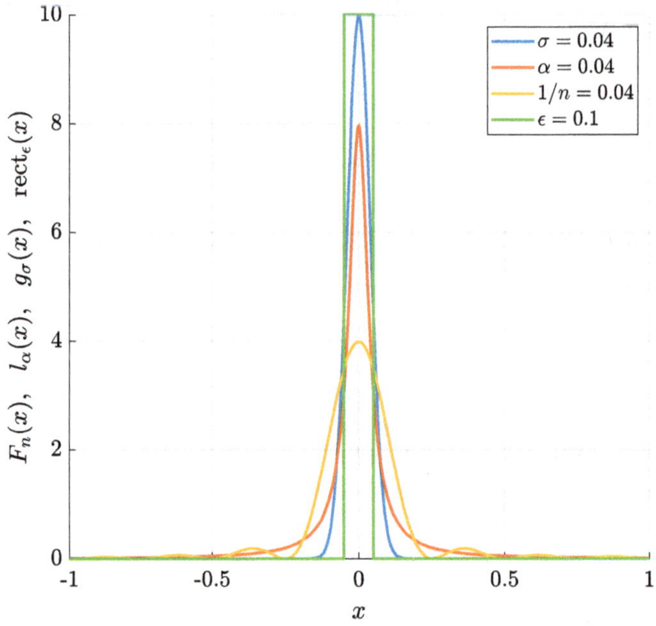

Abb. 6.2: Die Funktionen $g_\sigma(x)$, $l_\alpha(x)$, $F_n(x)$ und $\mathrm{rect}_\epsilon(x)$ für $\sigma = \alpha = 1/n = 0.04$ und $\epsilon = 0.1$. Die Breite der Peaks bei $x_0 = 0$ ist etwa proportional zu ϵ und die Höhe umgekehrt proportional zu ϵ.

Im Limes $\epsilon \to 0$ wird der Peak damit *unendlich* hoch und bekommt eine *verschwindende* Breite, wobei die *Fläche* unter dem Peak gleich eins ist. Dies ist die anschauliche Vorstellung der *δ-Funktion.* ◇

Betrachte die Funktion

$$\mathbb{R} \ni x \mapsto \Delta_\nu(x) := \frac{1}{2\nu}\mathrm{e}^{-|x|/\nu}, \quad \nu > 0,$$

und zeige, dass gilt $\Delta_\nu(x - x_0) \overset{\nu\to 0}{\longrightarrow} \delta(x - x_0)$. Des Weiteren berechne explizit $\mathcal{T}_{\Delta_\nu}[g(x)](0)$ für eine Testfunktion f und gib die Konvergenzrate als Funktion von ν an.
Lösung: Die Voraussetzungen von Satz 6.1 sind erfüllt, denn es gilt:

$$\int_{\mathbb{R}} \mathrm{d}x\, \Delta_\nu(x) = 2\int_0^\infty \mathrm{d}x\, \frac{\mathrm{e}^{-x/\nu}}{2\nu} = \int_0^\infty \mathrm{d}x\, \mathrm{e}^{-x} = 1.$$

Damit folgt $\Delta_\nu(x - x_0) \longrightarrow \delta(x - x_0)$. Explizit ergibt sich für beliebiges $\nu > 0$:

$$\mathcal{T}_{\Delta_\nu}\big[f(x)\big](0) = \int_{\mathbb{R}} \mathrm{d}x\, \Delta_\nu(x) f(x) = \int_0^\infty \mathrm{d}x\, \frac{f(x) + f(-x)}{2}\,\frac{\mathrm{e}^{-\nu x}}{\nu}.$$

Beachten wir, $f \in \mathcal{D}$ beliebig oft differenzierbar und mittels partieller Integration folgt:

$$\begin{aligned}\mathcal{T}_{\Delta_\nu}\big[f(x)\big](0) &= \sum_{n=0}^\infty \big(-\nu^{n+1}\big)\frac{1+(-)^n}{2} g^{(n)}(x)\frac{\mathrm{e}^{-\nu x}}{\nu}\bigg|_0^\infty = \sum_{n=0}^\infty g^{(2n)}(0)\nu^{2n} \\ &= f(0) + \sum_{n=1}^\infty g^{(2n)}(0)\nu^{2n} = \mathcal{T}_\delta\big[f(x)\big](0) + \mathcal{O}\big(\nu^2\big).\end{aligned}$$

Damit konvergiert $\mathcal{T}_{\Delta_\nu}$ für $\nu \to 0$ quadratisch in ν gegen $\mathcal{T}_\delta$. ◇

Heavisidesche Sprungfunktion

Als nächstes betrachten wir eine weitere nicht-regulär definierte Distribution, die über die Sprungfunktion (*Heaviside*-Funktion) definiert ist.

$$\mathbb{R} \ni x \mapsto \Theta(x) := \begin{cases} 0 & : x < 0, \\ 1/2 & : x = 0, \\ 1 & : x > 0. \end{cases} \tag{6.6}$$

Es ist eine stückweise konstante Funktion und als solche induziert sie eine Distribution in $\mathcal{D}$ (bzw. $\mathcal{S}$) über:

$$\mathcal{T}_\Theta[f(x)](x_0) := \langle \Theta(x - x_0)\,|\,f(x)\rangle = \int_{x_0}^\infty \mathrm{d}x\, f(x).$$

Durch die Funktion

$$\mathbb{R} \ni x \mapsto \Theta_\alpha(x) := \frac{1}{2} + \frac{1}{\pi}\arctan(x/\alpha),$$

ist eine Darstellung von $\mathcal{T}_\Theta$ über eine Folge stetiger Funktionen gegeben mit $\lim_{\alpha\to 0}\Theta_\alpha(x) = \Theta_0(x) = \Theta(x)$. Dies ist in Abbildung 6.3 dargestellt.

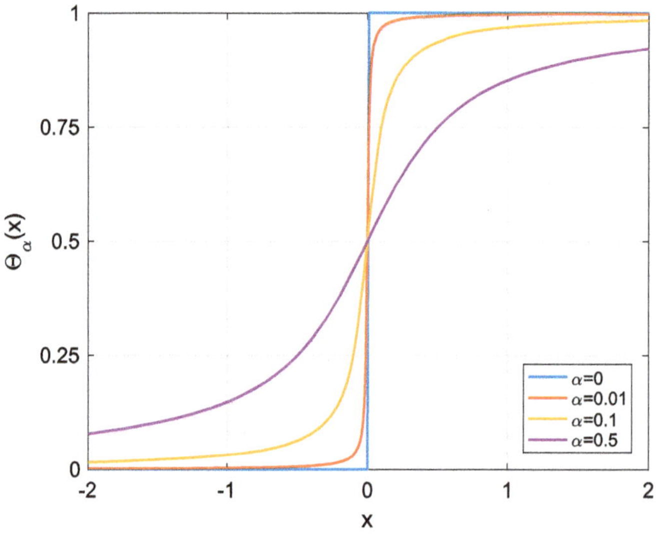

Abb. 6.3: Sprungfunktion $\Theta(x)$ (blaue Kurve $\alpha = 0$) zusammen mit der stetigen Funktion $\Theta_\alpha(x)$ für verschiedene α-Werte.

Später sehen wir, dass die Sprungfunktions-Distribution über eine Differentiation mit der δ-Distribution zusammenhängt. Jedoch ist hier schon zu erkennen, dass die Ableitung der Θ_α-Funktion die Lorentz'sche Glockenkurve ergibt: $\Theta'_\alpha(x) = l_\alpha(x)$, und somit zu vermuten ist, dass gelten könnte $\Theta'(x) = \delta(x)$. An dieser Stelle ist aber die Differentiation von Distributionen noch nicht definiert. Bevor wir die Differentiation von Distributionen betrachten, schauen wir uns noch eine weitere für die Physik wichtige Distribution an, das Hauptwertintegral.

Hauptwert

In der Physik und insbesondere in der Quantenmechanik begegnet man *singulären* Integralen der Art

$$\int_{-c_0}^{+c_1} \mathrm{d}x\,\frac{f(x)}{x}, \qquad c_0, c_1 > 0.$$

Diesen Integralen kann durch eine geeignete Auswertungsvorschrift eine mathematische Interpretation zugeordnet werden.

Definition 6.5 (Hauptwert). Der **Hauptwert** einer Funktion $f \in \mathcal{D}(\mathbb{R})$ mit Träger $\mathsf{K} = [-c, c]$ ist definiert durch:

$$\left(\mathcal{P}\frac{1}{x}\right)[f] \equiv \fint_{\mathsf{K}} \mathrm{d}x \frac{f(x)}{x} = \lim_{\epsilon\to 0}\left(\int_{-c}^{-\epsilon} + \int_{\epsilon}^{c}\right)\mathrm{d}x \frac{f(x)}{x}.$$ ■

Wesentlich bei der Definition sind die symmetrisch gewählten Grenzen um $x = 0$. Für eine gerade Funktion $f(x) = f(-x)$ bedeutet dies:

$$\left(\mathcal{P}\frac{1}{x}\right)[f] = \lim_{\epsilon\to 0}\left(\int_{-c}^{-\epsilon} \mathrm{d}x \frac{f(x)}{x} + \int_{\epsilon}^{c} \mathrm{d}x \frac{f(x)}{x}\right) \equiv 0.$$

Nicht symmetrische Grenzen, die aber im Limes $\epsilon \to 0$ gegen Null gehen, führen zu nicht verschwindenden *Hauptwerten*, zum Beispiel:

$$\lim_{\epsilon\to 0}\left(\int_{-c}^{-2\epsilon} \mathrm{d}x \,\frac{1}{x} + \int_{\epsilon}^{c} \mathrm{d}x \,\frac{1}{x}\right) = \ln 2.$$

Der Hauptwert definiert eine Distribution in $\mathcal{D}$ bzw $\mathcal{S}$ über

$$\mathcal{T}_{1/x}[f] := \left(\mathcal{P}\frac{1}{x}\right)[f].$$

Die Linearität ist aus der Definition klar. Betrachten wir die Stetigkeit, dazu sei etwa $f \in \mathcal{D}(\mathbb{R})$. Dann ist f auch in $x = 0$ beliebig oft differenzierbar und es existiert ein $\xi \in \mathsf{K}$ mit $f(x) = f(0) + xf'(\xi)$ und damit folgt:

$$\left|\left(\mathcal{P}\frac{1}{x}\right)[f]\right| = \left|\fint_{\mathsf{K}} \mathrm{d}x \frac{f(x)}{x}\right| = \left|\fint_{\mathsf{K}} \mathrm{d}x \frac{f(0) + xf'(\xi)}{x}\right| = 2c|f'(\xi)| \le 2c \max_{x\in\mathbb{R}}|f'(x)|.$$

Damit ist die Definition des Hauptwertes ein beschränktes Funktional und damit folgt die Stetigkeit, da aus $f_\nu \xrightarrow{\mathcal{D}} 0$ folgt: $\mathcal{T}_{1/x}[f_\nu] \to 0$.

Beispiel 6.5 (Hauptwert Polynom). Der Hauptwert eines Polynoms

$$p_{2n}(x) = \sum_{l=1}^{2n} a_l x^l$$

ist gegeben durch

$$\left(\mathcal{P}\frac{1}{x}\right)[p_{2n}] = \lim_{\epsilon\to 0}\left(\int_{-c}^{-\epsilon} \mathrm{d}x \,\frac{p_{2n}(x)}{x} + \int_{\epsilon}^{c} \mathrm{d}x \,\frac{p_{2n}(x)}{x}\right) = \sum_{l=1}^{n} \frac{2a_{2l-1}}{2l-1} c^{2l-1}.$$ ◇

Eng verbunden mit dem Hauptwert ist das folgende Lemma.

Lemma 6.2 (Sokhotsky-Plemelj). *Im Sinne von Distributionen gilt:*

$$\frac{1}{x \pm \mathrm{i}0} = \mp \mathrm{i}\pi\delta(x) + \mathcal{P}\frac{1}{x}, \tag{6.7}$$

wobei $1/(x + \mathrm{i}0)$ *meint* $1/(x + \mathrm{i}\epsilon)$ *mit* $\epsilon \to +0$.

Beweis. Wir betrachten den Fall $+\mathrm{i}0$ und übersetzen die verkürzende Schreibweise in Distributionsschreibweise:

$$\mathcal{T}_{\frac{1}{x+\mathrm{i}\epsilon}}[f(x)] = \int_K \mathrm{d}x\, \frac{f(x)}{x + \mathrm{i}\epsilon}$$

und führen den Limes $\epsilon \to 0$ durch:

$$\begin{aligned}\lim_{\epsilon\to 0} \mathcal{T}_{\frac{1}{x+\mathrm{i}\epsilon}}[f(x)] &= \lim_{\epsilon\to 0}\int_{-c}^{c} \mathrm{d}x\, \frac{x - \mathrm{i}\epsilon}{x^2 + \epsilon^2} f(x) \\ &= f(0)\lim_{\epsilon\to 0}\int_{-c}^{c} \mathrm{d}x\, \frac{x - \mathrm{i}\epsilon}{x^2 + \epsilon^2} + \lim_{\epsilon\to 0}\int_{-c}^{c} \mathrm{d}x\, \frac{x - \mathrm{i}\epsilon}{x^2 + \epsilon^2}(f(x) - f(0)).\end{aligned}$$

Für das erste Integral folgt:

$$\int_{-c}^{c} \mathrm{d}x\, \frac{x - \mathrm{i}\epsilon}{x^2 + \epsilon^2} = -\mathrm{i}\int_{-c}^{c} \mathrm{d}x\, \frac{\epsilon}{x^2 + \epsilon^2} = -2\mathrm{i}\arctan(c/\epsilon) \overset{\epsilon\to +0}{\longrightarrow} -\mathrm{i}\pi.$$

Im zweiten Integral definieren wir $g(x) := (f(x) - f(0))(x - \mathrm{i}\epsilon)/(x^2 + \epsilon^2)$ und beachten $g(0) = 0$, dann folgt:

$$\int_{-c}^{c} \mathrm{d}x\, g(x) = \left(\int_{-c}^{-\epsilon} + \int_{\epsilon}^{c}\right)\mathrm{d}x\, g(x) + \int_{-\epsilon}^{\epsilon} \mathrm{d}x\, g(x) \overset{\epsilon\to 0}{\longrightarrow} ⨍_K \mathrm{d}x\, \frac{f(x)}{x}.$$

Insgesamt ergibt sich dann

$$\lim_{\epsilon\to 0} \mathcal{T}_{\frac{1}{x+\mathrm{i}\epsilon}}[f(x)] = \mathcal{T}_{\frac{1}{x+\mathrm{i}0}}[f(x)] = -\mathrm{i}\pi f(0) + ⨍_K \mathrm{d}x\, \frac{f(x)}{x}. \tag{6.8}$$

In verkürzter Notation ist dies Gl. (6.7). □

Auch die schon eingeführte Fourier-Transformation kann als Distribution aufgefasst werden. Dies schauen wir uns im nächsten Abschnitt an.

Fourier-Transformation

Die Fourier-Transformation (4.14a)

$$\mathcal{S} \ni f \mapsto \mathcal{F}[f(x)](k) = \frac{1}{(2\pi)^{n/2}} \int_{\mathbb{R}} \mathrm{d}x\, f(x) \mathrm{e}^{\mathrm{i}\langle x|k\rangle}$$

für Testfunktionen $f \in \mathcal{S}$ ist ein stetiges Funktional und damit eine reguläre Distribution. Wir wollen hier nicht die Bedeutung des Testfunktionsraums diskutieren, sondern einen Bezug zur δ-Distribution herstellen. Hierzu schauen wir uns das Fourier-Integraltheorem an und schreiben Gl. (4.11) formal um:

$$f(x_0) = \frac{1}{2\pi} \int_{-\infty}^{+\infty} \mathrm{d}u \int_{-\infty}^{+\infty} \mathrm{d}x\, f(x) \mathrm{e}^{\mathrm{i}u(x-x_0)} = \int_{-\infty}^{+\infty} \mathrm{d}x\, f(x) \frac{1}{2\pi} \int_{-\infty}^{+\infty} \mathrm{d}u\, \mathrm{e}^{\mathrm{i}u(x-x_0)}.$$

Im Sinne der Distributionen können wir die δ-Distribution identifizieren als

$$\mathcal{T}_\delta(x - x_0) = \delta(x - x_0) = \int_{-\infty}^{+\infty} \mathrm{d}u\, \frac{\mathrm{e}^{\mathrm{i}u(x-x_0)}}{2\pi}.$$

Dies ist in der Physik eine oft verwendete Darstellung der δ-Distribution. Verwenden wir das Ergebnis aus dem Beispiel 1.38, dann können wir auch schreiben

$$\lim_{\epsilon \to 0^+} \frac{1}{\mathrm{i}2\pi} \int_{-\infty}^{+\infty} \mathrm{d}t\, \frac{\mathrm{e}^{\mathrm{i}xt}}{t - \mathrm{i}\epsilon} = \Theta(x).$$

Damit folgt insgesamt

$$\mathcal{T}_{\frac{1}{t-\mathrm{i}0}} [\mathrm{e}^{\mathrm{i}t(x-x_0)}/\mathrm{i}2\pi] = \Theta(x - x_0).$$

Schauen wir uns an, wie sich dieses Ergebnis mit der Darstellung (6.8) wiederfindet:

$$\begin{aligned}
\mathcal{T}_{\frac{1}{t-\mathrm{i}0}} [\mathrm{e}^{\mathrm{i}tx}/\mathrm{i}2\pi] &= \frac{1}{2} + \lim_{c\to\infty} \frac{1}{\mathrm{i}2\pi} ⨍_{-c}^{c} \mathrm{d}t \frac{\mathrm{e}^{\mathrm{i}tx}}{t} = \frac{1}{2} + \frac{1}{2\pi} \lim_{c\to\infty} ⨍_{-c}^{c} \mathrm{d}t \frac{\sin(tx)}{t} \\
&= \frac{1}{2} + \frac{1}{2\pi} \lim_{c\to\infty} \lim_{\epsilon\to 0} \left(\int_{-c}^{-\epsilon} + \int_{\epsilon}^{c} \right) \mathrm{d}t \frac{\sin(tx)}{t} \\
&= \frac{1}{2} + \operatorname{sign}(x) \frac{1}{\pi} \lim_{c\to\infty} \int_{0}^{c} \mathrm{d}t \frac{\sin t}{t} \\
&= \frac{1}{2} + \operatorname{sign}(x) \frac{1}{\pi} \lim_{c\to\infty} \operatorname{Si}(c) = \Theta(x).
\end{aligned}$$

Die beiden Ergebnisse stimmen überein. Auch hier erkennen wir durch formalen Vergleich der Integranden, dass die Relation $\mathrm{d}\Theta(x)/\mathrm{d}x = \delta(x)$ folgt. Diesen Sachverhalt wollen wir etwas genauer studieren und betrachten dazu im nächsten Abschnitt ganz allgemeine Rechenregeln für Distributionen, insbesondere dann auch die Differentiation.

6.2.2 Rechnen mit Distributionen

Wie wir bisher gesehen haben, verhalten sich Distributionen in vielerlei Hinsicht wie normale Funktionen. Wichtige Eigenschaften von *normalen* Funktionen sind deren Verhalten bei Differentiation, der Fourier-Transformation oder der Faltung. Im Sinne der bisher diskutierten Eigenschaften sind wir daran interessiert diese Operationen so einzuführen, dass etwa gilt:

$$\mathcal{T}_\Delta' = \mathcal{T}_{\Delta'}, \quad \mathcal{F}[\mathcal{T}_\Delta] = \mathcal{T}_{\mathcal{F}[\Delta]}, \quad \mathcal{T}_{\Delta_1} \star \mathcal{T}_{\Delta_2} = \mathcal{T}_{\Delta_1 \star \Delta_2}.$$

Dann ist es vernünftig Distributionen als verallgemeinerte Funktionen zu betrachten. Beginnen wir mit der Differentiation.

Differentiation von Distributionen

Bei der Übertragung der Differentiation auf Distributionen gehen wir vom Differentialoperator (6.1) aus und betrachten die Abbildung:

$$\begin{aligned} \partial^n &: \mathcal{D}' \longrightarrow \mathcal{D}', \\ \partial^n \mathcal{T}_\Delta[f(x)](x_0) &\mapsto \mathcal{T}_{\partial^n \Delta}[f(x)](x_0), \quad \forall f \in \mathcal{D}. \end{aligned}$$

Über die Identifikation der Distribution $\mathcal{T}_\Delta$ mit der darstellenden Funktion Δ definiert dies die Differentiation von Distributionen. Die Ableitung einer Distribution kann auf die Ableitung der Testfunktion übertragen werden, wie das folgenden Lemma zeigt.

Lemma 6.3. *Für den Differentialoperator ∂^n aus Gl.* (6.1) *gilt:*

$$\partial^n \mathcal{T}_\Delta[f(x)](x_0) = (-)^n \mathcal{T}_\Delta[\partial^n f(x)](x_0),$$

für alle $\mathcal{T}_\Delta \in \mathcal{D}'$ und $f \in \mathcal{D}$.

Beweis. Dies zeigen wir durch Einsetzen in die Definition unter Beachtung, dass $f \in \mathcal{D}$ bei einer partiellen Integration an den Rändern verschwindet:

$$\begin{aligned} \partial^n \mathcal{T}_\Delta[f(x)](x_0) &= \mathcal{T}_{\partial^n \Delta}[f(x)](x_0) \\ &= \langle \partial^n \Delta(x - x_0) \,|\, f(x) \rangle \\ &= (-)^n \langle \Delta(x - x_0) \,|\, \partial^n f(x) \rangle \\ &= (-)^n \mathcal{T}_\Delta[\partial^n f(x)](x_0). \end{aligned}$$ □

Aufgrund der Eigenschaften der Testfunktionen f und des Integrals ist die Abbildung $\partial^n\mathcal{T} : \mathcal{D}(\mathbb{R}^n) \to \mathbb{R}$ eine lineare und stetige Abbildung und bildet somit selbst wieder eine Distribution. Eine einfache Folgerung erhält man aus der Übertragung der Konvergenzeigenschaften.

Lemma 6.4. *Sei eine Folge von Distributionen $\mathcal{T}_{\Delta_\nu} \xrightarrow{\mathcal{D}'} \mathcal{T}_\Delta$ gegeben, dann gilt:*

$$\partial^n\mathcal{T}_{\Delta_\nu} \xrightarrow{\mathcal{D}'} \partial^n\mathcal{T}_\Delta.$$

Beweis. Wir betrachten den Fall $n = 1$, der Fall $n > 1$ ist dann klar. Wir setzen $\partial \equiv \partial_{x_j}$ und $\mathcal{T}_\Delta[f] \equiv \mathcal{T}_\Delta[f(x)](x_0)$, dann folgt:

$$\lim_{\nu\to\infty} \partial\mathcal{T}_{\Delta_\nu}[f] = \lim_{\nu\to\infty} \mathcal{T}_{\partial\Delta_\nu}[f] = -\lim_{\nu\to\infty} \mathcal{T}_{\Delta_\nu}[\partial f] = -\mathcal{T}_\Delta[\partial f] = \partial\mathcal{T}_\Delta[f]. \qquad \square$$

Daraus folgt insgesamt, dass die Distributionen beliebig oft differenzierbar sind. Betrachten wir ein Beispiel, dass Bezug nimmt zum Riemannischen Lemma.

Beispiel 6.6. Gegeben sei die reguläre Distribution $\mathcal{T}_{\Delta_\nu}$, die durch die nicht konvergente Funktionenfolge

$$\mathbb{R} \ni x \mapsto \Delta_\nu(x) := \sin(\nu x) \in \mathbb{R}$$

erzeugt wird. Mit Hilfe des Riemann-Lemmas 4.1 folgt:

$$\mathcal{T}_{\Delta_\nu}[f(x)] = \int_0^b \mathrm{d}x\, \sin(\nu x) f(x) \xrightarrow{\nu\to\infty} 0.$$

Für die konvergente Funktionenfolge

$$\hat{\Delta}_\nu(x) := -\frac{1}{\nu}\cos(\nu x) \xrightarrow{\nu\to\infty} 0,$$

gilt ebenso $\mathcal{T}_{\hat{\Delta}_\nu} \xrightarrow{\mathcal{D}'} 0$ und es gilt im Sinne der Differentiation von Distributionen:

$$\frac{\mathrm{d}}{\mathrm{d}x}\mathcal{T}_{\hat{\Delta}_\nu} = \mathcal{T}_{\mathrm{d}\hat{\Delta}_\nu/\mathrm{d}x} = \mathcal{T}_{\Delta_\nu}. \qquad \diamond$$

Besonders wichtig ist die Differentiation der Sprungfunktions-Distribution.

Lemma 6.5. *Die Ableitung der Sprungfunktions-Distribution ist gegeben durch:*

$$\frac{\mathrm{d}}{\mathrm{d}x}\mathcal{T}_\Theta = \mathcal{T}_\delta. \tag{6.9}$$

Im Sinne der Distributionen aus $\mathcal{D}'(\mathbb{R})$ schreiben wir kompakt $\Theta' = \delta$.

Beweis. Für eine Testfunktion $f \in \mathcal{D}(\mathbb{R})$ folgt:

$$\begin{aligned} \frac{\mathrm{d}}{\mathrm{d}x}\mathcal{T}_\Theta[f(x)](x_0) &= \mathcal{T}_{\Theta'}[f(x)](x_0) = -\mathcal{T}_\Theta[f'(x)](x_0) \\ &= -\langle \Theta(x-x_0) \,|\, f'(x)\rangle = -\int_{x_0}^{\infty} \mathrm{d}x\, f'(x) \\ &= f(x_0) = \mathcal{T}_\delta[f(x)](x_0). \end{aligned}$$ □

Im Abschnitt über die Heaviside-Sprungfunktion haben wir gesehen, dass die stetige Funktion $\Theta_a(x)$ für $a \to 0$ gegen die Heaviside'sche-Sprungfunktion konvergiert. Im Sinne der Distributionen haben wir dann schematisch:

$$\begin{array}{ccc} \frac{\mathrm{d}}{\mathrm{d}x}\Theta_a(x) & \xrightarrow{a\to 0} & \frac{\mathrm{d}}{\mathrm{d}x}\Theta(x) \\ \mathcal{D}'\big\downarrow & & \big\downarrow\mathcal{D}' \\ l_a(x) & \xrightarrow{a\to 0} & \delta(x) \end{array}$$

Durch die *Identifikation* einer Distribution $\mathcal{T}_\Delta$ mit der darstellenden Funktion Δ, wäre es nützlich, wenn das Produkt $f\,\Delta$ mit einer *normalen* Funktion f eine neue Distribution erzeugt, für die eine Produktregel der Differentiation gilt. Diese Aussage ist im folgenden Lemma formuliert.

Lemma 6.6 (Produktregel). *Sei $f \in C^{(\infty)}$ und $\mathcal{T}_\Delta \in \mathcal{D}'$, $f \in \mathcal{D}$, dann gilt*

$$\partial_{x_i}(f(x)\mathcal{T}_\Delta[f](x)) = (\partial_{x_i} f(x))\mathcal{T}_\Delta[f](x) + f(x)\partial_{x_i}\mathcal{T}_\Delta[f](x).$$

Beweis. Zum Beweis nutzen wir Linearitätseigenschaft $a\mathcal{T}_\Delta = \mathcal{T}_{a\Delta}$ und $\mathcal{T}_{\Delta_1+\Delta_2} = \mathcal{T}_{\Delta_1} + \mathcal{T}_{\Delta_2}$ mit $f\Delta_i \in \mathcal{D}'$, $i = 1, 2$ aus und schreiben:

$$\begin{aligned} f\,\partial_{x_i}\mathcal{T}_\Delta &= f\,\mathcal{T}_{\partial_{x_i}\Delta} = \mathcal{T}_{\partial_{x_i}(f\,\Delta) - f\,\partial_{x_i}\Delta} = \partial_{x_i}\mathcal{T}_{(f\,\Delta)} - f\,\partial_{x_i}\mathcal{T}_\Delta \\ &= \partial_{x_i}(f\,\mathcal{T}_\Delta) - f\,\partial_{x_i}\mathcal{T}_\Delta. \end{aligned}$$

Ein Umstellen der Gleichung ergibt die Aussage. □

Betrachten wir ein Beispiel, welchem man in der Physik begegnet und in der dort üblichen Kurzschreibweise formuliert ist.

Zeige für eine Funktion $f \in C^{(\infty)}(\mathbb{R})$ und $f \in \mathcal{D}$ die Relation:

$$\frac{\mathrm{d}}{\mathrm{d}x}\big(f(x)\Theta(x-x_0)\big) = f'(x)\,\Theta(x-x_0) + f(x_0)\,\delta(x-x_0).$$

Lösung: In ausführlicher Form lautet die zu zeigende Relation

$$\frac{\mathrm{d}}{\mathrm{d}x}\mathcal{T}_{f\Theta}\big[f(x)\big](x_0) = \mathcal{T}_{f'\Theta}\big[f(x)\big](x_0) + \mathcal{T}_{f(x_0)\delta}\big[f(x)\big](x_0).$$

Aus der Produktregel erhält man:

$$\frac{\mathrm{d}}{\mathrm{d}x}\big(f(x)\mathcal{T}_{\Theta}\big[f(x)\big](x_0)\big) = f'(x)\mathcal{T}_{\Theta}\big[f(x)\big](x_0) + f(x)\mathcal{T}_{\Theta'}\big[f(x)\big](x_0),$$

daraus folgt mit $f(x)\mathcal{T}_\delta[f(x)](x_0) = \mathcal{T}_{f(x)\delta}[f(x)](x_0) = \mathcal{T}_{f(x_0)\delta}[f(x)](x_0)$ und $\mathcal{T}_\Theta' = \mathcal{T}_\delta$ die Behauptung. ◇

Lineare Koordinatentransformationen

In der Praxis kommt es häufig vor, dass Koordinatentransformationen in Systemen durchgeführt werden müssen, in denen beschreibende Gleichungen Distributionen enthalten. Wir sind bereits mit der Transformation von gewöhnlichen Funktionen vertraut, jedoch wissen wir noch nicht, wie man mit Distributionen umgeht. Deshalb befassen wir uns mit diesem Thema und beginnen mit der Betrachtung von linearen Koordinatentransformationen und ihrer Auswirkung auf reguläre Distributionen. Zuvor definieren wir, was mit einer Koordinatentransformation gemeint ist.

Lemma 6.7. *Sei $f \in \mathcal{D}(\mathbb{R}^n)$ und ein Operator $\mathbf{A} \in \mathcal{L}(\mathbb{R}^n)$ gegeben durch:*

$$\mathbf{A} : x \mapsto y = \mathbf{A}x \quad \textit{mit } \det \mathbf{A} \neq 0.$$

Eine Distribution $\mathcal{T}_\Delta$ sei durch eine stetig differenzierbare Funktion $\Delta \in C^{(1)}(\mathbb{R}^n)$ definiert, dann gilt:

$$\mathcal{T}_{\Delta_A}[f(x)](x_0) = \frac{1}{|\det \mathbf{A}|}\mathcal{T}_\Delta[f(\mathbf{A}^{-1}y)](y_0),$$

mit $\Delta_A(x) = \Delta(\mathbf{A}x)$ und $y_0 = \mathbf{A}x_0$.

Beweis. Wir gehen von der linken Seite aus und formen sukzessive das Integral um, und beachten die Existenz der Inverse $\mathbf{A}^{-1}$:

$$\begin{aligned}
\langle \Delta(\mathbf{A}(x - x_0)) \,|\, f(x)\rangle &= \int \mathrm{d}^n x \Delta(\mathbf{A}(x - x_0)) f(x) \\
&= \int \mathrm{d}^n y \left|\frac{\partial(x_1, \ldots, x_n)}{\partial(y_1, \ldots, y_n)}\right| \Delta(y - y_0) f(\mathbf{A}^{-1}y) \\
&= \int \mathrm{d}^n y \frac{1}{|\det \mathbf{A}|}\Delta(y - y_0) f(\mathbf{A}^{-1}y) \\
&= \frac{1}{|\det \mathbf{A}|}\int \mathrm{d}^n y \Delta(y - y_0) f(\mathbf{A}^{-1}y) \\
&= \frac{1}{|\det \mathbf{A}|}\langle \Delta(y - y_0) \,|\, f(\mathbf{A}^{-1}y)\rangle.
\end{aligned}$$

□

Die Aussage lässt sich einfach um eine zusätzliche Verschiebung mit dem Vektor b in der Form $y = \mathbf{A}x + b$ verallgemeinern. Aufgrund des Satzes 6.1 übertragen sich die

Eigenschaften der Differentiation auch auf die δ-Distribution und es gilt in kompakter Schreibweise:

$$\delta(\mathbf{A}x) = \frac{1}{|\det \mathbf{A}|}\delta(x).$$

Speziell für $n = 1$ bedeutet dies: $\delta(a\,x) = \delta(x)/|a|, a \in \mathbb{R}$, woraus insbesondere folgt $\delta(x) = \delta(-x)$.

6.2.3 Tensorprodukt von Distributionen*

In der Physik hat man es insbesondere in der Quantenmechanik häufig mit Tensorprodukten von Räumen mit zum Teil unterschiedlicher Natur zu tun. Deswegen ist es nötig das Tensorprodukt von Distributionen zu definieren.

Definition 6.6 (Tensorprodukt). Unter dem **Tensorprodukt** $f \otimes g$ zweier Funktionen $f(x), x \in \mathbb{R}^n$ und $g(y), y \in \mathbb{R}^m$ verstehen wir das punktweise Produkt: $f(x)g(y)$ auf $\mathbb{R}^{n+m}$. ■

Mit Hilfe des Satzes von Fubini (siehe Anhang A.4) kann gezeigt werden, dass das Tensorprodukt zweier Testfunktionen $f_1 \otimes f_2$ eine Testfunktion aus $\mathcal{D}(\mathbb{R}^{n+m})$ ist. Im nächsten Schritt schauen wir uns das Tensorprodukt von Distributionen an.

Satz 6.2. *Für zwei reguläre Distributionen $\mathcal{T}_{\Delta_1} \in \mathcal{D}'(\mathbb{R}^n)$ und $\mathcal{T}_{\Delta_2} \in \mathcal{D}'(\mathbb{R}^m)$ existiert genau eine Distribution $\mathcal{T}_{\Delta_{1,2}} \equiv \mathcal{T}_{\Delta_1 \otimes \Delta_2}$ mit*

$$\langle \Delta_{1,2}(x,y) \,|\, f_{1,2}(x,y)\rangle = \langle \Delta_1(x) \,|\, \langle \Delta_2(y) \,|\, f_{1,2}(x,y)\rangle\rangle = \langle \Delta_2(y) \,|\, \langle \Delta_1(x) \,|\, f_{1,2}(x,y)\rangle\rangle,$$

für alle Testfunktionen $f_{1,2} \in \mathcal{D}(\mathbb{R}^{n+m})$. Ist die Testfunktion selbst ein Tensorprodukt in der Form $f_{1,2}(x,y) = f_1(x) \otimes f_2(y)$, so gilt:

$$\mathcal{T}_{\Delta_{1,2}}[f_{1,2}(x,y)] = \mathcal{T}_{\Delta_1}[f_1(x)]\, \mathcal{T}_{\Delta_2}[f_2(y)],$$

für alle Testfunktionen $f_1 \in \mathcal{D}(\mathbb{R}^n)$ und $f_2 \in \mathcal{D}(\mathbb{R}^m)$.

Beweis. Wir skizzieren den Beweis lediglich, und benutzen als wesentliche Eigenschaft, den Satz von Fubini zur Vertauschung der Integrationsreihenfolge. Die meisten Schritte folgen aus den Definitionen:

$$\begin{aligned}
\langle \Delta_{1,2}(x,y) \,|\, f_{1,2}(x,y)\rangle &= \langle (\Delta_1 \otimes \Delta_2)(x,y) \,|\, f_{1,2}(x,y)\rangle \\
&= \int\limits_{\mathbb{R}^{n+m}} \mathrm{d}^n x\, \mathrm{d}^m y\, \Delta_1(x)\Delta_2(y) f_{1,2}(x,y) \\
&= \int\limits_{\mathbb{R}^n} \mathrm{d}^n x\, \Delta_1(x) \int\limits_{\mathbb{R}^m} \mathrm{d}^m y\, \Delta_2(y) f_{1,2}(x,y) \\
&= \langle \Delta_1(x) \,|\, \langle \Delta_2(y) \,|\, f_{1,2}(x,x)\rangle\rangle.
\end{aligned}$$

Entsprechend durch Vertauschung der Integration für den zweiten Fall. Diese Richtung des Beweises ist die triviale. Der Beweis der Existenz einer solchen Distribution ist aufwendiger zu führen, wir werden hier nur die wesentlichen Schritte andeuten. Es muss gezeigt werden, dass es eine einzige Distribution $\Delta_{1,2} \in \mathcal{D}'(\mathbb{R}^{n+m})$ gibt, die diese Eigenschaft hat. Um dies zu zeigen, benutzt man die Eigenschaft, dass das Tensorprodukt $\Delta_1 \otimes \Delta_2$ dicht in $\mathcal{D}(\mathbb{R}^{n+m})$ liegt. Letztere Eigenschaft folgt aber aus dem Satz von WEIERSTRAß, nach dem sich jede C^∞-Funktion zusammen mit ihren Ableitungen durch eine Folge von Polynomen approximieren lässt. Details des Beweises finden sich in [47].

Aus dem Satz leitet sich die Darstellung der δ-Distribution in n Dimensionen als das Produkt von δ-Distributionen in einer Dimension ab, wie das folgende Lemma zusammenfasst.

Lemma 6.8. *Die δ-Distribution im $\mathbb{R}^n$ lässt sich schreiben als: $\mathcal{T}_\delta = \mathcal{T}_{\delta_1\otimes\cdots\otimes\delta_n}$, oder kompakt und explizit:*

$$\delta(x - x') = \prod_{i=1}^{n} \delta(x_i - x_i'), \qquad x = (x_1, \dots, x_n) \in \mathbb{R}^n.$$

Weitere Eigenschaften des Tensorproduktes von Distributionen folgen ebenso mit elementaren Methoden aus der Analysis. Fassen wir diese Folgerungen in einem Lemma zusammen.

Lemma 6.9. *Für die Testfunktionen $f_1(x) \in \mathcal{D}(\mathbb{R}^n)$, $f_2(y) \in \mathcal{D}(\mathbb{R}^m)$ und Distributionen $\mathcal{T}_{\Delta_1} \in \mathcal{D}'$, $\mathcal{T}_{\Delta_2} \in \mathcal{D}'$ mit Tensorprodukt $\mathcal{T}_{\Delta_1\otimes\Delta_2} \in \mathcal{D}'(\mathbb{R}^{n+m})$, gilt:*

(i) *Aus der Konvergenz $\mathcal{D}'(\mathbb{R}^n) \ni \mathcal{T}_{\Delta_{1,\nu}} \xrightarrow{\mathcal{D}'} \mathcal{T}_{\Delta_1}$ folgt die **Stetigkeit**:*

$$\mathcal{T}_{\Delta_{1,\nu}\otimes\Delta_2} \xrightarrow{\mathcal{D}'} \mathcal{T}_{\Delta_1\otimes\Delta_2}.$$

(ii) *Für $\mathcal{T}_{\Delta_3} \in \mathcal{D}'(\mathbb{R}^p)$ gilt die **Assoziativität**:*

$$\mathcal{T}_{\Delta_1\otimes(\Delta_2\otimes\Delta_3)}\mathcal{T}_{(\Delta_1\otimes\Delta_2)\otimes\Delta_3}.$$

(iii) *Für den Differentialoperator ∂_{x_i} gilt:*

$$\partial_{x_i}\mathcal{T}_{\Delta_1\otimes\Delta_2} = \mathcal{T}_{\partial_{x_i}(\Delta_1\otimes\Delta_2)}.$$

(iv) *Für die **Faltung** zweier Distributionen: $\mathcal{T}_{\Delta_1} \star \mathcal{T}_{\Delta_1'} := \mathcal{T}_{\Delta_1\star\Delta_1'}$ gilt:*

$$\mathcal{T}_{\Delta_1\star\Delta_1'}[f(x)](x_0) = \mathcal{T}_{\Delta_1\otimes\Delta_1'}[f(x + x')](x_0).$$

Beweis. Die Aussagen (i)–(iii) sind einfache Folgerungen aus der Analysis, beschränken wir uns im Beweis auf Eigenschaft (iv):

$$\begin{aligned}\mathcal{T}_{\Delta_1\star\Delta_1'}[f(x)](x_0) &= \langle(\Delta_1\star\Delta_1')(x-x_0)\,|\,f(x)\rangle\\ &= \int\limits_{\mathbb{R}^n}\mathrm{d}^n x\,(\Delta_1\star\Delta_1')(x-x_0)f(x)\\ &= \int\limits_{\mathbb{R}^n}\mathrm{d}^n x\int\limits_{\mathbb{R}^n}\mathrm{d}^n x'\,\Delta_1((x-x_0)-x')\Delta_1'(x')f(x)\\ &= \int\limits_{\mathbb{R}^n}\mathrm{d}^n x''\int\limits_{\mathbb{R}^n}\mathrm{d}^n x'\,\Delta_1(x'')\Delta_1'(x')f(x'+x''+x_0)\\ &= \langle\Delta_1(x)\Delta_1'(x')\,|\,f(x+x'+x_0)\rangle\\ &= \mathcal{T}_{\Delta_1\otimes\Delta_1'}[f(x+x')](x_0).\end{aligned}$$

Dies zeigt die formale Richtigkeit der Gleichungen. Es bleiben noch verschiedene Dinge zu zeigen, wie die Existenz der auftretenden Integrale. Bei den hier betrachteten Testfunktionsräumen mit kompaktem Träger sind die meisten Schritte zusammen mit dem Satz von Fubini ohne Probleme durchzuführen. Auch der Fall, dass nur eine der beiden Distributionen einen kompakten Träger besitzt, ist einfach zu zeigen. Ebenso wie für normale Funktionen gilt somit die Eigenschaft $\mathcal{T}_{\Delta_1}\star\mathcal{T}_{\Delta_1'}=\mathcal{T}_{\Delta_1'}\star\mathcal{T}_{\Delta_1}$. □

Betrachten wir ein Beispiel für die Faltung der δ-Distribution mit einer anderen Distribution.

Beispiel 6.7. Aufgrund der Konstruktion der δ-Distribution übertragen sich die Eigenschaften aus Lemma 6.9 und im Falle der Faltung erhalten wir:

$$\begin{aligned}(\mathcal{T}_\delta\star\mathcal{T}_\Delta)[f(x)](x_0) &= (\mathcal{T}_{\delta\star\Delta})[f(x)](x_0)\\ &= \langle\delta(x)\Delta(x')\,|\,f(x+x'+x_0)\rangle\\ &= \langle\Delta(x)\,|\,f(x+x_0)\rangle = \mathcal{T}_\Delta[f(x)](x_0).\end{aligned}$$

Dieses drücken wir abkürzend durch $\delta\star\Delta=\Delta$ aus und insbesondere im Fall von $n=1$ und speziell $\Delta=\delta$ leitet sich die in der Physik oft verwendete kompakte Darstellung der Faltung der δ-Distribution ab:

$$\int\mathrm{d}x\,\delta(x_1-x)\delta(x-x_0)=\delta(x_1-x_0).$$ ◇

Lemma 6.10. *Gegeben sei die Faltung zweier Distributionen $\mathcal{T}_{\Delta_1}\star\mathcal{T}_{\Delta_1'}$, dann gilt für den Differentialoperator ∂^n angewendet auf die Faltung:*

$$\partial^n(\mathcal{T}_{\Delta_1}\star\mathcal{T}_{\Delta_1'})=\partial^n\mathcal{T}_{\Delta_1}\star\mathcal{T}_{\Delta_1'}=\mathcal{T}_{\Delta_1}\star\partial^n\mathcal{T}_{\Delta_1'}.$$

Beweis.

$$\begin{aligned}\partial^n(\mathcal{T}_{\Delta_1}\star\mathcal{T}_{\Delta_1'})[f(x)](x_0) &= \partial^n\mathcal{T}_{\Delta_1\otimes\Delta_1'}[f(x+x')](x_0)\\ &= \mathcal{T}_{\partial^n\Delta_1\otimes\Delta_1'}[f(x+x')](x_0)\end{aligned}$$

$$= (-)^n \mathcal{T}_{\Delta_1 \otimes \Delta_1'}[\partial^n f(x+x')](t_0) = \partial^n \mathcal{T}_{\Delta_1} \star \mathcal{T}_{\Delta_1'}$$
$$= (-)^n \mathcal{T}_{\Delta_1 \otimes \Delta_1'}[\partial'^n f(x+x')](x_0)$$
$$= \mathcal{T}_{\Delta_1} \star \partial^n \mathcal{T}_{\Delta_1'}. \qquad \square$$

Nachdem wir die Differentiation von Distributionen unter verschiedenen Aspekten diskutiert haben, sind wir nun in der Lage *distributionsartige* Differentialgleichungen zu diskutieren, ein weiträumiges Anwendungsgebiet in der Physik.

6.2.4 Differentialgleichungen*

In diesem Abschnitt wenden wir die Theorie der Distributionen auf Differentialgleichungen an. Dabei werden wir uns insbesondere mit dem allgemeinen Differentialoperator mit konstanten Koeffizienten auseinandersetzen:

$$\mathbf{D} := \sum_i a_i \partial_i^{n_i}, \qquad a_i \in \mathbb{R}, n_i \in \mathbb{N}.$$

Ebenso wie der elementare Differentialoperator ∂^n erzeugt dieser Operator eine Abbildung im Raum der Distributionen von $\mathcal{D}'(\mathbb{R}^m)$ nach $\mathcal{D}'(\mathbb{R}^m)$. Hierzu vergleiche man die Ausführungen unter Abschnitt 6.2.2. Als endliche Summe von Linearkombinationen von *elementaren* Differentiationen mit $\partial_i^{n_i}$ aus (6.1), sind alle bisherig gewonnen Aussagen bezüglich ∂^n auf diesen Operator zu übertragen. Das Ziel im Folgenden ist es eine Lösung $\Phi(x)$ der (partiellen) Differentialgleichung:

$$\mathbf{D}\Phi(x) = g(x), \tag{6.10}$$

für eine gegebene Funktion $g(x)$ zu finden. Wir gehen somit der Frage nach, wie eine *distributionsartige* Lösung dieser Gleichung aussieht. Was dies genau bedeutet wird im Folgenden klar werden. Zunächst benötigen wir die Definition einer Fundamentallösung.

Definition 6.7 (Fundamentallösung). Eine **Distribution** $\mathcal{T}_G \in \mathcal{D}'(\mathbb{R}^n)$, die der Differentialgleichung:

$$\mathbf{D}\mathcal{T}_G = \mathcal{T}_\delta \tag{6.11}$$

genügt, heißt **Fundamentallösung**. Sind zusätzlich noch Anfangswerte oder Randwerte vorgegeben, so bezeichnet man G als **Green'sche Funktion**. ∎

In der Physik begegnen wir zumeist der verkürzten Schreibweise $\mathbf{D}G = \delta$, die auf Grund der Gleichung $\mathbf{D}\mathcal{T}_G = \mathcal{T}_{\mathbf{D}G} = \mathcal{T}_\delta$ motiviert ist.

Es folgt der wichtige Satz:

Satz 6.3. *Für eine gegebene Funktion g existiert die eindeutige Lösung $\Phi \in \mathcal{D}'(\mathbb{R}^n)$ der Differentialgleichung:*

$$\mathbf{D}\Phi(x) = g(x),$$

sofern $G \star g \in \mathcal{D}'(\mathbb{R}^n)$ existiert. Die distributionsartige Lösung ist gegeben durch:

$$\Phi = G \star g, \tag{6.12}$$

wobei G die Fundamentallösung aus (6.11) *zu* **D** *ist.*

Beweis. Zunächst bemerken wir, es gilt: $\Phi = G \star g = \mathcal{T}_G[g]$. Wir wenden den Differentialoperator **D** auf die Gl. (6.12) an und erhalten:

$$\mathbf{D}\Phi = \mathbf{D}(G \star g) = \mathbf{D}\mathcal{T}_G[g] = \mathcal{T}_\delta[g] = g.$$

Dies ist eine spezielle Lösung der Differentialgleichung (6.10). Nun betrachten wir noch den homogenen Anteil der gegeben ist durch $\mathbf{D}\Phi = 0$, sodass dann folgt:

$$\Phi = \delta \star \Phi = \mathbf{D}G \star \Phi = G \star \mathbf{D}\Phi = 0.$$

Insgesamt folgt damit die Eindeutigkeit der Lösung (6.12). □

In der Physik, insbesondere in der Elektrodynamik und Quantenmechanik, hat man es häufig mit dem Laplace-Operator Δ zu tun. Deswegen schauen wir uns diesen Differentialoperator explizit am Beispiel der Poisson-Gleichung an, die in der Elektrodynamik ein Potentialproblemen beschreibt, wobei $\Phi(x)$ das zu bestimmende Potential bei gegebener Ladungsdichte $g(x)$ ist.

Beispiel 6.8 (Poisson-Gleichung). Gesucht ist die Lösung Φ der Poisson-Gleichung

$$\Delta\Phi(x) = g(x), \quad g \in \mathcal{D}'(\mathbb{R}^3). \tag{6.13}$$

Zunächst zeigen wir, dass $1/|x|$ die Green'sche Funktion des Laplace-Operators ist, also das gilt $\Delta\mathcal{T}_{1/|x|} = -4\pi\mathcal{T}_{\delta(x)}$. Dazu betrachten wir die linke Seite und verwenden die Rechenregeln für Distributionen:

$$\begin{aligned}\Delta\mathcal{T}_{|x|^{-1}}[f(x)](0) &= \mathcal{T}_{\Delta|x|^{-1}}[f(x)](0) = \langle \Delta|x|^{-1}\,|\,f(x)\rangle = \langle |x|^{-1}\,|\,\Delta f(x)\rangle \\ &= \int\limits_{\mathbb{R}^3} \mathrm{d}^3x \frac{\Delta f(x)}{|x|} = \lim_{\epsilon\to 0^+} \int\limits_{|x|\geq\epsilon} \mathrm{d}^3x \frac{\Delta f(x)}{|x|} \\ &= -4\pi f(0) = -4\pi\mathcal{T}_\delta[f(x)](0).\end{aligned}$$

In der Physik schreibt man dies kompakt als:

$$\Delta \frac{1}{|x|} = -4\pi\delta(x).$$

Damit ist als Distribution aufgefasst $G(x) = -1/(4\pi|x|)$ eine Fundamentallösung der Differentialgleichung $\Delta G = \delta$. Ist des Weiteren $g(x)$ so beschaffen, dass die Faltung $|x|^{-1} \star g(x)$ existiert, so hat man als Lösung von (6.13):

$$\Phi(x) = (G \star g)(x) = -\frac{1}{4\pi} \int_{\mathbb{R}^3} \mathrm{d}^3x' \frac{g(x')}{|x - x'|}. \qquad \diamond$$

6.2.5 Distributionen auf Mannigfaltigkeiten*

In vielen praktischen Anwendungen ist es sinnvoller, ein Problem, das in kartesischen Koordinaten formuliert wurde, in krummlinigen Koordinaten zu beschreiben. Dabei stellt sich insbesondere bei der Verwendung von Distributionen die Frage, wie diese sich bei allgemeinen Koordinatentransformationen verhalten. Wir haben bereits das Verhalten bei linearen Koordinatentransformationen diskutiert. Jetzt befassen wir uns damit, wie Distributionen bei glatten, also nicht-singulären Koordinatentransformationen (siehe Definition 5.4), transformiert werden.

Lemma 6.11 (Koordinatentransformation). *Sei $f \in \mathcal{D}(\mathbb{R}^n)$ und es sei eine glatte Koordinatentransformation:*

$$\mathbb{R}^n \supset Y \ni y \mapsto x = x(y) \in X \subset \mathbb{R}^n,$$

gegeben, sowie eine Distribution $\mathcal{T}_{\Delta_y} \in \mathcal{D}'$, dann gilt:

$$\mathcal{T}_{\Delta_y}[f(x(y))](y_0) = \langle \Delta_y((y - y_0)(x)) \,|\, \mathbf{J}^{-1}(x, y(x)) f(x) \rangle. \tag{6.14}$$

Beweis. Wir verfahren analog zu Lemma 6.7 und führen die Koordinatentransformation unter dem Integral aus:

$$\begin{aligned} \mathcal{T}_{\Delta_y}[f(x(y))](y_0) &= \int_Y \mathrm{d}^n y\, \Delta_y(y - y_0) f(x(y)) \\ &= \int_X \mathrm{d}^n x \Delta_y((y - y_0)(x))\, \mathbf{J}^{-1}(x, y(x))\, f(x). \end{aligned}$$

Es wird über einen kompakten Träger integriert und somit müssen die Integralgrenzen X entsprechend der Abbildung angepasst werden. □

Dies ist die allgemeine Transformationsformel für Distributionen, bei der überall die auftretenden Variablen $y_1, \ldots, y_n$ durch die neuen Variablen $x_1, \ldots, x_n$ ersetzt werden. Dies sei mit der Schreibweise $y(x)$ ausgedrückt. Damit dies möglich ist, muss eine lokale Invertierbarkeit der Abbildung $x = x(y)$ existieren, was durch die Voraussetzung aber gegeben ist. Wie überträgt sich diese Eigenschaft auf die δ-Distribution? Führen wir wiederum den Grenzprozess $\Delta_y \to \delta_y$ in $\mathcal{D}'$ durch, so stellt sich die Frage, wie die δ_y-Distribution zu verstehen ist. Die Definitionsgleichung für die δ-Distribution (6.4) lautet $\mathcal{T}_\delta[f(x)](x_0) = f(x_0)$. Deswegen verlangen wir, dass dieses auch in den neuen Koordinaten gelte, also explizit:

$$\mathcal{T}_{\delta_y}[f(x(y))](y_0) = f(x(y_0)) = \mathcal{T}_\delta[f(x)](x_0),$$

mit $x_0 = x(y_0)$. Aus der Transformationsformel (6.14) folgt aber:

$$f(x(y_0)) = \mathcal{T}_{\delta_y}[f(x(y))](y_0) = \int \mathrm{d}^n x \delta_y((y - y_0)(x))\, \mathbf{J}^{-1}(x, y(x)) f(x).$$

Letztere Gleichung folgt aus der Transformationsformel, andererseits gilt aber auch aufgrund der Definition der δ-Distribution:

$$\mathcal{T}_\delta[f(x)](x_0) = f(x_0) = \int \mathrm{d}^n x \delta(x - x_0) f(x).$$

Setzen wir $\delta_y J^{-1}(x, y) = \delta$, so sind beide Ausdrücke gleich. Man merkt sich diese Koordinatentransformationsregel symbolisch in der Form:

$$\prod_{i=1}^{n} \delta(x_i) = \left| \frac{\partial(y_1, \dots, y_n)}{\partial(x_1, \dots, x_n)} \right| \prod_{i=1}^{n} \delta(y_i).$$

Anderes ausdrückt bedeutet dies, dass die korrekt transformierte Größe nicht die δ-Distribution allein ist, sondern die Größe $\mathrm{d}^n y\, \delta(y)$. Betrachten wir hierzu ein Beispiel.

Beispiel 6.9. Betrachte die Transformation der δ-Distribution auf Polarkoordinaten:

$$x = \begin{pmatrix} x_1 \\ x_2 \end{pmatrix} := \begin{pmatrix} r \cos \varphi \\ r \sin \varphi \end{pmatrix}, \quad 0 < r,\ 0 \le \varphi < 2\pi.$$

Die Funktionaldeterminante lautet:

$$\mathbf{J}(r, \varphi) = \begin{vmatrix} \frac{\partial x_1}{\partial r} & \frac{\partial x_1}{\partial \varphi} \\ \frac{\partial x_2}{\partial r} & \frac{\partial x_2}{\partial \varphi} \end{vmatrix} = \begin{vmatrix} \cos \varphi & -r \sin \varphi \\ \sin \varphi & r \cos \varphi \end{vmatrix} = r,$$

woraus folgt:

$$\delta(x_1)\delta(x_2) = \frac{1}{r} \delta(r)\delta(\varphi).$$

Betrachten wir konkret als Beispiel die Testfunktion $f(r, \varphi) = \cos(2\varphi)\mathrm{e}^{-r}$ an der Stelle $(r = r_0, \varphi = \varphi_0)$, dann folgt mit $r^2 = x_1^2 + x_2^2$ sowie $\cos^2 \varphi = x_1^2/(x_1^2 + x_2^2)$ und $\sin^2 \varphi = x_2^2/(x_1^2 + x_2^2)$, zum einen:

$$\begin{aligned}\langle \delta(x-x_0)\,|\,f(r(x),\varphi(x))\rangle &= \int \mathrm{d}x_1\mathrm{d}x_2\delta(x_1-x_1^0)\delta(x_2-x_2^0)f(r(x_1,x_2),\varphi(x_1,x_2))\\ &= f(r(x_1^0,x_2^0),\varphi(x_1^0,x_2^0))\\ &= \frac{(x_1^0)^2-(x_2^0)^2}{(x_1^0)^2+(x_2^0)^2}\mathrm{e}^{-\sqrt{(x_1^0)^2+(x_2^0)^2}} = \cos(2\varphi_0)\mathrm{e}^{-r_0},\end{aligned}$$

und zum anderen

$$\begin{aligned}\langle \delta(r-r_0)\delta(\varphi-\varphi_0)/r\,|\,f(r,\varphi)\rangle &= \int \mathrm{d}r\,\mathrm{d}\varphi\, r\frac{\delta(r-r_0)\delta(\varphi-\varphi_0)}{r}f(r,\varphi)\\ &= f(r_0,\varphi_0) = \cos(2\varphi_0)\mathrm{e}^{-r_0}.\end{aligned}$$ ◇

Im Koordinatentransformations-Lemma wurde mehr vorausgesetzt als eigentlich zum Beweis nötig wäre, so dass in der Praxis die Gültigkeit der Formeln weitreichender sind. Darauf wollen wir hier aber nicht eingehen. Stattdessen gehen wir über zu **Mannigfaltigkeiten**, die wir hier als **Hyperflächen** bezeichnen. Wir beschränken uns auf hinreichend glatte Hyperflächen, die definiert sind durch:

Definition 6.8. Eine glatte $(n-1)$-dimensionale **Hyperfläche** $\mathcal{M} \in \mathcal{C}^{\infty}(\mathbb{R}^n)$ ist definiert durch:

$$\mathcal{M}(x) = 0 \quad \text{und} \quad \nabla_x \mathcal{M}(x)|_{\mathcal{M}(x)=0} \neq 0, \quad x \in \mathbb{R}^n.$$ ■

Die so definierte Hyperfläche besitzt keine singulären Punkte, die durch das Verschwinden des Gradienten definiert sind. Typische Beispiele sind Kugeln oder Zylinder im $\mathbb{R}^n$. Unser Ziel ist es, die δ-Distribution auf solchen Hyperflächen zu bestimmen. Wir haben gesehen, dass in (6.9) die Heaviside'sche Sprungfunktion über eine Differentiation mit der δ-Distribution zusammenhängt. Diesen Sachverhalt erweitern wir auf glatte Flächen. Deswegen benötigen wir zunächst die Verallgemeinerung der Θ-Funktion:

Definition 6.9. Die **Heaviside'sche Sprungfunktion** auf der glatten Hyperfläche $\mathcal{M}(x) = 0$ ist definiert als:

$$\Theta_{\mathcal{M}}(x) := \begin{cases} 0 & : \mathcal{M}(x) < 0 \\ 1 & : \mathcal{M}(x) \geq 0 \end{cases} \quad \Rightarrow \quad \mathcal{T}_{\Theta_{\mathcal{M}}}[f(x)] = \int\limits_{\mathcal{M}\geq 0} \mathrm{d}^n x f(x).$$ ■

Ausgehend von dieser Verallgemeinerung, definieren wir die $\delta_{\mathcal{M}}$-Distribution analog über den Zusammenhang der Stufenfunktion Θ und der δ-Distribution.

Definition 6.10 (δ-Distribution auf Mannigfaltigkeiten). Es sei eine glatte Hyperfläche $\mathcal{M}(x) = 0$ gegeben, dann definieren wir die δ-Distribution auf $\mathcal{M}$ über den Limes:

$$\delta_{\mathcal{M}}(x) := \lim_{\tau \to +0} \frac{\Theta_{\mathcal{M}}(x) - \Theta_{\mathcal{M}-\tau}(x)}{\tau},$$

mit Grenzwertbildung im Sinne der Distributionen. ■

Schauen wir uns an, wie diese Distribution auf eine Testfunktion $f \in \mathcal{D}(\mathbb{R}^n)$ wirkt. Die Formulierung der Aussage ist mathematisch nicht streng, es handelt sich um eine formale Aussage, deren Gültigkeit in der Praxis immer anhand der gegebenen Situation überprüft werden muss.

Lemma 6.12. *Für eine glatte $(n-1)$-dimensionale Hyperfläche $\mathcal{M}(x)$ gilt für die $\delta_{\mathcal{M}}$-Distribution mit $f \in \mathcal{D}$:*

$$\mathcal{T}_{\delta_{\mathcal{M}}}[f(x)] = \begin{cases} \oint_{\mathcal{M}(x)=0} \mathrm{d}F \frac{f(x)}{|\nabla\mathcal{M}(x)|} & : n > 1, \\ \sum_\ell \frac{f(x^{(\ell)}(0))}{|\mathcal{M}'(x^{(\ell)}(0))|} & : n = 1, \end{cases}$$

dabei geht die Summe über alle Zweige der Umkehrfunktionen $x^{(\ell)}(y) = \mathcal{M}^{-1}(y)$.

Beweis. Wir führen den länglichen Beweis hier nicht aus und beschränken uns auf eine heuristisch anschauliche Ableitung des Ergebnisses. Zunächst folgt aus der Definition und mit den bisher abgeleiteten Rechenregeln für Distributionen:

$$\begin{aligned} \mathcal{T}_{\delta_{\mathcal{M}}}[f(x)] &= \lim_{\tau\to 0} \frac{\langle \Theta_{\mathcal{M}}(x) - \Theta_{\mathcal{M}-\tau}(x) \mid f(x)\rangle}{\tau} \\ &= \lim_{\tau\to 0} \frac{1}{\tau}\Bigg(\int\limits_{\mathcal{M}(x)\geq 0} - \int\limits_{\mathcal{M}(x)-\tau\geq 0} \Bigg) \mathrm{d}^n x f(x) = \lim_{\tau\to 0} \frac{1}{\tau} \int\limits_{0\leq\mathcal{M}(x)\leq\tau} \mathrm{d}^n x f(x). \end{aligned}$$

Der allgemeine Fall für $n > 1$ ist in Abbildung 6.4 veranschaulicht.

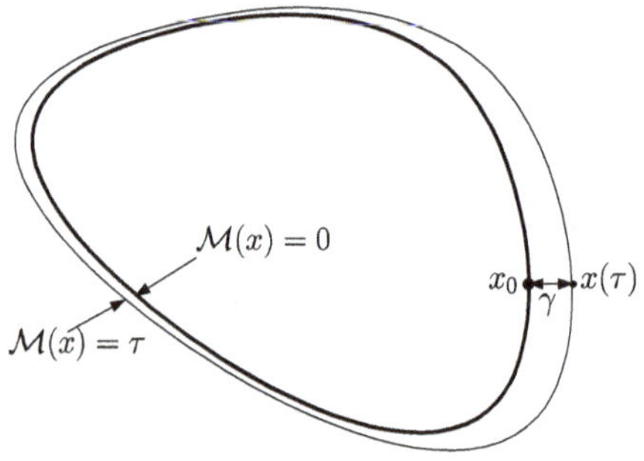

Abb. 6.4: Die Hyperfläche $\mathcal{M}(x)$ mit Flächenelement. Der Abstand zur Fläche $\mathcal{M}(x) = \tau$ von einem beliebig gewählten Punkt x_0, ist gegeben durch $\gamma := |x_0 - x(\tau)|$, wobei die Verbindungslinie der beiden Punkte senkrecht auf $\mathcal{M}(x_0) = 0$ steht.

Entwickeln wir $\mathcal{M}(x(\tau)) = \tau$ um $x_0 = x(\tau)|_{\tau=0}$, dann folgt:

$$\tau = \mathcal{M}(x(\tau)) = \mathcal{M}(x_0) + \langle x(\tau) - x_0 \mid \nabla\mathcal{M}(x)|_{x_0}\rangle + \mathcal{O}((x(\tau) - x_0)^2).$$

Da $x(\tau) - x_0$ entlang des Gradienten $\nabla\mathcal{M}(x_0)$ zeigt, folgt bis auf Terme der Ordnung $\mathcal{O}((x(\tau) - x_0)^2)$:

$$\gamma = |x(\tau) - x_0| = \frac{\tau}{|\nabla\mathcal{M}(x_0)|}.$$

Damit ergibt sich für das Volumenintegral zwischen den Flächen $\mathcal{M}(x) = 0$ und $\mathcal{M}(x) = \tau$:

$$\int\limits_{0\leq\mathcal{M}(x)\leq\tau} \mathrm{d}^n x f(x) = \tau \oint\limits_{\mathcal{M}(x)=0} \mathrm{d}F \frac{f(x)}{|\nabla\mathcal{M}(x)|} + \mathcal{O}(\tau^2),$$

wobei $\mathrm{d}F$ das Oberflächenelement auf $\mathcal{M}$ ist. Im Limes $\tau \to 0$ folgt schließlich:

$$\mathcal{T}_{\delta_{\mathcal{M}}}[f(x)] = \oint\limits_{\mathcal{M}(x)=0} \mathrm{d}F \frac{f(x)}{|\nabla\mathcal{M}(x)|}.$$

Diese Formel ist mehr eine Rechenvorschrift zur praktischen Ableitung der δ-Distribution auf $\mathcal{M}$. In der Praxis können die Berechnung sehr umfangreich sein.

Schauen wir uns nun den Fall $n = 1$ an, für den dann gilt $\mathcal{M}'(x) \neq 0$ und:

$$\mathcal{T}_{\delta_{\mathcal{M}}}[f(x)] = \lim_{\tau\to 0}\frac{1}{\tau} \int\limits_{0\leq\mathcal{M}(x)\leq\tau} \mathrm{d}x\, f(x) \overset{y=\mathcal{M}(x)}{=} \lim_{\tau\to 0}\frac{1}{\tau}\int_0^\tau \mathrm{d}y \sum_\ell \frac{f(x^{(\ell)}(y))}{|\mathcal{M}'(x^{(\ell)}(y))|}.$$

Die Summe geht über alle Zweige der Umkehrfunktionen $x^{(\ell)}(y) = \mathcal{M}^{-1}(y)$. Der Betrag in $\mathcal{M}'$ folgt aus den unterschiedlichen Vorzeichen, die $\mathcal{M}'$ annehmen kann und den daraus resultierenden Wechseln der Integralgrenzen; im Limes folgt:

$$\mathcal{T}_{\delta_{\mathcal{M}}}[f(x)] = \sum_\ell \frac{f(x^{(\ell)}(0))}{|\mathcal{M}'(x^{(\ell)}(0))|}.$$

Die Hyperfläche ist $n - 1 = 0$-dimensional und besteht aus einzelnen Punkten. □

Im Fall $n = 1$ schreibt man in der Physik auch oft kompakt:

$$\delta\big(\mathcal{M}(x)\big) = \sum_\ell \frac{\delta(x^\ell(0))}{|\mathcal{M}'(x^{(\ell)}(0))|}, \quad \mathcal{M}\big(x^{(\ell)}(0)\big) = 0, \quad \mathcal{M}'\big(x^{(\ell)}(0)\big) \neq 0.$$

Schauen wir uns explizit zwei Beispiele an, die den Sachverhalt verdeutlichen.

Beispiel 6.10.

(i) Sei $n = 1$ und $\mathcal{M}(x) := a(x - x_0)$, $a \neq 0$, dann gibt es nur eine Umkehrfunktion und es folgt $x^{(1)}(y) = y/a + x_0$ und $\mathcal{M}'(x) = a$, woraus insgesamt folgt:

$$\mathcal{T}_{\delta_{\mathcal{M}}}[f(x)] = \frac{f(x^{(1)}(0))}{|\mathcal{M}'(x^{(1)}(0))|} = \frac{f(x_0)}{|a|} = \frac{1}{|a|}\mathcal{T}_\delta[f(x)](x_0).$$

Dies ist das bekannt Ergebnis für die δ-Distribution $\delta(a(x - x_0)) = \delta(x - x_0)/|a|$.

(ii) Sei $\mathcal{M}(x) := x^2 - x_0^2$, $x_0 \neq 0$, dann gibt es zwei Zweige für die Umkehrfunktion: $x^\pm(y) = \pm\sqrt{y + x_0^2}$ mit $x^\pm(0) = \pm x_0$ und $\mathcal{M}'(x) = 2x_0$, damit folgt:

$$\begin{aligned}\mathcal{T}_{\delta_\mathcal{M}}[f(x)] &= \sum_{\sigma=\pm} \frac{f(x_\sigma^0)}{|\mathcal{M}'(x_\sigma^0)|} = \frac{1}{2|x_0|}(f(x_0) + f(-x_0)) \\ &= \frac{1}{2|x_0|}(\mathcal{T}_\delta[f(x)](x_0) + \mathcal{T}_\delta[f(x)](-x_0)).\end{aligned}$$

In Kurzschreibweise lautet dies: $\delta(x^2 - x_0^2) = (\delta(x - x_0) + \delta(x + x_0))/2|x_0|$. ■

Betrachten wir ein Beispiel für $n = 2$, dann beschreibt die Gleichung $\mathcal{M}(x_1, x_2) = 0$ eine Kurve im $\mathbb{R}^2$.

Beispiel 6.11. Gegeben sei ein Kreis im $\mathbb{R}^2$ um den Ursprung mit Radius r_0, dann ist $\mathcal{M}(x_1, x_2) = r_0^2 - x_1^2 - x_2^2$ und $\nabla\mathcal{M}(x_1, x_2) = 2(x_1, x_2)^t$. Verwenden wir Polarkoordinaten ($x_1 = r_0 \cos\varphi, x_2 = r_0 \sin\varphi$), dann folgt mit $\mathrm{d}F = r_0 \mathrm{d}\varphi$:

$$\mathcal{T}_{\delta_\mathcal{M}}[f(x_1, x_2)] = \oint\limits_{\mathcal{M}(x_1,x_2)=0} \mathrm{d}F \, \frac{f(x_1, x_2)}{2|(x_1, x_2)|} = \frac{1}{2}\int_0^{2\pi} \mathrm{d}\varphi f(r_0 \cos\varphi, r_0 \sin\varphi).$$

Ist etwa f radialsymmetrisch mit $f(x) = f(|x|)$, dann folgt:

$$\mathcal{T}_{\delta_\mathcal{M}}[f(x)] = \pi f(r_0).$$ ◇

Aufgaben

1. Betrachte die Funktion

$$\mathbb{R} \ni x \mapsto \Delta_\epsilon(x) := \frac{1}{\epsilon^2}\begin{cases} \epsilon + x & : x \in [-\epsilon, 0], \\ \epsilon - x & : x \in [0, +\epsilon], \\ 0 & : |x| > \epsilon. \end{cases}$$

   (i) Zeige, dass $\Delta_\epsilon \xrightarrow{\epsilon\to 0} \delta$ durch Überprüfen der Voraussetzungen.

   (ii) Berechne explizit

$$\lim_{\epsilon\to 0}\int_{-\infty}^{\infty} \mathrm{d}x \, \Delta_\epsilon(x - x_0) f(x),$$

   durch formales Ausrechnen des Integrals und anschließendem Durchführen des Limes.

2. Motiviere die Darstellung:

$$\text{(i)}\quad \delta(x) = \frac{1}{2\pi}\int_{-\infty}^{+\infty} \mathrm{d}k\mathrm{e}^{\mathrm{i}kx}, \qquad \text{(ii)}\quad \delta'(x) = \frac{\mathrm{i}}{2\pi}\int_{-\infty}^{+\infty} \mathrm{d}kk\mathrm{e}^{\mathrm{i}kx}.$$

3. Zeige die elementaren Eigenschaften der δ'-Distribution:

$$\text{(i)}\quad \int_{-\infty}^{+\infty} \mathrm{d}x\delta'(x)f(x) = -f'(0), \qquad \text{(ii)}\quad \delta'(-x) = -\delta'(x), \qquad \text{(iii)}\quad x\delta'(x) = -\delta(x).$$

4. Zeige

$$\frac{\mathrm{d}^2}{\mathrm{d}x^2}(\Theta(x)\sin(kx)) = k\delta(x) - k^2\Theta(x)\sin(kx),$$

$$\mathrm{e}^{-kx}\delta^{(n)}(x-x_0) = \mathrm{e}^{-kx_0}\sum_{m=0}^{n}\binom{n}{m}k^{n-m}\delta^{(m)}(x-x_0).$$

5. Im Sinne der Konvergenz von Distributionen, untersuche die folgenden Limits:

$$\lim_{\epsilon\to 0+}\frac{\delta(x+\epsilon)-\delta(x)}{\epsilon},$$

$$\lim_{\epsilon\to 0+}\frac{\delta(x+2\epsilon)-2\delta(x+\epsilon)-\delta(x)}{\epsilon},$$

$$\lim_{\epsilon\to 0+}\frac{\delta(x+2\epsilon)-2\delta(x+\epsilon)-\delta(x)}{\epsilon^2}.$$

6. Zeige die Faltungseigenschaften der Distribution:

$$\text{(i)}\quad \delta\star f = f, \qquad \text{(ii)}\quad \delta^{(n)}\star f = f^{(n)}.$$

7. Untersuche die Kommutativität der Faltung von Distributionen und berechne dazu:

$$\text{(i)}\quad \mathbf{1}\star(\delta'\star\Theta), \qquad \text{(ii)}\quad (\mathbf{1}\star\delta')\star\Theta.$$

8. Benutze die Ergebnisse der Fourierreihen und zeige

$$\frac{1}{2\pi}\sum_{n=-\infty}^{\infty}\mathrm{e}^{\mathrm{i}nx/2\pi} = \sum_{n=-\infty}^{\infty}\delta(x-n).$$

9. Zeige im Sinne der Distributionen:

$$\text{(i)}\quad \frac{\mathrm{d}\ln|x|}{\mathrm{d}x} = \mathcal{P}\frac{1}{x}, \qquad \text{(ii)}\quad \frac{\mathrm{d}\ln(x+\mathrm{i}0)}{\mathrm{d}x} = \mathcal{P}\frac{1}{x} - \mathrm{i}\pi\delta(x) = \frac{1}{x+\mathrm{i}0}.$$

10. Zeige im Sinne der Distribution:

$$\frac{1}{(x \pm \mathrm{i}0)^n} = \pm \mathrm{i}\pi \frac{(-)^n}{(n-1)!} \delta^{(n-1)}(x) + \mathcal{P}\frac{1}{x^n}.$$

11. Zeige, dass im Sinne von Distributionen, eine Lösung der speziellen Bessel-Differentialgleichung:

$$xf''(x) + f'(x) + xf(x) = 0,$$

für alle $x \in \mathbb{R}$, gegeben ist durch $f(x) = \Theta(x)J_0(x)$.

12. Berechne

$$\lim_{\epsilon \to 0+} \frac{1}{2\pi \mathrm{i}} \int_{-\infty}^{+\infty} \mathrm{d}x \, \frac{\mathrm{e}^{\mathrm{i}x(k-k_0)}}{x - \mathrm{i}\epsilon} \frac{1}{(1 + \mathrm{i}kx)^n}, \quad k_0 > 0, n = 0, 1, 2, \ldots$$

13. Betrachte die inhomogene Wärmeleitungsgleichung in drei Raumdimensionen:

$$(\Delta - \partial_t)\Phi(x, t) = g(x, t), \quad x \in \mathbb{R}^3, t \in \mathbb{R}.$$

Zeige:

(i) Die Fundamentallösung $G(x, t)$ mit $(\Delta - \partial_t)G(x, t) = \delta(x, t)$ ist gegeben durch

$$G(x, t) = \begin{cases} -\frac{\exp(-|x|^2/4t)}{(4\pi t)^{3/2}} & : t > 0, \\ 0 & : t \leq 0. \end{cases}$$

Benutzte hierzu die Radialsymmetrie des Problems.

(ii) Gib die Lösung $\Phi(x, t)$ an.

A Anhang

In diesem Anhang stellen wir wichtige Definitionen und Sätze aus der mehrdimensionalen Analysis zusammen. Dabei beschränken wir uns bei den Sätzen auf die einfachen Aussagen, die zumeist sehr kompakt formuliert sind und verzichten überwiegend auf Beweise. Diese können in den einschlägigen Lehrbüchern der Analysis nachgeschlagen werden.

A.1 Ungleichungen

Die hier wiedergegebenen Ungleichungen sind für verschiedene Aussagen in der Physik und Mathematik wichtig. Im Folgenden sei $\alpha_n, \beta_n \in \mathbb{C}$ und integrierbare Funktionen f und g gegeben.

Lemma A.1. *Sei $p, q > 1$ und $1/p + 1/q = 1$ und $x, y \in \mathbb{R}^+$, dann gilt:*

$$x^{1/p} y^{1/q} \le \frac{x}{p} + \frac{y}{q}.$$

Lemma A.2 (Hölder). *Sei $p, q > 1$ und $1/p + 1/q = 1$, dann gilt:*

$$\sum_n |\alpha_n \beta_n| \le \left(\sum_n |\alpha_n|^p \right)^{1/p} \left(\sum_n |\beta_n|^q \right)^{1/q}, \tag{A.1a}$$

$$\int \mathrm{d}t \, |f(t) g(t)| \le \left(\int \mathrm{d}t \, |f(t)|^p \right)^{1/p} \left(\int \mathrm{d}t \, |g(t)|^q \right)^{1/q}. \tag{A.1b}$$

Für $p = q = 2$ ist dies die **Cauchy-Schwarz'sche Ungleichung**.

Beweis. Wie nehmen an $1/p + 1/q = 1$ mit $p > 1$ und drücken obige Formeln durch die p-Normen $\| \cdot \|_p$ aus, dann müssen wir zeigen:

$$\|\alpha\beta\|_1 \le \|\alpha\|_p \|\beta\|_q.$$

Ohne Einschränkung nehmen wir an: $0 < \|\alpha\| < \infty$ und $0 < \|\beta\| < \infty$, dann folgt mit Hilfe der Ungleichung:

$$x^{1/p} y^{1/q} \le \frac{x}{p} + \frac{y}{q}, \quad \forall x, y \ge 0,$$

und mit $x := |\alpha_n|^p / \|\alpha\|_p^p, y := |\beta_n|^q / \|\beta\|_q^q$ folgt die Ungleichung:

$$\frac{|\alpha_n|}{\|\alpha\|_p} \frac{|\beta_n|}{\|\beta\|_q} \le \frac{1}{p} \frac{|\alpha_n|^p}{\|\alpha\|_p^p} + \frac{1}{q} \frac{|\beta_n|^q}{\|\beta\|_q^q}.$$

https://doi.org/10.1515/9783111059228-007

Summieren wir auf beide Seiten über n:

$$\frac{1}{\|\alpha\|_p \|\beta\|_q} \sum_n |\alpha_n \beta_n| = \frac{\|\alpha\beta\|_1}{\|\alpha\|_p \|\beta\|_q} \le \frac{1}{p} \frac{\sum_n |\alpha_n|^p}{\|\alpha\|_p^p} + \frac{1}{q} \frac{\sum_n |\beta_n|^q}{\|\beta\|_q^q} = \frac{1}{p} + \frac{1}{q} = 1.$$

Daraus folgt Ungleichung (A.1a) und entsprechend folgt die analoge Ungleichung für die Integralform. □

Lemma A.3 (Minkowski). *Sei $p > 1$, dann gilt:*

$$\Big(\sum_n |\alpha_n + \beta_n|^p\Big)^{1/p} \le \Big(\sum_n |\alpha_n|^p\Big)^{1/p} + \Big(\sum_n |\beta_n|^p\Big)^{1/p}, \tag{A.2a}$$

$$\Big(\int \mathrm{d}t \, |f(t) + g(t)|^p\Big)^{1/p} \le \Big(\int \mathrm{d}t \, |f(t)|^p\Big)^{1/p} + \Big(\int \mathrm{d}t \, |g(t)|^p\Big)^{1/p}. \tag{A.2b}$$

Beweis. Für $p = 1$ ist dies die Dreiecksungleichung, nehmen wir also an $p > 1$ und $q > 0$ erfüllen die Gleichung $1/p + 1/q = 1$, dann definieren wir:

$$|\gamma_n| := |\alpha_n + \beta_n|^{p-1},$$

und daraus folgt:

$$|\gamma_n|^q = |\alpha_n + \beta_n|^{q(p-1)} = |\alpha_n + \beta_n|^p = |\alpha_n + \beta_n||\gamma_n| \le |\alpha_n \gamma_n| + |\beta_n \gamma_n|. \tag{A.3}$$

Nach Summation über n ergibt sich:

$$\begin{aligned}\sum_n |\gamma_n|^q = \|\gamma\|_q^q = \sum_n |\alpha_n + \beta_n|^p = \|\alpha + \beta\|_p^p &\overset{\text{(A.3)}}{\le} \sum_n |\alpha_n \gamma_n| + \sum_n |\beta_n \gamma_n| \\ &\le \|\alpha\gamma\|_1 + \|\beta\gamma\|_1.\end{aligned}$$

Nun nutzen wir die Hölder'sche Ungleichung und erhalten:

$$\|\alpha + \beta\|_p^p \le (\|\alpha\|_p + \|\beta\|_p)\|\gamma\|_q = (\|\alpha\|_p + \|\beta\|_p)\|\alpha + \beta\|_p^{p/q} = (\|\alpha\|_p + \|\beta\|_p)\|\alpha + \beta\|_p^{p-1}.$$

Damit ist (A.2a) gezeigt, analog zeigt man (A.2b). □

Lemma A.4 (Jensen). *Ist $0 < p \le q$, dann gilt:*

$$\Big(\sum_n |\alpha_n|^q\Big)^{1/q} \le \Big(\sum_n |\alpha_n|^p\Big)^{1/p}.$$

A.2 Potenzreihen

Hier stellen wir die wichtigsten Konvergenzkriterien für Reihen zusammen.

Lemma A.5 (Quotientenkriterium). *Für $n > n_0$ sei $a_n \neq 0$ und es existiere ein θ mit $0 < \theta < 1$, so dass gilt:*

$$\left|\frac{a_{n+1}}{a_n}\right| \leq \theta, \qquad \forall n > n_0,$$

dann konvergiert die Reihe $\sum_{n=0}^{\infty} a_n$ absolut.

Lemma A.6 (Wurzelkriterium). *Es sei*

$$a := \limsup_n |a_n|^{1/n},$$

dann ist die Reihe: $\sum_{n=0}^{\infty} a_n$ absolut konvergent falls $a < 1$, divergent falls $a > 1$.

Lemma A.7 (Cauchy-Hadamard). *Eine Potenzreihe*

$$p(z) = \sum_{n=0}^{\infty} a_n (z - z_0)^n,$$

konvergiert absolut auf ganz $\mathbb{C}$, oder es gibt eine Zahl $r \in [0, \infty[$, so dass $p(z)$ auf der Menge $\{z : |z - z_0| < r\}$ absolut konvergiert, aber auf $\{z : |z - z_0| > r\}$ divergiert. Die Zahl r heißt Konvergenzradius von $p(z)$ und es gilt:

$$r = \frac{1}{\limsup_n |a_n|^{1/n}}.$$

A.3 Differentiation

Zunächst benötigen wir eine Reihe von Definitionen, bei denen wir insbesondere bei den betrachteten Funktionenräume vorerst recht allgemeine Funktionsklassen zulassen. Über die Bedeutung und die Spezifikation der Differenzierbarkeit werden wir dann bei den einzelnen Behauptungen eingehen.

Definition A.1. Die **allgemeine Funktionsklasse** F_n^m ist definiert durch:

$$\mathsf{F}_n^m := \{f \mid f : \mathbb{R}^n \ni x \mapsto f(x) \in \mathbb{R}^m\}.$$ ■

Diese Funktionenklasse ist sehr allgemein. Tatsächlich muss diese Klasse eingeschränkt werden, wenn Differenzierbarkeitsaussagen formuliert werden.

Definition A.2 (Partielle Ableitung). Die **partielle Ableitung** einer Funktion $f \in \mathsf{F}_n^m$ nach x_i sei definiert durch (sofern der Grenzwert existiert):

$$\partial_i f(x) \equiv \frac{\partial f}{\partial x_i}(x) := \lim_{\epsilon \to 0} \frac{1}{\epsilon}(f(x + \epsilon \mathbf{e}_i) - f(x)),$$

wobei $\{\mathbf{e}_i\}_{i=1\ldots n}$ eine orthonormierte Basis im $\mathbb{R}^n$ ist. ■

Wichtig ist der Begriff der totalen Differenzierbarkeit, den wir insbesondere in der statistischen Mechanik benötigen werden.

Definition A.3 (Totale Differenzierbarkeit). Eine Abbildung $f \in \mathsf{F}_n^m$ heißt in $x^0 \in \mathbb{R}^n$ **total differenzierbar**, wenn es eine stetige Funktion $\Delta_x^f(x) \in \mathsf{F}_n^m$ gibt, so dass gilt:

$$\lim_{x \to x_0} \frac{f(x) - f(x^0) - \Delta_x^f(x)(x - x^0)}{x - x^0} = 0.$$

Im Punkt x^0 ist $\Delta_x^f(x^0)$ die Ableitung von f. ■

Definition A.4 (Gradient). Der **Gradient** einer Funktion $f \in \mathsf{F}_n^1$ an der Stelle x^0 ist definiert durch:

$$\nabla f(x^0) := (\partial_1 f(x^0), \dots, \partial_n f(x^0))^t.$$ ■

Lemma A.8. *Ist $f \in \mathsf{F}_n^1$ total differenzierbar, dann existieren dort alle partiellen Ableitungen $\partial f / \partial x_i$, $i = 1, \dots, n$ und es gilt:*

$$\Delta_x^f(x^0) = \nabla f(x^0).$$

Hier ist zu bemerken, dass aus der Existenz von $\nabla f(x^0)$ nicht die totale Differenzierbarkeit von f folgt.

Definition A.5 (Das totale Differential). Das **totale Differential** $\mathrm{d}f$ einer Funktion $f \in \mathsf{F}_n^1$, die total differenzierbar ist, lautet:

$$\mathrm{d}f = \sum_{i=1}^{n} \frac{\partial f(x)}{\partial x_i} \, \mathrm{d}x_i. \tag{A.4}$$

■

Definition A.6. Für die m-fache partielle Ableitung einer Funktion $f \in \mathsf{F}_n^1$ nach den Variablen $x_{i_1}, \dots, x_{i_m}$ schreiben wir:

$$\frac{\partial^m f}{\partial x_{i_1} \cdots \partial x_{i_m}}(x) := \frac{\partial}{\partial x_{i_1}} \left(\cdots \left(\frac{\partial f}{\partial x_{i_m}}(x) \right) \cdots \right). \tag{A.5}$$

■

Lemma A.9. *Sind alle m-fachen Ableitungen der Form* (A.5) *stetige Funktionen, dann kann man die Reihenfolge der Differentiationen bis zur Ordnung m beliebig miteinander vertauschen.*

Zwei weitere wichtige Grundbegriffe sind die Funktionalmatrix und die Jacobi-Determinante.

Definition A.7 (Funktionalmatrix). Betrachten wir eine Funktion $f \in \mathsf{F}_n^m$, deren Komponenten alle partiell differenzierbar seien. Die $m \times n$ **Funktionalmatrix** $\mathbf{J}$ von f ist dann definiert durch:

$$\mathbf{J}_f(x) \equiv \mathbf{J}(x) \equiv \frac{\mathrm{d}f}{\mathrm{d}x}(x) := \left(\frac{\partial f_i}{\partial x_j}\right)(x) \equiv \frac{\partial(f_1, \ldots, f_m)}{\partial(x_1, \ldots, x_n)}(x),$$

mit $1 \leq i \leq m, 1 \leq j \leq n$. ■

Wobei wir alle gängigen Schreibweisen zusammengefasst aufgeführt haben. Die Funktionalmatrix nennen wir auch die **Jacobi-Matrix**.

Definition A.8 (Jacobi-Determinante). Die **Jacobi-Determinante** einer Funktion $f \in \mathsf{F}_n^n$ ist definiert durch:

$$|\mathbf{J}| := \det \frac{\partial(f_1, \ldots, f_n)}{\partial(x_1, \ldots, x_n)} \equiv \left|\frac{\partial(f_1, \ldots, f_n)}{\partial(x_1, \ldots, x_n)}\right|. \qquad ■$$

Auf die Rechenregeln der Jacobi-Determinante werden wir später im Einzelnen noch eingehen. Betrachten wir zunächst noch weitere elementare Rechenregeln zur Differenzierbarkeit.

Satz A.1 (Kettenregel). *Die Kettenregel einer Funktion $h \in \mathsf{F}_n^m$ und $g \in \mathsf{F}_m^l$ mit*

$$f(x) := g(h(x)) \in \mathsf{F}_n^l \quad \textit{und} \quad y^0 = h(x^0) \in \mathbb{R}^m,$$

lautet: Ist $g(y)$ in y^0 total differenzierbar und existiert die Funktionalmatrix von $h(x)$ in x^0, dann existiert auch die Funktionalmatrix von $f(x)$ in x^0 und es gilt:

$$\frac{\mathrm{d}f}{\mathrm{d}x}(x^0) = \frac{\mathrm{d}g}{\mathrm{d}y}(y^0)\frac{\mathrm{d}h}{\mathrm{d}x}(x^0).$$

A.4 Implizite Funktionen

Eine zentrale Bedeutung spielt der Hauptsatz über implizite Funktionen in der Thermodynamik. Betrachten wir eine Funktion $f \in \mathsf{F}_n^m$, dann ist eine explizite Funktion gegeben durch

$$y = f(x), \quad y \in \mathbb{R}^m,\ x \in \mathbb{R}^n,$$

man schreibt auch oft $y = f(x) = y(x)$. Bei einer impliziten Gleichung ist eine Auflösung nach der Variablen y im Allgemeinen nicht möglich. Ist dies nicht möglich, so werden wir auf den Begriff der impliziten Funktionen geführt.

Definition A.9 (Implizite Funktionen). Eine **implizite Funktion** $y = y(x)$ ist gegeben durch den funktionalen Zusammenhang:

$$\mathsf{F}^m_{n+m} \ni g(x,y) = 0. \qquad \diamond$$

Der Hauptsatz über implizite Funktionen lautet.

Satz A.2. *Es seien $x^0 \in \mathbb{R}^n, y^0 \in \mathbb{R}^m$ mit der Eigenschaft $g(x^0,y^0) = 0$, wobei für $g \in \mathsf{F}^m_{n+m}$ gelten soll:*

(i) *Es gebe Umgebungen $\mathbb{U}(x^0) \subset \mathbb{R}^n$ und $\mathbb{U}(y^0) \subset \mathbb{R}^m$, so dass in $\mathbb{U}(x^0) \times \mathbb{U}(y^0)$ alle ersten Ableitungen von g existieren und dort stetig sind.*

(ii)

$$\left|\frac{\partial(g_1,\dots,g_m)}{\partial(y_1,\dots,y_m)}\right| \neq 0, \quad \textit{für } (x,y) \in \mathbb{U}(x^0) \times \mathbb{U}(y^0), \tag{A.6}$$

dann gibt es eine Teilumgebung $\mathbb{U}'(x^0) \subset \mathbb{U}(x^0)$ und $\mathbb{U}'(y^0) \subset \mathbb{U}(y^0)$, so dass durch die Gleichung $g(x,y) = 0$ eine eindeutige Funktion $y = y(x)$ in $\mathbb{U}'(x^0)\times\mathbb{U}'(y^0)$ implizit definiert ist. Die Funktion f ist dann einmal stetig nach allen x_i differenzierbar.

Man kann zeigen, dass (A.6) nicht notwendig für die Auflösbarkeit ist. Aus diesem Satz lassen sich zahlreiche Folgerungen ableiten, die allesamt in der statistischen Mechanik wichtig sind. Schauen wir uns einige dieser Folgerungen an.

Lemma A.10. *Es gelten die Voraussetzungen von Satz A.2. Die Funktionalmatrix der expliziten Funktion y, kann wie folgt ausgedrückt werden:*

$$\frac{\mathrm{d}y}{\mathrm{d}x}(x) = -\left(\frac{\mathrm{d}g}{\mathrm{d}y}(x,y(x))\right)^{-1}\frac{\mathrm{d}g}{\mathrm{d}x}(x,y(x)).$$

Beweis. Der Beweis gelingt mittels der Kettenregel:

$$\frac{\mathrm{d}g}{\mathrm{d}x}(x,y(x)) + \frac{\mathrm{d}g}{\mathrm{d}y}(x,y(x))\,\frac{\mathrm{d}y}{\mathrm{d}x}(x) = 0.$$

Woraus die Behauptung durch einfaches Auflösen nach $\mathrm{d}y/\mathrm{d}x$ der Matrixgleichung folgt. Dabei ist noch zu berücksichtigen, dass die Inverse von $\mathrm{d}g/\mathrm{d}y$ nach (A.6) existiert. □

Satz A.3. *Für eine implizite Funktion $g(x,y(x))$ aus F^m_{n+m} gelten die Voraussetzungen des Satzes über implizite Funktionen. Dann gilt folgende Relation:*

$$\frac{\partial y_i}{\partial x_j} = -\frac{\left|\frac{\partial(g_1,\dots,g_i,\dots,g_m)}{\partial(y_1,\dots,x_j,\dots,y_m)}\right|}{\left|\frac{\partial(g_1,\dots,g_m)}{\partial(y_1,\dots,y_m)}\right|}, \quad \begin{cases} i = 1,\dots,n, \\ j = 1,\dots,m. \end{cases} \tag{A.7}$$

Hierbei steht das Element x_j in der i-ten Spalte der oberen Jacobi-Determinante.

Beweis. Hierzu betrachten wir in der Gleichung (A.7) das $(k-j)$-te Element:

$$\frac{\partial g_k}{\partial x_j} + \sum_{i=1}^{m} \frac{\partial g_k}{\partial y_i}\frac{\partial y_i}{\partial x_j} = 0,$$

für $k = 1, \dots, m$ und $j = 1, \dots, n$. Dies stellt ein inhomogenes Gleichungssystem für die Größen $\xi_i^{(j)} := \partial y_i / \partial x_j$ mit $i = 1, \dots, m$ dar. Schreiben wir dies in der Form $b^{(j)} = -\mathbf{J}\xi^{(j)}$ mit $b^{(j)} = (\partial_{x_j} g_1, \dots, \partial_{x_j} g_m)^t$, $\mathbf{J} := \partial(g_1, \dots, g_m)/\partial(y_1, \dots, y_m)$, so folgt mit der Cramer'schen Regel die Lösung $\xi_i^{(j)}$ über:

$$\xi_i^{(j)} = -\frac{|\mathbf{J}_i^{(j)}|}{|\mathbf{J}|},$$

wobei $\mathbf{J}_i^{(j)}$ die Jacobi-Matrix ist bei der in der Spalte i der Vektor $b^{(j)}$ steht:

$$\mathbf{J}_i^{(j)} = \frac{\partial(g_1, \dots, g_i, \dots, g_m)}{\partial(y_1, \dots, x_j, \dots, y_m)} = \begin{pmatrix} \frac{\partial g_1}{\partial y_1} & \dots & \frac{\partial g_1}{\partial x_j} & \dots & \frac{\partial g_1}{\partial y_m} \\ \vdots & & \vdots & & \vdots \\ \frac{\partial g_m}{\partial y_1} & \dots & \frac{\partial g_m}{\partial x_j} & \dots & \frac{\partial g_m}{\partial y_m} \end{pmatrix}.$$ □

A.5 Jacobi-Determinante

In diesem Kapitel betrachten wir nochmals explizit die Jacobi-Determinante und die sich daraus ergebenden Rechenregeln. Diese Rechenregeln bilden ein zentrales Element in der Thermodynamik. Beginnen wir mit der Definition der Jacobi-Determinante und schreiben abkürzend:

$$\frac{\partial f}{\partial x} \equiv \det\left(\frac{\mathrm{d}f}{\mathrm{d}x}\right) = \left|\frac{\partial(f_1, \dots, f_n)}{\partial(x_1, \dots, x_n)}\right|.$$

Mit dieser kompakten Notation, ergibt sich eine allgemeine Rechenregel:

Lemma A.11. *Gegeben seien stetig differenzierbare Funktionen $y = f(x) \in \mathrm{F}_n^n$ und $x = g(z) \in \mathrm{F}_n^n$, mit $x, y, z \in \mathbb{R}^n$, dann gilt:*

$$\frac{\partial y}{\partial z} = \frac{\partial y}{\partial x}\frac{\partial x}{\partial z}. \tag{A.8}$$

Beweis. Aus der Kettenregel (A.4) folgt

$$\frac{\mathrm{d}y}{\mathrm{d}z} = \frac{\mathrm{d}y}{\mathrm{d}x}\frac{\mathrm{d}x}{\mathrm{d}z}.$$

Aus dem Multiplikationssatz für Determinanten folgt daraus die Behauptung. □

Betrachten wir nun spezielle Anwendungen. Setzen wir zunächst in (A.8) $y = z$ und beachten, dass gilt $\partial y/\partial y = 1$, so folgt daraus:

$$\frac{\partial y}{\partial x} = \left(\frac{\partial x}{\partial y}\right)^{-1}.$$

Fassen wir zwei weitere Folgerungen zusammen, die sich ebenso aus den Rechenregeln von Determinanten ergeben:

Lemma A.12.

$$\frac{\partial(y_1,\ldots,y_m)}{\partial(x_1,\ldots,x_m)} = \frac{\partial(y_1,\ldots,y_m,y_k)}{\partial(x_1,\ldots,x_m,y_k)}, \quad m < k \le n,$$
$$\frac{\partial(y_1,\ldots,y_m)}{\partial(x_1,\ldots,x_m)} = \frac{\partial(y_1,\ldots,y_m,x_l)}{\partial(x_1,\ldots,x_m,x_l)}, \quad m < l \le n.$$

Beweis. Die Gültigkeit dieser Gleichungen soll exemplarisch für den ersten Fall gezeigt werden:

$$\frac{\partial(y_1,\ldots,y_m,y_k)}{\partial(x_1,\ldots,x_m,y_k)} = \begin{vmatrix} \frac{\partial y_1}{\partial x_1} & \cdots & \frac{\partial y_1}{\partial x_m} & 0 \\ \vdots & & \vdots & \vdots \\ \frac{\partial y_m}{\partial x_1} & \cdots & \frac{\partial y_m}{\partial x_m} & 0 \\ \frac{\partial y_k}{\partial x_k} & \cdots & \frac{\partial y_1}{\partial x_m} & 1 \end{vmatrix} = \frac{\partial(y_1,\ldots,y_m)}{\partial(x_1,\ldots,x_m)}.$$

In der letzten Zeile wurde der Entwicklungssatz für der Determinanten verwendet. Entsprechendes gilt für den zweiten Fall. □

Unmittelbar hieraus folgt zusammen mit den Rechenregeln beim Vertauschen von Spalten und Zeilen in Determinanten, dass man die neuen Variablen auch an beliebigen Stellen einfügen kann:

$$\frac{\partial(y_1,\ldots,y_m)}{\partial(x_1,\ldots,x_m)} = \frac{\partial(y_1,\ldots,y_i,y_k,y_{i+1},\ldots,y_m)}{\partial(x_1,\ldots,x_i,y_k,x_{i+1},\ldots,x_m)}, \quad m < k \le n,$$
$$\frac{\partial(y_1,\ldots,y_m)}{\partial(x_1,\ldots,x_m)} = \frac{\partial(y_1,\ldots,y_i,x_l,y_{i+1},\ldots,y_m)}{\partial(x_1,\ldots,x_i,x_l,x_{i+1},\ldots,x_m)}, \quad m < l \le n.$$

Betrachten wir noch zwei konkrete Spezialfälle.

Beispiel A.1.

(i) Sei $y = f(x), y, x \in \mathbb{R}^n$ und $k \ne j$:

$$\frac{\partial y_i}{\partial x_j} = \frac{\partial(y_i,x_k)}{\partial(x_j,x_k)} = \frac{\partial(y_i,x_k)}{\partial(y_i,x_j)}\frac{\partial(y_i,x_j)}{\partial(x_j,x_k)} = \left(\frac{\partial(y_i,x_j)}{\partial(y_i,x_k)}\right)^{-1}(-1)\frac{\partial(y_i,x_j)}{\partial(x_k,x_j)}$$
$$= -\left(\frac{\partial x_j}{\partial x_k}\right)^{-1}\frac{\partial y_i}{\partial x_k} = -\frac{\partial y_i}{\partial x_k}\Big/\frac{\partial x_j}{\partial x_k}.$$

(ii) Nun sei $y = f(x)$ und $z = g(y)$ mit $x, y, z \in \mathbb{R}^n$ und es sollen alle Funktionen existieren, insbesondere die Umkehrfunktion $y = g^{-1}(z)$. Es gilt nun:

$$\begin{aligned}\frac{\partial y_i}{\partial x_j} &= \frac{\partial(y_1, \ldots, y_i, \ldots, y_n)}{\partial(y_1, \ldots, x_j, \ldots, y_n)}\\ &= \frac{\partial(y_1, \ldots, y_n)}{\partial(z_1, \ldots, z_n)} \frac{\partial(z_1, \ldots, z_i, \ldots, z_n)}{\partial(y_1, \ldots, x_j, \ldots, y_n)} = \frac{\partial(z_1, \ldots, z_i, \ldots, z_n)}{\partial(y_1, \ldots, x_j, \ldots, y_n)} / \frac{\partial(z_1, \ldots, z_n)}{\partial(y_1, \ldots, y_n)}.\end{aligned}$$

Vergleichen wir dies mit der Gleichung (A.7), so scheint ein Widerspruch zu existieren. Dies ist aber nicht der Fall, denn es ist zu beachten, dass die z_i keine implizite Funktionen sind, sondern neue Variablen, die entweder von den x_i oder von den y_k abhängen. Um dies zu verdeutlichen, betrachten wir die implizite Gleichung $g(x, y) = 0$ für den Spezialfall:

$$g_i(x, y) := z_i(x) - z_i(y) = 0, \quad i = 1, \ldots, n.$$

Dann erhalten wir die Gleichung:

$$\begin{aligned}\frac{\partial y_i}{\partial x_j} &= -\frac{\partial(g_1, \ldots, g_i, \ldots, g_n)}{\partial(y_1, \ldots, x_j, \ldots, y_n)} / \frac{\partial(g_1, \ldots, g_n)}{\partial(y_1, \ldots, y_n)}\\ &= -(-1)^{n-1} \frac{\partial(z_1, \ldots, z_i, \ldots, z_n)}{\partial(y_1, \ldots, x_j, \ldots, y_n)} / (-1)^n \frac{\partial(z_1, \ldots, z_n)}{\partial(y_1, \ldots, y_n)}\\ &= \frac{\partial(z_1, \ldots, z_i, \ldots, z_n)}{\partial(y_1, \ldots, x_j, \ldots, y_n)} / \frac{\partial(z_1, \ldots, z_n)}{\partial(y_1, \ldots, y_n)}.\end{aligned}$$

Dies klärt den scheinbaren Widerspruch auf. ◇

A.6 Integralrechnung

Alle folgenden Aussagen entnehme man [21].

Definition A.10. Die Menge der Lebesgue-integrierbaren Funktionen $f : \mathbb{R}^n \to \mathbb{R}$ bezeichnen wir mit $\mathcal{L}_1(\mathbb{R}^n)$. ■

Satz A.4 (Fubini). *Es sei eine Funktion* $f \in \mathcal{L}_1[\mathbb{R}^{n+m}]$

$$f : \mathbb{R}^n \times \mathbb{R}^m \ni (u, v) \longrightarrow f(u, v) \in \mathbb{R}$$

gegeben, dann gilt:

$$\int_{\mathbb{R}^n} \mathrm{d}^n u \left(\int_{\mathbb{R}^m} \mathrm{d}^m v f(u, v) \right) = \int_{\mathbb{R}^m} \mathrm{d}^m v \left(\int_{\mathbb{R}^n} \mathrm{d}^n u f(u, v) \right).$$

Satz A.5. *Seien $f_1, f_2 \in \mathcal{L}_1(\mathbb{R}^n)$ und $\alpha \in \mathbb{R}$, dann sind auch die Funktionen $\alpha f_i, f_1 + f_2 \in \mathcal{L}_1(\mathbb{R}^n)$, des Weiteren gilt:*

$$\int_{\mathbb{R}^n} \mathrm{d}^n x\, [f_1(x) + f_2(x)] = \int_{\mathbb{R}^n} \mathrm{d}^n x\, f_1(x) + \int_{\mathbb{R}^n} \mathrm{d}^n x f_2(x),$$
$$\int_{\mathbb{R}^n} \mathrm{d}^n x\, \alpha f_i(x) = \alpha \int_{\mathbb{R}^n} \mathrm{d}^n x\, f_i(x),$$
$$\int_{\mathbb{R}^n} \mathrm{d}^n x\, f_1(x) \leq \int_{\mathbb{R}^n} \mathrm{d}^n x\, f_2(x) \quad \textit{für } f_1(x) \leq f_2(x).$$

Satz A.6. *Sei $f \in \mathcal{L}_1(\mathbb{R}^n)$ integrierbar und sei $\mathsf{M} \in \mathsf{GL}(n, \mathbb{R})$, $b \in \mathbb{R}^n$, dann ist auch die Funktionen $x \to f(\mathsf{M}x + b)$ integrierbar und es gilt:*

$$\int_{\mathbb{R}^n} \mathrm{d}^n x\, f(\mathsf{M}x + b) = \frac{1}{|\det \mathsf{M}|} \int_{\mathbb{R}^n} \mathrm{d}^n x\, f(x).$$

Lemma A.13. *Für eine rotationssymmetrische stetige Funktion $f : [r, R] \to \mathbb{R}$ gilt:*

$$\int_{r \leq \|x\| \leq R} \mathrm{d}^n x\, f(\|x\|) = n \frac{\pi^{n/2}}{\Gamma(n/2 + 1)} \int_r^R \mathrm{d}r\, r^{n-1} f(r).$$

Satz A.7 (Monotone Konvergenz). *Sei $f_k : \mathbb{R}^n \to \mathbb{R} \cup \{\pm\infty\}$, $k \in \mathbb{N}$ eine Folge integrierbarer Funktionen mit $f_k \leq f_{k+1}$, $\forall k \in \mathbb{N}$, des Weiteren sei*

$$M := \lim_{k \to \infty} \int_{\mathbb{R}^n} \mathrm{d}^n x\, f_k(x) < \infty,$$

dann ist die Funktion $f := \lim_{k \to \infty} f_k$ integrierbarer und es gilt:

$$\int_{\mathbb{R}^n} \mathrm{d}^n x\, f(x) = \lim_{k \to \infty} \int_{\mathbb{R}^n} \mathrm{d}^n x\, f_k(x).$$

Satz A.8 (Majorisierte Konvergenz). *Sei $f_k \in \mathcal{L}_1(\mathbb{R}^n)$, $k \in \mathbb{N}$ eine Folge integrierbarer Funktionen, die fast überall auf $\mathbb{R}^n$ punktweise gegen eine Funktion $f : \mathbb{R}^n \to \mathbb{R}$ konvergiert. Des Weiteren sei $F : \mathbb{R}^n \to \mathbb{R}^+ \cup \{\pm\infty\}$ eine Majorante mit $\|F\|_{L_1} < \infty$ und $|f_k| \leq F$, $\forall k \in \mathbb{N}$, dann ist die Funktion f integrierbar und es gilt:*

$$\int_{\mathbb{R}^n} \mathrm{d}^n x\, f(x) = \lim_{k \to \infty} \int_{\mathbb{R}^n} \mathrm{d}^n x\, f_k(x).$$

Satz A.9 (Parameterabhängige Integrale). *Sei $\mathbb{I} \subset \mathbb{R}$ ein Intervall und eine Funktion*

$$f : \mathbb{R}^n \times \mathbb{I} \ni (x, t) \mapsto f(x, t) \in \mathbb{R}$$

gegeben, die die Eigenschaften hat:

(i) *Für jedes* $x \in \mathbb{R}^n$ *ist die Funktion* $t \mapsto f(x,t)$ *differenzierbar auf* $\mathbb{I}$,

(ii) *Für jedes* $t \in \mathbb{I}$ *ist die Funktion* $t \mapsto f(x,t)$ *über* $\mathbb{R}^n$ *integrierbar,*

(iii) *Es gibt eine integrierbare Funktion* $F : \mathbb{R}^n \to \mathbb{R}^+ \cup \{\pm\infty\}$ *mit der Eigenschaft*

$$\left|\frac{\partial f(x,t)}{\partial t}\right| \leq F(x), \quad \forall (x,t) \in \mathbb{R}^n \times \mathbb{I},$$

dann ist die Funktion $g : \mathbb{I} \to \mathbb{R}$ *definiert durch:*

$$g(t) := \int_{\mathbb{R}^n} \mathrm{d}^n x \, f(x,t),$$

differenzierbar und $\partial_t f(x,t)$ *über* $\mathbb{R}^n$ *integrierbar und es gilt:*

$$\frac{\mathrm{d}g(t)}{\mathrm{d}t} = \int_{\mathbb{R}^n} \mathrm{d}^n x \, \frac{\partial f(x,t)}{\partial t}.$$

Literatur

[1] Otto Forster. *Analysis 1*. Grundkurs Mathematik. Springer Spektrum, Wiesbaden, 2016.
[2] Otto Forster. *Analysis 2*. Grundkurs Mathematik. Springer Spektrum, Wiesbaden, 2013.
[3] K. Königsberger. *Analysis 1*. Springer, Berlin–Heidelberg, 2013.
[4] K. Königsberger. *Analysis 2*. Springer, Berlin–Heidelberg, 2004.
[5] Klaus Fritzsche. *Grundkurs Analysis 1*. Springer Spektrum, Heidelberg, 2015.
[6] Klaus Fritzsche. *Grundkurs Analysis 2*. Springer Spektrum, Heidelberg, 2013.
[7] G. Fischer. *Lineare Algebra*. Grundkurs Mathematik. Springer Spektrum, Wiesbaden, 2013.
[8] G. Fischer. *Lernbuch Lineare Algebra und analytische Geometrie*. Studium. Springer Spektrum, Wiesbaden, 2012.
[9] W. Fischer and I. Lieb. *Funktionentheorie: Komplexe Analysis in einer Veränderlichen*. Vieweg Studium. Vieweg & Teubner, Wiesbaden, 2005.
[10] R. Remmert. *Funktionentheorie I*. Grundwissen Mathematik. Springer-Verlag, Berlin–Heidelberg, 1984.
[11] R. Remmert and G. Schuhmacher. *Funktionentheorie 1*. Grundwissen Mathematik. Springer-Verlag, Berlin–Heidelberg, 2002.
[12] Klaus Fritzsche. *Grundkurs Funktionentheorie*. Springer Spektrum, Heidelberg, 2009.
[13] J. W. Dettmann. *Applied Complex Variables*. Dover Publications, New York, 1965.
[14] Serge Lang. *Complex Analysis*. Graduate Texts in Mathematics. Springer, New York, 1999.
[15] P. A. M. Dirac. The Principles of Quantum Mechanics, 4th edition, reprinted 1987 edition. Oxford University Press, 1958.
[16] I. M. Yaglom. *A Simple Non-Euclidean Geometry and its Physical Basis*. Springer Verlag, New York, 1979.
[17] E. Study. *Geometrie der Dynamen. Die Zusammensetzung von Kräften und verwandte Gegenstände der Geometrie*. B. G. Teubner, Leipzig, 1903.
[18] I. S. Fischer. *Dual-Number Methods in Kinematics, Statics and Dynamics*. CRC Press, 1998.
[19] I. M. Yaglom. *Complex Numbers in Geometry*. Academic Press, New York and London, 1968. ISBN 92-64-02460-3.
[20] Leonhard Euler. *Introductio in Analysin Infinitorum, Vol. 1 (Classic Reprint)*. Forgotten Books, 2018.
[21] O. Forster. *Analysis 3*. Vieweg Studium. Vieweg, Braunschweig–Wiesbaden, 1984.
[22] W. Fischer and I. Lieb. *Funktionentheorie*. Vieweg Studium. Vieweg & Sohn, Braunschweig–Wiesbaden, 1985.
[23] G. Parisi. *Statistical Field Theory*. Frontiers in Physics. Addison–Wesley Publishing Company, Inc., 1988.
[24] A. H. Zemanian. *Generalized Integral Transformations*. Dover Publications, New York, 1987.
[25] M. Abramowitz and I. A. Stegun. *Handbook of Mathematcical Functions*. Verlag H. Deutsch, Frankfurt am Main, 1984.
[26] G. E. Andrews, R. Askey and R. Roy. *Special Functions*. Encyclopedia of Mathematics and its Applications. Cambridge University Press, Cambridge, United Kingdom, 2000.
[27] M. Abramowitz and I. A. Stegun. *Handbook of Mathematical Functions*. Dover Publications, New York, 1970.
[28] F. W. J. Olver, D. W. Lozier, R. F. Boisvert and C. W. Clark. *NIST Handbook of Mathematical Functions*. Cambridge University Press and National Institute of Standards, New York, 2010.
[29] Leonard Lewin. *Polylogarithms and Associated Functions*. Elsevier Science Publishers B. V., 1981.
[30] H. Heuser. *Funktionalanlysis*. Teubner Verlag, Stuttgart, 1986.
[31] F. Riesz and B. Sz.-Nagy. *Vorlesung über Funktionalanalysis*. Verlag Harry Deutsch, Thun–Frankfurt, 1982.
[32] J. Weidmann. *Lineare Operatoren in Hilberträumen*. Teubner Verlag, Stuttgart, 1976.
[33] S. Großmann. *Funktionalanalysis*. Spektrum. Springer, Wiesbaden, 2014.
[34] W. Miller. *Symmetry Groups and Their Applications*. Academic Press, New York, 1972.
[35] S. Sternberg. *Group Theory and Physics*. Cambridge University Press, Cambridge, UK, 1999.

https://doi.org/10.1515/9783111059228-008

[36] R. W. Freund and R. W. Hoppe. *Stoer/Bulirsch: Numerische Mathematik*. Springer Verlag, Berlin–Heidelberg–New York, 2007.

[37] H. F. Davis. *Fourier Series and Orthogonal Functions*. Dover Publications, Mineola, N.Y., USA, 1989.

[38] G. P. Tolstov. *Fourier Series*. Dover Publications, New York, USA, 1976.

[39] F. Oberhettinger. *Tabellen zur Fouriertransformation*. Die Grundlehren der Mathematischen Wissenschaften. Springer-Verlag, Berlin–Göttingen–Heidelberg, 1957.

[40] E. T. Whittaker and G. N. Watson. A Course of Modern Analysis, 4th edition. Cambridge University Press, Cambridge, UK, 1902.

[41] Albert Messiah. *Quantenmechanik*. Walter de Gruyter, Berlin, 1976.

[42] J. D. Jackson. *Classical Electrodynamics*. John Wiley, New York–Weinheim, 1998.

[43] E. Peschl. *Differentialgeometrie*. Hochschultaschenbücher. Bibliographisches Institut AG, Mannheim, 1973.

[44] B. A. Dubrovin, A. T. Fomenko and S. Novikov. *Modern Geometry - Methods and Applications*. Number 93 in Graduate Texts in Mathematics. Springer-Verlag, New York, 1993.

[45] D. Lovelock and H. Rund. *Tensors, Differentialforms and Variational Principles*. Dover Publications Inc., New York, 1989.

[46] P. Moon and D. E. Spencer. *Field Theory Handbook - Including Coordinate Systems, Differential Equations and Their Solutions*. Springer-Verlag, Berlin–Heidelberg–New York–London–Paris–Tokyo, 1988.

[47] F. Constantinescu. *Distributionen und ihre Anwendungen in der Physik*. Studienbücher. Teubner, Stuttgart, 1974.

Symbole

https://doi.org/10.1515/9783111059228-009

Stichwortverzeichnis

https://doi.org/10.1515/9783111059228-010

www.ingramcontent.com/pod-product-compliance
Lightning Source LLC
Chambersburg PA
CBHW080909220326
41598CB00034B/5523